U0202968

21 世纪全国高职高专土建立体化系列规划教材

建筑结构与施工图

主　编　朱希文　李芬红
副主编　刘　珊　杨海平　施　亮
主　审　马景善

北京大学出版社
PEKING UNIVERSITY PRESS

内容简介

本书根据新形势下高职高专建筑工程技术等土建类专业教学改革的要求，结合“建筑结构”的教学经验进行编写。在编写过程中以项目化、模块化进行内容的组织；以面向施工为切入点，体现内容围绕训练项目组织、理论知识作为能力培养的补充的思想，体现职业能力的培养。

本书共分为5个项目，主要内容包括：建筑结构概述、钢筋混凝土结构基本构件、常用钢筋混凝土结构体系、砌体结构和钢结构。

本书既可作为高职高专院校建筑工程类相关专业的教材和指导书，也可作为土建施工类及工程管理类各专业职业资格考试的培训教材，还可为备考从业和执业资格考试人员提供参考。

图书在版编目(CIP)数据

建筑结构与施工图/朱希文，李芬红主编. —北京：北京大学出版社，2013.3

(21世纪全国高职高专土建立体化系列规划教材)

ISBN 978-7-301-22188-4

Ⅰ.①建… Ⅱ.①朱…②李… Ⅲ.①建筑结构—高等职业教育—教材②结构工程—工程施工—建筑制图—高等职业教育—教材 Ⅳ.①TU3②TU74

中国版本图书馆CIP数据核字(2013)第030390号

书　　名：建筑结构与施工图
著作责任者：朱希文　李芬红　主编
策 划 编 辑：赖　青　王红樱
责 任 编 辑：王红樱
标 准 书 号：ISBN 978-7-301-22188-4/TU·0313
出 版 发 行：北京大学出版社
地　　址：北京市海淀区成府路205号　100871
网　　址：http://www.pup.cn　新浪官方微博：@北京大学出版社
电 子 信 箱：pup_6@163.com
电　　话：邮购部62752015　发行部62750672　编辑部62750667　出版部62754962
印 刷 者：北京富生印刷厂
经 销 者：新华书店
720毫米×1020毫米　16开本　17.5印张　404千字
2013年3月第1版　2014年1月第2次印刷
定　　价：35.00元

北大版·高职高专土建系列规划教材
专家编审指导委员会专业分委会

建筑工程技术专业分委会

工程管理专业分委会

建筑设计专业分委会

市政工程专业分委会

前　言

本书为北京大学出版社 21 世纪全国高职高专土建立体化系列规划教材之一。为适应 21 世纪职业技术教育发展需要，培养建筑施工行业具备工程施工、工程管理及工程监理的专业技术管理应用型人才，我们结合当前建筑工程发展的前沿问题编写了本书。

本书共分为 5 个项目，主要内容包括：建筑结构概述、钢筋混凝土结构基本构件、常用钢筋混凝土结构体系、砌体结构和钢结构。

本书内容可按照 104～142 学时安排，推荐学时分配：项目 1，2～6 学时；项目 2，32～46 学时；项目 3，40～46 学时；项目 4，6～12 学时；项目 5，24～32 学时。每个模块后有模块小结，每个项目后有习题，教师可根据不同的使用专业灵活安排学时。本课程在教授的过程中，应注意与“建筑力学”、“建筑施工技术”、“建筑制图”等相关课程的衔接，以达到最佳效果。

本书突破了已有相关教材的知识框架，注重理论与实践相结合，采用全新体例编写。内容丰富，案例翔实，并附有多种类型的习题供读者选用。

本书既可作为高职高专院校建筑工程类相关专业的教材和指导书，也可以作为土建施工类及工程管理类等专业执业资格考试的培训教材。

本书由浙江同济科技职业学院朱希文、李芬红担任主编，浙江同济科技职业学院刘珊、杨海平、施亮担任副主编，全书由朱希文负责统稿。本书具体项目编写分工为：朱希文编写项目 1、项目 2（模块 2.1、模块 2.2、模块 2.3）、项目 3；杨海平编写项目 2（模块 2.4）；刘珊编写项目 2（模块 2.5）、项目 4；李芬红、施亮共同编写项目 5。浙江同济科技职业学院马景善老师对本书进行了审读，并提出了很多宝贵意见，在此一并表示感谢！

本书在编写过程中，参考和引用了一些院校优秀教材的内容，吸收了国内外众多同行专家的最新研究成果，均在参考文献中列出，在此表示衷心感谢。由于编者水平有限，本书难免存在不足和疏漏之处，敬请各位读者批评指正。

编　者

2012 年 12 月

目录

项目1

建筑结构概述

模块 1.1 建筑结构简介

教学目标

掌握建筑结构的概念；了解各结构类型的应用；能够进行个人学习方案编制。

教学要求

知识要点	能力要求	相关知识	所占分值(100 分)	自评分数
建筑结构的概念	掌握建筑结构的概念与分类	混凝土结构、钢结构、砌体结构的概念和优缺点	80	
建筑结构课程的学习目标、内容及要求	了解各种结构类型的应用；能根据个人情况编制学习方案	混凝土结构、钢结构、砌体结构的发展、应用；学习目标、内容	20	

模块导读

以下列举了几幅有特色的建筑照片（图 1.1～图 1.4），通过这些建筑我们可以看到，建筑的形式多姿多彩。这些优秀的建筑方案依赖于合理的结构设计，合理的结构设计又需要准确而又规范的施工；而结构设计的技术水平又制约建筑设方案的层次。意大利现代著名建筑师奈维认为：“建筑是一个技术与艺术的综合体”，因此建筑具有技术和艺术的双重性。

图 1.1 迪拜塔

图 1.2 迪拜风中烛火

图 1.3　上海世茂国际广场

图 1.4　美国提篮屋

本课程将主要从结构施工的角度来介绍如何在施工过程中通过各种结构和构件的验算来保证建筑物及施工的安全、适用、经济，实现建筑设计的效果。

任务 1.1.1　建筑结构概述

1. 建筑结构的概念

1）概念

什么是建筑结构？建筑物是人们在其中生产、生活或进行其他活动的房屋或场所，如住宅、学校、办公楼等。建筑物根据使用性质，一般可以分为生产性建筑和非生产性建筑两大类。生产性建筑根据生产内容可划分为工业建筑和农业建筑等不同的类别；非生产性建筑一般统称为民用建筑，又分为公共建筑和居住建筑。还有一类构筑物，它是服务于生产、生活的建筑设施，是人们不在其中生产、生活的建筑，如水坝、烟囱、水塔等。无论是建筑物还是构筑物为了能够抵抗各种外界作用，必须要有足够抵抗能力的空间骨架。

建筑工程中提到的“建筑结构”，是建筑中由若干构件通过有序连接而成的能承受各种作用的平面或空间体系，简称结构。

特别提示

此外，力学中进行受弯构件内力分析的作用就是为结构配筋提供依据，比如说弯矩图。

2）组成

建筑物的主要构成包括楼地层、墙或柱、基础、楼梯(电梯)、屋盖、门窗等几大部分，如图 1.5 所示。楼地层的作用是提供建筑物中活动所需要的各种平台，同时将由此产生的各种荷载，例如设备、结构自重等传递到垂直构件上去。墙或柱的作用是将屋盖、楼层等部分所承受的活荷载及其自重，分别通过支承它们的墙或柱传递到基础上，再由基础传递给地基。楼梯(电梯)的作用是解决建筑物上下楼层间联系的枢纽。屋盖的作用是承受由于雨雪或屋面上的人所引起的荷载并起围护作用。门窗的作用主要是提供交通及通风采光。

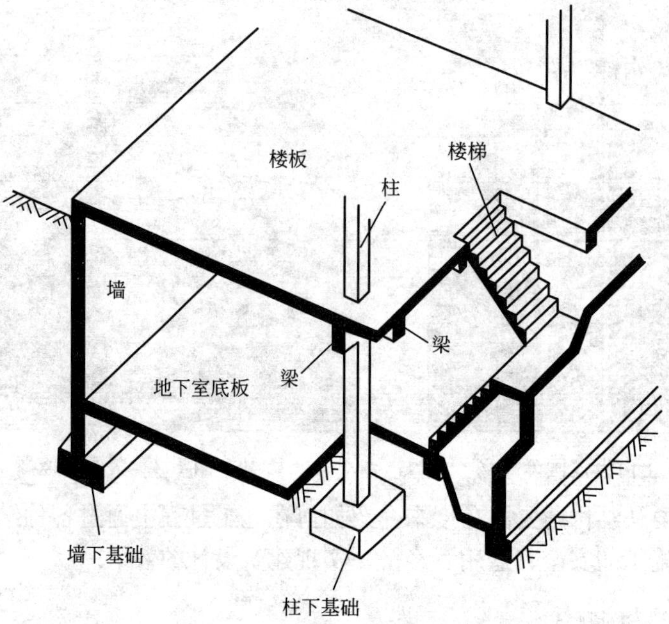

图 1.5　建筑结构组成

2. 建筑结构的分类及主要优缺点

建筑结构按照承重结构所用的材料不同，主要分为混凝土结构、钢结构、砌体结构、木结构。由于木结构采用得越来越少，本书不再对其进行介绍，主要介绍其他三种结构及构件。

1) 混凝土结构

混凝土结构是主要以混凝土为材料组成的结构。混凝土结构包括素混凝土结构、钢筋混凝土结构及预应力混凝土结构。

(1) 素混凝土结构是指无筋或不配置受力钢筋的混凝土结构。素混凝土结构一般用作基础垫层和室外地坪，素混凝土构件主要用于受压构件。

(2) 钢筋混凝土结构是指配置受力钢筋的混凝土结构。

钢筋混凝土结构的主要优点是：

① 混凝土中所用的砂石材料，一般可以就地就近取材。

② 耐久性和耐火性均比钢结构好。

③ 现浇及装配整体式钢筋混凝土结构整体性好，因而有利于抗震防爆。

④ 比钢结构节约钢材。

⑤ 可模性好，可以根据设计要求浇筑成各种形状。

但是，钢筋混凝土结构也存在一些缺点：

① 自重过大，施工复杂。

② 浇筑混凝土时需要模板、支撑。

③ 户外施工受季节条件限制。

④ 补强维修工作比较困难。

(3) 预应力混凝土结构是指配置受力预应力筋，通过张拉或其他方法建立预加应力的混凝土结构。

2) 钢结构

钢结构主要是指用钢板、热轧型钢、薄壁型钢和钢管等构件经焊接、铆接或螺栓连接组合而成的结构。它是土木工程的主要结构形式之一，现在广泛用于房屋结构、地下建筑、桥梁、塔桅和海洋平台。

(1) 钢结构的优点。

① 强度高，自重轻。钢材与其他材料相比，在同等受力条件下，钢结构用材少，自重轻。

② 塑性、韧性好。钢材在破坏前一般都会产生显著的变形，易于被发现，可及时采取补救措施。钢结构对动力荷载的适应性强，有良好的吸能能力。

③ 材质均匀，物理力学性能可靠。钢材组织均匀，接近于各向同性均质体。

④ 制作加工方便，工业化程度高，工期短。钢结构可在加工厂制成构件，运到现场进行拼装，采用焊接或螺栓连接，其施工机械化程度高，无湿作业，工期短。

⑤ 抗震性好。

(2) 钢结构的缺点。

① 耐火性差。钢结构耐火性较差，易软化。

② 耐腐蚀性差，易锈蚀。

③ 低温下易脆断。

④ 造价高。

3) 砌体结构

由块材和胶粘材料粘结而成的材料统称为砌体，由砌体砌筑的结构称为砌体结构。砌体结构由于其抗拉强度较低，一般在建筑物中制作承重墙、柱、过梁等受压构件。

(1) 砌体结构主要优点。

① 取材易。

② 具有良好的耐火性和耐久性。

③ 保温隔热性能好。

(2) 砌体结构缺点。

① 与混凝土和钢材相比，强度低，自重大。

② 施工劳动量大。

③ 抗震性能差。

特别提示

经济发达地区砌体结构已经不多见了，现在砌体结构主要用于城市多层住宅和农村建筑。

3. 建筑结构的发展和应用

1) 混凝土结构的发展和应用

混凝土结构是一种新兴的结构，迄今只有150年的历史。早期的混凝土结构所用的钢筋与混凝土强度都很低，因此，主要用于小型钢筋混凝土梁、板、柱和基础等构件。进入20世纪以后，随着生产的需要和科学技术的发展，出现了预应力混凝土结构、装配式钢筋混凝土结构和钢筋混凝土薄壁空间结构，使钢筋混凝土结构在组成材料、结构形式、应用范围、施工方法和计算理论等方面都得到了迅速发展。从目前情况看，混凝土结构已成为建筑工程中最为广泛的一种结构，有着很大的发展潜力。

在材料方面，现在国内钢筋混凝土结构多采用C20～C40的混凝土，预应力钢筋混凝土结构多采用C40～C80的混凝土。近年来国内外高性能混凝土的研究方兴未艾，如美国已制成C200的混凝土，我国已制成C100的混凝土，为混凝土结构在高层建筑、高耸建筑和大跨度桥梁等方面的应用创造了条件。为了减轻结构自重，充分利用工业废渣废料，国内外都在发展轻集料混凝土，如浮石混凝土、陶粒混凝土等，其自重约14～18kg/m^3，与普通混凝土相比可减少自重10%～30%。此外，各种纤维混凝土的应用，大大地改善了混凝土抗拉性能和延伸性差的缺点。

钢筋的强度也将有新的提高，高强钢筋首先是HRB400级(即新Ⅲ级)钢筋将在混凝土结构中得到广泛的应用。此外，最近在国际上研究较多的是树脂粘结的纤维筋，常用的有树脂粘结的碳纤维、玻璃纤维，研究证明这些纤维制成的筋材强度都很高。

在结构形式方面，钢-混凝土组合结构是近年来值得注意的发展方向之一。如压型钢板-混凝土组合而成的组合楼盖，型钢-混凝土组合而成的组合梁及钢管混凝土柱等。另外，预应力混凝土结构近年来发展也比较迅速，特别引人重视的是无粘结部分预应力混凝土结构。无粘结筋由单根或多根高强钢丝、钢绞线或钢筋沿全长涂抹防腐蚀油脂并用聚乙烯热塑管包裹而成，像普通钢筋一样敷设，然后浇筑混凝土，待混凝土达到规定的强度后进行张拉和锚固。省去了传统预应力混凝土的复杂施工工序，缩短了工期，降低了造价。

在设计理论方面，从1955年我国有了第一批建筑结构设计规范，至今，建筑结构设计规范已经修订了四次。现行《混凝土结构设计规范》(GB 50010—2010)就是在总结50多年的丰富工程实践经验、设计理论和最新科学研究成果的基础上编制的。它采用以概率理论为基础的极限状态法，从对结构仅进行线性分析发展到对结构进行非线性分析，从对结构侧重安全发展到全面侧重结构的性能，更加严格地控制裂缝和变形。随着对混凝土弹塑性性能的深入研究，现代测试技术的发展及计算机的广泛应用，混凝土结构的计算理论和设计方法将向更高阶段发展。

在混凝土结构应用方面，工业建筑的单层和多层厂房已广泛采用了钢筋混凝土结构；在民用和公共建筑中钢筋混凝土结构的住宅、旅馆、剧院、体育馆等大量涌现。此外，钢筋混凝土结构在桥梁工程、水工及港口工程、地下工程、海洋工程、国防工程及特种结构中也得到广泛应用。尤其是近年来钢筋混凝土高层建筑正迅速发展，如哈利法塔(Burj Khalifa Tower)，原名迪拜塔(Burj Dubai)，又称迪拜大厦或比斯迪拜塔，是位于阿拉伯联合酋长国迪拜的一栋组合结构建筑，有162层，总高828m，比台北101大楼足足高出320m。2009年9月建成的广州塔为混凝土塔(图1.6)，高600m(1969英尺)，是中国目前最高的建筑物。杭州湾跨海大桥全长36km，其中桥长35.7km，双向六车道高速公路，设计时速100km，总投资约107亿元，为目前世界跨度最大的跨海大桥。随着改革开放的深入和建设事业的发展，钢筋混凝土结构的应用会更加丰富多彩，范围也将日益扩大。

图 1.6 广州塔

2）钢结构的发展与应用

中国古代在钢铁结构方面有所创建，但在封建制度下，生产力发展极为缓慢。

新中国成立后，随着经济建设的发展，钢结构在厂房、公共建筑、铁路桥梁等结构中得到了一定的发展。例如我国鞍山、包头等钢厂的炼钢、轧钢车间等都采用钢结构；在公共建筑上，1962年建成直径 94m 的圆形双层辐射式悬索结构——北京工人体育馆；在桥梁方面，1957 年建成的武汉长江大桥采用了铁路公路两用的双层钢桁架结构。

改革开放后，我国经济建设突飞猛进地发展，钢结构有了前所未有的发展。高层、超高层、多层房屋、体育馆、会展中心、城市桥梁等都已经采用钢结构。

近年来，国内大型钢结构工程建设项目越来越多，钢结构的形式已经向空间结构的超大跨度结构发展。例如 2008 年北京奥运会兴建的国家体育场“鸟巢”采用的是空间钢结构体系；国家游泳中心“水立方”，其屋盖和墙体采用刚接网架。

3）砌体结构的发展与应用

砖石是砌体结构最古老的建筑材料，由于其良好的物理力学性能，取材容易，造价低廉，多年来一直是我国主导的建筑材料。

砌体结构在办公楼、住宅楼等民用建筑和工业建筑中大量采用砖墙承重。20 世纪 50 年代，这类房屋一般是 3～4 层。近几十年来，砌体结构的材料品种越来越多，比如以混凝土、轻骨料混凝土或加气混凝土制成的混凝土砌块；利用工业废料、粉煤灰等制成的蒸压灰砂砖、粉煤灰硅酸盐砖等。

20 世纪 90 年代初，我国在配筋砌块的研究上获得了突破，开展了具有代表性和针对性的试点工程。辽宁抚顺建造了 16 层高的砌块砌体住宅。配筋砌体中高层的研究和应用具有广阔的前景。

任务 1.1.2 了解课程内容，熟悉学习目标及学习要求

1. 学习目标

建筑结构课程是建筑工程技术和工民建等专业的核心基础课程，培养学生直接用于房屋建造、工程管理、工程监理、工程造价等岗位工作中所必需的结构分析能力，同时为后续专业课程准备必要的结构概念及知识。

建筑结构课程主要由混凝土结构、砌体结构、钢结构等结构模块内容组成。学习本课程的主要目的是：掌握混凝土结构、砌体结构、钢结构的基本概念、基本理论及构造要求，能进行一般工业与民用建筑结构的设计、验算，熟练识读结构施工图的能力。

2. 学习内容

本课程的主要学习内容和能力目标见表 1-1。

表1-1 学习内容和能力目标

序号	学习内容	能力目标
1	结构设计标准	能熟练查找钢筋强度标准值、设计值；钢材力学指标；混凝土强度标准值、设计值；砌体材料力学指标
2	结构材料力学性能	熟练掌握荷载效应组合值、标准值、准永久值计算
3	钢筋混凝土受弯构件	熟练掌握梁、板的一般构造要求；能进行钢筋混凝土受弯构件正截面、斜截面承载力验算；能识读简单的梁、板结构施工图
4	钢筋混凝土纵向受力构件	掌握钢筋混凝土纵向受力构件的一般构造要求；能进行钢筋混凝土受压、受拉构件的验算；能识读简单的受压构件结构施工图
5	预应力混凝土构件	掌握预应力混凝土构件的施工方法；熟悉预应力混凝土构件的一般构造要求；熟悉预应力混凝土构件的预应力损失及防治措施
6	钢筋混凝土梁板结构	了解钢筋混凝土梁板结构的计算理论；掌握钢筋混凝土梁板结构一般构造；能熟练识读梁、板结构施工图
7	钢筋混凝土单层厂房	熟悉单层厂房排架结构的组成；掌握钢筋混凝土单层厂房排架结构的构造措施
8	多高层钢筋混凝土结构	熟悉多高层建筑结构的结构体系；掌握框架结构的构造要求
9	砌体结构	熟悉砌体材料的力学性能；能进行一般的无筋砌体承载力验算、高厚比验算；能识读砌体结构施工图
10	钢结构	能进行钢结构连接的计算；能识读钢结构施工图

3. *学习要求*

建筑结构课程的学习，主要是通过学习结构计算的基本理论，熟悉结构设计规范，为结构施工图的识读打下良好的理论基础。本课程学习中要注意以下几点：

(1) 结合对力学知识的理解和应用。建筑结构课程，其基本计算原理是以工程力学的基本理论为基础，因此理解、掌握并正确运用相关力学知识是学习好结构课程的关键。

(2) 注意熟悉规范及平法施工图制图规则。本课程的依据是《工程结构可靠性设计统一标准》(GB 50153—2008)、《建筑结构可靠度设计统一标准》(GB 50068—2001)、《建筑结构荷载规范》(GB 50009—2012)、《建筑抗震设计规范》(GB 50011—2010)、《混凝土结构设计规范》(GB 50010—2010)、《混凝土结构工程施工质量验收规范》(GB 50204—2002)、《砌体结构设计规范》(GB 50003—2011)、《砌体工程施工质量验收规范》(GB 50203—2002)、《钢结构设计规范》(GB 50017—2003)、《钢结构工程施工质量验收规范》(GB 50205—2001)等。因此，在课程学习中必须结合章节内容理解掌握相关规范条文，并力求在理解的基础上加以记忆。

(3) 注重各种构造措施。本课程中虽然也涉及结构的计算理论和验算，但是结构中的构造措施一般是不需要计算而对结构和非结构的各个部分必须采取的细部要求，因此构造措施对于房屋建造、工程管理、工程监理、工程造价等岗位是重要的一个组成部分。

(4) 理论联系实际。本课程的特点是理论性强，而实践性要求又较高，因此在课程的学习过程中要结合实际构件加强对施工图的识读。

(5) 加强职业素养。结构工程，无论设计还是施工都要有严谨的科学态度，学习过程中要一丝不苟，注意培养严谨认真的工作作风和工作方法。

本模块小结

(1) 建筑结构就是指承重的骨架，即建筑物中用来承受并传递荷载，并起骨架作用的部分，简称为结构。

(2) 建筑结构按承重材料的不同，可分为木结构、混凝土结构、钢结构、砌体结构。

(3) 建筑结构课程是土建类专业的一门职业核心基础课程，在学习过程中应注意多种学习方法的应用及与其他相关课程的联系。

模块 1.2 建筑结构设计原则简介

教学目标

了解建筑结构的发展和建筑结构设计规范；掌握建筑结构的功能要求、极限状态、荷载效应概念；掌握结构构件承载力极限状态和正常使用极限状态；能够熟练进行荷载组合值的计算。

教学要求

知识要点	能力要求	相关知识	所占分值（100 分）	自评分数
建筑结构的功能要求、极限状态、荷载效应、结构抗力	能理解建筑结构的功能要求、极限状态、荷载效应、结构抗力的概念	建筑结构的功能要求、极限状态、荷载效应、结构抗力的概念	35	
结构构件承载能力极限状态、正常使用极限状态	能熟练使用极限状态设计表达式	表达式各符号的意义	15	
荷载效应基本组合值、标准值、准永久值计算	能进行内力组合值的计算	不同极限状态下荷载组合值计算	35	
耐久性规定	熟悉耐久性要求	结构的使用年限、使用环境等	15	

模块导读

各种建筑在给人们以观感上享受及使用的舒适外，如何保证在建造及使用时的安全、适用及经济以实现建筑的功能要求呢？在建筑结构的骨架中，各类构件又是如何考虑的呢？

任务 1.2.1 掌握荷载分类及荷载代表值

1. 结构的功能要求

任何建筑结构都是为了完成所要求的某些预定功能而设计的。《工程结构可靠性设计统一标准》(GB 50153—2008)（以下简称《统一标准》)规定了建筑结构应满足以下功能。

(1) 安全性的要求，即结构应能承受在正常施工和正常使用时可能出现的各种作用(如荷载、温度变化、支座沉陷等)，在偶然作用(如地震、撞击等)发生时及发生后，结构仍能保持必需的整体稳定性，防止出现结构的连续全塌。

(2) 适用性的要求，即结构在正常使用期间具有良好的工作性能，例如不发生影响正常使用的过大变形或裂缝等。

(3) 耐久性的要求，即结构在正常维护下具有足够的耐久性能。例如混凝土不发生严重的风化、腐蚀；钢筋不发生严重锈蚀，以免影响结构的使用寿命。

结构要达到预定功能要求并不是不受时间限制的，而是针对一定时期内而言的。我们将普通房屋和构筑物设计使用年限统一规定为 50 年，称之为设计基准期。

特别提示

设计使用年限，是指设计规定的结构或构件不需要进行大修即可按其预定目的使用的时期。

2. 结构功能的极限状态

1) 极限状态的概念

整个结构或结构的一部分能满足设计规定的某一预定功能要求，我们称之为该功能的有效状态；反之，称之为该功能的失效状态。这种“有效”与“失效”之间必然有一特定的界限状态，整个结构或结构的一部分超过这种特定界限状态就不能满足设计规定的某一功能要求，我们称此特定界限状态为该功能的极限状态。

2) 极限状态的分类

根据结构的功能要求的不同，极限状态分为两类。

(1) 承载能力极限状态。这种极限状态对应于结构或结构构件达到最大承载能力或不适于继续承载的变形。超过这一极限状态后，结构或构件不满足预定的安全性要求。当结构或结构构件出现下列状态之一时，即认为超过了承载能力极限状态。

① 整个结构或结构的一部分作为刚体失去平衡(如倾覆等)。

② 结构构件或连接因超过材料强度而破坏(包括疲劳破坏)，或因过度变形而不适于继续承载。

③ 结构转变为机动体系。

④ 结构或结构构件丧失稳定(如压屈等)。

⑤ 地基丧失承载能力而破坏(如失稳等)。

⑥ 结构因局部破坏而发生连续倒塌。

(2) 正常使用极限状态。这种极限状态对应于结构或结构构件达到正常使用或耐久性能的某项规定限值。超过这一极限状态，结构或构件就不能满足预定的适用性或耐久性要求。当结构或结构构件出现下列状态之一时，即认为超过了正常使用极限状态。

① 影响正常使用或外观的变形。

② 影响正常使用或耐久性能的局部损坏(包括裂缝)。

③ 影响正常使用的振动。

④ 影响正常使用的其他特定状态。所有结构构件均应进行承载力(包括失稳)计算；在必要时尚应进行结构倾覆、滑移的验算；有抗震设防要求的结构尚应进行结构构件抗震的承载力计算；直接承受吊车的构件应进行疲劳验算；对使用上需要控制变形值的结构构件，应进行变形验算；对使用上要求不出现裂缝的构件，应进行混凝土拉应力验算；对使用上允许出现裂缝的构件，应进行裂缝宽度验算；同时还应满足耐久性要求。

3. 结构的作用、作用效应和结构抗力

1) 结构的作用

建筑物在使用期间内，要受到自身或外部的、直接或间接的各种作用。所谓作用是使结构或构件产生内力、变形和裂缝的各种原因。作用按其出现的方式不同可分为直接作用(如永久荷载、可变荷载等)和间接作用(如温度变形、地基沉降等)。由于工程结构常见的作用，多数是直接作用，即通常所说的荷载，因此这里主要介绍荷载的分类、代表值和设计值。

2) 荷载的分类

结构上的荷载，按其作用时间的长短和性质，可分为3类。

(1) 永久荷载(也称恒荷载)。即在结构使用期间(一般为50年)，其值不随时间而变化，或虽有变化，但变化不大，其变化与平均值相比可以忽略不计的荷载。例如结构自重、土压力、预应力等。

(2) 可变荷载(也称为活荷载)。即在结构使用期间，其值随时间而变化，且其变化值与平均值相比不可忽略的荷载。例如楼面活荷载、屋面活荷载和积灰荷载、吊车荷载、风荷载、雪荷载等。

(3) 偶然荷载。此类荷载在结构使用期间不一定出现，但一旦出现，其值很大，作用持续时间则较短的荷载，如地震、爆炸、撞击力等。

3) 荷载的代表值

结构设计时，应根据不同的设计要求采用不同的荷载数值，即所谓荷载代表值。《建筑结构荷载规范》(GB 50009—2012)(以下简称《荷载规范》)给出了四种荷载的代表值：标准值、组合值、频遇值和准永久值。

(1) 荷载标准值。在建筑结构设计时，荷载标准值可作为荷载的基本代表值。荷载其他代表值是以标准值乘以相应系数后得出的。

荷载标准值是指结构在使用期间可能出现的最大荷载值。而在使用期间内，最大荷载值是随机变量，我们可以采用荷载最大值的概率分布的某一分位值来确定(一般取 95%保证率)，如办公楼的楼面活荷标准值取 2.0kN/m²；但是，有些荷载或因统计资料不充分，或因已有的工程经验，可以不采用分位值的办法，而采用经验确定。

对于永久荷载标准值，如结构自重，可按结构构件的设计尺寸与材料单位体积的自重计算确定；对常用材料和构件，其自重可参照《荷载规范》附录 A 采用；对于某些自重变异较大的材料和构件(如现场制作的保温材料、混凝土薄壁构件等)，自重的标准值应根据对结构的不利状态，取上限值或下限值。对于可变荷载标准值，应按《荷载规范》的规定确定。

特别提示

永久荷载标准值依据体积确定，而在《荷载规范》中查得的数据就是可变荷载标准值。

(2) 可变荷载组合值。当作用在结构上的可变荷载有两种或两种以上时，各种可变荷载同时达到其标准值的可能性较小。因此《荷载规范》采用除其中产生最大效应的荷载仍取其标准值外，其他伴随的可变荷载均采用小于其标准值的量值作为荷载代表值，我们称之为荷载组合值。其取值可表示为 $\psi_c Q_k$，其中 Q_k 为可变荷载标准值，ψ_c 为可变荷载的组合值系数。

特别提示

当然所有的可变荷载都考虑对结构来说是安全的，但是这样做不经济。因此考虑不同可变荷载出现的概率，采用可变荷载的组合值。

(3) 可变荷载频遇值。对可变荷载，在设计基准期内被超越的总时间仅为设计基准期一小部分的荷载值；或在设计基准期内其超越频率为某一给定频率的作用值，我们称之为荷载频遇值。其取值可表示为 $\psi_f Q_k$，其中 ψ_f 为可变荷载的频遇值系数。

(4) 可变荷载准永久值。在验算结构构件变形和裂缝时，要考虑荷载长期作用的影响。对于永久荷载而言，由于其变异性小，故取其标准值为长期作用的荷载；对于可变荷载而言，它标准值中的一部分是经常作用在结构上的，与永久荷载相似。我们把在设计基准期内被超越的总时间为设计基准期一半的作用值称为可变荷载的准永久值。其取值可表示为 $\psi_q Q_k$，其中 ψ_q 为可变荷载准永久值系数。

上述可变荷载的组合系数 ψ_c，频遇系数 ψ_f 和准永久系数 ψ_q 的具体值见《荷载规范》。

4) 荷载的设计值

荷载的标准值与荷载分项系数的乘积称为荷载的设计值。永久荷载和可变荷载具有不同的分项系数，永久荷载分项系数 γ_G 和可变荷载分项系数 γ_Q 的具体值见表 1-2。一般情况下，在承载能力极限状态设计中，应采用荷载的设计值，而在正常使用极限状态中，则应采用荷载标准值。

表 1-2 荷载分项系数

荷载类别	荷载特征	荷载分项系数 γ_G 或 γ_Q
永久荷载	当其对结构不利时	对由可变荷载效应控制的组合 γ_G 取 1.2
		对由永久荷载效应控制的组合 γ_G 取 1.35
	当其对结构有利时	一般情况 γ_G 取 1.0
		对结构倾覆、滑移或漂浮验算 γ_G 取 0.9
可变荷载	一般情况 γ_Q 取 1.4；对标准值＞4kN/m² 的工业房屋楼面活荷载 γ_Q 取 1.3	

特别提示

由于不满足正常使用极限状态比不满足承载能力极限状态的危害性小，因此在正常使用极限状态的计算中不再考虑分项系数，即采用荷载的标准值。

5) 作用效应 S

结构或构件在上述各种作用因素的作用下，引起的内力(如弯矩 M，剪力 V，轴力 N，扭矩 T 等)和变形(如挠度、裂缝、转角等) 称为作用效应，用 S 表示。当作用为荷载时，称为荷载效应。

由于作用在结构或结构构件上的荷载是随机变量，所以由荷载产生的荷载效应也应该是一个随机变量。荷载 Q 和荷载效应 S 之间一般可近似按线性关系考虑。即：

$$S=c\cdot Q \qquad (1-1)$$

式中 c——荷载效应系数。

例如，跨度为 l，承受均布线荷载 q 的简支梁，跨中最大弯矩值 $M_{max}=\frac{1}{8}ql^2$，其中荷载效应系数 $c=\frac{1}{8}l^2$，荷载 $Q=q$，荷载效应 $S=M_{max}$。

6) 结构抗力 R

结构抗力 R 是指结构或结构构件承受各种作用的能力(如构件的承载能力、刚度等)。结构构件的抗力 R 与结构材料的强度 f、结构构件的几何尺寸 α_k 以及结构构件抗力计算模式的精确性等因素有关，而这些因素都是不确定的随机变量，因此抗力 R 也是随机变量。在影响抗力 R 的几个因素中材料强度是主要因素，材料强度分标准值和设计值。

(1) 材料强度的标准值。结构所用材料的性能均具有变异性，例如按同一标准不同时生产的各批钢筋强度并不完全相同，即使是同一炉钢轧成的钢筋，其强度也有差异。因此结构设计时就需要确定一个材料强度的基本代表值，即材料强度的标准值。材料强度的标准值取值原则是：在材料强度实测值的总体中，强度标准值应具有不小于 95％的保证率。

(2) 材料强度的设计值。材料强度的标准值除以材料分项系数就得到了材料强度设计值。《混凝土结构设计规范》(GB 50010—2012)（以下简称《混凝土规范》）根据可靠度分析及工程经验，确定了各种材料的分项系数。对热轧钢筋取材料分项系数 $\gamma_s=1.1$；对钢丝、钢绞线和热处理钢筋取材料分项系数 $\gamma_s=1.2$；对混凝土取材料分项系数 $\gamma_c=1.4$。各种钢筋和混凝土的强度标准值、设计值项目 2 模块 2.1。

特别提示

关于荷载设计值与材料强度设计值，其实就是在计算过程中将荷载放大，而将材料强度降低，这样可以保证结构的安全。

4. 概率极限状态设计法简介

1) 可靠度、失效概率与可靠指标

极限状态设计方法，是用概率的观点来研究结构的可靠性。结构的可靠性用可靠度来度量。所谓结构的可靠度是指结构在规定的时间(设计使用年限)内，在规定的条件下(指正常设计、正常施工、正常使用和维修)，完成预定功能(安全性、适用性、耐久性)的概率。这里所说的设计使用年限并不等同于结构的使用寿命。超过了设计使用年限，建筑物并非一定损坏而不能使用，只是完成预定功能的能力减弱了。

特别提示

设计使用年限就像人的工作年龄，我国一般男性退休年龄为 60 岁，但不能说人到 60 岁以后就没有寿命了(死了)，退休后经过保养人还能活一些时间。

现在研究一下怎样计算结构的可靠度。结构或结构构件上所产生的作用效应 S 和抗力 R 为两个随机变量。引入随机变量 Z，令 $Z=R-S$，Z 为结构极限状态功能函数。显然：

(1) $Z=R-S>0$，表示结构或结构构件处于可靠状态。结构能完成预定功能的概率，称为结构的可靠概率 P_s(即 $Z>0$ 的概率)或结构可靠度。

(2) $Z=R-S=0$，表示结构或结构构件处于极限状态。

(3) $Z=R-S<0$，表示结构或结构构件处于失效状态。

结构不能完成预定功能的概率，称为结构的失效概率 P_f(即 $Z<0$ 的概率)。

如图 1.7 所示为 Z 函数的分布曲线。从该图可以看出，$Z<0$ 的概率即失效概率 P_f 就等于原点以左曲线下面与横坐标所包围的阴影面积。而原点以右曲线下面与横坐标所包围的面积为可靠概率 P_s，失效概率与可靠概率之和为 1。

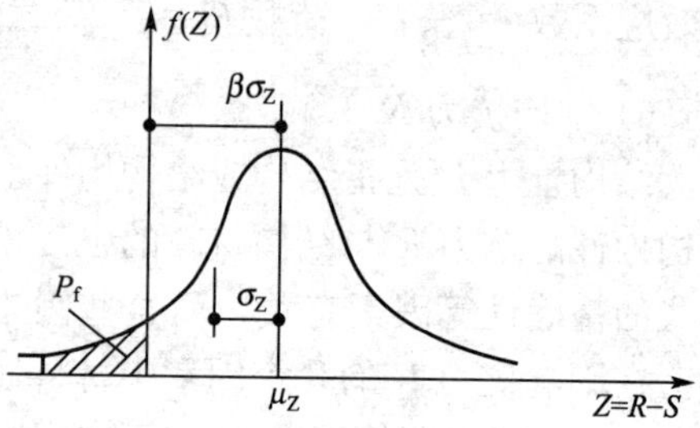

图 1.7　Z 函数的分布曲线

结构按概率极限状态设计时，应使失效概率足够小，即满足：

$$P_f = P(Z = R - S < 0) = \int_{-\infty}^{0} f(Z)\mathrm{d}Z \tag{1-2}$$

式中　$[P_f]$ ——结构允许的失效概率，当结构安全等级为二级时，延性破坏的结构 $[P_f]=6.9\times10^{-4}$。直接计算 P_f 比较复杂。为了简便起见，我国《统一标准》采用可靠指标 β 代替失效概率 P_f 来度量结构的可靠性。

在图 1.7 中 μ_Z 为 Z 的平均值，σ_Z 是反应正态分布曲线离散程度的标准差，若用 β 表

示 μ_Z 和 σ_Z 的比值，则 $\beta=\mu_Z/\sigma_Z$。从图中可以看出，β 增大 P_f 减小，因此 β 能反映 P_f 的大小，两者之间存在一一对应的关系。失效概率 P_f 与可靠指标 β 的对应关系见表 1-3。

表 1-3　β 与 P_f 之间的对应关系

β	2.7	3.2	3.7	4.2
P_f	3.5×10^{-3}	6.9×10^{-4}	1.1×10^{-4}	1.3×10^{-5}

结构的重要性不同，一旦结构发生破坏，对生命财产的危害程度以及社会的影响也不同。《统一标准》根据结构破坏可能产生后果的严重性，将建筑结构安全等级分为三级。建筑结构安全等级和目标可靠指标见表 1-4 和表 1-5。

表 1-4　建筑结构安全等级

安全等级	破坏后果	建筑物类型
一级	很严重	大型的公共建筑等
二级	严重	普通的住宅和办公楼等
三级	不严重	小型的或临时性贮存建筑

表 1-5　建筑结构的目标可靠指标 [β]

破坏类型	安全等级		
	一级	二级	三级
延性破坏	3.7	3.2	2.7
脆性破坏	4.2	3.7	3.2

注：延性破坏是指结构或构件在破坏前有明显预兆；脆性破坏是指结构或构件在破坏前无明显预兆。

用可靠指标来反映结构可靠度时，应使可靠指标足够大，即满足：

$$\beta\geqslant[\beta] \tag{1-3}$$

式中　$[\beta]$——目标可靠指标。

2）极限状态实用表达式

概率极限状态设计法比过去用的其他各种方法都更为合理、更为科学。但是，直接运用可靠指标进行设计比较麻烦。《混凝土规范》为了简化设计并使所设计的结构构件在不同情况下有比较一致的可靠度，采用了多个分项系数的极限状态实用设计表达式。实用设计表达式引入分项系数来体现目标可靠指标 β，既能满足以往设计人员的习惯又能满足目标可靠度的要求。下面对极限状态实用设计表达式进行介绍。

承载能力极限状态实用设计表达式。

在进行承载能力极限状态设计时，应考虑作用效应的基本组合，必要时尚应考虑作用效应的偶然组合。《混凝土规范》规定结构构件在进行承载能力极限状态设计时采用实用设计表达式如下：

$$S\leqslant R \tag{1-4}$$

$$R=R(f_c,\ f_s,\ a_k,\ \cdots)/\gamma\kappa_R\mathrm{d} \tag{1-5}$$

式中　S——荷载效应组合设计值；

R——结构构件的承载力设计值(也叫抗力设计值)；

$R(f_c,\ f_s,\ a_k,\ \cdots)$——结构构件的抗力函数；

f_c，f_s——混凝土、钢筋的强度设计值，见附录A；

a_k——几何参数的标准值，当几何参数的变异性对结构性能有明显的不利影响时，可另增减一个附加值 Δa 考虑其不利影响。

对于基本组合，荷载效应组合的设计值 S 应从下列组合中取最不利值确定：

① 由可变荷载效应控制的组合。

$$S=\gamma_0\left(\sum_{j=1}^{m}\gamma_{Gj}S_{Gjk}+\gamma_{Q1}\gamma_{L1}S_{Q1k}+\sum_{i=2}^{n}\gamma_{Qi}\gamma_{Li}\psi_{ci}S_{Qik}\right) \tag{1-6}$$

② 由永久荷载效应控制的组合。

$$S=\gamma_0\left(\sum_{j=1}^{m}\gamma_{Gj}S_{Gjk}+\sum_{i=1}^{n}\gamma_{Qi}\gamma_{Li}\psi_{ci}S_{Qik}\right) \tag{1-7}$$

式中　γ_0——结构构件重要性系数，对安全等级为一级的结构构件，不应小于1.1；对安全等级为二级的结构构件，不应小于1.0；对安全等级为三级的结构构件，不应小于0.9；

γ_{Gj}——第 j 个永久荷载的分项系数，见表1-2；

γ_{Q1}，γ_{Qi}——分别为第一个和第 i 个可变荷载分项系数，见表1-2；

S_{Gjk}——第 j 个永久荷载标准值的效应值；

S_{Q1k}，S_{Qik}——在基本组合中起控制作用的一个可变荷载标准值的效应值及第 i 个可变荷载标准值的效应值；

ψ_{ci}——第 i 个可变荷载的组合值系数，其值不应大于1。

γ_{Li}——第 i 个可变荷载考虑设计使用年限的调整系数：设计使用年限为100年，$\gamma_{Li}=1.1$；设计使用年限为50年，$\gamma_{Li}=1.0$；设计使用年限为5年，$\gamma_{Li}=0.9$。

对于一般排架、框架结构，式(1.6)可采用下列简化极限状态设计表达式：

$$S=\gamma_0(\gamma_G S_{Gk}+\gamma_{Q1}S_{Q1k}) \tag{1-8}$$

$$S=\gamma_0\left(\gamma_G S_{Gk}+0.9\sum_{i=1}^{n}\gamma_{Qi}S_{Qik}\right) \tag{1-9}$$

在式(1-6)～式(1-9)中，$\gamma_G S_{Gk}$ 称为永久荷载效应设计值；$\gamma_Q S_{Qk}$ 称为可变荷载效应设计值。

对于偶然组合，极限状态设计表达式宜按下列原则确定：偶然作用的代表值不乘以分项系数；与偶然作用同时出现的可变荷载，应根据观测资料和工程经验采用适当的代表值。具体的设计表达式及各种系数，应符合专门规范的规定。

【例1.1】 某教室楼面板受均布荷载，设计使用率限为50年其中永久荷载引起的跨中弯矩标准值 $M_{Gk}=1.8\text{kN}\cdot\text{m}$，可变荷载引起的跨中弯矩标准值 $M_{Qk}=1.5\text{kN}\cdot\text{m}$，构件安全等级为二级，可变荷载组合系数 $\Psi_c=0.7$，求板跨中最大弯矩设计值。

【解】 (1) 按可变荷载效应控制组合计算。

查表1-2 $\gamma_G=1.2$，$\gamma_Q=1.4$。

$$M=\gamma_0\left(\sum_{j=1}^{m}\gamma_{Gj}S_{Gjk}+\gamma_{Q1}\gamma_{L1}S_{Q1k}+\sum_{i=1}^{n}\gamma_{Qi}\gamma_{Li}\psi_{ci}S_{Qik}\right)$$
$$=1.0\times(1.2\times1.8\text{kN}\cdot\text{m}+1.4\times1.5\text{kN}\cdot\text{m})=4.26(\text{kN}\cdot\text{m})$$

(2) 按永久荷载效应控制组合计算。

查表1-2 $\gamma_G=1.35$，$\gamma_Q=1.4$。

$$M=\gamma_0\left(\sum_{j=1}^{m}\gamma_{Gj}S_{Gjk}+\sum_{i=2}^{n}\gamma_{Qi}\gamma_{Li}\psi_{ci}S_{Qik}\right)$$
$$=1.0\times(1.35\times1.8\text{kN}\cdot\text{m}+1.4\times0.7\times1.5\text{kN}\cdot\text{m})=3.9(\text{kN}\cdot\text{m})$$

故板跨中最大弯矩设计值取大者为4.26kN·m。

5. 正常使用极限状态实用设计表达式

正常使用极限状态主要验算构件变形和裂缝宽度，以便满足结构适用性和耐久性的要求。由于其危害程度不及承载能力破坏，所以《混凝土规范》将正常使用极限状态目标可靠概率定得低一些，取荷载标准值，不再乘以分项系数，也不考虑 γ_0。《统一标准》中对于正常使用极限状态，结构构件应分别采用荷载效应的标准组合、频遇组合和准永久组合进行设计，使变形、裂缝宽度等荷载效应组合的标准值符合下式的要求：

$$S_k \leqslant C \tag{1-10}$$

式中 S_k——变形、裂缝等荷载效应组合的标准值；

C——设计对变形、裂缝宽度等规定的相应限值。

变形、裂缝等荷载效应组合的标准值 S_k 应符合下列规定：

(1) 标准组合：

$$S_k = \sum_{j=1}^{m} S_{Gjk} + S_{Q1k} + \sum_{i=2}^{n} \psi_{ci} S_{Qik} \tag{1-11}$$

(2) 频遇组合：

$$S_k = \sum_{j=1}^{m} S_{Gjk} + \psi_{f1} S_{Q1k} + \sum_{i=2}^{n} \psi_{qi} S_{Qik} \tag{1-12}$$

(3) 准永久组合：

$$S_k = \sum_{j=1}^{m} S_{Gjk} + \sum_{i=1}^{n} \psi_{qi} S_{Qik} \tag{1-13}$$

式中 ψ_{f1}——在频遇组合中起控制作用的一个可变荷载频遇值系数；

ψ_{qi}——第 i 个可变荷载准永久值系数。

【例1.2】 条件同例1.1，且可变荷载的频遇值系数 $\psi_f=0.6$，准永久值系数 $\psi_q=0.5$、试分别按标准组合，频遇组合及准永久组合计算板的跨中弯矩值。

【解】 (1) 按标准组合。

$$M = M_{Gk} + M_{q1k} + \sum_{i=2}^{n} \psi_{ci} M_{Qik} = 1.8\ \text{kN}\cdot\text{m} + 1.5\text{kN}\cdot\text{m} = 3.3(\text{kN}\cdot\text{m})$$

(2) 按频遇组合。

$$M = M_{Gk} + \psi_{f1} M_{q1k} + \sum_{i=2}^{n} \psi_{qi} M_{Qik} = 1.8\text{kN}\cdot\text{m} + 0.6\times1.5\text{kN}\cdot\text{m} = 2.7(\text{kN}\cdot\text{m})$$

(3) 按准永久组合。

$$M = M_{Gk} + \sum_{i=1}^{n} \psi_{qi} M_{Qik} = 1.8\text{kN}\cdot\text{m} + 0.5\times1.5\text{kN}\cdot\text{m} = 2.55(\text{kN}\cdot\text{m})$$

6. 混凝土结构的耐久性规定

1) 耐久性

混凝土应满足安全性、适用性、耐久性三方面的要求。混凝土结构的耐久性是指在设计使用年限内，在正常维护条件下，必须满足正常使用的功能要求，而不需进行维修加固。

材料的耐久性是指暴露在使用环境中的材料，抵抗各种物理和化学作用的能力。钢筋混凝土结构具有很好的耐久性，只要能保证对混凝土结构的正常设计、施工和经常维护，其寿命可达百年。但是，由于混凝土表面暴露在大气中，特别是长期受到外界温、湿度等不良气候环境的反复影响，以及长期受到有害物质的侵蚀，随时间增长而出现混凝土碳化、开裂，钢筋锈蚀等现象，使材料的耐久性降低。因此，混凝土结构在进行承载能力和正常使用极限状态设计计算的同时，还应根据结构所处的环境类别、结构的重要性和使用年限进行耐久性设计。混凝土结构的环境类别见表 1－6。

表 1－6　混凝土结构的环境类别

环境类别	条　件
一	室内干燥环境； 无侵蚀性静水浸没环境
二 a	室内潮湿环境； 非严寒和非寒冷地区的露天环境； 非严寒和非寒冷地区与无侵蚀性的水或土壤直接接触的环境； 严寒和寒冷地区冰冻以下与无侵蚀性的水或土壤直接接触的环境
二 b	干湿交替环境； 水位频繁变动环境； 严寒和寒冷地区的露天环境； 严寒和寒冷地区冰冻以上与无侵蚀性的水或土壤直接接触的环境
三 a	严寒和寒冷地区冬季水位变动区环境； 受除冰盐影响环境； 海风环境
三 b	盐渍土环境； 受除冰盐作用环境； 海岸环境
四	海水环境
五	受人为或自然的侵蚀性物质影响的环境

注：① 室内潮湿环境是指构件表面经常处于结露或湿润状态的环境。

② 严寒和寒冷地区的划分应符合现行国家标准《民用建筑热工设计规范》(GB 50176—1993)的有关规定。

③ 海岸环境和海风环境宜根据当地情况，考虑主导风向及结构所处迎风、背风部位等因素的影响，由调查研究和工程经验确定。

④ 受除冰盐影响环境是指受到除冰盐盐雾影响的环境；受除冰盐作用环境是指被除冰盐液溅射的环境以及使用冰盐地区的洗车房、停车楼等建筑。

⑤ 暴露的环境是指混凝土结构表面所处的环境。

混凝土结构的耐久性主要与环境类别、使用年限、混凝土强度等级、水灰比、水泥用量、碱-集料反应(指混凝土中所含的碱与其活性集料之间发生的化学反应)、钢筋锈蚀、抗渗、抗冻等因素有关。

2) 混凝土结构设计使用年限

结构构件的设计使用年限是指在正常的维护条件下，能够保持其使用功能而无需进行大修加固的时间。混凝土结构相同，但所处的环境不同，结构的寿命也不同。因此，混凝土结构的耐久性与其使用环境密切相关。混凝土结构应按混凝土结构的环境类别(表 1-6)和(表 1-7)确定设计使用年限。

表 1-7　设计使用年限

类别	设计使用年限(年)	示例
1	5	临时性结构
2	25	易于替换的结构构件
3	50	普通房屋和构筑物
4	100	纪念性建筑和特别重要的建筑结构

3) 保证耐久性的技术措施及构造要求

为了保证混凝土结构的耐久性，根据使用环境类别和设计使用年限，针对影响耐久性的主要因素，《混凝土规范》对混凝土的耐久性作了如下规定：

(1) 设计使用年限为 50 年，处于一类、二类和三类环境中的混凝土应符合表 1-8 的规定。

表 1-8　结构混凝土耐久性的基本要求

环境等级	最大水胶比	最低强度等级	最大氯离子含量(%)	最大碱含量(kg/m³)
一	0.6	C20	0.30	不限制
二 a	0.55	C25	0.20	3.0
二 b	0.50(0.55)	C30(C25)	0.15	
三 a	0.45(0.50)	C35(C30)	0.15	
三 b	0.40	C40	0.10	

注：① 氯离子含量系指其占水泥用量的百分率。

② 预应力构件混凝土中的最大氯离子含量为 0.05%；最低混凝土强度等级应按表中规定提高两个等级。

③ 素混凝土构件的水胶比及最低强度等级的要求可适当放松。

④ 当有可靠工程经验时，处于二类环境中的最低混凝土强度等级可降低一个等级。

⑤ 处于严寒和寒冷地区二 b、三 a 类环境中的混凝土应使用引气剂，并可采用括号中的有关参数。

⑥ 当使用非碱活性集料时，对混凝土的碱含量可不作限制。

(2) 设计使用年限为 100 年，处于一类环境中的混凝土应符合下列规定。

① 钢筋混凝土结构的最低混凝土强度等级为 C30；预应力混凝土结构的最低混凝土强度等级为 C40。

② 混凝土中的最大氯离子含量为 0.05%。

③ 宜使用非碱活性集料；当使用碱活性集料时，混凝土中的最大碱含量为 3.0kg/m³。

④ 混凝土保护层厚度应按规范规定；当采取有效的表面防护措施时，混凝土保护厚度可适当减少。

⑤ 在使用过程中，应定期维护。

(3) 设计使用年限为100年，处于二类和三类环境中的混凝土结构应采取专门的有效措施。

(4) 对有抗冻、抗渗要求的混凝土结构，抗冻、抗渗等级应符合有关标准要求。

本模块小结

(1) 结构设计要解决的根本问题是以适当的可靠度来满足结构的功能要求。这些功能要求归纳为三个方面，即结构的安全性、适用性和耐久性。极限状态是指其中某一种功能的特定状态，当整个结构或结构的一部分超过它时就认为结构不能满足这一功能要求。极限状态有两类，即与安全性对应的承载能力极限状态和与适用性、耐久性对应的正常使用极限状态。

(2) 结构上的作用分直接作用和间接作用两种，其中直接作用习惯上称为荷载。荷载按其随时间的变异性和出现的可能性，可分为永久荷载、可变荷载和偶然荷载三种。可变荷载有标准值、组合值、频遇值或准永久值四种代表值，各用于极限状态设计中的不同场合。永久荷载只有标准值。

(3) 以概率理论为基础的极限状态设计法是以可靠指标来度量结构的可靠度的。但为了实用，在结构设计时则采用多个分项系数表达的极限状态设计表达式。实用表达式中的各分项系数，是根据分项系数表达式求得的结果与按目标可靠指标求得的结果误差最小的原则确定的，因此，按实用设计表达式进行结构设计，虽然不直接进行概率计算，但实质上仍是概率极限状态设计法。

案例分析

在生产活动中，发生事故是难免的，关键看事后如何避免，以及将今后可能出现的损失减小到最少。

2004年5月23日，戴高乐机场2E候机厅一段走廊的顶棚坍塌，造成包括两名中国公民在内的4人死亡。候机厅造价不菲，刚刚交付一年，本应成为法国人的骄傲，却因这起事故让所有法国人心痛，如图1.8所示。请大家通过讨论、材料搜集分析一下，从我们刚刚接触的建筑结构的角度找出事故的原因。

(a) 坍塌现场一　　(b) 坍塌现场二

图1.8　戴高乐机场2E候机厅一段走廊顶棚坍塌

习　题

一、思考题

1. 什么是建筑结构?

2. 什么是混凝土结构？它有哪些优缺点?

3. 什么是钢结构？它有哪些优缺点?

4. 什么是砌体结构？它有哪些优缺点?

5. 建筑结构应满足哪些功能要求?

6. 什么是结构的极限状态？结构的极限状态分为几类?

7. 什么是荷载效应的组合值?

二、简答题

1. 什么是结构的极限状态？结构的极限状态分为几类，其含义是什么？

2. 什么是结构上的作用？结构上的作用分为哪两种？荷载属于哪种作用？

3. 什么叫做作用效应？什么叫做结构抗力?

三、判断题

1. 通常所说的混凝土结构是指素混凝土结构，而不是指钢筋混凝土结构。（　　）

2. 混凝土结构是以混凝土为主要材料，并根据需要配置钢筋、预应力筋、型钢等，组成承力构件的结构。（　　）

3. 只存在结构承载能力的极限状态，结构的正常使用不存在极限状态。（　　）

4. 一般来说，设计使用年限长，设计基准期可能短一些；设计使用年限短，设计基准期可能长一些。（　　）

5. 荷载设计值等于荷载标准值乘以荷载分项系数，材料强度设计值等于材料强度标准值乘以材料分项系数。（　　）

四、计算题

某筒支梁，设计使用年限为 50 年，计算跨度 $l_0=6$m，承受均布永久荷载，其标准值为 $g_k=3$kN/m，跨中承受集中荷载为可变荷载，其标准值为 $Q_k=10$kN。结构的安全等级为二级。请求出：(1)按照承载能力极限状态梁跨中最大弯矩设计值；(2)按照正常使用极限状态梁跨中最大弯矩标准值。

项目2

钢筋混凝土结构基本构件

模块2.1 钢筋混凝土结构的材料

教学目标

掌握熟练查找钢筋、混凝土强度标准值、设计值；熟练查找钢材力学指标；掌握立方体抗压强度、轴心抗压强度、轴心抗拉强度理论来源；掌握混凝土一次短期加载时的变形性能。

教学要求

知识要点	能力要求	相关知识	所占分值(100分)	自评分数
混凝土的选用及强度指标的查用	掌握混凝土结构规范中混凝土应力应变曲线图；熟练查找混凝土强度标准值、设计值	混凝土立方体抗压强度、轴心抗压强度、轴心抗拉强度；混凝土一次短期加载时的变形性能；了解混凝土收缩、徐变现象及其影响因素	40	
钢筋的选用及强度指标的查用	掌握混凝土结构规范中钢筋应力应变曲线图；熟练查找钢筋强度标准值、设计值	钢筋的种类、级别、形式和混凝土结构对钢筋性能的影响；有明显屈服点和无明显屈服点钢筋应力应变曲线特点	40	
钢材的选用及强度指标的查用	能熟练查找钢材力学指标	钢材的力学性能	20	

模块导读

在一些工程的结构施工图的结构设计总说明中，我们往往会看到：混凝土采用C25，箍筋采用热轧HPB300，受力筋采用HRB335等内容。这些内容是我们在工程项目中经常用到的信息，它们代表着钢筋、混凝土的什么内容？在建筑结构中，混凝土、钢筋都有哪些知识是需要我们掌握、了解的呢？

任务2.1.1 熟悉混凝土的力学性能

1. 混凝土的强度

普通混凝土是由水泥、砂、石和水按一定配合比拌和，经凝固硬化后做成的人工石材。混凝土强度的大小不仅与组成材料的质量和配合比有关，而且与混凝土的养护条件、龄期、受力情况以及测定其强度时所采用的试件形状、尺寸和试验方法也有密切的关系。因此，在研究各种单向受力状态下的混凝土强度指标时必须以统一规定的标准试验方法为依据。

1）立方体抗压强度 f_{cu}

我国以立方体抗压强度值作为混凝土最基本的强度指标以及评价混凝土强度等级的标

准，因为这种试件的强度比较稳定。《混凝土规范》规定，用边长为150mm的标准立方体试件，在标准养护条件(温度在20℃±3℃，相对湿度不小于90%)下养护28d后在试验机上试压。试验时，试块表面不涂润滑剂，全截面受力、加荷速度每秒钟约为0.3～0.8N/mm²。试块加压至破坏时，所测得的极限平均压应力作为混凝土的立方体抗压强度，用符号 f_{cu} 表示，单位为N/mm²。

《混凝土规范》规定的混凝土强度等级，是按立方体抗压强度标准值(即具有不小于95%保证率)确定的，用符号C表示，共有14个等级，即C15、C20、C25、C30、C35、C40、C45、C50、C55、C60、C65、C70、C75、C80。字母C后面的数字表示以N/mm²为单位的立方强度标准值。

在试验过程中可以看到，当试件的压力达到极限值时，在竖向压力和水平摩擦力的共同作用下，首先是试块中部外围混凝土发生剥落，形成两个对顶的角锥形破坏面(图2.1)。这也说明，试块和试验机垫板之间的摩擦对试块有“套箍”作用，而且在这种“套箍”作用下，越靠近试块中部混凝土立方体试件的破坏情况则越小。

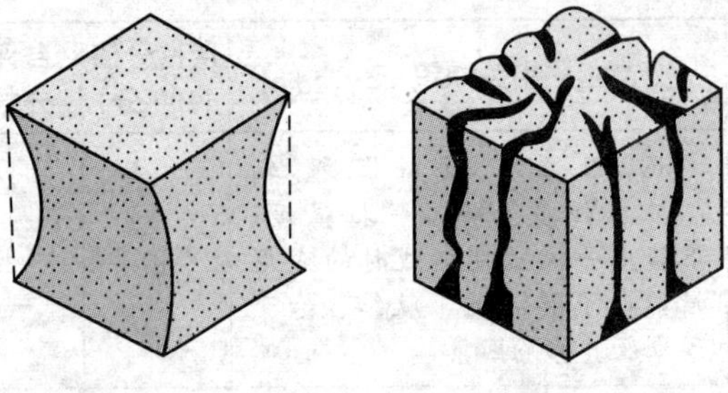

图 2.1　混凝土立方体试件破坏

试验还表明，混凝土的立方体抗压强度还与试块的尺寸有关，立方体尺寸越小，测得的混凝土抗压强度越高。当采用边长为200mm或100mm立方体试件时，须将其抗压强度实测值乘以换算系数1.05或0.95转换成标准试件的立方体抗压强度值。

2) 轴心抗压强度 f_c

在实际工程中，受压构件往往不是立方体，而是棱柱体。因此采用棱柱体试件比立方体试件能更好地反映混凝土的实际抗压能力。用标准棱柱体试件测定的混凝土抗压强度，称为混凝土的轴心抗压强度或棱柱体强度，用符号 f_c 表示。

试验表明，当棱柱体试件的高度 h 与截面边长 b 之比值在2～4之间时，混凝土的抗压强度比较稳定。这是因为在此范围内既可消除垫板与试件之间摩擦力对抗压强度的影响，又可消除可能的附加偏心距对试件抗压强度的影响。因此，我国混凝土材料试验中规定以150mm×150mm×300mm的试件作为试验混凝土轴心抗压强度的标准试件。

混凝土的轴心抗压强度与立方抗压强度之间关系很复杂，与很多因素有关。根据试验分析，混凝土轴心抗压强度标准值与边长为150mm立方体抗压强度标准值的关系可按下式确定：

$$f_{ck}=0.88\alpha_1\alpha_2 f_{cu,k} \tag{2-1}$$

式中　α_1——轴心抗压强度平均值与立方抗压强度平均值的比值，对C50及以下混凝土取 $\alpha_1=0.76$，对C80混凝土取 $\alpha_1=0.82$，中间按线性规律变化；

α_2——高强度混凝土脆性折减系数，对C40及以下混凝土取 $\alpha_2=1.0$，对C80混凝土取 $\alpha_2=0.87$，中间按线性规律变化；

0.88——考虑到结构中混凝土强度与试件混凝土强度之间的差异修正系数。

在钢筋混凝土结构中，计算受弯构件正截面承载力、偏心受拉和受压构件时，采用混凝土的轴心抗压强度作为计算指标。

3）轴心抗拉强度 f_t

抗拉强度是混凝土的基本力学指标之一。但是，混凝土的抗拉强度远小于其抗压强度，一般只有抗压强度的$\frac{1}{20}\sim\frac{1}{10}$。因此，在钢筋混凝土结构中，一般不采用混凝土承受拉力。混凝土的轴心抗拉强度用符号 f_t表示。

在钢筋混凝土结构中，当计算受弯构件斜截面受剪、受扭构件及对某些构件进行开裂验算时，会用到混凝土的轴心抗拉强度。

4）复合应力状态下混凝土的强度(图 2.2)

在钢筋混凝土结构中，混凝土很少处于理想的单向应力状态，而往往处于轴向力、弯矩、剪力甚至扭矩的多种组合的复合应力状态，如双向应力状态或三向应力状态。

混凝土受压时，两个方向的抗压强度都有所提高，最大可达单向受压时的 1.2 倍左右；一向受压、一向受拉时，混凝土强度低于单向受力的强度；双向受拉强度接近于单向受拉强度；混凝土三向受压时，各个方向上的抗压强度都有很大的提高。

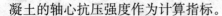

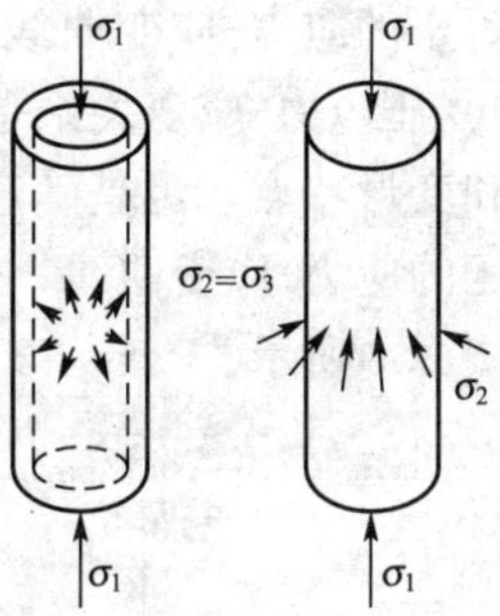

图 2.2 混凝土复合受力状态

在实际工程中，常常采用横向钢筋约束混凝土的办法提高混凝土的抗压强度。如在柱中采用密排螺旋钢筋，由于这种钢筋有效地约束了混凝土的横向变形，所以使混凝土的强度和延性都有较大的提高。混凝土强度标准值见表 2-1，混凝土强度设计值及弹性模量见表 2-2。

表 2-1 混凝土强度标准值(MPa)

强度种类	混凝土强度标准值													
	C15	C20	C25	C30	C35	C40	C45	C50	C55	C60	C65	C70	C75	C80
f_{ck}	10.0	13.4	16.7	20.1	23.4	26.8	29.6	32.4	35.5	38.5	41.5	44.5	47.5	50.2
f_{tk}	1.27	1.54	1.78	2.01	2.20	2.39	2.51	2.64	2.74	2.85	2.93	2.99	3.05	3.11

表 2-2 混凝土强度设计值及弹性模量(MPa)

强度种类	混凝土强度标准值													
	C15	C20	C25	C30	C35	C40	C45	C50	C55	C60	C65	C70	C75	C80
f_c	7.2	9.6	11.9	14.3	16.7	19.1	21.1	23.1	25.3	27.5	29.7	31.8	33.8	35.9
f_t	0.91	1.10	1.27	1.43	1.57	1.71	1.80	1.89	1.96	2.04	2.09	2.14	2.18	2.22
弹性模量 E_c/($\times10^4$)	2.20	2.55	2.80	3.00	3.15	3.25	3.35	3.45	3.55	3.60	3.65	3.70	3.75	3.80

特别提示

根据表2-1和表2-2我们可以看出，材料强度标准值比设计值要大。材料强度降低，所用的材料量就会增加，这就是将材料强度降低以保证结构安全。

2. 混凝土的变形

混凝土的变形分为两类：一类称为混凝土的受力变形，包括一次短期加荷的变形，荷载长期作用下的变形等。另一类称为混凝土的体积变形，包括混凝土由于收缩和温度变化产生的变形等。

1）混凝土在一次短期加荷时的变形性能

混凝土的应力-应变曲线。混凝土在一次单调加载(荷载从零开始单调增加至试件破坏)下的受压应力-应变关系是混凝土最基本的力学性能之一，它可以较全面地反映混凝土的强度和变形特点，也是确定构件截面上混凝土受压区应力分布图形的主要依据。测定混凝土受压的应力-应变曲线，通常采用标准棱柱体试件。由试验测得的典型受压应力-应变曲线如图2.3所示。

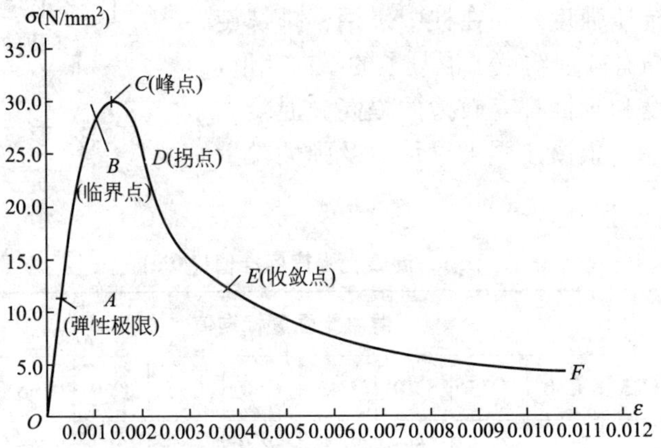

图2.3　混凝土受压的应力-应变曲线

图中以A、B、C三点将全曲线划分为四个部分。

OA段：σ_c约在$(0.3\sim0.4)f_c$。混凝土基本处于弹性工作阶段，应力-应变呈线性关系。其变形主要是骨料和水泥结晶体的弹性变形，水泥胶凝体的粘性流动以及初始微裂缝变化的影响很小。

AB段：裂缝稳定发展阶段。混凝土表现出塑性性质，应变的增加开始大于应力的增加，应力-应变关系偏离直线，曲线逐渐弯曲。这是由于水泥胶凝体的粘结流动以及混凝土中微裂缝的发展，新裂缝不断产生的结果。

BC段：裂缝随荷载的增加迅速发展，塑性变形显著增大。C点的应力达到峰值应力，即$\sigma_c=f_c$，相应于峰值应力的应变为ε_0，其值在$0.0015\sim0.0025$之间波动，平均值为$\varepsilon_0=0.002$。

C点以后：试件承载能力下降，应变继续增大，最终还会留下残余应力。

OC段为曲线的上升段，C点以后为下降段。试验结果表明，随着混凝土强度的提高，上升段的形状和峰值应变的变化不很显著，而下降段的形状有较大的差异。混凝土的强度越高，下降段的坡度越陡，即应力下降相同幅度时变形越小，延性越差(图 2.4)。

混凝土受拉时的应力-应变曲线与受压相似，但其峰值时的应力、应变都较受压时的小得多，对应于 f_t 的应变 ε_{0t} 很小，计算时可取 $\varepsilon_{0t}=0.00015$。

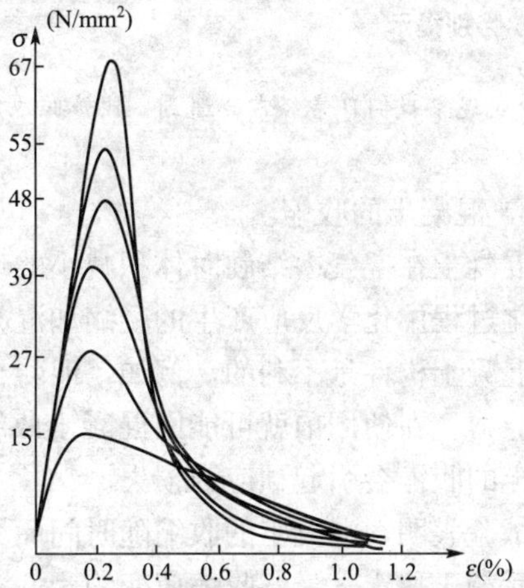

图 2.4 不同强度的混凝土对应的应力-应变曲线

2）混凝土在长期荷载下的变形性能

混凝土在长期不变荷载作用下，其应变随时间增长的现象称为混凝土徐变。徐变将有利于结构的内力重分布，减少应力集中现象及减少温度应力等。但混凝土的徐变会使构件变形增大；在预应力混凝土构件中，徐变会导致预应力损失；对于长细比较大的偏心受压构件，徐变会使偏心距增大，对降低构件承载力产生十分不利的影响。

混凝土徐变产生的原因目前有着各种不同的解释，通常认为，混凝土产生徐变，原因之一是混凝土中一部分尚未转化为结晶体的水泥凝胶体，在荷载的长期作用下产生的塑性变形；另一原因是混凝土内部微裂缝在荷载的长期作用下不断发展和增加，从而导致应变的增加。当应力不大时，以前者为主；当应力较大时，以后者为主。

如图 2.5 所示为混凝土棱柱体试件加荷至 $\sigma=0.5f_c$ 后使荷载保持不变，测得的变形随时间增长的关系曲线。从图中可以看出，混凝土的徐变有以下规律和特点。

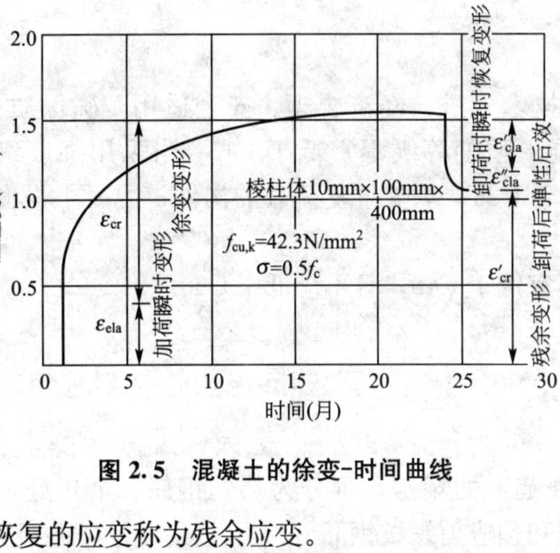

图 2.5 混凝土的徐变-时间曲线

(1) 徐变前期增长较快，以后逐渐变慢，6 个月可达总徐变的 70%～80%，1 年后趋于稳定，3 年后基本终止。

(2) 徐变应变值约为加荷瞬间产生的瞬时应变的 1～4 倍。

(3) 当长期荷载完全卸除后，混凝土的徐变会经历一个恢复的过程。其中卸载后试件瞬时要恢复的一部分应变称为瞬时恢复应变，其值比加荷时的瞬时变形略小；再经过一段时间(约 20d)后，徐变逐渐恢复的那部分应变称为弹性后效，其绝对值约为徐变变形的 1/12；最后剩下的不可恢复的应变称为残余应变。

影响混凝土徐变的因素如下。

(1) 加荷时混凝土的龄期越早，则徐变越大。因此，加强养护促使混凝土尽早结硬，对减小徐变是较为有效的。蒸汽养护可使徐变减小 20%～35%。

(2) 持续作用的应力越大，徐变也越大。

(3) 水灰比大，水泥用量多，徐变大。

(4) 使用高质量水泥以及强度和弹性模量高、级配好的集料(骨料)，徐变小。

(5) 混凝土工作环境的相对湿度低则徐变大，高温干燥环境下徐变将显著增大。

特别提示

徐变现象我们日常经常会遇到，比如晾衣服的铁丝，时间久了它会自然下垂。

3) 混凝土的收缩

混凝土在空气中结硬时体积减小的现象称为收缩。混凝土收缩的主要原因是由于混凝土硬化过程中化学反应产生的凝缩和混凝土内的自由水蒸发产生的干缩。混凝土的收缩对钢筋混凝土构件是不利的。例如，混凝土构件受到约束时，混凝土的收缩将使混凝土中产生拉应力。在使用前就可能因混凝土收缩应力过大而产生裂缝；在预应力混凝土结构中，混凝土的收缩会引起预应力损失。

试验表明，混凝土的收缩随时间而增长，一般在半年内可完成收缩量的80%～90%，两年后趋于稳定，最终收缩应变约为 $2\times10^{-4}\sim5\times10^{-4}$。试验还表明，水泥用量越多、水灰比越大，则混凝土收缩越大；集料的弹性模量大、级配好，混凝土浇捣越密实则收缩越小。同时，使用环境湿度越大，收缩越小。因此，加强混凝土的早期养护、减小水灰比、减少水泥用量、加强振捣是减小混凝土收缩的有效措施。

特别提示

混凝土在空气中凝结硬化，体积会缩小；但是混凝土在水中凝结硬化体积会膨胀。

3. 混凝土的选用

在工程实际中，混凝土的选用要做到技术先进、经济合理、安全适用，确保质量。《混凝土规范》规定：素混凝土结构的混凝土强度等级不宜低于C15；当采用强度级别400MPa及以上时，混凝土强度等级不宜低于C25；承受重复荷载的构件，混凝土强度等级不应低于C30。

预应力混凝土结构的混凝土强度等级不宜低于C40，且不应低于C30。

任务2.1.2 熟悉钢筋的力学性能

1. 钢筋的种类

目前工程中使用的钢筋根据《混凝土规范》的规定，可分为热轧钢筋、余热处理钢筋、细晶粒带肋钢筋、预应力钢丝、钢绞线和预应力螺纹钢筋。

钢筋按照外形不同分为光圆钢筋、带肋钢筋(人字纹、螺旋纹、月牙纹)、刻痕钢筋和钢绞线，如图2.6所示。

1) 热轧钢筋

热轧钢筋是由低碳钢(含碳量<0.25%)、普通低合金钢在高温状态下轧制而成。按其强度不同可分为HPB300、HRB335、HRB400和HRB500级，钢筋强度依次提高，塑性降低。

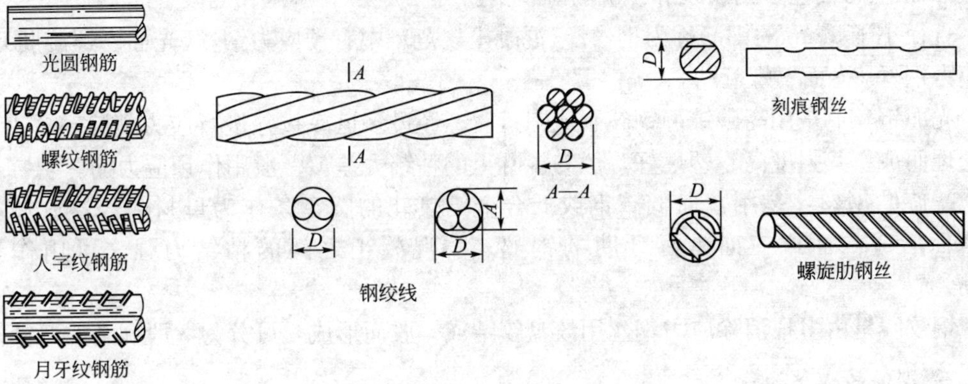

图 2.6 钢筋类型

HPB300 级钢筋的外形为光面圆钢筋，称为光圆钢筋；HRB335、HRB400 和 RRB400 级钢筋强度较高，为增强与混凝土的粘结，表面上一般轧有肋纹，称为变形钢筋。

热轧光圆钢筋 HPB300 塑性好、伸长率高、便于弯折成型，常用于中小型钢筋混凝土构件中的受力筋和箍筋。热轧带肋钢筋 HRB335、HRB400 和 HRB500 钢筋为纵向受力钢筋的主导钢筋。《混凝土规范》推广具有较好延性、可焊性、机械连接性能及施工适应性的 HRB 系列热轧带肋钢筋，限制并逐步淘汰 HRB335 级热轧带肋钢筋，以 HPB300 级光圆钢筋取代 HPB235 级光圆钢筋。

2）余热处理钢筋

RRB 系列余热处理钢筋由热轧钢筋经高温淬火，余热处理后提高钢筋的强度。其延性、可焊性、机械连接性能及施工适应性降低，一般可用于对变形性能及加工性能要求不高的构件中。《混凝土规范》中有 RRB400 级钢筋。

3）细晶粒带肋钢筋

《混凝土规范》中规定出采用控温轧制工艺生产的 HRBF 系列细晶粒带肋钢筋，有 HRBF335、HRBF400 和 HRBF500 级，见表 2-3。

表 2-3 普通钢筋强度标准值、设计值和弹性模量(MPa)

级别	牌号	符号	公称直径 d/mm	屈服强度标准值 f_{yk}	极限强度标准值 f_{stk}	抗拉强度设计值 f_y	抗压强度设计值 f'_y	弹性模量 E_s
Ⅰ级	HPB300	ϕ	6～22	300	420	270	270	2.1×10^5
Ⅱ级	HRB335	Φ	6～50	335	455	300	300	2.0×10^5
	HRBF335	Φ^F						
Ⅲ级	HRB400	Φ	6～50	400	540	360	360	2.0×10^5
	HRBF400	Φ^F						
	HRRB400	Φ^R						
Ⅳ级	HRB500	Φ	6～50	500	630	435	410	2.0×10^5
	HRBF500	Φ^F						

4）预应力钢丝、钢绞线和预应力螺纹钢筋

直径小于 6mm 的钢筋称为钢丝。《混凝土规范》中有预应力钢丝(光面、螺旋肋)、消除应力钢丝（光面、螺旋肋)。

光面钢丝：是用高碳镇静钢轧制成圆盘后，经过多道冷拔并进行应力消除、矫直、回火处理而成。其强度高、塑性好，但与混凝土的粘结力差，一般用作预应力筋。

螺旋肋钢丝：是用普通低碳钢或低合金钢热轧的圆盘条作为母材，经冷轧减径在其表面形成二面或三面有月牙肋的钢丝。与混凝土之间的粘结力强，可用作预应力筋。

钢绞线是由多根消除应力钢丝用绞盘绞结成一股而形成，可分为 3 股和 7 股两种。

2. 钢筋的力学性能

钢筋混凝土结构所用的钢筋，按其力学性能的不同可分为有明显屈服点的钢筋(如热轧钢筋)和无明显屈服点的钢筋(如热处理钢筋)两类。

从有明显屈服点的钢筋的应力-应变曲线(图 2.7) 可以看出，应力值在 a 点以前，应力与应变成正比，a 点对应的应力称为比例极限，Oa 段称为弹性阶段。当应力超过 a 点以后，应变较应力增长为快，钢筋开始表现出塑性性质。

当应力到达 b 点时，钢筋开始屈服，这时应力不增加而应变继续增加，直至 c 点。对应于 b 点的应力称为屈服强度，bc 段称为流幅或屈服台阶。

过了 c 点之后，应力又继续上升，说明钢筋的抗拉能力有所提高，直到曲线上升到最高点 d。cd 段称为钢筋的强化阶段，d 点相应的应力称为极限强度。过了 d 点以后，试件在薄弱处截面将显著缩小，产生局部颈缩现象，塑性变形迅速增加，而应力随之下降，达到 e 点试件被拉断。de 段称为颈缩阶段。

从无明显屈服点钢筋的应力-应变曲线(图 2.8) 可以看出，钢筋没有明显的流幅，塑性变形大为减少。

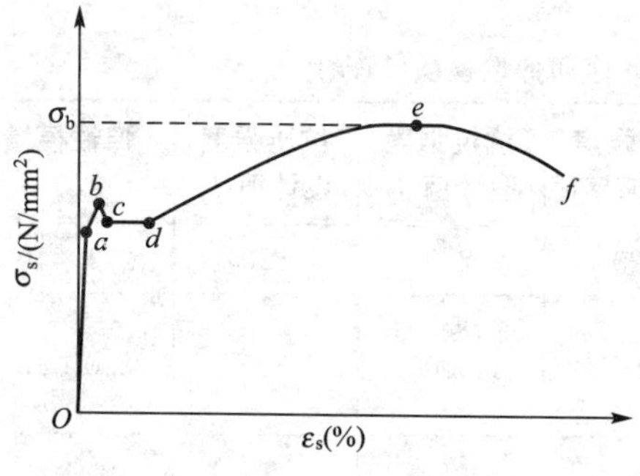

图 2.7 有明显屈服点钢筋的 $\sigma - \varepsilon$ 曲线

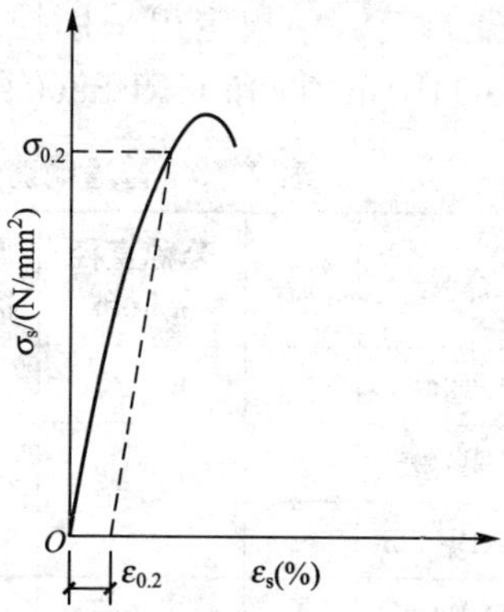

图 2.8 无明显屈服点钢筋的应力-应变关系曲线

在进行钢筋混凝土结构计算时，对于有明显屈服点的钢筋，取它的屈服强度作为设计强度的依据。因为当结构构件中某一截面钢筋应力达到屈服强度后，它将在荷载基本不增加的情况下产生持续的塑性变形，构件可能在钢筋尚未进入强化阶段之前就已破坏或产生过大的变形与裂缝而影响正常使用。对于无明显屈服点的钢筋，取相应于残余应变 $\varepsilon=$

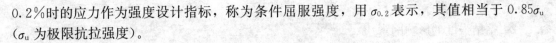

0.2%时的应力作为强度设计指标，称为条件屈服强度，用 $\sigma_{0.2}$ 表示，其值相当于 $0.85\sigma_u$（σ_u 为极限抗拉强度）。

3. 钢筋冷弯

钢筋除了有足够的强度外，还应具有一定的塑性变形能力，反映钢筋塑性性能的基本指标是伸长率和冷弯性能。钢筋试件拉断后的伸长值与原长的比值称为伸长率。伸长率越大，塑性越好。

冷弯是将直径为 d 的钢筋绕直径为 D 的钢辊进行弯曲(图 2.9)，弯成一定的角度而不发生断裂，并且无裂纹及起层现象，就表示合格。钢辊的直径 D 越小，弯转角 α 越大，说明钢筋的塑性越好。

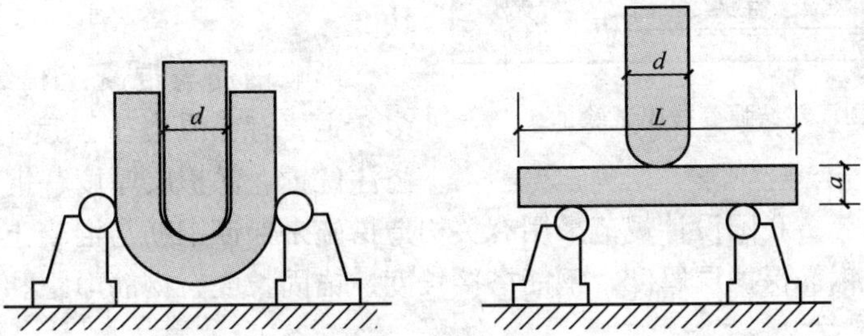

图 2.9 钢筋冷弯

4. 钢筋的选用

《混凝土规范》规定了各种牌号钢筋的选用原则，要求混凝土结构的钢筋应按下列要求选用。

(1) 纵向受力钢筋宜采用 HRB400、HRB500、HRBF400、HRBF500 钢筋，也可采用 HPB300、HRB335、HRBF335、RRB400 级钢筋。

(2) 梁、柱纵向受力钢筋应采用 HRB400、HRB500、HRBF400、HRBF500 钢筋。

(3) 箍筋宜采用 HRB400、HRB500、HRBF400、HRBF500、HPB300，也可采用 HRB335、HRBF335 钢筋。

(4) 预应力筋宜采用预应力钢丝、钢绞线和预应力螺纹钢筋。

5. 钢筋与混凝土的粘结

1) 粘结的作用及产生原因

钢筋和混凝土这两种性质不同的材料结合在一起，在荷载、温度、收缩等各种外界因素下，能够有效地共同工作，除了两者具有相近的线膨胀系数外，主要是由于混凝土硬化后钢筋与混凝土之间产生了良好的粘结力。粘结应力通常是指钢筋与混凝土接触面上的剪应力，如果沿钢筋长度上没有钢筋应力的变化，也就不存在粘结应力。通过粘结可以传递混凝土和钢筋两者间的应力，协调变形。否则，它们就不可能共同工作。

试验表明，钢筋与混凝土之间产生粘结作用主要有以下三方面的原因：一是钢筋与混凝土接触面上产生的化学吸附作用力，也称胶结力。这种力一般很小，当接触面发生相对滑移时，该力即行消失。混凝土强度等级越高，胶结力也越高；二是因为混凝土收缩将钢筋紧紧握固而产生的摩擦力；三是由于钢筋表面凹凸不平与混凝土之间产生的机械咬合力。这种机械咬合力往往很大，是变形钢筋粘结能力的主要来源。光面钢筋的粘结能力主要来源于胶结力和摩擦力。

2）粘结强度的影响因素

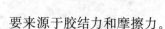

粘结强度通常采用拔出试验来测定(图 2.10)。试验表明，钢筋与混凝土的粘结应力沿钢筋长度方向是不均匀的。最大粘结应力在离端部某一距离处，越靠钢筋尾部，粘结应力越小。钢筋埋入长度越长，拔出力越大，但埋入过长则尾部的粘结应力很小，甚至为零。由此可见，为了保证钢筋与混凝土有可靠的粘结，钢筋应有足够的锚固长度 l_a，但也不必太长。受拉钢筋的锚固长度 l_a 值见模块 2。

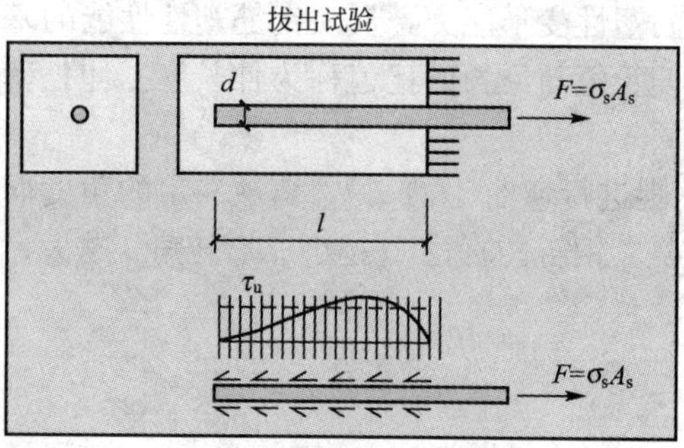

图 2.10　粘结强度拔出试验

影响钢筋与混凝土粘结强度的因素很多，主要有：混凝土强度、钢筋表面形状、浇注位置、保护层厚度、钢筋间距、横向钢筋、侧向压应力等。我国设计规范采用有关构造措施来保证钢筋与混凝土的粘结强度，这些构造措施有：钢筋保护层厚度、钢筋搭接长度、锚固长度、钢筋净距和受力光面钢筋端部做成弯钩等。

本模块小结

(1) 在工程中常用的混凝土强度有：立方体抗压强度 f_{cu}，轴心抗压强度 f_c 和轴心抗拉强度 f_t 等。其中，混凝土立方体抗压强度是衡量混凝土最基本的强度指标，是评价混凝土强度等级的标准，混凝土的其他力学指标可由立方体抗压强度换算得到。

(2) 由混凝土的应力-应变关系可知混凝土是一种弹塑性材料。低强度混凝土比高强度混凝土有较好的延性；三向受压状态下的混凝土与单向受压混凝土相比，不但提高了强度，并且有效地提高了延性。

(3) 混凝土在长期不变荷载作用下，应变随时间增长的现象称为混凝土徐变。徐变对结构的影响有不利的一面，也有有利的一面；混凝土在空气中结硬时体积减小的现象称为收缩。

(4) 钢筋混凝土结构所用的钢筋，按其力学性能的不同可分为有明显屈服点的钢筋和无明显屈服点的钢筋。

(5) 钢筋和混凝土之间的粘结作用是保证两者能较好地共同工作的主要原因之一。变形钢筋粘结能力的主要来源是钢筋与混凝土之间产生的机械咬合力；光面钢筋粘结能力的主要来源是钢筋与混凝土之间产生的胶结力和摩擦力。影响钢筋与混凝土之间粘结作用的因素很多，《混凝土规范》主要采用构造措施来保证钢筋与混凝土之间的粘结力。

模块2.2 钢筋混凝土受弯构件

教学目标

掌握受弯构件形式及构造要求的主要分类和等级划分，理解受弯构件正截面承载力计算的理论，掌握受弯构件正截面承载力验算的基本应用，掌握梁、板平法施工图的识读方法。

教学要求

知识要点	能力要求	相关知识	所占分值（100分）	自评分数
受弯构件形式及构造	掌握梁、板的形式及构造要求	受弯构件内力分布、混凝土材料性能、钢筋性能	30	
受弯构件正截面承载力验算	了解影响受弯构件正截面承载力因素；掌握受弯构件正截面承载力验算方法	受弯构件弯矩图、受弯构件正应力分布	10	
受弯构件斜截面承载力验算	了解影响受弯构件斜截面承载力因素；掌握受弯构件斜截面承载力验算方法	受弯构件剪力图、受弯构件剪应力分布	10	
受弯构件变形验算	熟练掌握受弯构件变形验算方法	建筑力学中变形分析方法	10	
梁、板平法施工图	掌握梁、板平法施工图制图规则；熟练识读结构施工图	建筑制图、平法施工图集	40	

模块导读

在梁、板的实际工程中，我们看到梁、板中有各种形式的钢筋，通长的、板面及板底的、梁上部及下部的，还有矩形的钢筋等，它们各自的作用是什么？各自的构造有哪些要求？以及在施工图纸中如何识读？下面我们将解决这些问题。

任务2.2.1 熟练掌握受弯构件形式及构造要求

力学对受弯构件的定义为：以承受弯矩为主的构件称为受弯构件。在建筑结构中主要受弯构件为梁、板，下面我们先认识一下梁、板的一般构造要求，再学习承载力的验算。

1. 梁

1) 梁的截面形式(图2.11)

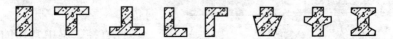

图2.11 梁的截面形式

梁最常用的截面形式有矩形和T形。此外还可根据需要做成花篮形、十字形、I形、倒T形、倒L形等。现浇整体式结构，为了便于施工，常采用矩形或T形截面；而在预制装配式楼盖中，为了搁置预制板可采用矩形，为了不使室内净高降低太多，也可采用花篮形、十字形截面；薄腹梁则可采用I形截面。

2）截面尺寸

梁的截面尺寸通常沿梁全长保持不变，以方便施工。在确定截面尺寸时，应满足下述的构造要求。

(1) 按挠度要求的梁最小截面高度。在设计时，对于一般荷载作用下的梁可参照表2-4初步确定梁的高度，此时，梁的挠度要求一般能得到满足。

表2-4　梁的截面高度

项次	构件种类		简支	两端连续	悬臂
1	整体肋形梁	次梁	$l_0/20$	$l_0/25$	$l_0/8$
		主梁	$l_0/12$	$l_0/15$	$l_0/6$
2	独立梁	$l_0/12$	$l_0/15$	$l_0/6$	

注：① l_0 为梁的计算跨度。
② 梁的计算跨度 $l_0 \geqslant 9$m 时，表中数值应乘以1.2的系数。

(2) 常用梁高。常用梁高为200、250、300、350…750、800、900、1000(单位：mm)等。截面高度：$h \leqslant 800$mm时，取50mm的倍数；$h > 800$mm时，取100mm的倍数。

(3) 常用梁宽。梁高确定后，梁宽度可由常用的高宽比来确定。

矩形截面：$h/b = 2.0 \sim 3.5$。

T形截面：$h/b = 2.5 \sim 4.0$。

常用梁宽为150mm、180mm、200mm等，如宽度 $b > 200$mm，应取50mm的倍数。

(4) 支承长度。

当梁的支座为砖墙或砖柱时，可视为简支座，梁伸入砖墙、柱的支承长度应满足梁下砌体的局部承压强度，且当梁高 $h \leqslant 500$mm时，$a \geqslant 180$mm；$h > 500$mm时，$a \geqslant 240$mm。

当梁支承在钢筋混凝土梁(柱)上时，其支承长度≥180mm；钢筋混凝土桁条支承在砖墙上时，$a \geqslant 120$mm，支承在钢筋混凝土梁上时，$a \geqslant 80$mm。

3）梁内钢筋的类别、作用及构造要求(图2.12)

在一般的钢筋混凝土梁中，通常配置有纵向受力钢筋、箍筋、弯起钢筋及架立钢筋。当梁的截面高度较大时，尚应在梁侧设置构造钢筋。

(1) 纵向受力钢筋。纵向受力钢筋的作用主要是承受弯矩在梁内所产生的拉力，应设置在梁的受拉一侧，其数量应通过计算来确定。通常采用Ⅰ级、Ⅱ级及Ⅲ级钢筋，当混凝土的强度等级大于或等于C20时，从经济性及钢筋与混凝土的粘结较好这一方面出发，宜优先采用Ⅱ级及Ⅲ级钢筋。

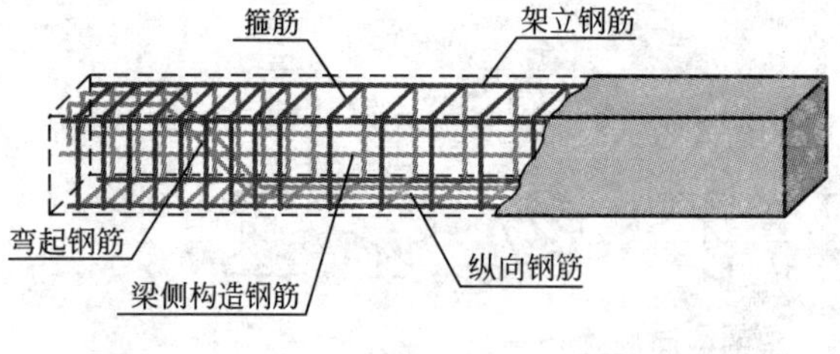

图2.12　梁内钢筋

① 直径。梁中常用的纵向受力钢筋直径为10～25mm，一般不宜大于28mm，以免造成梁的裂缝过宽。另

外，同一构件中钢筋直径的种类不宜超过三种，其直径相差不宜小于 2mm，以便施工时肉眼能够识别，同时直径也不应相差太悬殊，以免钢筋受力不均匀。

② 间距。梁上部纵向受力钢筋的净距，不应小于 30mm，也不应小 1.5d(d 为受力钢筋的最大直径)，梁下部纵向受力钢筋的净距，不应小于 25mm，也不应小于 d。构件下部纵向受力钢筋的配置多于两层时，自第三层时起，水平方向的中距应比下面两层的中距大一倍(图 2.13)。

③ 钢筋的根数及层数。梁内纵向受力钢筋的根数不应少于两根，当梁宽 $b<$ 100mm 时，也可为一根。在确定钢筋根数时需注意，如选用钢筋的直径较大，则钢筋的数量势必减少；而钢筋的直径大会使得梁的裂缝宽度增大，同时在梁的抗剪计算中，当剪力较大时，会造成无纵筋可弯的情况。但钢筋的根数也不宜太多，否则不能满足受力钢筋的净距要求，同时也会给混凝土的浇筑工作带来不便。

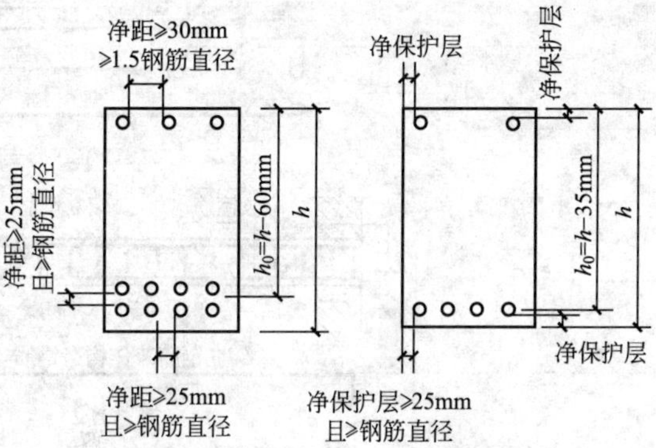

图 2.13 纵向受力钢筋的净距

纵向受力钢筋的层数，与梁的宽度、钢筋根数、直径、间距及混凝土保护层的厚度等因素有关，通常要求将钢筋沿梁宽均匀布置，并尽可能排成一排，以增大梁截面的内力臂，提高梁的抗弯能力。只有当钢筋的根数较多，排成一排时不能满足钢筋净距、混凝土保护层厚度时，才考虑将钢筋排成两排，但此时梁的抗弯能力将较钢筋排成一排时为低(当钢筋的数量一样时)。

④ 受力钢筋的混凝土保护层(图 2.14)。最小厚度 c，按表 2-5 确定。

表 2-5 纵向受力钢筋的混凝土保护层最小厚度(mm)

环境类别		板、墙、壳			梁			柱		
		≤C20	C25～C45	≥C50	≤C20	C25～C45	≥C50	≤C20	C25～C45	≥C50
一		20	15	15	30	25	25	25	20	20
二	a	—	20	20	—	25	25	—	25	25
	b	—	25	25	—	35	35	—	35	35
三		—	30	30	—	40	35	—	40	40

注：① 基础中纵向受力钢筋的混凝土保护层厚度不应小于 40mm，当无垫层是不应小于 70mm。

② 处于一类环境且由工厂生产的预制构件，当混凝土强度等级不低于 C20 时，其保护层厚度可按表中规定减少 5mm，但预应力钢筋的保护层厚度不应小于 15mm；处于二类环境且由工厂生产的预制构件，当表面采取有效保护措施时，保护层厚度可按表中一类环境的数值取用。

③ 预制钢筋混凝土受弯构件钢筋端头的保护层厚度不应小于 10mm；预制肋形板主肋钢筋的保护层厚度应按梁的数值考虑。

④ 板、墙、壳中分布钢筋的保护层厚度不应小于表中相应数值减 10mm，且不应小于 10mm。

⑤ 当梁、柱中纵向受力钢筋的混凝土保护层厚度大于 40mm 时，应对保护层采取有效的防裂构造措施。处于二、三类环境中的悬臂板，其上表面应采取有效的保护措施。

⑥ 对有防火要求的建筑物，其混凝土保护层厚度尚应符合国家现行有关标准的要求。处于四、五类环境中的建筑物，其上表面应采取有效的保护措施。

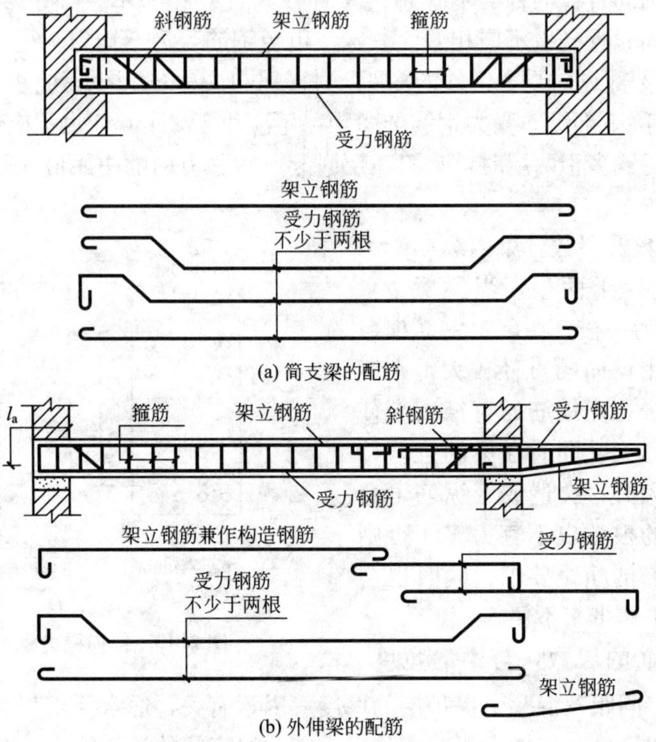

图 2.14　单跨梁的配筋构造

⑤ 配筋形式。

特别提示

此外，力学中进行受弯构件内力分析的作用就是为结构配筋提供依据，比如说弯矩图。

a. 简支梁。单跨简支梁在荷载作用下只产生跨中正弯矩，故应将纵向受力钢筋置于梁的下部，其数量按最大正弯矩计算求得。当梁砌筑于墙内时，在梁的支座处将产生少量的负弯矩，此时可利用架立钢筋作为构造负筋或将部分跨中受力钢筋在支座附近弯起至梁的上面，以承担支座处的负弯矩，余下的纵向受力钢筋应全部伸入支座，其数量当 $b \geqslant$ 150mm 时，不应少于两根；当 $b<$150mm 时可为一根 [图 2.14(a)]。

b. 外伸梁。在荷载作用下简支跨跨中产生正弯矩，纵向受力钢筋应置于梁的下部；悬臂部分产生负弯矩，故纵向受力钢筋应配置在梁的上部，并应伸入简支跨上部一定距离，以承担简支跨支座附近的负弯矩。其延伸长度应根据弯矩图的分布情况来确定 [图 2.14(b)]。

(2) 架立钢筋。架立钢筋一般为两根，布置在梁截面受压区的角部。

架立钢筋的作用：固定箍筋的正确位置，与纵向受力钢筋构成钢筋骨架，并承受因温度变化、混凝土收缩而产生的拉力；以防止发生裂缝，另外在截面的受压区布置钢筋对改善混凝土的延性亦有一定的作用。

架立钢筋的直径：当梁的跨度 l_0 小于 4m 时，直径不宜小于 8mm；当如 l_0 等于 4～6m 时，直径不宜小于 10mm，当 l_0 大于 6m 时，直径不宜小于 12mm。

(3) 梁侧构造钢筋(图 2.15)。梁侧构造钢筋的作用：承受因温度变化、混凝土收缩在梁的中间部位引起的拉应力，防止混凝土在梁中间部位产生裂缝。

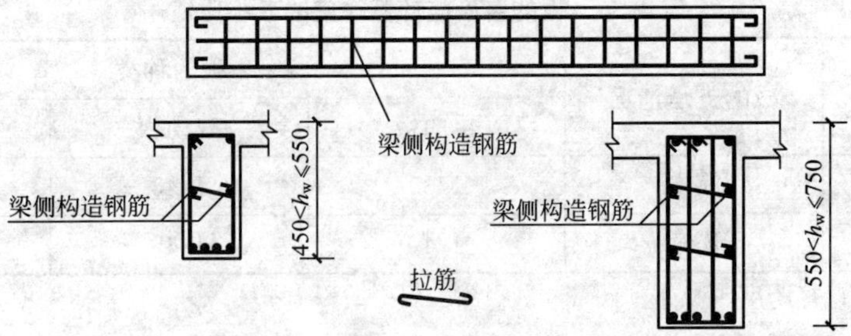

图 2.15　梁侧构造钢筋及拉筋布置

当梁的腹板高度 h_w > 450mm 时，在梁的两个侧面应沿高度配置纵向构造钢筋，每侧纵向构造钢筋的截面面积不应小于腹板截面面积的 0.1%，间距不宜大于 200mm。

梁两侧的纵向构造钢筋宜用拉筋联系，拉筋的直径与箍筋直径相同，间距为 300～500m，通常取为箍筋间距的两倍。

(4) 箍筋。主要作用是作为腹筋承受力，除此之外，还起到固定纵筋位置，形成钢筋骨架的作用。由于箍筋属于受拉钢筋，因此箍筋必须有很好的锚固。为此，应将箍筋端部锚固在受压区内。对封闭式箍筋，其在受压区水平肢将约束混凝土的横向变形，有助于提高混凝土的强度。

4) 钢筋混凝土梁常用材料

(1) 混凝土强度等级。

梁常用的混凝土强度等级为 C20、C25、C30、C35、C40。

(2) 钢筋强度等级和常用直径。

① 梁内纵向受力钢筋宜采用 HRB335、HRB400、RRB400。

直径：12mm、14mm、16mm、18mm、20mm、22mm、25mm。

根数：最好不少于 3 根(或 4 根)，一般为便于施工肉眼识别梁中采用不同直径的钢筋，直径相差至少 2mm。

对绑扎的钢筋骨架，纵向受力筋直径：梁 $h \geqslant 300$ 时，$d \geqslant 10$mm；当 $h < 300$mm，$d \geqslant 8$mm。

② 梁的箍筋宜采用 HPB300、HRB335、HRB400，常用直径 6mm、8mm、10mm。

③ 架立钢筋：架立钢筋一般为两根，布置在梁截面受压区角部。

2. 板

板内钢筋的类别、作用及构造要求。

1) 板的厚度

板的厚度除应满足强度、刚度和裂缝等方面的要求外，还应考虑使用要求、施工方法和经济方面的因素。

由于板的混凝土用量占整个楼盖混凝土用量的一半左右甚至更多，从经济方面考虑，宜取较小数值，并宜符合下列规定。

(1) 板的最小厚度。

① 按挠度要求确定。对于现浇民用建筑楼板，当板的厚度与计算跨度之比值满足

表2-6时，则可认为板的刚度基本满足要求，而不需进行挠度验算。若板承受的荷载较大，则应按钢筋混凝土受弯构件不需做挠度验算的最大跨高比条件来确定。

表2-6　板的厚度与计算跨度的最小比值

项次	板的支承情况	板的种类		
		单向板	双向板	悬臂板
1	简支	1/35	1/45	—
2	连续	1/40	1/45	1/12

注：l_0 为板的计算跨度。

② 按施工要求确定。楼板现浇时，若板的厚度太小，则施工误差带来的影响就很大，故对现浇楼板的最小厚度，应符合表2-7的规定。

表2-7　现浇钢筋混凝土板的最小厚度(mm)

板的类别		最小厚度
单向板	屋面板	60
	民用建筑楼板	60
	工业建筑楼板	70
	行车道下的楼板	80
双向板		80
密肋板	面板	50
	肋高	250
悬臂板（固定端）	板的悬臂长度小于或等于500mm	60
	板的悬臂长度1200mm	100
无梁楼板		150

(2) 板的常用厚度。工程中单向板常用的板厚有60mm、70mm、80mm、100mm、120mm，预制板的厚度可比现浇板小一些，且可取5mm的倍数。

2) 板的支承长度

(1) 现浇板搁置在砖墙上时，其支承长度 a 应满足以 $a \geqslant h$(板厚)及 $\geqslant$120mm。

(2) 预制板的支承长度应满足以下条件：

搁置在砖墙上时，其支承长度以 $a \geqslant 100$mm；搁置在钢筋混凝土屋架或钢筋混凝土梁上时，$a \geqslant 80$mm；搁置在钢屋架或钢梁上时，以 $a \geqslant 60$mm。

(3) 支承长度尚应满足板的受力钢筋在支座内的锚固长度。

3) 钢筋

因为板所受到的剪力较小，截面相对又较大，在荷载作用下通常不会出现斜裂缝，所以不需依靠箍筋来抗剪，同时板厚较小也难以配置箍筋。故板仅需配置受力钢筋和分布钢筋。

(1) 受力钢筋。

① 直径。板中的受力钢筋通常采用Ⅰ级或Ⅱ级钢筋，常用的直径为6mm、8mm、

10mm、12mm。在同一构件中，当采用不同直径的钢筋时，其种类不宜多于2种，以免施工不便。

② 间距。板内受力钢筋的间距不宜过小或过大，过小则不易浇筑混凝土且钢筋与混凝土之间的可靠粘结难以保证；过大则不能正常分担内力，板的受力不均匀，钢筋与钢筋之间的混凝土可能会引起局部损坏。板内受力钢筋中至中的距离，当板厚≤150mm时，不宜大于200mm；当板厚>150mm时，不宜大于1.5h，且不宜大于250mm。

③ 混凝土保护层厚度。为了保证钢筋不致因混凝土的碳化而产生锈蚀，保证钢筋和混凝土能紧密地粘结在一些共同工作，受力钢筋的表面必须有一定厚度的混凝土保护层。《混凝土规范》根据构件种类、构件所处的环境条件和混凝土强度等级等规定了混凝土保护层的最小厚度，按表2-8确定。同时，混凝土保护层的厚度还不应小于受力钢筋的直径。

表2-8 纵向受力钢筋的混凝土保护层最小厚度 单位：mm

环境类别		板、墙、壳			梁			柱		
		≤C20	C25～C45	≥C50	≤C20	C25～C45	≥C50	≤C20	C25～C45	≥C50
一		20	15	15	30	25	25	25	20	20
二	a	—	20	20	—	25	25	—	25	25
	b	—	25	25	—	35	35	—	35	35
三		—	30	30	—	40	35	—	40	40

注：① 基础中纵向受力钢筋的混凝土保护层厚度不应小于40mm，当无垫层是不应小于70mm。
② 处于一类环境且由工厂生产的预制构件，当混凝土强度等级不低于C20时，其保护层厚度可按表中规定减少5mm，但预应力钢筋的保护层厚度不应小于15mm；处于二类环境且由工厂生产的预制构件，当表面采取有效保护措施时，保护层厚度可按表中一类环境的数值取用。
③ 板、墙、壳中分布钢筋的保护层厚度不应小于表中相应数值减10mm，且不应小于10mm。
④ 当梁、柱中纵向受力钢筋的混凝土保护层厚度大于40mm时，应对保护层采取有效的防裂构造措施。处于二、三类环境中的悬臂板，其上表面应采取有效的保护措施。
⑤ 对有防火要求的建筑物，其混凝土保护层厚度尚应符合国家现行有关标准的要求。处于四、五类环境中的建筑物，其上表面应采取有效的保护措施。

(2) 分布钢筋。垂直于板的受力钢筋方向上布置的构造钢筋称为分布钢筋，配置在受力钢筋的内侧。分布钢筋的作用是将板面上承受的荷载更均匀地传给受力钢筋，并用来抵抗温度、收缩应力沿分布钢筋方向产生的拉应力，同时在施工时可固定受力钢筋的位置。

分布钢筋可按构造配置。《混凝土规范》规定：分布钢筋的截面面积不宜小于受力钢筋截面面积的15%，且不宜小于该方向板截面面积的0.15%；其间距不宜大于250mm。分布钢筋的直径不宜小于6mm。若受力钢筋的直径为12mm或以上时；直径可取8mm或10mm。对集中荷载较大的情况，分布钢筋的截面面积应适当增加，其间距不宜大于200mm。

任务2.2.2 理解受弯构件正截面承载力

1. 钢筋混凝土梁破坏特征

受弯构件正截面的破坏特征主要由纵向受拉钢筋的配筋率 ρ 的大小确定。受弯构件的

配筋率用 ρ，纵向受拉钢筋的截面面积与正截面的有效面积的比值来表示。但在验算最小配筋率时，有效面积应改为全面积。

$$\rho=\frac{A_s}{bh_0} \tag{2-2}$$

式中 A_s——纵向受力钢筋的截面面积，mm^2；

b——截面的宽度，mm；

h_0——截面的有效高度，$h_0=h-a_s$，mm；

a_s——受拉钢筋合力作用点到截面受拉边缘的距离。

在室内正常环境下，对于板：

当>C20 时，取 $a_s=c+\frac{d}{2}=15+\frac{10}{2}=20$mm

当≤C20 时，取 $a_s=c+\frac{d}{2}=20+\frac{10}{2}=25$mm

对于梁：

当>C20 时，取 $a_s=c+\frac{d}{2}=25+\frac{10}{2}=35$mm(一排钢筋)

或 $a_s=c+d+\frac{c}{2}=25+20+\frac{25}{2}=57.5$mm，取 $a_s=60$mm(二排钢筋)

当≤C20 时，取 $a_s=c+d+\frac{c}{2}=30+\frac{20}{2}=40$mm(一排钢筋)

或 $a_s=c+d+\frac{c}{2}=30+20+\frac{25}{2}=62.5$mm，取 $a_s=65$mm(二排钢筋)

其中，d 为纵向受拉钢筋的直径，梁假定为 20mm。

由 ρ 的表达式看到，ρ 越大，表示 A_s 越大，既纵向受拉钢筋的数量越多。

由于配筋率 ρ 的不同，钢筋混凝土受弯构件将产生不同的破坏情况，根据其正截面的破坏特征可分为适筋梁、超筋梁、少筋梁三种破坏情况。

1) 适筋梁破坏

纵向受力钢筋的配筋率 ρ 合适的梁称为适筋梁。

通过对钢筋混凝土梁多次的观察和试验表明，适筋梁从施加荷载到破坏可分为 3 个阶段(图 2.16)。

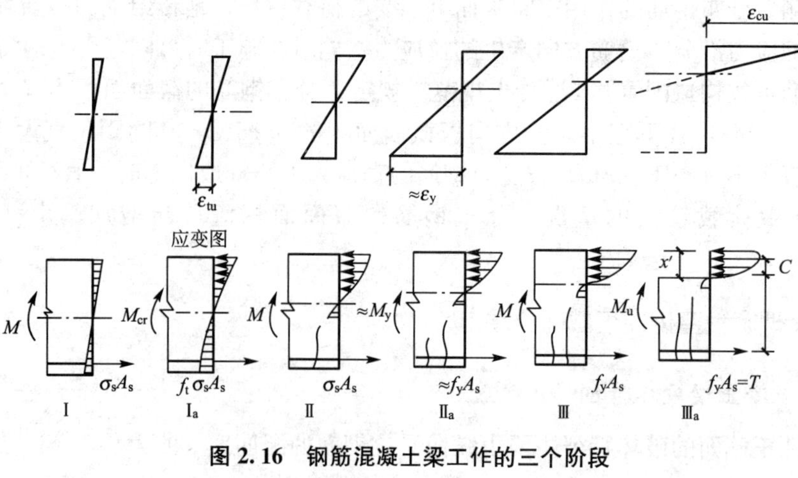

图 2.16　钢筋混凝土梁工作的三个阶段

(1) 第1阶段——弹性工作阶段。从加荷开始到梁受拉区出现裂缝以前为第Ⅰ阶段。此时，荷载在梁上部产生的压力由截面中和轴以上的混凝土承担，荷载在梁下部产生的拉力由布叠在梁下部的纵向受拉钢筋和中和轴以下的混凝土共同承担。当弯矩不大时，混凝土基本处于弹性工作阶段。应力应变成正比，受压区和受拉区混凝土应力分布图形为三角形。当弯矩增大时，由于混凝土抗拉能力远较抗压能力低，故受拉区的混凝土将首先开始表现出塑性性质，应变较应力增长速度为快。当弯矩增加到开裂弯矩时，受拉区边缘纤维应变恰好到达混凝土受弯时极限拉应变 ε_t。梁处于将裂未裂的极限状态，而此时受压区边缘纤维应变量相对还很小，故受压区混凝土基本上仍属于弹性工作性质，即受压区应力图形接近三角形。此即第Ⅰ阶段末，以 I_a 表示。I_a 可作为受弯构件抗裂度的计算依据。值得注意的是：此时钢筋相应的拉应力较低，只有 20N/mm^2 左右(图 2.17)。

特别提示

受弯构件正应力的分布在力学课程中详细介绍过，如图 2.17 所示。

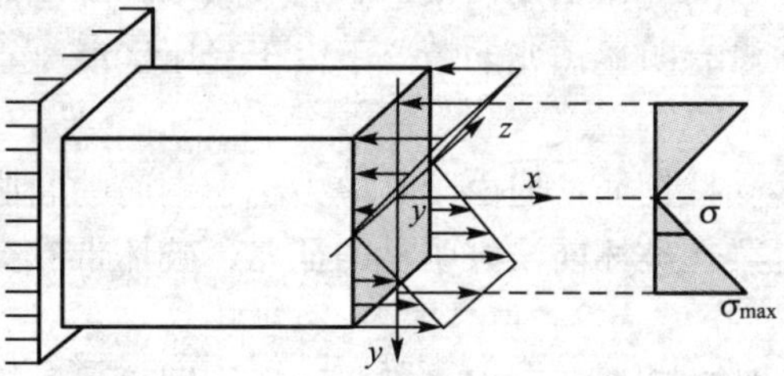

图 2.17　受弯构件正应力的分布

(2) 第Ⅱ阶段——带裂缝工作阶段。当弯矩再增加时，梁将在抗拉能力最薄弱的截面处首先出现第一条裂缝，一旦开裂，梁即由第Ⅰ阶段转化为第Ⅱ阶段工作。

在裂缝截面处，由于混凝土开裂，受拉区的拉力主要由钢筋承受，使得钢筋应力较开裂前突然增大很多，随着弯矩 M 的增加，受拉钢筋的拉应力迅速增加，梁的挠度、裂缝宽度也随之增大，截面中和轴上移，截面受压区高度减小，受压区混凝土塑性性质将表现得越来越明显，受压区应力图形呈曲线变化。当弯矩继续增加使得受拉钢筋应力达到屈服点此时截面所能承担的弯矩称为屈服弯矩 M_y，相应称此时为第Ⅱ阶段末，以 II_a 表示。

第Ⅱ阶段相当于梁使用时的应力状态，II_a 可作为受弯构件使用阶段的变形和裂缝开展计算时的依据。

(3) 第Ⅲ阶段——破坏阶段。钢筋达到屈服强度后，它的应力大小基本保持不变，而变形将随着弯矩 M 的增加而急剧增大，使受拉区混凝土的裂缝迅速向上扩展，中和轴继续上移，混凝土受压区高度减小，压应力增大，受压混凝土的塑性特征表现得更加充分，压应力图形呈显著曲线分布。当弯矩 M 增加至极限弯矩时，称为第Ⅲ阶段末，以 III_a 表示。此时，混凝土受压区边缘纤维到达混凝土受弯时的极限压应变 ε。受压区混凝土将产生近乎水平的裂缝，混凝土被压碎，标志着梁已开始破坏。这时截面所能承担的弯矩即为破坏弯矩 M_u，这时的应力状态即作为构件承载力极限状态计算的依据。

在整个第Ⅲ阶段，钢筋的应力都基本保持屈服强度不变直至破坏：这一性质对于我们在今后分析混凝土构件的受力情况时非常重要。

综上所述，对于配筋合适的梁，其破坏特征是：受拉钢筋首先到达屈服强度，继而进入塑性阶段，产生很大的塑性变形，梁的挠度、裂缝也都随之增大，最后因受压区的混凝土达到其极限压应变被压碎而破坏，如图 2.18(a)所示。由于在此过程中梁的裂缝急剧开展和挠度急剧增大，将给人以梁即将破坏的明显预兆，故称此种破坏为“延性破坏”，由于适筋梁的材料强度能充分发挥，符合安全可靠、经济合理的要求，故梁在实际工程中都应设计成适筋梁。

2）超筋梁

纵向受力钢筋的配筋率 ρ 过大的梁称为超筋梁。

由于纵向受力钢筋过多，故当受压区边缘纤维应变达到混凝土受弯时的极限压应变时，钢筋的应力尚小于屈服强度，但此时梁已因受压区混凝土被压碎而破坏。试验表明，钢筋在梁破坏前仍处于弹性工作阶段，由于钢筋过多，导致钢筋的应力不大，从而钢筋的应变也很小，梁裂缝开展不宽，延伸不高，梁的挠度亦不大，如图 2.18(b)所示。因此，超筋梁的破坏特征是：当纵向受拉钢筋还未达到屈服强度，梁就因受压区的混凝土被压碎而破坏。因为这种梁是在没有明显预兆的情况下由于受压区混凝土突然压碎而破坏，故称为“脆性破坏”。

超筋梁虽配置了很多受拉钢筋，但由于其应力小于钢筋的屈服强度，不能充分发挥钢筋的作用，造成浪费，且梁在破坏前没有明显的征兆，破坏带有突然性，故工程实际中不允许设计成超筋梁。

比较适筋梁和超筋梁的破坏特征可以发现，两者相同之处是破坏时都是以受压区的混凝土被压碎作为标志，不同的地方是适筋梁在破坏时受拉钢筋已达到其屈服强度，而超筋梁在破坏时受拉钢筋的应力达不到屈服强度。因此，在钢筋和混凝土的强度确定之后，一根梁总会有一个特定的配筋率，它使得梁在受拉钢筋的应力到达屈服强度的同时受压区边缘纤维应变也恰好到达混凝土受弯时的极限应变值，即存在一个配筋率。它使得受拉钢筋达到屈服强度和受压区混凝土被压碎同时发生。这时梁的破坏叫做“界限破坏”，这也是适筋梁与超筋梁的界限，或称之为“平衡配筋梁”。鉴于安全和经济的原因，在实际工程中不允许采用超筋梁，故这个特定的配筋率实际上就限制了适筋梁的最大配筋，我们称它为适筋梁的最大配筋率用 ρ_{max} 表示。因此，当梁的实际配筋率 $\rho<\rho_{max}$，梁受压区混凝土受压破坏时受拉钢筋可以达到屈服强度，属适筋梁破坏。当 $\rho>\rho_{max}$，梁受压区混凝土受压破坏时受拉钢筋达不到屈服强度，属超筋梁破坏。而当 $\rho=\rho_{max}$。时，受拉钢筋应力到达屈服强度的同时受压区混凝土压碎而致梁破坏，属界限破坏。为了在设计中不出现超筋梁，则应满足 $\rho\leqslant\rho_{max}$。

3）少筋梁

纵向受力钢筋的配筋率 ρ 过小的梁称为少筋梁。

少筋梁在受拉区的混凝土开裂前，截面的拉力由受拉区的混凝土和受拉钢筋共同承担，当受拉区的混凝土一旦开裂，截面的拉力几乎全部由钢筋承受，由于受拉钢筋过少，所以钢筋的应力立即达到受拉屈服强度，并且可能迅速经历整个流幅而进入强化阶段，若钢筋的数量很少的话，钢筋甚至可被拉断，如图 2.18(c)所示。其破坏特征是：少筋梁破坏时，裂缝往往集中出现一条，不仅展开宽度很大，且沿梁高延伸较高，梁的挠度也很大，已不能满足正常使用的要求，即使此受压区混凝土还未被压碎，也认为梁已破坏。

由于受拉钢筋过少，从单纯满足梁的抗弯承载力需要出发，少筋梁的截面尺寸必然过大，故不经济；且它的承载力主要取决于混凝土的抗拉强度，破坏时受压区混凝土强度未能充分利用，梁破坏时没有明显的预兆，属于“脆性破坏”性质。故在实际工程中不允许采用少筋梁。

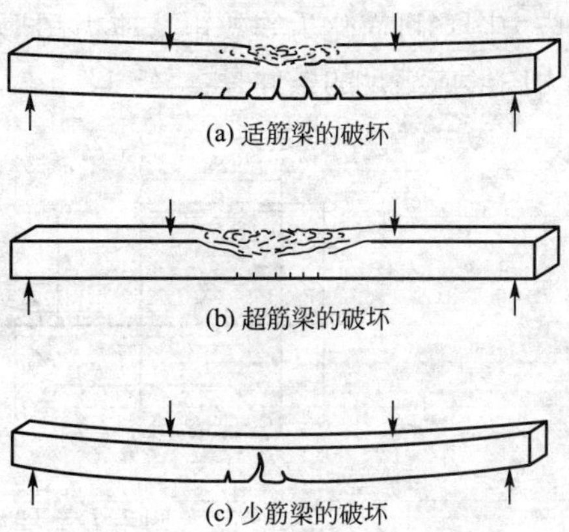

图 2.18　梁的三种破坏形式

2. 受弯构件正截面承载力计算的基本原则

1) 基本假定

(1) 截面应变保持平面。构件正截面在受荷前的平面，在受荷弯曲变形后仍保持平面，即截面中的应变按线性规律分布，符合平截面假定。

(2) 不考虑混凝土的抗拉强度。由于混凝土的抗拉强度很低，在荷载不大时就已开裂，在Ⅲ阶段受拉区只在靠近中和轴的地方存在少许的混凝土，其承担的弯矩很小，所以在计算中不考虑混凝土的抗拉作用。这一假定，对我们选择梁的合理截面有很大的意义。

(3) 采用理想化的应力-应变关系。《混凝土规范》推荐的混凝土应力-应变设计曲线(图 2.19)图中纵坐标的最高点为 f_c。

如图 2.20 所示为热轧钢筋的应力-应变关系曲线。钢筋应力的函数表达式如下。

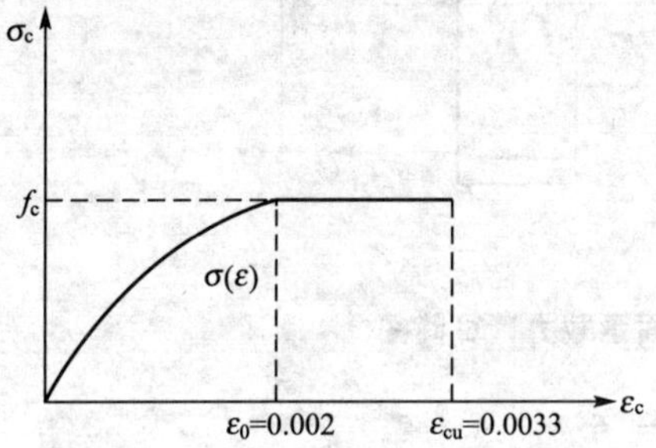

图 2.19　混凝土 σ_c－ε_c 设计曲线

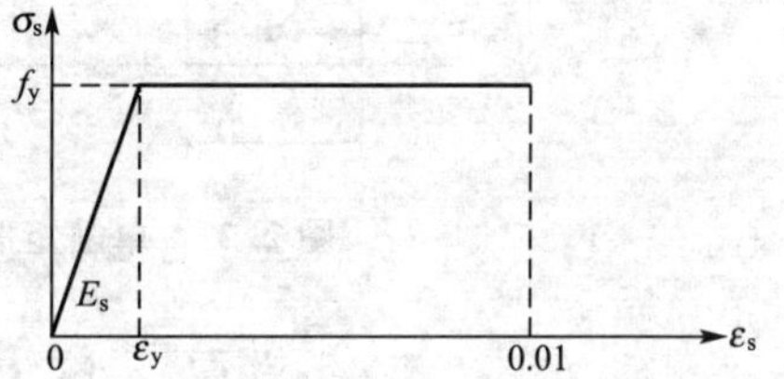

图 2.20　热轧钢筋 σ_s－ε_s 设计曲线

当 $0 \leqslant \varepsilon_s \leqslant \varepsilon_y$ 时：

$$\sigma_s = E_s \varepsilon_s \tag{2-3}$$

当 $\varepsilon_s > \varepsilon_y$ 时：

$$\sigma_s = f_y \tag{2-4}$$

纵向受拉钢筋的极限拉应变取为 0.01。

2) 等效矩形应力图形

由于在进行截面设计时必须计算受压混凝土的合力，由图 2.19 可知受压混凝土的应力图形是抛物线加直线，故给计算带来不便。为此，《混凝土规范》规定，受压区混凝土的应力图形可简化为等效矩形应力图形，如图 2.21 所示。用等效矩形应力图形代替理论应力图形应满足的条件是：

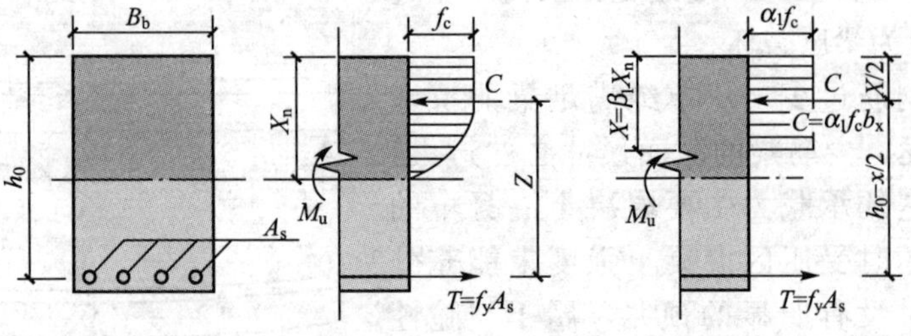

图 2.21　理论应力图形和等效应力图形

(1) 保持原来受压区混凝土的合力大小不变。

(2) 保持原来受压区混凝土的合力作用点不变。

根据上述两个条件，经推导计算得：

$$x=\beta_1 x_c \tag{2-5}$$

$$\sigma_0=a_1 f_c \tag{2-6}$$

当混凝土的强度等级不超过 C50 时，$\beta_1=0.8$，$a_1=1.0$。

3) 极限弯矩 M_u计算公式

根据换算后的等效矩形应力图形(图 2.22)，根据静力平衡条件，就可建立单筋矩形受弯构件正截面抗弯承载力的计算公式，即极限弯矩 M_u计算公式。

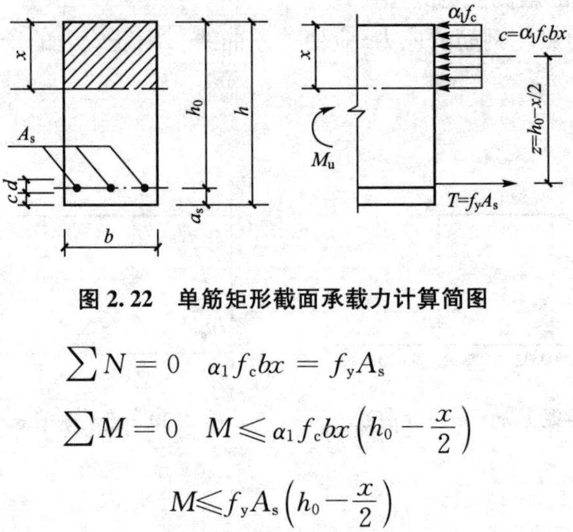

图 2.22　单筋矩形截面承载力计算简图

$$\sum N=0 \quad \alpha_1 f_c bx = f_y A_s \tag{2-7}$$

$$\sum M=0 \quad M\leqslant \alpha_1 f_c bx\left(h_0-\frac{x}{2}\right) \tag{2-8}$$

或

$$M\leqslant f_y A_s\left(h_0-\frac{x}{2}\right) \tag{2-9}$$

式中　x——等效矩形应力图形的混凝土受压区高度；

b——矩形截面宽度；

h_0——矩形截面的有效高度，

a_s——受拉钢筋合力作用点至截面受拉边缘的距离；

f_y——受拉钢筋的强度设计值；

A_s——受拉钢筋截面面积；

f_c——混凝土轴心抗压强度设计值；

a_1——系数，当混凝土强度等级不超过C50时，$a_1=1.0$，为C80时，$a_1=0.94$，其间按线性内插法确定。

4）界限相对受压区高度 ξ_b 及最大配筋率 ρ_{max}

（1）界限破坏时相对受压区高度 ξ_b。如前所述，适筋梁与超筋梁的界限为：梁破坏时钢筋应力到达屈服强度 f_y 的同时受压区边缘纤维应变也恰好到达混凝土受弯时的极限压应变 ε_{cu}。

设界限破坏时受压区的真实高度为 x_{cb}，钢筋开始屈服时的应变为 ε_y。

$$\varepsilon_y=\frac{f_y}{E_s} \tag{2-10}$$

此处，E_s 为钢筋的弹性模量。

适筋梁、超筋梁的界限破坏关系如图2.23所示。界限破坏时的相对受压区高度 ξ_b 及 $\alpha_{s,max}$ 值见表2-9。

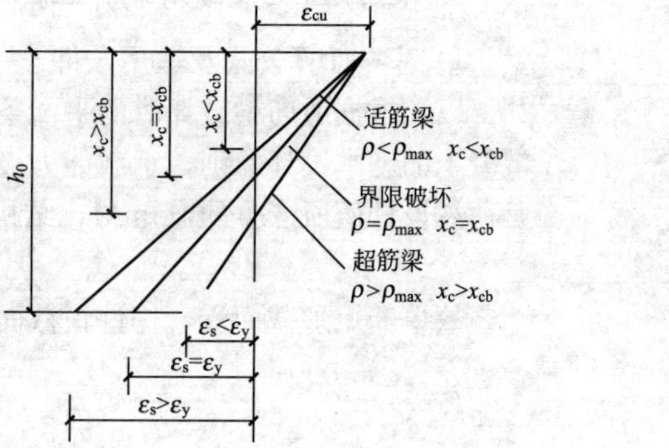

图2.23 适筋梁、超筋梁的界限破坏关系

表2-9 界限破坏时的相对受压区高度 ξ_b 及 $\alpha_{s,max}$ 值

钢筋品种	f_y (N/mm²)	ξ_b	$\alpha_{s,max}$
Ⅰ级	270	0.614	0.426
Ⅱ级	300	0.550	0.400
Ⅲ级	360	0.518	0.384

由图2.23可见，若 $\xi<\xi_b$，则 $\varepsilon_s>\varepsilon_y$，属于适筋梁；若 $\xi>\xi_b$，则 $\varepsilon_s<\varepsilon_y$，属于超筋梁。

（2）最大配筋率 ρ_{max}。当 $\zeta=\zeta_b$，则是界限破坏时的情形，相应此时的配筋率即为适筋梁的最大配筋率 ρ_{max}。

由

$$\xi=\frac{x}{h_0}=\frac{f_yA_s}{\alpha_1 f_c bh_0}=\rho\frac{f_y}{\alpha_1 f_c}$$

∴

$$\rho=\xi\frac{\alpha_1 f_c}{f_y}$$

最大配筋率

$$\rho_{max}=\xi_b\frac{\alpha_1 f_c}{f_y} \tag{2-11}$$

由式可见，ρ_{max} 与 ξ_b 有直接的关系。需要 ρ_{max} 时，可直接由上式求得。

（3）适筋梁与少筋梁的界限及最小配筋率 ρ_{min}。为了保证受弯构件不出现少筋梁，必须使截面的配筋率不小于某一界限配筋率 ρ_{min}。由配有最小配筋率时受弯构件正截面破坏所能承受的弯矩 M_u 等于素混凝土截面所能承受的弯矩 M_{cr}，及 $M_u=M_{cr}$，可求得梁的最小配筋率 ρ_{min}，为：

$$\rho_{min}=0.45\frac{f_t}{f_y} \tag{2-12}$$

对于矩形截面，最小配筋率 ρ_{min}，应取0.2%和 $0.45\frac{f_t}{f_y}$ 的较大者。《混凝土规范》规

定的 ρ_{min} 的具体数值见附表 3。当计算所得的 $\rho \leqslant \rho_{min}$ 时，应按构造配置 ρ 不小于 ρ_{min} 的钢筋。

3. 单筋矩形截面受弯构件正截面承载力计算

1）基本计算公式及适用条件

以上根据适筋梁破坏时的平衡条件建立了受弯构件正截面的承载力计算基本公式。由混凝土的基本设计原则，承载能力极限状态的设计表达式为 $S \leqslant R$，荷载效应 S 在这里即是荷载设计值所产生的弯矩 M，结构抗力 R 在这里即梁所承担的极限弯矩。即

$$M_u \leqslant M$$

故单筋矩形截面受弯构件正截面承载力基本计算公式为：

$$\sum X = 0 \qquad \alpha_1 f_c bx = f_y A_s \tag{2-13}$$

$$\sum M = 0 \qquad M \leqslant M_u = \alpha_1 f_c bx\left(h_0 - \frac{x}{2}\right) \tag{2-14}$$

或

$$M \leqslant M_u = f_y A_s\left(h_0 - \frac{x}{2}\right) \tag{2-15}$$

适用条件：

（1）为了防止超筋梁，应满足，即

$$\rho \leqslant \rho_{max} \tag{2-16}$$

或

$$\xi \leqslant \xi_b \tag{2-17}$$

或

$$x \leqslant \xi_b h_0 \tag{2-18}$$

或

$$M \leqslant M_{u,max} = \alpha_1 f_c bh_0^2 \xi_b (1 - 0.5\xi_b) = \alpha_{s,max} \alpha_1 f_c bh_0^2 \tag{2-19}$$

上面四个适用条件只需满足任何一个其余三个就自然可以满足。

ρ_{min} 可由式(2－12)求得，ξ_b、$\alpha_{s,max}$ 可由表 2－9 查得。式(2－19)的 $M_{u,max}$ 是将混凝土受压区的高度 x 取其最大值 $\xi_b h_0$ 代入式(2－14)求得的单筋矩形截面所能承受的最大弯矩，由式(2－19)$M_{u,max}$ 是一定值，且只取决于截面尺寸等因素，与钢筋的数量无关。这说明当 $x \leqslant \xi_b h_0$ 时，因为适用条件的限制，只能以 $x = \xi_b h_0$ 代入计算，故此时截面（超筋梁）所能承受的最大弯矩是一定值，不会随着钢筋的增多而提高。

需要指出的是，只有当 $x > \xi_b h_0$（超筋梁）时，才能由 $M_{u,max}$ 的式子［式(2－19)］计算；当 $x \leqslant \xi_b h_0$（适筋梁）时，不可用式(2－19)计算，否则将得出错误的结果。

（2）为了防止少筋梁，应满足，即

$$\rho = \frac{A_s}{bh} \geqslant \rho_{min}$$

或

$$A_s \geqslant \rho_{min} bh$$

注意：《混凝土规范》规定验算最小配筋率时，在计算 ρ 的时候应用 h 而不是 h_0，ρ_{min} 的取值见附表 3。

2）截面设计和截面复核

（1）截面设计。

已知：截面尺寸 $b \times h$，混凝土及钢筋强度等级（f_c、f_y），弯矩设计值 M。

求：纵向受拉钢筋 A_s。

解法一：直接利用公式求解。

利用一元二次方程的求根公式：

$$x=h_0-\sqrt{h_0^2-\frac{2M}{\alpha_1 f_c b}}$$

验算适用条件1：

若 $x\leqslant\xi_b h_0$，则受拉钢筋的面积为

$$A_s=\frac{\alpha_1 f_c b x}{f_y}$$

若 $x>\xi_b h_0$，则属于超筋梁，说明截面尺寸过小，应加大截面尺寸重新设计。

验算适用条件2：

应 $A_s\geqslant\rho_{min}bh$，注意此处的 A_s 应用实际配筋的钢筋面积。

若 $A_s<\rho_{min}bh$，说明截面尺寸过大，应适当减小截面尺寸。当截面尺寸不能减小时，$A_s=\rho_{min}bh$。

解法二：利用表格进行计算。

进行截面计算时，为简化计算，也可利用现成的表格。

$$\alpha_s=\frac{M}{\alpha_1 f_c b h_0^2} \tag{2-20}$$

查附表，得相应的 ξ 或 r_s，或由

$$\xi=1-\sqrt{1-2\alpha_s} \tag{2-21}$$

$$\gamma_s=0.5(1+\sqrt{1-2\alpha_s}) \tag{2-22}$$

$$A_s=\xi b h_0\frac{\alpha_1 f_c}{f_y}$$

或

$$A_s=\frac{M}{f_y\gamma_s h_0} \tag{2-23}$$

求出 A_s 后，就可确定钢筋的根数和直径。

(2) 截面复核。

已知：截面尺寸 $(b\times h)$，混凝土及钢筋的强度 $(f_c、f_y)$，纵向受拉钢筋面积 A_s，弯矩设计值 M。

求：截面所能承受的弯矩 M_u。

实际计算时，可直接用公式计算或利用表格计算。因不用解一元二次方程，故直接用公式计算更加简便。

由式(2-13)可求得 $$x=\frac{f_y A_s}{\alpha_1 f_c b}$$

若 $x\leqslant\xi_b h_0$，则由式 $M_u=\alpha_1 f_c b x\left(h_0-\frac{x}{2}\right)$ 计算 M_u。

若 $x>\xi_b h_0$，则说明此梁属超筋梁，应取 $x=\xi_b h_0$ 代入 $M_u=\alpha_1 f_c b x\left(h_0-\frac{x}{2}\right)$ 计算 M_u。

求出 M_u 后，与梁实际承受的弯矩 M 比较，若 $M_u\geqslant M$，截面安全；若 $M_u<M$，则截面不安全。

3) 经济配筋率

在满足适筋梁的条件 $\rho_{min}\leqslant\rho\leqslant\rho_{max}$ 的情况下，截面尺寸可有不同的选择。当 M 给定时，若截面尺寸大一些，则 A_s 可小一些，但混凝土及模板的费用要增加；反之，截面尺寸减小，则 A_s 要增大，但混凝土及模板的费用可减小。故为了使包括材料及施工费用在内的总造价为最

省，设计时应使配筋率尽可能在经济配筋率内。钢筋混凝土受弯构件的经济配筋率为：

实心板　　　　0.3%～0.8%

矩形截面梁　　0.6%～1.5%

T形截面梁　　0.9%～1.8%

4）影响受弯构件抗弯能力的因素

由 M_u 的计算公式可以看出，M_u 与截面尺寸($b\times h$)，材料强度(f_c、f_y)、钢筋数量(A_s)有关。

(1) 截面尺寸(b、h)。由公式 $M_u=a_s a_1 f_c b h_0^2$ 可见，M_u 与截面 b 是一次方关系，而与 h 是二次方关系，故加大截面 h 比加大 b 更有效。

(2) 材料强度(f_c、f_y)。若其他条件不变，仅提高 f_c时，由 $\alpha_1 f_c bx=f_y A_s$可知，x 将按比例减小，再由公式 $M_u=f_y A_s\left(h_0-\frac{x}{2}\right)$知，$z$ 的减小使 M_u的增加甚小。因此，用提高混凝土强度等级的办法，来提高截面的抗弯强度 M_u的效果不大，从经济角度看也是不可取的。

若保持 A_s 不变，仅提高 f_c时，如由Ⅰ级钢筋改用Ⅱ级钢筋，则 f_y的数值由 270N/mm^2 增加到 300N/mm^2，由公式 $M_u=f_y A_s r_s h_0$ 可见，M_u 的值增加是很明显的。

(3) 受拉钢筋数量。由公式 $M_u=f_y A_s r_s h_0$ 可见，增加 A_s的效果和提高 f_y类似，截面的抗弯能力 M_u虽不能完全随 A_s 的增大而按比例增加，但 M_u增大的效果还是很明显的。

综上所述，如欲提高截面的抗弯能力 M_u，应优先考虑的措施是加大截面的高度，其次是提高受拉钢筋的强度等级或加大钢筋的数量。而加大截面的宽度或提高混凝土的强度等级则效果不明显，一般不予采用。

5）计算例题

【例 2.1】 已知：矩形截面梁尺寸为 $b=250$mm，$h=500$mm，承受的最大弯矩设计值为 $M=150$kN·m，混凝土强度等级为 C20，纵向受拉钢筋采用Ⅱ级钢筋。

求：纵向受拉钢筋面积 A_s。

【解】 首先确定材料的设计强度，根据混凝土和钢筋的强度等级查表 2-2 和表 2-3。

得 $f_c=9.6$N/mm^2，$f_y=300$N/mm^2；混凝土 $a_1=1.0$。

假设纵向受拉钢筋排成一排，

∵　　混凝土强度等级≤C20

∴　　$h_0=500-40=460$mm

因为公式采用的是 N·mm 制，故

$$M=150\text{kN}\cdot\text{m}=150\times10^6\,\text{N}\cdot\text{mm}$$

(1) 用基本公式求解。

$$x=h_0-\sqrt{h_0^2-\frac{2M}{\alpha_1 f_c b}}=460-\sqrt{460^2-\frac{2\times150\times10^6}{1\times9.6\times250}}$$

$$=165\text{mm}<\xi_b h_0=0.550\times460=253\text{mm}$$

$$A_s=\frac{\alpha_1 f_c bx}{f_y}=\frac{1\times9.6\times250\times165}{300}=1320\text{mm}^2$$

查附表 5，选用 2Φ22+2Φ20($A_s=1388$mm^2)。

配 2Φ22+2Φ20 截面所需的最小宽度=2×22+2×20+5×25=209mm<b=250mm 可以。

验算最小配筋率：

$$\rho=\frac{A_s}{bh}=\frac{1388}{250\times500}=1.11\%>\rho_{min}=0.2\%$$

$$>0.45\frac{f_t}{f_y}=0.45\times\frac{1.1}{300}=0.165\%，满足要求。$$

(2) 用查表法求解。

由式(2-20)

$$\alpha_s=\frac{M}{\alpha_1 f_c bh_0^2}=\frac{150\times10^6}{1\times9.6\times250\times460^2}=0.295$$

$$\xi=1-\sqrt{1-2\alpha_s}=1-\sqrt{1-2\times0.295}=0.360$$

由式(2-20)

$$A_s=\xi bh_0\frac{\alpha_1 f_c}{f_y}=0.350\times250\times460\times\frac{1\times9.6}{300}$$

$$=1324\text{mm}^2$$

选用 $2\Phi22+2\Phi20$($A_s=1388\text{mm}^2$)

验算最小配筋率：

$$\rho=\frac{A_s}{bh}=\frac{1388}{250\times500}=1.11\%>\rho_{min}=0.2\%$$

$$>0.45\frac{f_t}{f_y}=0.45\frac{1.1}{300}=0.165\%，满足要求。$$

4. 双筋矩形截面受弯构件正截面承载力简介

1) 概述

在梁的受拉区和受压区同时按计算配置纵向受力钢筋的截面称为双筋截面(图 2.24)。由于在梁的受压区设置受压钢筋来承受压力是不经济的，故一般情况下不宜采用。

在下列情况下可采用双筋截面：

(1) 当截面承受的弯矩较大，而截面高度及材料强度等又由于种种原因不能提高，以致按单筋矩形梁计算时，$x>\xi_b h_0$，即出现超筋情况时，可采用双筋截面，此时在混凝土受压区配置受压钢筋来补充混凝土抗压能力的不足。

(2) 构件在不同的荷载组合下承受异号弯矩的作用，如风荷载作用下的框架横梁，由于风向的变化，在同一截面可能既出现正弯矩又出现负弯矩，此时就需要在梁的上下方都布置受力钢筋。

(3) 为了提高截面的延性，一般在梁的受压区配置一定数量的受压钢筋，因此，抗震设计中要求框架梁必须配置一定比例的受压钢筋。

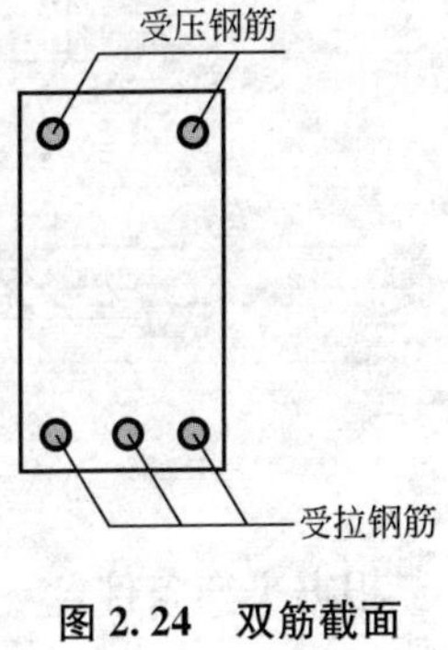

图 2.24 双筋截面

2) 基本公式及适用条件

双筋截面受弯构件的破坏特征与单筋截面相似，不同之处是受压区有混凝土和受压钢筋(A_s')一起承受压力。与单筋截面一样，按照受拉钢筋是否到达 f_y，区分为适筋梁($\xi\leqslant\xi_b$)和超筋梁($\xi>\xi_b$)。为了防止出现超筋梁，同样必须遵守 $\xi\leqslant\xi_b$ 这一条件。在双筋梁计算中，受压钢筋应力可以达到受压屈服强度 f_y'的条件是：

$$x\geqslant2a_s'$$

式子的含义是受压钢筋的位置(距受压边缘为 a_s')不低于混凝土受压应力图形的重心，否则，就表明受压钢筋的位置距离中和轴太近，以致受压钢筋的应力达不到抗压强度设计值 f'_y。

受压钢筋的抗压强度设计值 f'_y，按下列原则确定：

(1) 当钢筋的抗拉强度设计值 $f_y \leqslant 400\text{N/mm}^2$ 时，取钢筋的抗压强度设计值等于抗拉强度设计值，即 $f'_y = f_y$。

(2) 当钢筋的抗拉强度设计值 $f_y > 400\text{N/mm}^2$ 时，取钢筋的抗压强度设计值等于 400N/mm^2，即 $f_y = 400\text{N/mm}^2$。

这表明若受压区配置了高强度的钢筋，则当截面破坏时，钢筋的应力最多只能达到 400N/mm^2。故受压钢筋不宜采用高强度的钢筋，否则其强度不能充分发挥。

纵向钢筋受压将产生侧向弯曲，如箍筋的间距过大或刚度不足(如采用开口箍筋)，在纵向压力作用下受压钢筋将发生压屈而侧向凸出。所以《混凝土规范》要求，当计算上考虑受压钢筋的作用时，应配置封闭箍筋(图 2.25)，且其间距不应大于 15 倍受压钢筋的最小直径及不大于 400mm；同时箍筋的直径应不小于受压钢筋最大直径的 1/4。当梁的宽度大于 400mm 且一层内的纵向受压钢筋多于 3 根时，或当梁的宽度不大于 400mm 但一层内的纵向受压钢筋多于 4 根时，应设置复合箍筋。对箍筋的这些要求，主要都是为了防止受压钢筋发生压屈，因为这是保证构件中的受压钢筋强度得到应用的必要条件。

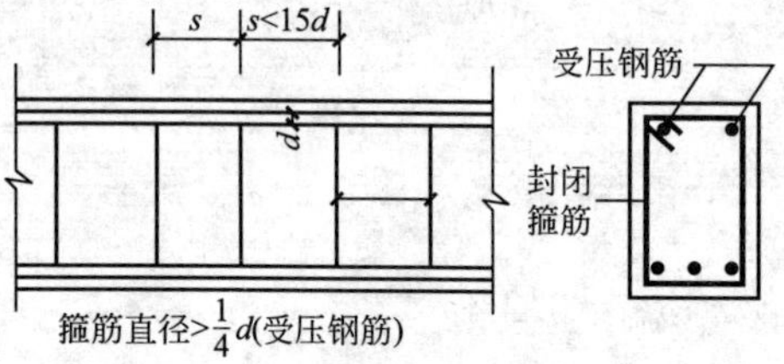

图 2.25　受压钢筋的箍筋配置要求图

双筋矩形截面受弯构件到达受弯承载力极限状态时的截面应力状态如图 2.26 所示。

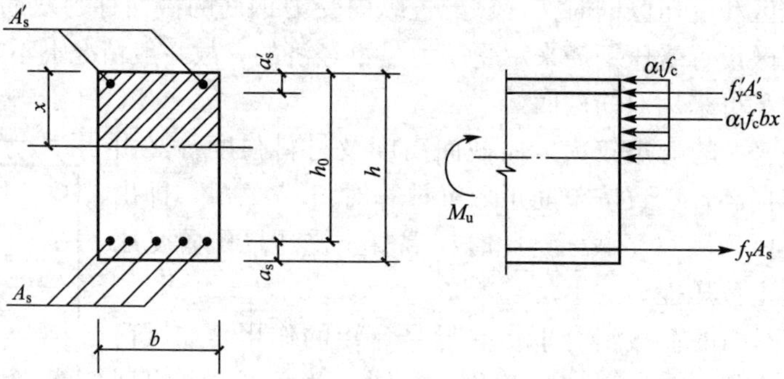

图 2.26　双筋矩形截面承载力计算图

根据平衡条件：

$$\sum X = 0 \quad f_y A_s = \alpha_1 f_c bx + f'_y A'_s \tag{2-24}$$

$$\sum M = 0 \quad M \leqslant M_u = \alpha_1 f_c bx\left(h_0 - \frac{x}{2}\right) + f'_y A'_s (h_0 - a'_s) \tag{2-25}$$

式(2-24)和式(2-25)中实际上是在单筋矩形截面公式的基础上增加了受压钢筋的作用一项，应注意它是加在混凝土项的一侧，表示帮助混凝土承担部分压力。

适用条件：

(1) 为了防止超筋梁破坏，即

$$x \leqslant \xi_b h_0$$

或

$$\xi \leqslant \xi_b$$

或 $$\rho_1=\frac{A_{s1}}{bh_0}\leqslant\xi_b h_0$$

其中，A_{s1}是与受压混凝土相对应的纵向受拉钢筋面积，$A_{s1}=\frac{\alpha_1 f_c bx}{f_y}$。

(2) 为了保证受压钢筋能达到规定的抗压强度设计值，即

$$x\geqslant 2a_s'$$

在实际设计中，若出现 $x<2a_s'$的情况，则说明此时受压钢筋所受到的压力太小，压应力达不到抗压设计强度 f_y'，这样公式中的 f_y'只能用σ_s'代入，由于σ_s'是未知数，使得计算非常复杂，故《混凝土规范》建议在 $x<2a_s'$时，近似取 $x=2a_s'$，即假定受压钢筋合力点与受压混凝土合力点相重合，这样处理对截面来说是偏于完全的。对 A_s'取矩，得：

$$M\leqslant M_u=f_y A_s(h_0-a_s') \tag{2-26}$$

另外，当$\frac{a_s'}{h_0}$较大时，按单筋梁计算的 A_s将比按式求出的 A_s要小，这时应按单筋梁确定受拉钢筋截面面积 A_s，以节约钢筋。

由于双筋梁通常所配钢筋较多，故不需验算最小配筋率。

3) 截面设计和截面复核

(1) 截面设计。

① 已知：弯矩设计值 M、材料强度等级(f_c、f_y及 f_y')、截面尺寸($b\times h$)。

求：受拉钢筋面积 A_s 和受压钢筋面积 A_s'。

由公式可知，共有 f_c、f_y及 f_y'三个未知数，故还需补充一个条件才能求解。根据适用条件 $x\leqslant\xi_b h_0$，令 x 取最大值 $x=\xi_b h_0$，这样可充分发挥混凝土的抗压作用，从而使钢筋总的用量(A_s+A_s')为最小，达到节约钢筋的目的。

计算步骤如下：

a. 判别是否需要采用双筋梁。

令 $x=\xi_b h_0$，若 $M\geqslant M_{u,max}=\alpha_1 f_c bh_0^2\xi_b(1-0.5\xi_b)$则按双筋截面设计；否则按单筋截面设计(即没必要采用双筋截面)。

b. 令 $x=\xi_b h_0$ 代入式(2-25)，求得 A_s'；

c. 若求得的 $A_s'\geqslant\rho_{min}'bh=0.2\%bh$，将 A_s'代入式(2-24)，即可求出 A_s。

d. 若求得的 $A_s'<\rho_{min}'bh=0.2\%bh$，则应取 $A_s'=\rho_{min}'bh=0.2\%bh$。由于这时 A_s'已不是计算所得的数值，故 A_s'应按 A_s 为已知的情况求解，见下。

② 已知：弯矩设计值 M、材料强度等级(f_c、f_y及 f_y')、截面尺寸($b\times h$)和受压钢筋面积 A_s'：

求：受拉钢筋面积 A_s。

由于 A_s'为已知，故只有两个未知数 x 和 A_s'，所以可直接用式(2-24)及式(2-25)求解。

计算步骤如下：

a. 由式(2-25)得：

$$x=h_0-\sqrt{h_0^2-\frac{2\left[M-f_y'A_s'(h_0-a_s')\right]}{\alpha_1 f_c b}} \tag{2-27}$$

b. 若 $x\leqslant\xi_b h_0$ 且 $x\geqslant 2a_s'$，则直接由式(2-24)求得 A_s

c. 若 $x<2a_s'$，说明已知的 A_s'数量过多，使得 A_s'的应力达不到 f_y'，故此时不能用式(2-25)求解，而应取 $x=2a_s'$，由式(2-26)求解。

若 $x>\xi_b h_0$，说明已知的 f'_y数量不足，应增加 f'_y的数量或按 f'_y未知的情形求 A'_s和 A_s 的数量。

(2) 截面复核。

已知：截面尺寸($b\times h$)、材料强度(f_c、f_y及 f'_y)、钢筋面积(A'_s、A_s)。

求：截面能承受的弯矩设计值 M_u。

计算步骤如下：

a. 由式(2-24)求得 x。

b. 若 $x\leqslant\xi_b h_0$ 且 $x\geqslant 2a'_s$，则直接由式(2-25)求出 M_u。

c. 若 $x>\xi_b h_0$，说明截面属于超筋梁，此时应取 $x=\xi_b h_0$，代入式(2-25)求 M_u。

d. 若 $x<2a'_s$，说明 A'_s的应力达不到 f'_y，此时应取 $x=2a'_s$，由式(2-26)求 M_u。

e. 将求出的 M_u 与截面实际承受的弯矩值相比较：若 $M_u\geqslant M$，则截面安全；若 $M_u<M$，则截面不安全。

4) 计算例题

【例 2.2】 已知一矩形截面梁，$b=200\text{mm}$，$h=500\text{mm}$，混凝土强度等级为 C20($f_c=9.6\text{N/mm}^2$)，采用Ⅱ级钢($f_y=300\text{N/mm}^2$)，承受的弯矩设计值 $M=230\text{kN}\cdot\text{m}$，求所需的受拉钢筋和受压钢筋面积。

【解】 (1) 验算是否需要采用双筋截面。

因 M 的数值较大，受拉钢筋按两排考虑，$h_0=h-65=500-65=435\text{mm}$

计算此梁若设计成单筋截面所能承受的最大弯矩：

$$M_{u,max}=\alpha_1 f_c b h_0^2 \xi_b(1-0.5\xi_b)=1\times 9.6\times 200\times 435^2\times 0.550\times(1-0.5\times 0.550)$$
$$=148.2\times 10^6\text{N}\cdot\text{mm}=148.2\text{kN}\cdot\text{m}<M=230\text{kN}\cdot\text{m}$$

说明如果设计成单筋截面，将出现超筋梁，故应设计成双筋截面。

(2) 求受压钢筋 A'_s，令 $x=\xi_b h_0$，由式(2-25)，并注意到当 $x=\xi_b h_0$ 时，等号右边第一项即为 $M_{u,max}$，

则
$$A'_s=\frac{M-M_{u,max}}{f'_y(h_0-a'_s)}=\frac{230\times 10^6-148.2\times 10^6}{300(435-35)}=673.3\text{mm}^2$$

$\rho'_{min}bh=0.2\%bh=0.2\%\times 200\times 500=200\text{mm}^2<A'_s=673.3\text{mm}^2$，满足要求。

(3) 求受拉钢筋 A_s，由式(2-24)，并注意到 $x=\xi_b h_0$，则：

$$A_s=\frac{\alpha_1 f_c b\xi_b h_0+f'_y A'_s}{f_y}=\frac{1\times 9.6\times 200\times 0.550\times 435+300\times 673.3}{300}=2222.1\text{mm}^2$$

(4) 选配钢筋。

受拉钢筋选用 6Φ22($A_s=2281\text{mm}^2$)，受压钢筋选用 2Φ22 ($A'_s=760\text{mm}^2$)。

截面配筋如图 2.27 所示。

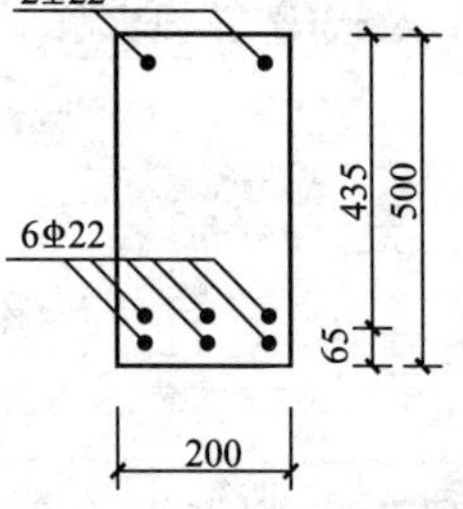

图 2.27　截面配筋

5. T形截面受弯构件正截面承载力计算

1) 概述

因为受弯构件产生裂缝后，裂缝截面处的受拉混凝土因开裂而退出工作，拉力可认为全部由受拉钢筋承担，故可将受拉区混凝土的一部分去掉即构件的承载力与截面受拉区的形状无关)，所以截面的承载力不但与原有截面相同，而且可以节约混凝土减轻构件自重。

由于 T 形截面受力比矩形截面合理，所以 T 形截面梁(图 2.28)在工程实践中的应用十分广泛。例如在整体式肋形楼盖中，楼板和梁浇注在一起形成整体式 T 形梁。许多预制的受弯构件的截面也常做成 T 形，预制空心板截面形式是矩形，若将其圆孔之间的部分合并，就是 I 形截面，故其正截面计算也是按 T 形截面计算。

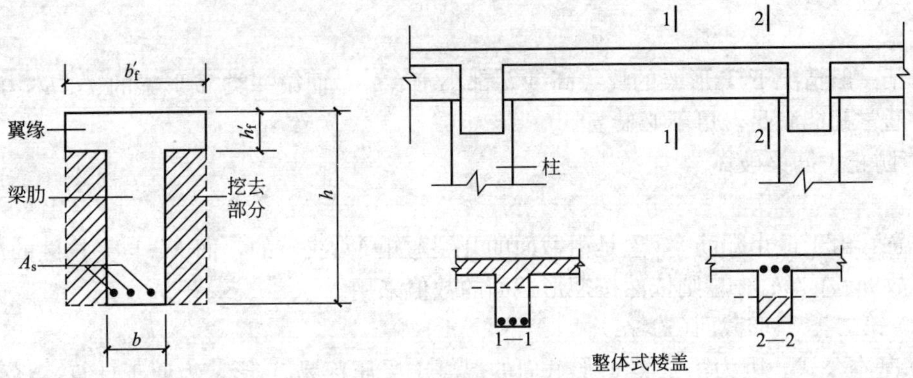

图 2.28　T 形截面梁

值得注意的是，若翼缘处于梁的受拉区，当受拉区的混凝土开裂后，翼缘部分的混凝土就不起作用了，所以这种梁形式上是 T 形，但在计算时只能按腹板宽度矩形梁计算承载力。所以，判断梁是按矩形还是按 T 形截面计算，关键是看其受压区所处的部位。若受压区位于翼缘(图 2.28 的 1—1 截面)，则按 T 形截面计算；若受压区位于腹板(图 2.28 的 2—2 截面)，则应按矩形截面计算。

理论上说，T 形截面的翼缘宽度 b'_f越大，截面受力性能就越好。因为当截面承受的 M 一定时，b'_f越大，则受压区高度 x 就越小，内力臂$\left(h_0-\dfrac{x}{2}\right)$就越大，从而可以减少纵向受拉钢筋的数量。但通过试验和理论分析表明，T 形梁受力后，翼缘上的纵向压应力的分布是不均匀的，离肋部越远数值越小。因此，当翼缘很宽时，考虑到远离肋部的翼缘部分所起的作用已很小，故在实际设计中应把翼缘限制在一定的范围内，称为翼缘的计算宽度 b'_f。在 b'_f范围内的压应力分布假定是均匀的。

对于预制 T 形梁(即独立梁)，设计时应使其实际翼缘宽度不超过 b'_f。

2) 基本公式及适用条件

计算 T 形梁时，根据中和轴位置的不同，将 T 形截面分为两类：当 $x\leqslant h'_f$(中和轴位于翼缘内)时为第一类 T 形截面；当 $x>h'_f$(中和轴通过腹板)时为第二类 T 形截面。

(1) 第一类 T 形截面($x\leqslant h'_f$)。

① 基本公式。因为第一类 T 形截面的中和轴通过翼缘，混凝土受压区为矩形($b'_f\times x$)如图 2.29所示。所以第一类 T 形截面的承载力和梁宽为 b'_f的矩形截面梁完全相同，而与受拉区的形状无关(因为不考虑受拉区混凝土承担拉力)。故只要将单筋矩形截面的基本计算式(2-13)和式(2-14)中的 b 用 b'_f代替，就可以得出第一类 T 形截面的基本计算公式。

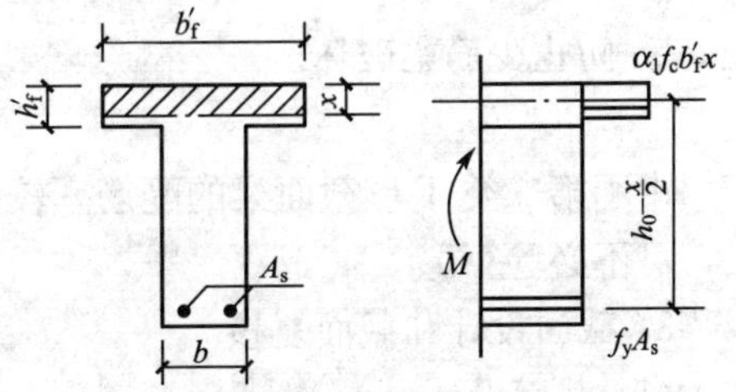

图 2.29　第一类 T 形截面梁计算图

$$\alpha_1 f_c b_f' x = f_y A_s \tag{2-28}$$

$$M_u = \alpha_1 f_c b_f' x(h_0 - x/2) = f_y A_s (h_0 - x/2) \tag{2-29}$$

② 适用条件。

a. 防止超筋梁破坏。

$$x \leqslant \xi_b h_0$$

或

$$\rho \leqslant \rho_{max}$$

由于一般情况下 T 形梁的翼缘高度 h_f' 都小于 $\xi_b h_0$，而第一类 T 形梁的 $x \leqslant h_f'$，所以这个条件通常都能满足，可不必验算。

b. 防止少筋梁破坏。

$$\rho \geqslant \rho_{min}$$

注意：由于最小配筋率 ρ_{min} 是由截面的开裂弯矩 M_{cr} 决定的，而 M_{cr} 与受拉区的混凝土有关，故 $\rho = A_s/bh$。ρ_{min} 则依然按矩形截面的数值采用。

(2) 第二类 T 形截面($x > h_f'$)。

① 基本公式。因为第二类 T 形截面的混凝土受压区是 T 形，为便于计算，将受压区面积分成两部分：一部分是腹板($b \times x$)；另一部分是挑出翼缘$(b_f' - b) \times h_f'$，如图 2.30 所示。

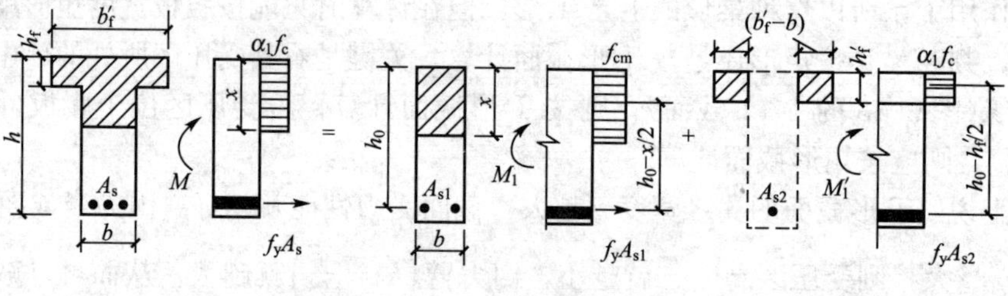

图 2.30　第二类 T 形梁截面计算简图

$$\alpha_1 f_c (b_f' - b) h_f' + \alpha_1 f_c b x = f_y A_s \tag{2-30}$$

$$M_u = \alpha_1 f_c (b_f' - b) h_f' (h_0 - h_f'/2) + \alpha_1 f_c b x (h_0 - x/2) \tag{2-31}$$

② 适用条件。

a. 防止超筋梁破坏。

$$x \leqslant \xi_b h_0$$

或

$$\rho_1 = \frac{A_{s1}}{b h_0} \leqslant \rho_{max}$$

其中，A_{s1} 是与腹板受压区混凝土相对应的纵向受拉面积。$A_{s1} = \dfrac{\alpha_1 f_c b x}{f_y}$

b. 防止少筋梁破坏。

$$\rho \geqslant \rho_{min}$$

由于第二类 T 形截面梁的配筋率较高(否则就不会出现 $x > f$)，故此条件一般都能满足，可不必验算。

3) 截面设计和截面复核

(1) 截面设计。

已知：设计弯矩 M、截面尺寸(b、h、b_f'、h_f')、材料强度(f_c、f_y)。

求：纵向受拉钢筋面积 A_s。

① 第一类 T 形截面。

当 $M \leqslant \alpha_1 f_c b_f' h_f' \left(h_0 - \frac{h_f'}{2}\right)$ 时，属于第一类 T 形截面。其计算方法与 $b_f' \times h$ 的单筋矩形截面计算相同。

② 第二类 T 形截面。

当 $M > \alpha_1 f_c b_f' h_f' \left(h_0 - \frac{h_f'}{2}\right)$ 时，属于第二类 T 形截面，基计算步骤与双筋梁类似：

a. 由式(2-31)，得

$$x = h_0 - \sqrt{h_0^2 - \frac{2\left[M - \alpha_1 f_c (b_f' - b) h_f' \left(h_0 - \frac{h_f'}{2}\right)\right]}{\alpha_1 f_c b}} \tag{2-32}$$

验算适用条件：应满足 $x = \xi_b h_0$ 的条件。

b. 将求得的 x 代入式(2-30)，得

$$A_s = \frac{\alpha_1 f_c b x + \alpha_1 f_c (b_f' - b) h_f'}{f_y} \tag{2-33}$$

(2) 截面复核。

已知：截面尺寸(b、h、b_f'、h_f')、材料强度(f_c、f_y)、纵向受拉钢筋面积 A_s。

求：截面所能承受的弯矩 M_u。

① 第一类 T 形截面。

当 $f_y A_s \leqslant \alpha_1 f_c b_f' h_f'$ 时，属于第一类 T 形截面，按 $b_f' \times h$ 的单筋矩形截面计算 M_u。

② 第二类 T 形截面。

当 $f_y A_s > \alpha_1 f_c b_f' h_f'$ 时，属于第二类 T 形截面，其 M_u 可按下述方法计算：

由式(2-30)直接求出 x。

若 $x \leqslant \xi_b h_0$，则由式(2-31)求出 M_u。

若 $x > \xi_b h_0$，则应取 $x = \xi_b h_0$，代入式(2-31)求 M_u。

将求出的 M_u 与 T 形梁实际承受的 M 相比较，若 $M_u \geqslant M$，截面安全；若 $M_u < M$，截面不安全。

4) 计算例题

【例 2.3】 已知一肋形楼盖的次梁，承受的弯矩 $M = 105\text{kN} \cdot \text{m}$，梁的截面尺寸为 $h = 200\text{mm}$，$h = 600\text{mm}$，$b_f' = 2000\text{mm}$，$h_f' = 80\text{mm}$，混凝土强度等级为 C20，采用Ⅰ级钢筋。

求：纵向受拉钢筋面积 A_s。

【解】 查表确定材料强度等级：

$f_c = 9.6\text{N/mm}^2$，$f_y = 270\text{N/mm}^2$。

判别 T 形梁类别：

假定受拉钢筋排成一排，　　$h_0 = 600 - 40 = 560\text{mm}$

$$\alpha_1 f_c b_f' h_f' \left(h_0 - \frac{h_f'}{2}\right) = 1 \times 9.6 \times 2000 \times 80 \times \left(560 - \frac{80}{2}\right)$$

$$= 798.7 \times 10^6 \text{N} \cdot \text{mm} = 799\text{kN} \cdot \text{m} > M = 105\text{kN} \cdot \text{m}$$

属于第一类 T 形截面。由单筋矩形截面的公式并以 b_f' 代替原式中的 b，可得：

$$x=h_0-\sqrt{h_0^2-\frac{2M}{\alpha_1 f_c b_f'}}=560-\sqrt{560^2-\frac{2\times105\times10^6}{1\times9.6\times2000}}=9.8\text{mm}$$

$$A_s=\frac{\alpha_1 f_c b_f' x}{f_y}=\frac{1\times9.6\times2000\times9.8}{210}=697\text{mm}^2$$ 取 $2\phi18+1\phi16(A_s=710)$

验算最小配筋率：$\rho=\frac{A_s}{bh}=\frac{710}{200\times600}=0.59\%>\rho_{min}=0.2\%$，且$>0.45\frac{f_t}{f_y}=0.45\times\frac{1.1}{210}=0.235\%$ 满足要求。

截面配筋如图 2.31 所示。

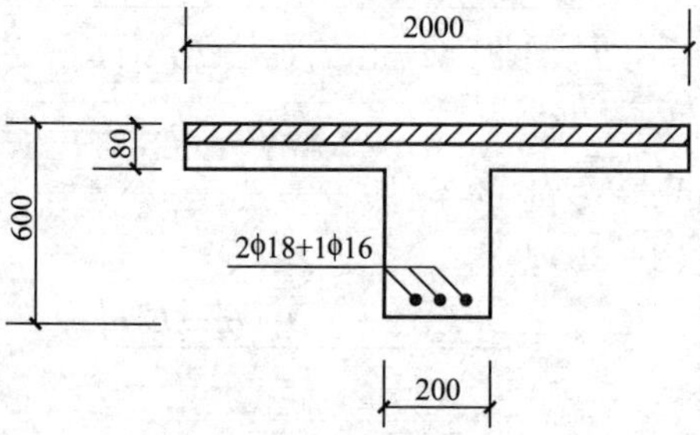

图 2.31 截面配筋

任务 2.2.3 理解并熟悉斜截面承载力计算

1. 概述

受弯构件除了承受弯矩 M 外，一般同时还承受剪力 V 的作用。在 M 和 V 共同作用的区段，弯矩 M 产生的法向应力 σ 和剪力 V 产生的剪应力 τ 将合成主拉应力 σ_{tp} 和主压应力 σ_{cp}，主拉应力 σ_{tp} 和主压应力 σ_{co} 的轨迹线如图 2.32 所示。

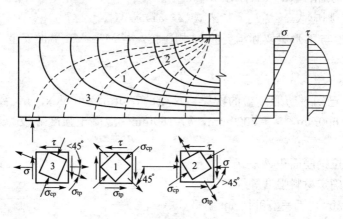

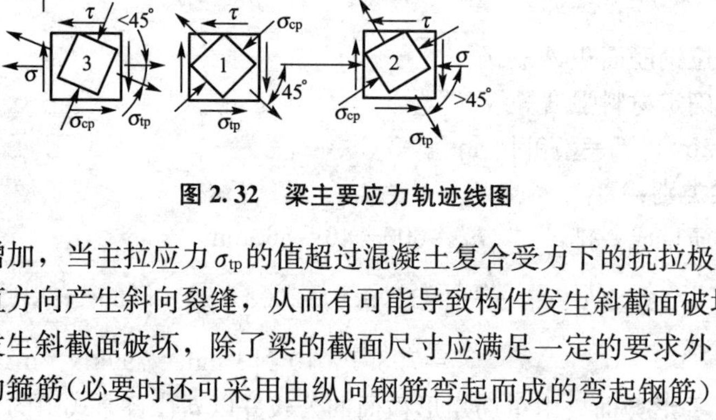

图 2.32 梁主要应力轨迹线图

随着荷载的增加，当主拉应力 σ_{tp} 的值超过混凝土复合受力下的抗拉极限强度时，就会在沿主拉应力垂直方向产生斜向裂缝，从而有可能导致构件发生斜截面破坏。

为了防止梁发生斜截面破坏，除了梁的截面尺寸应满足一定的要求外，还需在梁中配置与梁轴线垂直的箍筋(必要时还可采用由纵向钢筋弯起而成的弯起钢筋)，以承受梁内产生的主拉应力，箍筋和弯起钢筋统称为腹筋。箍筋和纵向受力钢筋、架立钢筋绑扎(或焊接)成刚性的钢筋骨架，使梁内的各种钢筋在施工时能保持正确的位置如图 2.33 所示。

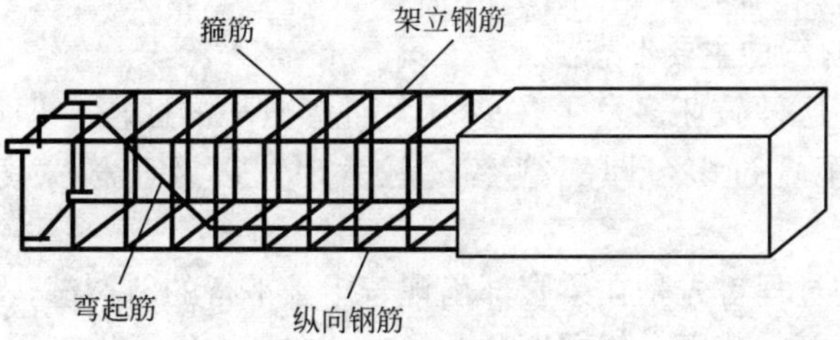

图 2.33 梁钢筋骨架

2. 斜截面破坏的主要形态

首先介绍斜截面计算中要用到的两个参数，剪跨比 λ 和配箍率 ρ_{sv}。

1) 剪跨比 λ

剪跨比 λ 是一个无量纲的参数，其定义是：计算截面的弯矩 M 与剪力 V 和相应截面的有效高度 h_0 乘积的比值，称为广义剪跨比。因为弯矩 M 产生正应力，剪力 V 产生剪应力，故 λ 实质上反映了计算截面正应力和剪应力的比值关系，即反映了梁的应力状态。

$$\lambda=\frac{M}{Vh_0} \tag{2-34}$$

对于承受集中荷载的简支梁，如图 2.34 所示，集中荷载作用截面的剪跨比 λ 为：

$$\lambda=\frac{M}{Vh_0}=\frac{Pa}{Ph_0}=\frac{a}{h_0} \tag{2-35}$$

$\lambda=\frac{a}{h_0}$ 称为计算剪跨比，a 为集中荷载作用点至支座的距离，称为剪跨。

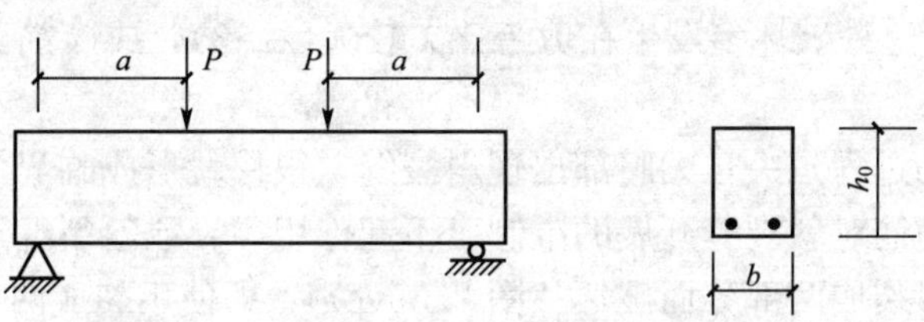

图 2.34 梁剪跨比关系图

对于多个集中荷载作用的梁，为简化计算，不再计算最大集中荷载作用截面的广义剪跨比 M/Vh_0，而直接取该截面到支座的距离作为它的计算剪跨 a，这时的计算剪跨比 $\lambda=a/h_0$。计算剪跨比要低于广义剪跨比，但相差不多，故在计算时均以计算剪跨比进行计算。

2) 配箍率 ρ_{sv}

箍筋截面面积与对应的混凝土面积的比值，称为配箍率(又称箍筋配筋率)ρ_{sv}。

$$\rho_{sv}=\frac{A_{sv}}{bs}=\frac{n\cdot A_{sv_1}}{b\cdot s} \tag{2-36}$$

式中 A_{sv}——配置在同一截面内的箍筋面积总和；

n——同一截面内箍筋的肢数；

A_{sv1}——单肢箍筋的截面面积；

b——截面宽度，若是T形截面，则是梁腹宽度；

s——箍筋沿梁轴线方向的间距。

3）斜截面破坏的三种主要形态

（1）斜压破坏。这种破坏多发生在剪力大而弯矩小的区段，即剪跨比 λ 较小时，或剪跨比适中但腹筋配置过多，即配箍率 ρ_{sv} 较大时，以及腹板宽度较窄的T形或I形截面。

发生斜压破坏的过程首先是在梁腹部出现若干条平行的斜裂缝，随着荷载的增加，梁腹部被这些斜裂缝分割成若干个斜向短柱，最后这些斜向短柱由于混凝土达到其抗压强度而破坏［图2.35(a)］。这种破坏的承载力主要取决于混凝土强度及截面尺寸，而破坏时箍筋应力往往达不到屈服强度，钢筋的强度不能充分发挥，且破坏属于脆性破坏，故在设计中应避免。为了防止出现这种破坏，要求梁的截面尺寸不能太小，箍筋不宜过多。

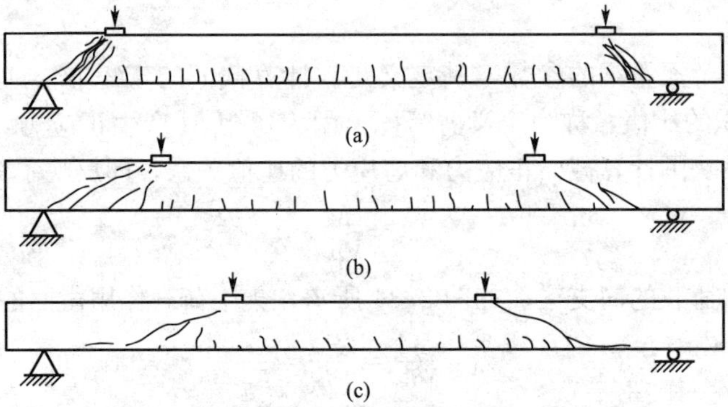

图2.35　梁斜截面破坏形态

（2）斜拉破坏。这种破坏多发生在剪跨比 λ 较大($\lambda>3$)，或腹筋配置过少，即配箍率 ρ_{sv} 较小时。

发生斜拉破坏的过程是一旦梁腹部出现斜裂缝，很快就形成临界斜裂缝，与其相交的梁腹筋随即屈服，箍筋对斜裂缝开展的限制已不起作用，导致斜裂缝迅速向梁上方受压区延伸，梁将沿斜裂缝裂成两部分而破坏［图2.35(c)］，即使不裂成两部分，也将因临界斜裂缝的宽度过大而不能使用。因为斜拉破坏的承载力很低，并且一裂就破坏，故破坏属于脆性破坏。为了防止出现斜拉破坏，要求梁所配置的箍筋数量不能太少，间距不能过大。

（3）剪压破坏。这种破坏通常发生在剪跨比 λ 适中($\lambda=1\sim3$)，梁所配置的腹筋(主要是箍筋)适当，即配箍率合适时。

这种破坏的过程是：随着荷载的增加，斜截面出现多条斜裂缝，其中一条延伸长度较大，宽度较宽的斜裂缝，称为“临界斜裂缝”。到破坏时，与临界斜裂缝相交的箍筋首先达到屈服强度。最后，由于斜裂缝顶端剪压区的混凝土在压应力、剪应力共同作用下达到剪压复合受力时的极限强度而破坏，梁也就失去承载力［图2.31(b)］。梁发生剪压破坏时，混凝土和箍筋的强度均能得到充分发挥，破坏时的脆性性质不如斜压破坏时明显。为了防止剪压破坏，可通过斜截面抗剪承载力计算，配置适量的箍筋来防止。值得注意的是，为了提高斜截面的延性和充分利用钢筋强度，不宜采用高强度的钢筋作箍筋。

3. 斜截面受剪承载力计算

1) 计算公式

在梁斜截面的各种破坏形态中，可以通过配置一定数量的箍筋(即控制最小配箍率)、且限制箍筋的间距不能太大来防止斜拉破坏；通过限制截面尺寸不能太小(相当于控制最大配箍率)来防止斜压破坏。

对于常见的剪压破坏，因为它们承载能力的变化范围较大，设计时要进行必要的斜截面承载力计算。《混凝土规范》给出的基本计算公式就是根据剪压破坏的受力特征建立的。

《混凝土规范》给出的计算公式采用下列的表达式

$$V \leqslant V_u = V_{cs} + V_{sb}$$

式中 V——构件计算截面的剪力设计值；

V_{cs}——构件斜截面上混凝土和箍筋受剪承载力设计值；

V_{sb}——与斜裂缝相交的弯起钢筋的受剪承载力设计值。

剪跨比λ是影响梁斜截面承载力的主要因素之一，但为了简化计算，这个因素在一般计算情况下不予考虑。《混凝土规范》规定仅对承受集中荷载为主(即作用有多种荷载，其中集中荷载对支座截面或节点边缘所产生的剪力值占总剪力值的75%以上的情况)的矩形、T形和I形截面的独立梁才考虑剪跨比λ的影响。为混凝土和箍筋共同承担的受剪承载力，可以表达为：

$$V_{cs} = V_c + V_{sv}$$

V_{cs}可以认为是剪压区混凝土的抗剪承载力；V_{sv}可以认为是与斜裂缝相交的箍筋的抗剪承载力。

《混凝土规范》根据试验资料的分析，对矩形、T形、I形截面的一般受弯构件：

$$V_{cs} = 0.7 f_t b h_0 + f_{yv} \frac{A_{sv}}{s} h_0 \tag{2-37}$$

对主要承受集中荷载作用为主的矩形、T形和I形截面独立梁：

$$V_{cs} = \frac{1.75}{\lambda + 1} f_t b h_0 + f_{yv} \frac{A_{sv}}{s} h_0 \tag{2-38}$$

式中 f_t——混凝土轴心抗拉强度设计值；

f_{yv}——箍筋抗拉强度设计值；

λ——计算截面的剪跨比，$\lambda = \dfrac{a}{h_0}$，当$\lambda < 1$时取1.5，当$\lambda > 3$时取3。

需要指出的是，虽然式(2-37)和式(2-38)中抗剪承载力V_{cs}表达成剪压区混凝土抗剪能力V_c和箍筋的抗剪能力V_{sv}二项相加的形式，但V_c和V_{sv}之间有一定的联系和影响。即是说，若不配置箍筋的话，则剪压区混凝土的抗剪承载力并不等于式(2-37)或式(2-38)中的第一项，而是要低于第一项计算出来的值。这是因为配置了箍筋后，限制了斜裂缝的发展，从而也就提高了混凝土项的抗剪能力。如梁内配置了弯起钢筋，则其抗剪承载力V_{sb}表达式为：

$$V_{sb} = 0.8 f_y A_{sb} \sin\alpha_s \tag{2-39}$$

式中 f_y——弯起钢筋的抗拉强度设计值；

A_{sb}——弯起钢筋的截面面积；

α_s——弯起钢筋与梁轴间的角度，一般取45°，当梁高$h > 700$mm时，取60°。

0.8——考虑到靠近剪压区的弯起钢筋在破坏时可能达不到抗拉强度设计值的应力不均匀系数。

因此，梁内配有箍筋和弯起钢筋的斜截面抗剪承载力计算公式为：

对于矩形、T形、I形截面的一般受弯构件：

$$V \leqslant V_u = 0.7 f_t b h_0 + f_{yv} \frac{A_{sv}}{s} h_0 + 0.8 f_y A_{sb} \sin\alpha_s \tag{2-40}$$

对主要承受集中荷载作用为主的独立梁：

$$V \leqslant V_u = \frac{1.75}{\lambda+1} f_t b h_0 + f_{yv} \frac{A_{sv}}{s} h_0 + 0.8 f_y A_{sb} \sin\alpha_s \tag{2-41}$$

2）计算公式的适用范围——上、下限值

(1) 上限值——最小截面尺寸及最大配箍率。当配箍率超过一定的数值，即箍筋过多时，箍筋的拉应力达不到屈服强度，梁斜截面抗剪能力主要取决于截面尺寸及混凝土的强度等级，而与配箍率无关；此时，梁将发生斜压破坏。因此，为了防止配箍率过高(即截面尺寸过小)，避免斜压破坏，《混凝土规范》规定了上限值。

对矩形、T形和I形截面的受弯构件，其受剪截面需符合下列条件：

当$\frac{h_w}{b} \leqslant 4$时(即一般梁)：

$$V \leqslant 0.25 \beta_c f_c b h_0 \tag{2-42}$$

当$\frac{h}{w} \geqslant 6$时(即薄腹梁)：

$$V \leqslant 0.20 \beta_c f_c b h_0 \tag{2-43}$$

当$4 < \frac{h_w}{b} < 6$时：

$$V \leqslant \left(0.35 - 0.025 \frac{h_w}{b}\right) \beta_c f_c b h_0 \tag{2-44}$$

式中 V——截面最大剪力设计值；

b——矩形截面的宽度，T形、I形截面的腹板宽度；

h_w——截面的腹板高度(矩形截面取有效高度h_0；T形截面取有效高度减去翼缘高度；I形截面取腹板净高)；

f_c——混凝土轴心抗压强度设计值；

β——混凝土强度影响系数(当混凝土强度等级不超过C50时，$\beta_c = 1.0$；当混凝土强度等级为C80时，$\beta_c = 0.8$；其间按线性内插法确定)。

式(2-42)～式(2-44)相当于限制了梁截面的最小尺寸及最大配箍率，如果上述条件不满足的话，则应加大截面尺寸或提高混凝土的强度等级。

(2) 下限值———最小配箍率$\rho_{sv,min}$。若箍筋配箍率过小，即箍筋过少，或箍筋的间距过大，一旦出现斜裂缝，箍筋的拉应力会立即达到屈服强度，不能限制斜裂缝的进一步开展，导致截面发生斜拉破坏。因此，为了防止出现斜拉破坏，箍筋的数量不能过少，间距不能太大。为此，《混凝土规范》规定了箍筋配箍率的下限值(即最小配箍率)为：

$$\rho_{sv,min} = \left(\frac{A_{sv}}{bs}\right)_{min} = 0.24 \frac{f_t}{f_{yv}} \tag{2-45}$$

3）按构造配箍筋

若符合下列条件：

对于矩形、T形、I形截面的一般受弯构件：

$$V \leqslant 0.7 f_t b h_0 \tag{2-46}$$

对主要承受集中荷载作用为主的独立梁：

$$V \leqslant \frac{1.75}{\lambda+1} f_t b h_0 \tag{2-47}$$

均可不进行斜截面的受剪承载力计算，而仅需根据《混凝土规范》的有关规定；按最小配箍率及构造要求配置箍筋。

4) 计算位置(图 2.36)

在计算受剪承载力时，计算截面的位置按下列规定确定。

(1) 支座边缘处的截面，该处截面属必须计算的截面，因为支座边缘的剪力值是最大的。

(2) 受拉区弯起钢筋弯起点的截面。因为此截面的抗剪承载力不包括相应弯起钢筋的抗剪承载力。

(3) 箍筋直径或间距改变处的截面。在此截面箍筋的抗剪承载力有所变化。

(4) 截面腹板宽度改变处。在此截面混凝土抗剪承载力有所变化。

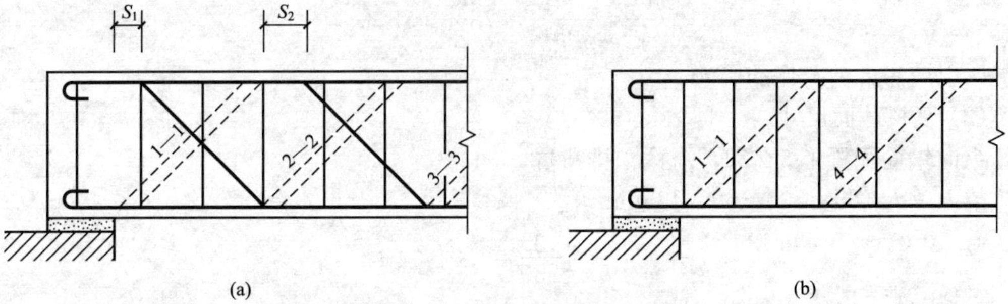

图 2.36 梁斜截面计算位置

注：板类受弯构件由于板所受到的剪力较小，所以一般不需依靠箍筋来抗剪，因而板的截面高度对不配箍筋的钢筋混凝土板的斜截面受剪承载力的影响就较为显著。因此，对于不配置箍筋和弯起钢筋的一般板类受弯构件，其斜截面受剪承载力应按下列公式计算：

$$V = 0.7 \beta_h f_t b h_0 \tag{2-48}$$

$$\beta_h = \left(\frac{800}{h_0}\right)^{1/4} \tag{2-49}$$

式中 β_h——截面高度影响系数，当 $h_0 < 800$mm 时，取 $h_0 = 800$mm；当 $h_0 > 2000$mm 时，取 $h_0 = 2000$mm。

4. 计算例题

【例 2.4】 一钢筋混凝土矩形截面简支梁，梁截面尺寸 $b=250$mm，$h=500$mm，其跨及度荷载设计值(包括自重)如图 2.37 所示，由正截面强度计算配置了 5Φ22，混凝土为 C20；箍筋采用Ⅰ级钢筋，求所需的箍筋数量。

【解】 (1) 计算支座边剪力值。

由均布荷载 $g+q$ 在支座边产生的剪力设计值为：

$$V_{(g+q)} = \frac{1}{2} \times 7 \times 6.6 = 23.1 \text{kN}$$

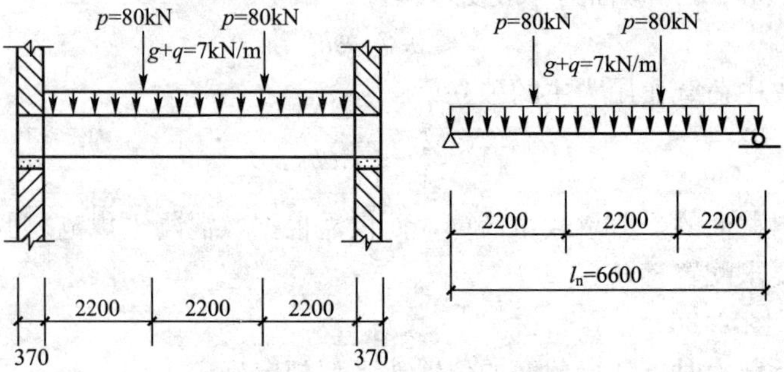

图 2.37 钢筋混凝土矩形截面简支梁荷载图

由集中荷载 P 在支座边产生的剪力设计值为：

$$V_P = P = 80\text{kN}$$

支座边总剪力设计值为：

$$V = V_{(g+q)} + V_P = 23.1 + 80 = 103.1\text{kN}$$

集中荷载在支座边产生的剪力占支座边总剪力的百分比为：

$$\frac{V_P}{V} = \frac{80}{103.1} = 78\% > 75\%$$

所以应考虑剪跨比的影响。

(2) 复核截面尺寸。

纵向钢筋配置了 5ϕ22，需按二排布置，

故 $h_0 = h - 65 = 500 - 65 = 435\text{mm}$

$$\frac{h_w}{b} = \frac{435}{250} = 1.74 < 4$$

$$0.25\beta_c f_c b h_0 = 0.25 \times 1 \times 9.6 \times 250 \times 435 = 261000\text{N} = 261\text{kN} > V = 103.1\text{kN}$$

截面尺寸满足要求。

(3) 计算剪跨比 λ。

$$\lambda = \frac{a}{h_0} = \frac{2200}{435} = 5 > 3$$

取 $\lambda = 3$。

(4) 验算是否需按计算配箍筋。

$$\frac{1.75}{\lambda + 1.0} f_t b h_0 = \frac{1.75}{3 + 1.0} \times 1.1 \times 250 \times 435 = 52.3\text{kN} < V = 103.1\text{kN}$$

需要按计算配置箍筋。

(5) 计算箍筋数量。

由式(12-38)得：

$$\frac{A_{sv}}{s} = \frac{nA_{sv1}}{s} = \frac{V - \frac{1.75}{\lambda + 1.0} f_t b h_0}{f_{yv} h_0} = \frac{103.1 \times 10^3 - 52.3 \times 10^3}{270 \times 435} = 0.433\text{mm}^2/\text{mm}$$

选用箍筋为双肢箍：

$$n = 2 \quad 直径\ \phi 8 (A_{sv1} = 50.3\text{mm}^2)$$

$$s = \frac{2 \times 50.3}{0.433} = 232\text{mm}$$

取

$$s=200\text{mm}\leqslant S_{\max}=200\text{mm}$$

箍筋采用φ8@200，沿梁全长均匀布置（图2.38）。

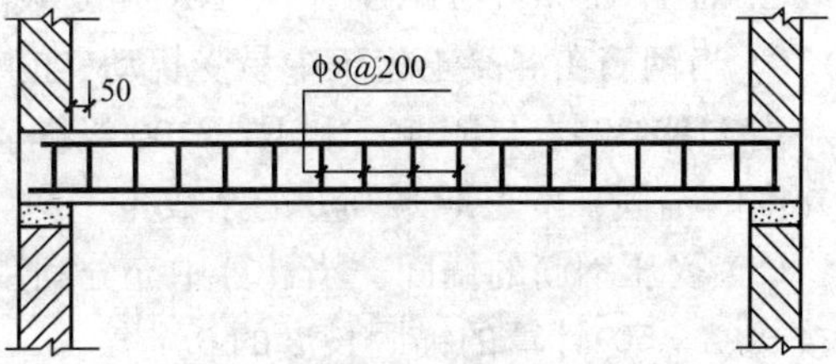

图 2.38 配筋图

(6) 验算最小配箍率。

$$\rho_{sv,\min}=0.24\frac{f_t}{f_{yv}}=0.24\times\frac{1.1}{210}$$

$$=0.126\%<\rho_{sv}=0.268\%$$

满足要求。

5. 其他构造要求

1) 受拉钢筋的锚固长度(图2.39)

为了使钢筋和混凝土能可靠地一起工作、共同受力，钢筋在混凝土中必须有可靠的锚固，即钢筋在混凝土中的锚固长度应满足《混凝土规范》的要求。

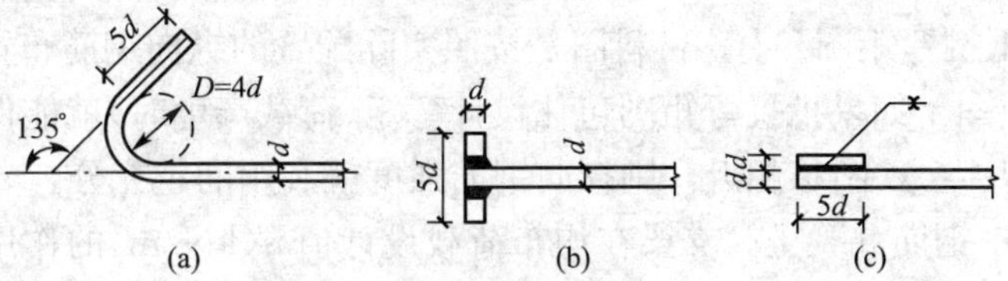

图 2.39 钢筋构造要求

(1) 受拉钢筋的锚固。当计算中充分利用钢筋的抗拉强度时，受拉钢筋的锚固长度应按下列公式计算。

普通钢筋：

$$l_a=a\frac{f_y}{f_t}d \tag{2-50}$$

预应力钢筋：

$$l_a=\alpha\frac{f_{py}}{f_t}d \tag{2-51}$$

式中 l_a——受拉钢筋的锚固长度；

f_y、f_{py}——普通钢筋、预应力钢筋的抗拉强度设计值；

f_t——混凝土轴心抗拉强度设计值；当混凝土强度等级高于C60时，l_a按C60取值。

d——钢筋的公称直径；

α——钢筋的外形系数，按表2-10取用。

表 2-10 钢筋的外形系数表

钢筋类型	光面钢筋	带肋钢筋	螺旋肋钢丝	三股钢绞线	七股钢绞线
α	0.16	0.14	0.13	0.16	0.17

按式(2-50)和式(2-51)计算得的锚固长度，应按下列规定进行修正，但经修正后的锚固长度不应小于计算值的0.7倍，且不应小于250mm。

① 对 HRB335、HRB400 和 RRB400 级钢筋，当直径大于 25mm 时乘以系数 1.1，在锚固区的混凝土保护层厚度大于钢筋直径的 3 倍且配有箍筋时乘以系数 0.8。

② 对 HRB335、HRB400 和 RRB400 级的环氧树脂钢筋乘以系数 1.25。

③ 当钢筋在混凝土施工中易受扰动(如滑模施工)时乘以系数 1.1。

当 HRB335、HRB400 和 RRB400 级纵筋末端采用机械锚固措施时，包括附加锚固端头在内的锚固长度可取乘 0.6 的系数。

(2) 受压钢筋的锚固。当计算中充分利用纵向钢筋的抗压强度时，其锚固长度不应小于按式(2－50)计算的锚固长度的 0.7 倍。

2) 纵向钢筋的弯起和截断

在进行梁的设计中，纵向钢筋和箍筋通常都是由梁控制截面的内力根据梁正截面和斜截面的承载力计算公式确定，这只能说明梁控制截面的承载力是足够的。由于梁的纵向受力钢筋在布置过程中经常会碰到弯起、截断等一系列问题，从而可能导致梁在弯矩不是最大的截面上发生正截面破坏。同样，由于截面变化、箍筋间距变化、有无弯筋等因素的影响，也可能导致梁在剪力不是最大的截面发生斜截面破坏。

(1) 材料图(抵抗弯矩图)M_u。材料图是按照实际配置的纵向钢筋布置绘制的梁各正截面所能抵抗的弯矩图。如果抵抗弯矩图包住设计弯矩(荷载产生时)就能保证正截面的抗弯承载力。同时，M_u 与 M 图越相近，则纵向钢筋强度就利用的越充分。

如图 2.40 所示钢筋混凝土简支梁在均布荷载设计值 q(kN/m)的作用下，其跨中最大弯矩为：$M_{max}=\frac{1}{8}ql^2$。据此根据正截面强度计算配置了 4 Φ 20 的纵向受拉钢筋，则此梁跨中截面的抵抗弯矩为 M_u，如全部纵向钢筋沿梁长既不截断也不弯起而全部伸入支座的话，则此梁沿长度方向每个截面能够承受的弯矩都是 M_u。由于所配钢筋是根据跨中最大弯矩得出的，显然，这样做构造虽然简单，但仅在跨中截面钢筋强度得以充分发挥，因为弯矩的值比 M_{max}小，所以其他截面的钢筋强度都不能得到充分的利用，特别是在支座附近，荷载产生的弯矩已经很小，根本不需按跨中截面所需的钢筋来配置，故这种配筋方式只适用于小跨度的构件。对于跨度较大的构件，为了节约钢筋或尽量发挥钢筋的作用，可将一部分的纵向钢筋在弯矩较小(即受弯承载力需要较小)的地方截断或弯起(用作受剪的弯筋或用来承担支座的负弯矩)。但这时需要考虑的问题是如何才能保证正截面和斜截面的受弯承载力要求(即要合理确定截断和弯起钢筋的数量和位置)，以及如何保证钢筋的粘结锚固要求。这些问题可以通过画抵抗弯矩图来解决。

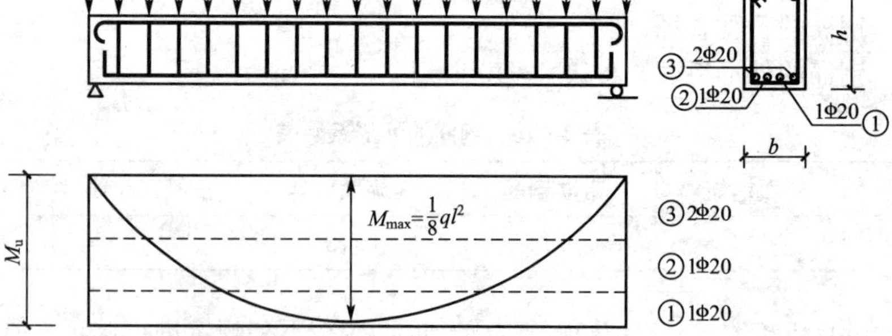

图 2.40　简支梁纵向钢筋全部伸入支座的 M 图

如图 2.41 所示首先根据跨中截面纵筋 4Φ20 所能承担的抵抗弯矩 M，按钢筋的截面面积比例划分出每根钢筋所能抵抗的弯矩，即认为钢筋所能承受的弯矩和其截面积成正比。图中每条钢筋的材料图都和弯矩图相交于两点，例如①号钢筋的材料图和弯矩图相交于 a、b 两点，其中 a 点称为①号钢筋的“充分利用点”，b 点称为①号钢筋的“理论断点”，同时 b 点又是②号钢筋的“充分利用点”，c 点则是②号钢筋的“理论断点”，同时 c 点又是③号钢筋的“充分利用点”，以此类推。

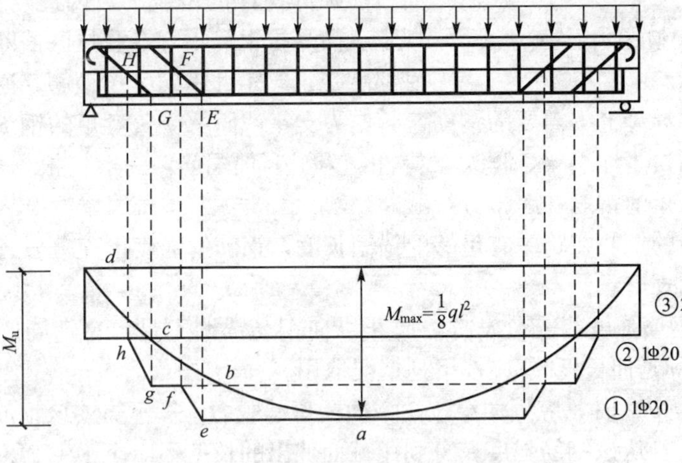

图 2.41 纵向钢筋截断及弯起的材料图形

如果将①号钢筋在 E 点弯起，弯起钢筋与梁轴线的交点为 F，则由于钢筋的弯起，梁所能承担的弯矩将会减少，但①号钢筋在自弯起点 E 弯起后并不是马上进入受压区，故其抵抗弯矩的能力并不会立即失去，而是逐步过渡到 F 点才完全失去抵抗弯矩能力，所以①号钢筋弯起部分的材料图是一斜线($c\rightarrow f$)。同理，②号钢筋的弯起点是 g 点，它要到 H 点才完全失去抵抗弯矩的能力，其材料图是斜线($g\rightarrow h$)部分。因此，梁任一截面的抗弯能力都可以通过材料图直接看出，只要材料图包在弯矩图之外，就说明梁正截面的抗弯能力能够得到保证。

(2) 弯起钢筋的构造要求。弯起钢筋的弯起应满足三个方面的要求。

① 满足正截面抗弯强度的要求。如上所述，只有材料图包住弯矩图，才能保证受弯构件正截面的强度要求。由图 2.41 不难看出，如果弯起钢筋的弯起点距离跨中部位较近的话，则有可能导致材料图切入弯矩图中，使到构件正截面强度不能满足要求。故为了保证构件正截面的强度要求，应使弯起钢筋的材料图位于荷载产生的弯矩图之外。

② 满足斜截面抗弯强度的要求。当梁出现斜裂缝后，还存在着如何保证斜截面抗弯强度的问题。《混凝土规范》为了简化，并偏安全，取：

$$s_1 \geqslant 0.5h_0 \tag{2-52}$$

因此，在确定弯起钢筋的弯起位置时，为了满足斜截面受弯承载力的要求，弯起点必须距该钢筋的充分利用点至少有 $0.5h_0$ 的距离。

③ 满足斜截面抗剪强度的要求。弯起钢筋的主要目的就是承担剪力，因此对弯起钢筋的布置有所要求。即从支座边缘到第一排弯筋的弯终点的距离 S_1 及第一排弯筋的始弯点到第二排弯筋的终弯点的距离 S_2，均应小于规定的箍筋最大间距(图 2.42)。

(3) 纵向钢筋的截断。由于梁的纵向钢筋是根据跨中或支座的最大弯矩设计值，按照

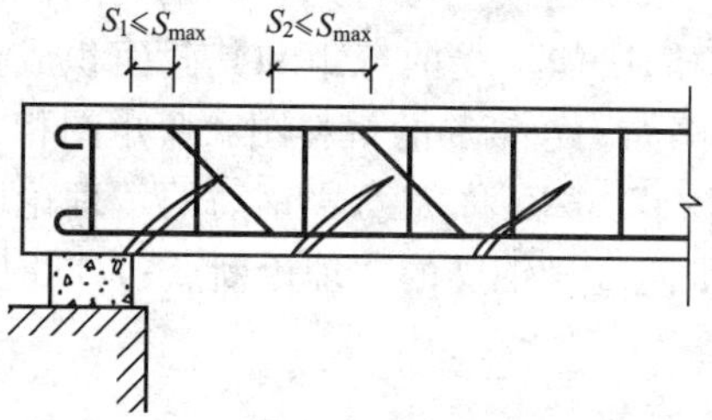

图 2.42　弯起钢筋的构造要求

正截面承载力计算配置的。而受弯构件的 M 图是变化的，离开跨中或支座后，正(或负)弯矩值很快减小，故纵向钢筋的数量也应随之变化进行切断或弯起。当纵向受拉钢筋在跨间截断时，由于钢筋面积的突然减少，使混凝土内的拉力突然增大，使得在纵向钢筋截断处出现过早和过宽的弯剪裂缝，从而可能降低构件的承载力。因此，《混凝土规范》规定纵向受拉钢筋不宜在受拉区截断。也即对于梁底部承受正弯矩的纵向受拉钢筋，通常不宜在跨中截面截断，而是将计算上不需要的钢筋弯起作为支座截面承受负弯矩的钢筋，或是作为抗剪的弯起钢筋。而对于连续梁、框架梁构件，为了合理配筋，一般应根据弯矩图的变化，将其支座承受负弯矩的钢筋在跨中分批截断。

为了保证截断的钢筋在跨中有足够的锚固长度，钢筋的强度能充分发挥，纵向钢筋截断时必须满足下列规定。

① 为了保证钢筋强度能充分发挥，防止纵向钢筋锚固不足，自钢筋的充分利用点至截断点的距离(又称延伸长度)l_d 应按下列情况取用。

a. 当 $V\leqslant 0.7f_tbh_0$ 时，应延伸至按正截面受弯承载力计算不需要该钢筋的截面以外不小于 $20d$ 处截断，且从该钢筋强度充分利用截面伸出的长度不应小于 $1.2l_a$。

b. 当 $V>0.7f_tbh_0$ 时，此时由于弯矩、剪力较大，在使用阶段可能出现斜裂缝。斜裂缝出现后，由于斜裂缝顶端处的弯矩加大，使未截断纵筋的拉应力增大，若纵筋的粘结锚固长度不够，则构件会因裂缝的发展、联通而最终破坏。故此时纵向钢筋应延伸至按正截面受弯承载力不需要该钢筋的截面以外不小于 h_0 且不小于 $20d$ 处截断，且从该钢筋强度充分利用截面伸出的长度不应小于 $1.2l_a+h_0$。

c. 若按上述规定确定的截断点仍位于负弯矩受拉区内，则应延伸至按正截面受弯承载力计算不需要该钢筋的截面以外不小于 $1.3h_0$ 且不小于 $20d$ 处截断，且从该钢筋强度充分利用截面伸出的延伸长度不应小于 $1.2l_a+1.7h_0$。

② 为保证理论截断点处出现斜裂缝时钢筋的强度能充分利用，不致出现沿斜截面发生受弯破坏，纵筋的实际截断点应延伸至理论截断点以外，其延伸长度不应小于 $20d$，如图 2.43 所示。这是因为从理论上讲，若单纯从正截面抗弯考虑，纵向钢筋在其理论断点处截断似乎无可非议，但事实上，当钢筋在理论断点处截断后，必然导致该处混凝土的拉应力突增，从而有可能在切断处过早地出现斜裂缝，使该处纵筋的拉应力增大，但该处未切断纵筋的强度是被充分利用的，故这时纵筋的实际拉应力就有可能超过其抗拉强度，造成梁的斜截面受弯

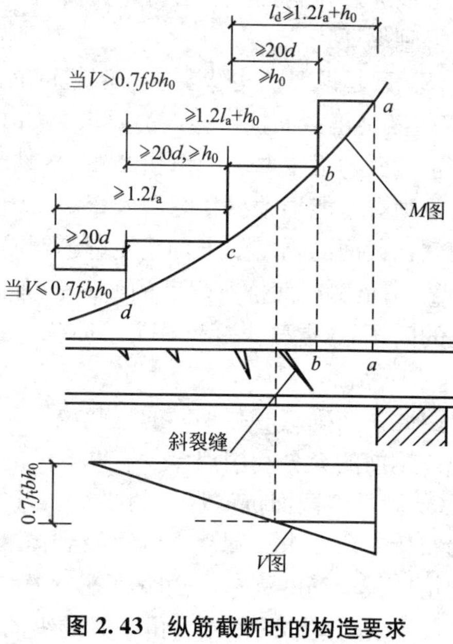

图 2.43　纵筋截断时的构造要求

破坏。因而纵筋必须从理论断点向外延伸一个长度后再切断。这样，若在纵筋的实际切断处再出现斜裂缝，则因该处未切断部分的纵筋强度并未被充分利用，因而就能承担因斜裂缝出现而增大的弯矩，从而使斜截面的受弯承载力得以保证。

综上所述，纵向受拉钢筋的切断点必须同时满足离该钢筋充分利点截面处 $1.2l_s$(或 $1.2l_a+h_0$)及离该钢筋理论断点截面处$\geqslant 20d$，通过这两方面的控制来保证纵筋有足够的锚固长度和斜截面有足够的抗弯能力。

在钢筋混凝土悬臂梁中，应有不少于两根上部钢筋伸至悬臂梁外端，并向下弯折不小于 $12d$；其余钢筋不应在梁的上部截断，而应向下弯折，并符合弯起钢筋的构造要求；同时，该钢筋自支座边缘向跨内的伸出长度不应小于 $0.2l_0$(l_0 为悬臂梁的计算跨度)。

3）钢筋构造要求的补充

(1) 纵向钢筋在支座处的锚固。

① 简支支座。简支梁在支座边缘处发生斜裂缝时，该处纵向钢筋的应力会突然增大，这时梁的受弯承载力取决于纵筋在支座中的锚固，如果纵筋伸入支座的锚固长度不够的话，往往会使纵向钢筋与混凝土产生相对滑移，并使斜裂缝宽度显著增大，甚至使纵筋从混凝土中拔出造成锚固破坏。

为了防止这种破坏，《混凝土规范》规定钢筋混凝土简支梁和连续梁下部纵向受力钢筋伸入梁的支座范围内的锚固长度应符合下列条件：钢筋的末端(包括跨中截断钢筋及弯起钢筋，均应设置标准弯钩，标准弯钩构造要求如图 2.44 所示，为了利用支座处压应力对粘结强度的有利影响，并防止角部纵弯钩外侧保护层混凝土的崩裂，可将钢筋弯钩向内侧平放。当纵向钢筋伸入支座的长度不符合上述 l_{as}的要求时，应采取专门的锚固措施(如在纵向钢筋端部焊接横向锚固钢筋、锚固钢板，或将钢筋端部焊接在支座的预埋件上)。值得注意的是，过去设计中遇到纵筋锚固长度不够时，常采用把纵向钢筋向上弯起，使其在支座内总的伸入长度满足锚固长度的要求。这样做并不是一种理想的锚固措施，因为当直线锚固段较短时，这种做法的锚固能力很差，而且伴随的滑移量较大。

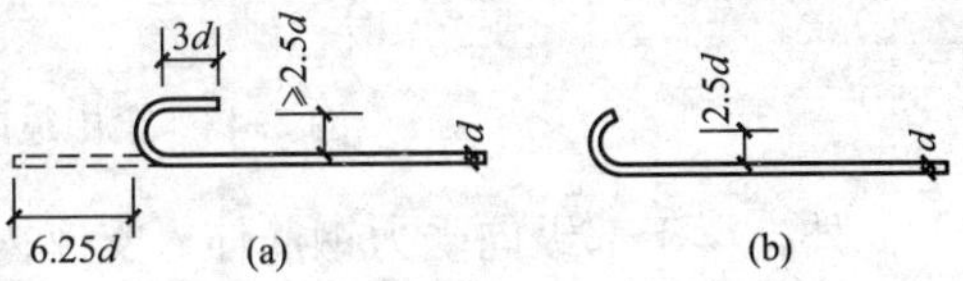

图 2.44　光圆钢筋末端的标准弯钩

支承在砌体结构上的钢筋混凝土独立梁，在纵向受力钢筋的锚固长度 l_{as}范围内应配置不少于两个箍筋，其直径不宜小于纵向受力钢筋最小直径的 0.25 倍，间距不宜大于纵向受力钢筋最小直径的 10 倍；当采取机械锚固措施时，箍筋间距尚不宜大于纵向受力钢筋最小直径的 5 倍。

对于混凝土强度等级为 C25 及以下的简支梁和连续梁的简支端，当距支座边 $1.5h$ 范围内作用有集中荷载(包括作用有多种荷载，且集中荷载在支座截面所产生的剪力占总剪力 75%以上的情况)，且 $V>0.7f_tbh_0$ 时，对带肋钢筋宜采取附加锚固措施，或取锚固长度 $l_{as}\geqslant 15d$。

② 中间支座。连续梁或框架梁下部纵向钢筋在中间支座或中间节点处的锚固应符合下列要求。

a. 当计算中不利用钢筋强度时，其伸入支座的锚周长度应符合简支端支座中 $V>0.7f_tbh_0$ 时的规定。

b. 当计算中充分利用钢筋的抗拉强度时，下部纵向钢筋应锚固在节点或支座内。此时可采用直线锚固形式，钢筋的锚固长度不应小于受拉钢筋的锚固长度 l_a；也可采用带90°弯折的锚固形式，其中竖直段应向上弯折，锚固端的水平投影长度不应小于 $0.4l_a$，弯折后的垂直投影长度不应小于 $15d$。下部纵向钢筋也可贯穿节点或支座范围，并在节点或支座外梁内弯矩较小部位设置搭接接头。

c. 当计算中充分利用钢筋的抗压强度时，下部纵向钢筋应按受压钢筋锚固在中间节点或中间支座内，此时，其直线锚固长度不应小于 $0.7l_a$。这是因为考虑到结构中的应力主要通过混凝土传递，钢筋的受力较小，且钢筋端头的支承作用也改善了受压钢筋的受力状态，所以，这时的锚固长度可适当减小。下部纵向钢筋也可伸过节点或支座范围，并在梁中弯矩小处设置搭接接头(图 2.45)。

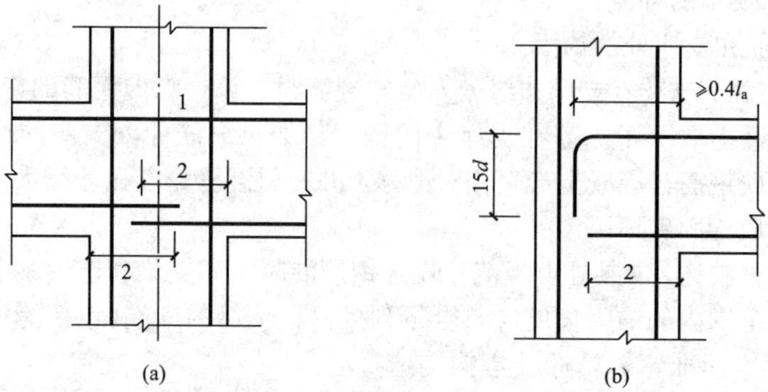

图 2.45　梁中纵向受力钢筋在中间支座

此外，梁下部纵向受力钢筋伸入支座内的数量，当梁宽度 $b \geq 100$mm 时，不应少于两根；当梁宽度 $b < 100$mm 时，可为一根。

框架梁或连续梁的上部纵向钢筋应贯穿中间节点或中间支座范围。

③ 边支座。框架梁上部纵向钢筋伸入中间层端节点的锚固长度，当采用直线锚固形式时，不应小于受拉钢筋锚固长度 l_a，且伸过柱中心线不小于 $5d$(d 为梁上部纵向钢筋直径)；当柱的截面尺寸不足时，梁上部纵向钢筋应伸至节点外侧边并向下弯折，其包含弯弧段在内的水平投影长度应取为 $0.4l_a$ 包含弯弧段在内的垂直投影长度应取为 $15d$。

框架梁的上部纵向受力钢筋在顶层边柱内锚固应采取专门的锚固措施。

框架梁下部纵向钢筋伸入边支座的锚固长度，与中间支座的要求相同。

(2) 纵向钢筋的接头。受力钢筋的接头宜设置在受力较小处。

在一般常见的钢筋混凝土简支梁、连续梁和框架梁中，纵向钢筋最好不设接头，如果由于钢筋长度不够或设置施工缝的要求需采用钢筋接头时，宜优先采用焊接或机械连接，当施工现场不具备条件时，也可采用绑扎的搭接接头。这种传力方式是通过搭接钢筋与混凝土之间的粘结力将一根钢筋的力传给另一根钢筋，但搭接接头的受力情况较不利。因为当两根钢筋受力时，在搭接区段外围的混凝土承受着由两根钢筋所产生的劈裂力，如果钢筋的搭接长度不足，或缺乏必要的横向钢筋，构件将出现纵向劈裂破坏。因此，各根受力钢筋的接头，其中包括焊接或搭接接头的位置均应互相错开，以免接头这个薄弱环节过分集中。

《混凝土规范》规定：轴心受拉和小偏心受拉构件的纵向受力钢筋不得采用绑扎搭接接当受拉钢筋的直径 $d > 28$mm 及受压钢筋的直径 $d > 32$mm 时，不宜采用绑扎搭接接头；

同一构件中相邻纵向受力钢筋的绑扎搭接接头宜相互错开。钢筋绑扎搭接接头连接区段的长度为1.3倍搭接长度，凡搭接接头中点位于该连接区段长度内的搭接接头均属于同一连接区段。同一连接区段内纵向钢筋搭接接头面积百分率为该区段内有搭接接头的纵向受力钢筋截面面积与全部纵向受力钢筋截面面积的比值。

位于同一连接区段内的受拉钢筋搭接接头面积百分率：对梁类、板类及墙类构件，不宜大于25%；对柱类构件，不宜大于50%。当工程中确有必要增大受拉钢筋搭接接头面积百分率时，对梁类构件，不应大于50%；对板类、墙类及柱类构件，可根据实际情况放宽，如表2-11所示。

纵向受拉钢筋绑扎搭接接头的搭接长度应根据同一连接区段内的钢筋搭接接头面积百分率按下列公式计算：

$$l_l=\xi l_a \tag{2-53}$$

式中 l_l——纵向受拉钢筋的搭接长度；

l_a——纵向受拉钢筋的锚固长度；

ξ——纵向受拉钢筋的搭接长度修正系数，按表2-11取用。

表2-11 纵向钢筋搭接接头面积百分率

纵向钢筋搭接接头面积百分率(%)	≤25	50	100
ξ	1.2	1.4	1.6

在任何情况下，纵向受拉钢筋绑扎搭接接头的搭接接头长度均不应小于300mm。

构件中的纵向受压钢筋，当采用搭接连接时，其受压搭接长度不应小于纵向受拉钢筋长度的0.7倍，且在任何情况下不应小于200mm。

关于钢筋搭接的其他规定，可参阅《混凝土规范》第9.4节的有关规定，本书从略。

最后，需要特别指出的是：无论是在纵筋的截断处、搭接处、伸入支座处，均应在光面钢筋末端设置弯钩。

(3) 箍筋的构造要求。

① 箍筋的形式和肢数。箍筋的形状通常有封闭式和开口式两种，如图2.46所示。箍筋的主要作用是作为腹筋承受力，除此之外，还起到固定纵筋位置，形成钢筋骨架的作用。由于箍筋属于受拉钢筋，因此箍筋必须有很好的锚固。为此，应将箍筋端部锚固在受压区内。对封闭式箍筋，其在受压区水平肢将约束混凝土的横向变形，有助于提高混凝土的强度。

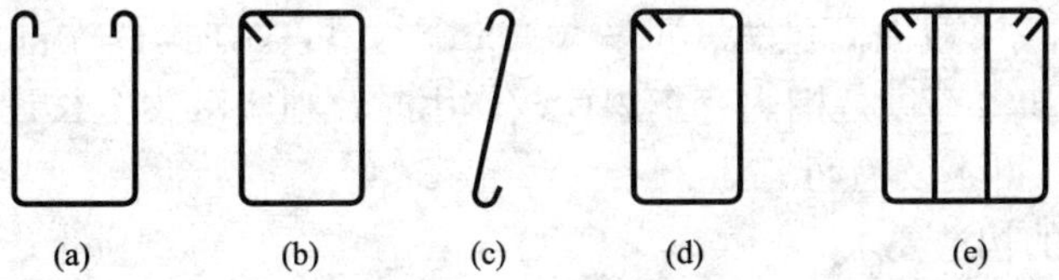

图2.46 箍筋的形式

箍筋的肢数取决于箍筋垂直段的数目，最常用的是双肢，除此还有单肢、四肢等。通常按下列原则确定箍筋的肢数：当梁的宽度150mm$<b<$350mm时，以及一层中受拉钢筋不超过5根，按计算配置的受压钢筋不超过3根时采用双肢箍筋；当梁的宽度$b\geqslant$350mm

时，以及一层受拉钢筋超过 5 根或按计算纵向配置的纵向受压钢筋超过 3 根（或 $b \leqslant 400$mm，一层内的纵向受压钢筋多于 4 根）时，宜采用四肢箍筋；当 $b \leqslant 150$mm 时才采用单肢箍筋。

② 箍筋的直径。箍筋一般采用Ⅰ级或Ⅱ级钢筋，为了使钢筋骨架具有一定的刚性，箍筋的直径不宜太小，其最小直径与梁高 h 有关。《混凝土规范》规定箍筋的最小直径见表 2－12。

表 2－12　箍筋最小直径

梁高 h(mm)	箍筋直径
$h \leqslant 800$	6
$h > 800$	8

③ 箍筋的间距。箍筋的间距对斜裂缝的开展宽度有显著的影响。如果箍筋的间距过大，则斜裂缝可能不与箍筋相交，或者相交在箍筋不能充分发挥作用的位置。使得箍筋不能有效地抑制斜裂缝的开展，从而也就起不到箍筋应有的抗剪能力。因此，一般宜采用直径较小、间距较密的箍筋。当然，若箍筋的间距过小，则箍筋的数量就会过多，导致施工效率降低。《混凝土规范》规定的梁中箍筋的最大间距 S_{max} 见表 2－13。

表 2－13　梁中箍筋的最大间距 S_{max}

梁高 h(mm)	$V > 0.7 f_t h b_0$	$V \leqslant 0.7 f_t b h_0$
$150 < h \leqslant 300$	150	200
$300 < h \leqslant 500$	200	300
$500 < h \leqslant 800$	250	350
$h > 800$	300	400

当梁中按计算配有纵向受压钢筋时，箍筋应为封闭式；此时箍筋的间距不应大于 $15d$（d 为纵向受压钢筋中的最小直径），同时在任何情况下均不应大于 400mm；当一层内的纵向受压钢筋多于 5 根且直径大于 18mm 时，箍筋间距不应大于 $10d$；当梁的宽度大于 400mm 且一层内的纵向受压钢筋多于 3 根时，或当梁的宽度不大于 400mm 但一层内的纵向受压钢筋多于 4 根时，应设置复合箍筋。

④ 箍筋的布置。对于按计算不需要箍筋抗剪的梁，如截面高度大于 300mm 时，仍应沿梁全长设置箍筋；当截面高度为 150～300mm 时，可仅在构件端部 1/4 范围内设置箍筋，但当在构件中 1/2 跨度范围内有集中荷载作用时，则应沿梁全长设置箍筋；当截面高度小于 150mm 时，可不设箍筋。

（4）弯起钢筋的构造要求。

① 弯起钢筋的锚固。梁中弯起钢筋的弯起角度一般宜取 45°，当梁截面高度大于 800mm 时，宜采用 60°。为了防止弯起钢筋因锚固不良而发生滑动，导致斜裂缝开展过大及弯起钢筋本身的强度不能充分发挥，弯起钢筋的弯折终点处的直线段应留有足够的锚固长度，其长度在受拉区 $\geqslant 20d$，在受压区 $\geqslant 10d$；对于光圆钢筋在末端应设置弯钩，如图 2.47所示。

② 弯起钢筋的间距。为了防止因弯起钢筋间距过大，使得在相邻两排弯起钢筋之间出现的斜裂缝可能与钢筋相交不到，导致弯起钢筋不能发挥抗剪作用，故按抗剪计算需设置两排弯起钢筋时，第一排(从支座算起)弯起钢筋的弯起点到第二排弯起钢筋的弯终点距离不应大于表2-13箍筋的最大间距S_{max}：为了避免由于钢筋尺寸误差而使弯起钢筋的弯终点进入梁的支座内，以致不能充分发挥其抗剪作用，靠近支座的第一排弯起钢筋的弯终点到支座边缘的距离不宜小于50mm，亦不应大于箍筋的最大间距S_{max}。

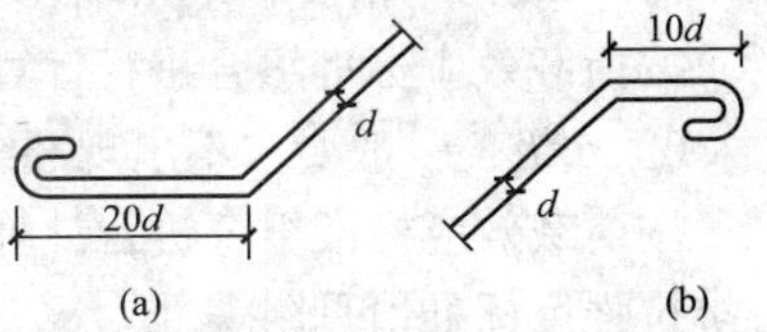

图2.47 弯起钢筋端部构造

6. 钢筋混凝土梁裂缝及变形验算简介

1) 概述

钢筋混凝土梁的正截面受弯承载力及斜截面受剪承载力计算是保证结构构件安全可靠的前提条件，以满足构件安全性的要求。而要使构件具有预期的适用性和耐久性，则应进行正常使用极限状态的验算，即对构件进行裂缝宽度及变形验算。

考虑到结构构件当其不满足正常使用极限状态时所带来的危害性比不满足承载力极限状态时要小，其相应的可靠指标也要小些。《混凝土规范》规定，验算变形及裂缝时荷载均采用标准值，不考荷载分项系数。因此验算变形及裂缝宽度时，应按荷载效应的标准组合并考虑长期作用影响来进行。标准组合是指在正常使用极限状态验算时，对可变荷载采用标准值、组合值为荷载代表值的组合。准永久组合指在正常使用极限状态验算时，对可变荷载采用准永久值为荷载代表值的组合。

2) 钢筋混凝土梁裂缝宽度的验算

(1) 裂缝控制。由于混凝土的抗拉强度很低，在荷载不大时，梁的受拉区就已经开裂，引起裂缝的原因是多方面的，最主要的当然是由于荷载产生的内力所引起的裂缝。此外，由于基础的不均匀沉降、混凝土收缩和温度作用而产生的变形受到钢筋或其他构件约束时，以及因钢筋锈蚀而体积膨胀，都会在混凝土中产生拉应力，当拉应力超过混凝土的抗拉强度即开裂。由此看来，截面受有拉应力的钢筋混凝土构件在正常使用阶段出现裂缝是难以避免的，对于一般的工业与民用建筑来说，也是允许构件带裂缝工作的。之所以对裂缝的开展宽度进行限制，主要是基于下面两个方面的理由：一是外观要求；二是耐久性要求，并以后者为主。

从外观要求考虑，裂缝过宽将给人以不安全的感觉，同时也影响到对结构质量的评价。从耐久性要求考虑，如果裂缝过宽，在有水侵入或空气相对湿度很大或所处的环境恶劣时，裂缝处的钢筋将锈蚀甚至严重锈蚀，导致钢筋截面面积减小，使构件的承载力下降。因此必须对构件的裂缝宽度进行控制。值得指出的是，近20年来的试验研究表明，与钢筋垂直的横向裂缝处钢筋的锈蚀并不像人们通常所设想的那样严重，故在设计中不应将裂缝宽度的限值看做是严格的界限值，而应更多地看成是一种带有参考性的控制指标。从结构耐久性的角度讲，保证混凝土的密实性及保证混凝土保护层厚度满足规定，要比控制构件表面的横向裂缝宽度重要得多。

在进行结构构件设计时，应根据使用要求选用不同的裂缝控制等级。《混凝土规范》将裂缝控制等级划分为三级。

① 一级：严格要求不出现裂缝的构件。

按荷载效应标准组合进行计算时，构件受拉边边缘的混凝土不应产生拉应力。

② 二级：一般要求不出现裂缝的构件。

按荷载效应标准组合进行计算时，构件受拉边边缘的混凝土拉应力不应大于混凝土轴心抗拉强度标准值见附表 6。

③ 三级：允许出现裂缝的构件。

荷载效应标准组合并考虑长期作用影响计算时，构件的最大裂缝宽度 w_{max}，不应超过允许的最大裂缝宽度 $[w_{max}]$。

上述一、二级裂缝控制属于构件的抗裂能力控制，对于一般的钢筋混凝土构件来说，在使用阶段一般都是带裂缝工作的，故按三级标准来控制裂缝宽度即可。

(2) 钢筋混凝土梁裂缝宽度的计算。目前我国《混凝土规范》提出的裂缝宽度计算公式主要是以粘结滑移理论为基础的，同时也考虑了混凝土保护层厚度及钢筋有效约束区的影响。

受弯构件的裂缝包括由弯矩产生的正应力引起的垂直裂缝和由弯矩、剪力产生的主拉应力引起的斜裂缝。对于主拉应力引起的斜裂缝，当按斜截面抗剪承载力计算配置了足够的腹筋后，其斜裂缝的宽度一般都不会超过规范所规定的最大裂缝宽度允许值，所以在此主要讨论由弯矩引起的垂直裂缝的情况。

① 受弯构件裂缝的出现和开展过程。如图 2.48 所示的简支梁，其 CD 段为纯弯段，设 M 为外荷载产生的弯矩，M_{cr} 为构件沿正截面的开裂弯矩，即构件垂直裂缝即将出现时的弯矩。当 $M<M_{cr}$ 时，构件受拉区边缘混凝土的拉应力 σ_t 小于混凝土的抗拉强度，构件不会出现裂缝。当 $M=M_{cr}$ 时，由于在纯弯段各截面的弯矩均相等，故理论上来说各截面受拉区混凝土的拉应力都同时达到混凝土的抗拉强度，各截面均进入裂缝即将出现的极限状态。然而实际上由于构件混凝土的实际抗拉强度的分布是不均匀的，故在混凝土最薄弱的截面将首先出现第一条裂缝。

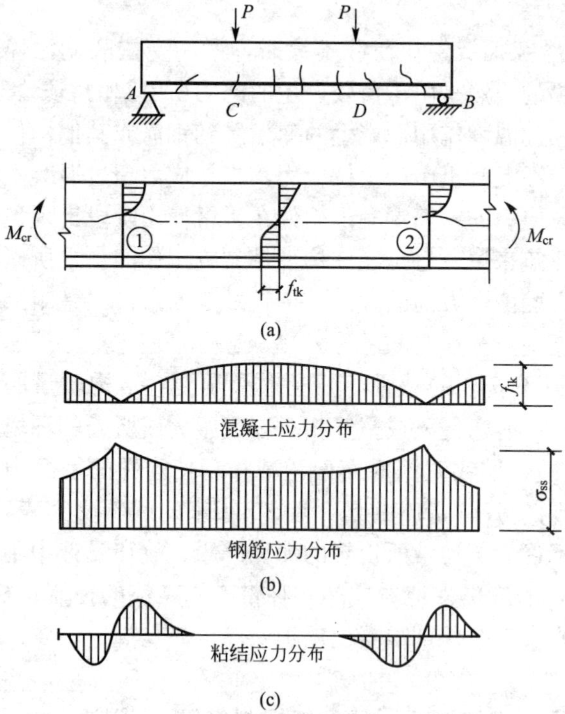

图 2.48　受弯构件裂缝的开展过程

在第一条裂缝出现之后，裂缝截面处的受拉混凝土退出工作，荷载产生的拉力全部由钢筋承担，使开裂截面处纵向受拉钢筋的拉应力突然增大，而裂缝处混凝土的拉应力降为零，裂缝两侧尚未开裂的混凝土必然试图也使其拉应力降为零，从而使该处的混凝土向裂缝两侧回缩，混凝土与钢筋表面出现相对滑移并产生变形差，故裂缝一出现即具有一定的宽度。由于钢筋和混凝土之间存在粘结应力，因而裂缝截面处钢筋应力又通过粘结应力逐渐传递给混凝土，钢筋的拉应力则相应减小，而混凝土的拉应力则随着离开裂缝截面距离的增大而逐渐增大。随着弯矩的增加，即当 $M>M_{cr}$ 时，离第一条裂缝一定距离的截面的混凝土拉应力又达到了其抗拉强度，从而出现第二条裂缝。在第二条裂缝处的混凝土同样朝裂缝两侧滑移，混凝土的拉应力又逐渐增大，当其达到混凝土的抗拉强度时，又出现新的裂缝。按类似的规律，新的裂缝不断产生，裂缝间距不断减小，当减小到无法使未产生裂缝处的混凝土的拉应力增大到混凝土的抗拉强度时，这时即使弯矩继续增加，也不会产生新的裂缝，因而可以认为此时裂缝出现已经稳定。

当荷载继续增加，即 M 由 M_{cr} 增加到使用阶段荷载效应的标准组合的弯矩标准值 M_s 时，对一般梁，在使用荷载作用下裂缝的发展已趋于稳定，新的裂缝将不再增加。最后，各裂缝宽度达到一定的数值。裂缝截面处受拉钢筋的应力达到 σ_{ss}。

② 裂缝宽度的计算。由于钢筋混凝土材料的不均匀性及裂缝出现的随机性，导致裂缝间距和裂缝宽度的离散性较大，故必须考虑裂缝分布和开展的不均匀性。

在长期荷载作用下，由于混凝土的收缩、徐变及受拉区混凝土的应力松弛和滑移徐变，裂缝间的受拉钢筋的平均应变不断增大，使构件的裂缝宽度不断增大。因此，在长期荷载作用下，受弯构件最大裂缝宽度的计算公式如下：

$$
\begin{aligned}
w_{max} &= 1.66\times1.5\times w_m = 1.66\times1.5\times0.85\psi\frac{\sigma_{sk}}{E_s}l_{cr} \\
&= 2.1\psi\frac{\sigma_{sk}}{E_s}\left(1.9c+0.08\frac{d}{v\rho_{te}}\right) \qquad (2-54)
\end{aligned}
$$

《混凝土规范》规定：对直接承受轻、中级工作制吊车的受弯构件，可将计算求得的最大裂缝宽度乘以系数 0.85。这是因为对直接承受吊车荷载的受弯构件，考虑承受短期荷载，满载的机会较少，且计算中已取 1.0，故将计算所得的最大裂缝宽度乘以折减系数 0.85。

按式(2-54)计算出的 w_{max} 应小于或等于最大裂缝宽度允许值 $[w_{max}]$。

最大裂缝宽度允许值 $[w_{max}]$ 的数值可根据钢筋种类、构件类型及所处的环境查附表 6。

③ 验算最大裂缝宽度的步骤。

a. 按荷载效应的标准组合计算弯矩 M_k。

b. 计算裂缝截面处的钢筋应力 σ_{sk}：

$$\sigma_{sk}=\frac{M_k}{0.87h_0A_s}$$

c. 计算有效配筋率 ρ_{te}：

$$\rho_{te}=A_s/A_{te}$$

d. 计算受拉钢筋应变的不均匀系数 ψ

$\psi=1.1-\dfrac{0.65f_{tk}}{\rho_{te}\sigma_{sk}}$，且应在 0.2 和 1.0 之间取值。

e. 计算最大裂缝宽度 w_{max}：

$$w_{max}=2.1\psi\frac{\sigma_{sk}}{E_s}\left(1.9c+0.08\frac{d}{v\rho_{te}}\right)$$

f. 查附表，得最大裂缝宽度的允许值 $[w_{max}]$。

应满足 $w_{max} \leqslant [w_{max}]$。

【例 2.5】 某图书馆楼盖的一根钢筋混凝土简支梁，计算跨度 $l_0=6m$，截面尺寸 $b=250mm$，$h=650mm$，混凝土强度等级为 C20($E_c=2.55\times10^4 N/mm^2$，$f_{tk}=1.54N/mm^2$)，按正截面强度计算已配置了 4Φ20($E_s=2\times10^5 N/mm^2$，$A_s=1256mm^2$)钢筋，梁所承受的永久荷载标准值(包括梁自重)$g_k=18.6kN/m$，可变荷载标准值 $q_k=14kN/m$。试验算其裂缝宽度。

【解】 按荷载的标准组合计算弯矩 M_k

$$M_k=\frac{1}{8}ql_0^2=\frac{1}{8}\times(18.6+14)\times6^2=146.7kN\cdot m$$

计算裂缝截面处的钢筋应力 σ_{sk}

$$\sigma_{sk}=\frac{M_k}{0.87h_0A_s}=\frac{146.7\times10^6}{0.87\times615\times1256}=218.3N/mm^2$$

计算有效配筋率 ρ_{tc}

$$A_{te}=0.5bh=0.5\times250\times650=81250mm^2$$

$$\rho_{te}=A_s/A_{te}=1256/81250=0.0155>0.01$$

计算受拉钢筋应变的不均匀系数 ψ

$$\psi=1.1-\frac{0.65f_{tk}}{\rho_{te}\sigma_{sk}}=1.1-\frac{0.65\times1.54}{0.0155\times218.3}$$

$$=0.812>0.2$$

$$<1.0$$

故取 $\psi=0.812$。

计算最大裂缝宽度 w_{max}

混凝土保护层厚度 $c=25mm>20mm$，Ⅱ级钢筋 $v=0.7$

$$w_{max}=2.1\psi\frac{\sigma_{sk}}{E_a}\left(1.9c+0.08\frac{d}{v\rho_{te}}\right)$$

$$=2.1\times0.812\times\frac{218.3}{2\times10^5}\left(1.9\times25+0.08\times\frac{20}{0.7\times0.0155}\right)=0.363mm$$

查附表 6，得最大裂缝宽度的允许值 $[w_{max}]=0.3mm$

$w_{max}=0.363mm\geqslant[w_{max}]=0.3mm$ 裂缝宽度不满足要求。

(3) 减小构件裂缝宽度的措施。从求最大裂缝宽度的公式可见，要减小裂缝宽度，最简便有效的措施：一是选用变形钢筋(因其表面特征系数是 0.7，光面钢筋是 1.0)；二是选用直径较细的钢筋，以增大钢筋与混凝土的接触面积，提高钢筋与混凝土的粘结强度。但如果钢筋的直径选得过细，钢筋的根数必然过多，从而使施工困难且钢筋之间的净距也难以满足规范的需求。这时可增加钢筋的面积即加大钢筋的有效配筋率 ρ_{te}，从而减小钢筋的应力 σ_{sk}。此外，改变截面形状和尺寸、提高混凝土等级虽能减少裂缝宽度，但效果甚微，一般不宜采用。

需要指出的是，在施工中常常会碰到钢筋代换的问题，钢筋代换时除了必须满足强度要求外，还需注意钢筋强度和直径对构件裂缝宽度的影响，若是用强度高的钢筋代换强度低的钢筋，因钢筋强度提高其数量必定减少，从而导致钢筋应力增加；或是用直径粗的钢筋代换直径细的钢筋，都会使构件的裂缝宽度增大，这是应该注意的。

3）受弯构件挠度验算

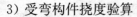

(1) 受弯构件挠度验算的特点。在建筑力学中，我们已经学习了匀质弹性材料受弯构件变形的计算方法。如跨度为 l_0 的简支梁在均布荷载$(g+q)$的作用下，其跨中的最大挠度为：

$$f_{max}=\frac{5(g+q)l_0^4}{384EI}=\frac{5Ml_0^2}{48EI}=\beta\frac{Ml_0^2}{EI}$$

式中 EI——为匀质弹性材料梁的截面抗弯刚度，当梁截面尺寸及材料确定后，EI 是一常数；

M——跨中最大弯矩，$M=\frac{1}{8}(g+q)l_0^2$；

β——与构件的支承条件及所受荷载形式有关的挠度系数。

现在来分析一下钢筋混凝土受弯构件的情况，适筋梁从加荷到破坏的三个阶段可知：梁在荷载不大的第一阶段末，受拉区的混凝土就已开裂，随着荷载的增加，裂缝的宽度和高度也随之增加，使得裂缝处的实际截面减小，即梁的惯性矩减小，导致梁的刚度下降。另一方面，随着弯矩的增加，梁塑性变形的发展，变形模量也随之减小，即 E 也随之减小。由此可见，钢筋混凝土梁的截面抗弯刚度不是一个常数，而是随着弯矩的大小而变化，并与裂缝的出现和开展有关。同时，随着荷载作用持续时间的增加，钢筋混凝土梁的截面抗弯刚度还将进一步减小，梁的挠度还将进一步增大。故不能用 E 来表示钢筋混凝土的抗弯刚度。为了区别于匀质弹性材料受弯构件的抗弯刚度，用 B 代表钢筋混凝土受弯构件的刚度。钢筋混凝土梁在荷载效应的标准组合作用下的截面抗弯刚度，简称为短期刚度，钢筋混凝土梁在荷载效应的标准组合作用下并考虑荷载长期作用的截面抗弯刚度，简称为长期刚度。

计算钢筋混凝土受弯构件的挠度，实质上是计算它的抗弯刚度 B，一旦求出抗弯刚度 B 后，就可以用 B 替 E，然后按照弹性材料梁的变形公式即可算出梁的挠度。

(2) 受弯构件在荷载效应的标准组合作用下的刚度(短期刚度)B_s。

在材料力学中，截面刚度 E 与截面内力(M)及变形(曲率 $1/\rho$)有如下关系：

$$\frac{1}{\rho}=\frac{M}{EI} \tag{2-55}$$

对钢筋混凝土受弯构件，式(2－55)可通过建立下面三个关系式，并引入适当的参数来建立，最后将 E 用短期刚度置换即可。

① 几何关系——根据平截面假定得到的应变与曲率的关系：

$$\frac{1}{\rho}=\frac{\varepsilon}{y}$$

② 物理关系——根据虎克定律给出的应力与应变的关系：

$$\varepsilon=\frac{\sigma}{E}$$

③ 平衡关系——根据应力与内力的关系：

$$\sigma=\frac{My}{I}$$

根据这三个关系式，并考虑钢筋混凝土的受力变形特点，最后得出钢筋混凝土受弯构件短期刚度的计算公式为：

$$B_s=\frac{E_sA_sh_0^2}{1.15\psi+0.2+\frac{6\alpha_E\rho}{1+3.5\gamma_f'}} \tag{2-56}$$

式中 E_s——纵向受拉钢筋的弹性模量，见表 2-3；

A_s——纵向受拉钢筋截面面积，mm^2；

h_0——梁截面有效高度，mm；

ψ——裂缝间纵向受拉钢筋应变不均匀系数；

α_E——钢筋弹性模量有混凝土弹性模量的比值，$\alpha_E=\frac{E_a}{E_c}$；

ρ——纵向受拉钢筋配筋率，$\rho=\frac{A_s}{bh_0}$；

γ_f'——T 形、I 形截面受压翼缘面积与腹板有效面积的比值，$\gamma_f'=\frac{(b_f'-b)h_f'}{bh_0}$，其中 b_f'、h_f'为受压区翼缘的宽度、厚度。当受压翼缘厚度较大时，由于靠近中轴的翼缘部分受力较小，如仍按较大的 h_f'计算 γ_f'，则算得的刚度偏高，故为了安全起见，《混凝土规范》规定，当 $h_f'>0.2h_0$ 时，仍取 $h_f'=0.2h_0$。

(3) 按荷载效应的标准组合并考虑荷载长期作用影响的长期刚度 B_l。在长期荷载作用下，钢筋混凝土梁的挠度将随时间而不断缓慢增长，抗弯刚度随时间而不断降低；这一过程往往要持续很长时间。

在长期荷载作用下，钢筋混凝土梁挠度不断增长的原因主要是由于受压区混凝土的徐变变形，使混凝土的压应变随时间而增长。另外，裂缝之间受拉区混凝土的应力松弛、受拉钢筋和混凝土之间粘结滑移徐变，都使受拉混凝土不断退出工作，从而使受拉钢筋平均应变随时间增大。因此，凡是影响混凝土徐变和收缩的因素，如受压钢筋配筋率，加载龄期，使用环境的温、湿度等，都对长期荷载作用下构件挠度的增长有影响。

长期荷载作用下受弯构件挠度的增长可用挠度增大系数 θ 来表示，$\theta=f_l/f_s$，为长期荷载作用下挠度 f_l 与短期荷载作用下挠度 f_s 的比值，它可由试验确定。影响 θ 的主要因素是受压钢筋，因为受压钢筋对混凝土的徐变有约束作用，可减少构件在长期荷载作用下的挠度增长。

截面形式对长期荷载作用下的挠度也有影响，对于翼缘位于受拉区的 T 形截面，由于短期荷载作用下受拉混凝土参加工作较多，在长期荷载作用下退出工作的影响就较大，从而使构件的挠度增加较多。故《混凝土规范》规定：对翼缘位于受拉区的 T 形截面应增大 20%。

由于构件上作用的全部荷载中一部分是长期作用的荷载(即荷载效应的准永久组合)，另一部分是短期作用的荷载(即荷载效应的标准组合)。现设 M_q 为按荷载长期作用计算的弯矩值，亦即是按永久荷载及可变荷载的准永久值计算的弯矩。M_k 为按短期作用计算的弯矩值，亦即是按全部永久荷载及可变荷载的标准值计算的弯矩。在 M_k 作用下梁的短期挠度为 f_1，则在 M_q 长期作用下梁的挠度将增大为 θf_1。设在弯矩增量(M_k-M_l)作用下的短期挠度增量为则在 M_k 作用下的总挠度。

荷载长期作用使构件挠度增大，所以用考虑荷载长期作用的长期刚度来计算构件的总挠度。

(4) 最小刚度原则。由上述的分析可知，钢筋混凝土构件截面的抗弯刚度随弯矩的增大而减小。因此，即使是等截面梁，由于梁的弯矩一般沿梁长方向是变化的，故梁各个截面的抗弯刚度也是不一样的，弯矩大的截面抗弯刚度小，弯矩小的截面抗弯刚度就大，即梁的刚度沿梁长为变值。变刚度梁的挠度计算是十分复杂的。在实际设计中为了简化计算通常采用“最小刚度原则”，即在同号弯矩区段采用其最大弯矩(绝对值)截面处的最小刚度作为该区段的抗弯刚度来计算变形。如对于简支梁即取最大正弯矩截面计算截面刚度，并以此作为全梁的抗弯刚度。

计算钢筋混凝土受弯构件的挠度，先要求出在同一符号弯矩区段内的最大弯矩，而后求出该区段弯矩最大截面的刚度 B，然后根据梁的支座类型套用相应的力学挠度公式，按式计算钢筋混凝土受弯构件的挠度。求得的挠度值不应大于《混凝土规范》规定的挠度允许值 $[f]$。$[f]$ 可根据受弯构件的类型及计算跨度查附表7。

(5) 挠度验算的步骤。

① 计算短期刚度：

$$B_s=\frac{E_sA_sh_0^2}{1.15\psi+0.2+\frac{6\alpha_E\rho}{1+3.5\gamma_f}}$$

② 计算构件的刚度 B：

$$B=\frac{M_k}{M_q(\theta-1)+M_k}\cdot B_s$$

③ 计算构件挠度：

$$f=\beta\frac{M_sl_0^2}{B}\leqslant[f]$$

本模块小结

(1) 梁内钢筋主要有受力筋、架立筋、箍筋、梁侧构造钢筋。板内钢筋主要有分布筋、受力筋等。各种钢筋在图纸上的标注是有各自特点的，根据不同的钢筋种类，平法施工图制图规则对不同钢筋的绘制是不同的，因此在识图过程中首先要熟知钢筋种类然后对应识图。

(2) 受弯构件承载力主要有正截面承载力、斜截面承载力。两种不同的承载力是为了满足不同的受力要求，受弯构件正截面承载力为了满足承受弯矩的要求；受弯构件斜截面承载力是为了满足承受剪力的要求。

模块 2.3 钢筋混凝土受压构件

教学目标

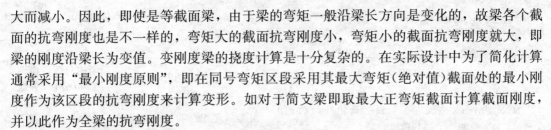

通过本模块的学习，学生能够进行轴心受压构件的承载力验算；熟练掌握受压构件的构造措施；能够识读基本的受压构件结构施工图。

教学要求

知识要点	能力要求	相关知识	所占分值（100 分）	自评分数
受压构件的构造要求	掌握受压构件的构造措施	截面形式及尺寸、配筋构造	25	
轴心受压构件承载力验算	掌握轴心受压构件的验算要点	承载力验算方法	15	
偏心受压构件验算	掌握偏心受压构件计算理论；大偏心受压构件承载力验算	偏心受压构件正截面破坏特征，附加偏心距；偏心距增大系数；大偏心受压构件承载力计算	60	

模块导读

在建筑结构中，我们常常看到的构件除了前面提到过的梁、板外，还有柱子。工程上的柱子不仅要承受上部传递下来的荷载，还要将这些荷载传递给基础。因此，柱子(受压构件)的承载力对建筑结构的受力、安全的重要性不言而喻。

任务 2.3.1　掌握钢筋混凝土受压构件构造

钢筋混凝土受压构件可分为轴心受压构件和偏心受压构件，如图 2.49 所示。当轴向压力作用线与截面形心重合(截面只有轴向压力）时，称为轴心受压构件；当轴向压力作用线与截面形心不重合(截面上既有压力，又有弯矩）时，称为偏心受压构件。

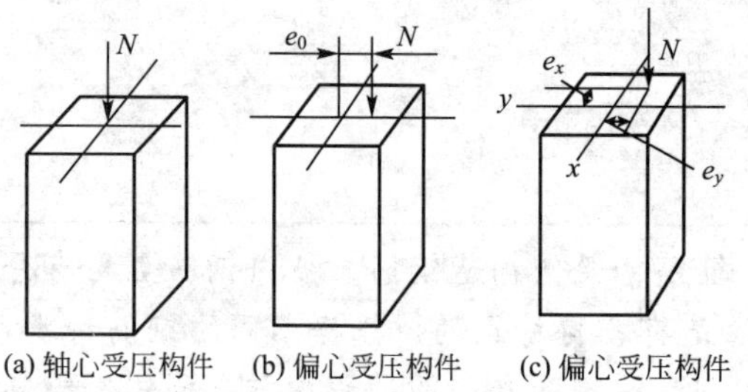

图 2.49　轴心受压与偏心受压构件

在实际工程中，由于施工时截面尺寸和钢筋位置的误差、混凝土本身的不均匀性、荷载实际作用位置的偏差等原因，理想的轴心受压构件是不存在的。但为了简化计算，对屋架受压腹杆和永久荷载为主的多层、多跨房屋内柱，可近似简化为轴心受压构件计算。

其余情况，如单层厂房柱、多层框架柱和某些屋架上弦杆等，应按偏心受压构件计算。

1. 受压构件的构造要求

1）材料强度等级

受压构件的承载力主要取决于混凝土，因此受压构件采用较高等级的混凝土是经济合理的。为了减小构件截面尺寸、节约钢材，在设计中宜采用强度等级较高的混凝土(一般不低于 C20），一般采用 C20、C25 及 C30。而钢筋通常采用热轧钢筋，这是因为在受压构件中，高强度钢筋不能充分发挥作用。

2）截面形式及尺寸

为了方便施工，轴心受压构件截面一般为正方形或圆形，偏心受压构件截面可采用矩形。当截面长边超过 600～800mm 时，为节省混凝土及减轻自重，也常采用工字形截面。

对于方形和矩形截面柱，其截面尺寸不宜小于 300mm，为避免长细比过大，常取 $h \geqslant \frac{l_0}{25}$ 和 $b \geqslant \frac{l_0}{30}$，此处 l_0 为柱的计算长度，h 和 b 分别为截面的长边及短边边长，偏心受压柱长短边比值一般为 1.5～3.0。对工字形截面柱翼缘厚度不宜小于 120mm，腹板厚度不宜小于 100mm。此外，为了施工支模方便，当 $h \leqslant 800$mm 时，截面尺寸以 50 为模数；当 $h > 800$mm时，以 100mm 为模数。

3）纵向钢筋

柱内纵向钢筋，除了与混凝土共同受力，提高柱的抗压承载力外，还可改善混凝土破坏的脆性性质，减小混凝土徐变，承受混凝土收缩和温度变化引起的拉力。

轴心受压柱的纵向钢筋应沿截面周边均匀、对称布置(图 2.50)；偏心受压柱的纵向钢筋则在和弯矩作用方向垂直的两个侧边布置。为了增加骨架的刚度，减少箍筋的用量，最好选用直径较粗的纵向钢筋，通常直径采用 12～32mm；同时矩形截面柱内钢筋根数不应少于 4 根，圆形截面柱内钢筋不应少于 6 根(以不少于 8 根为宜)。

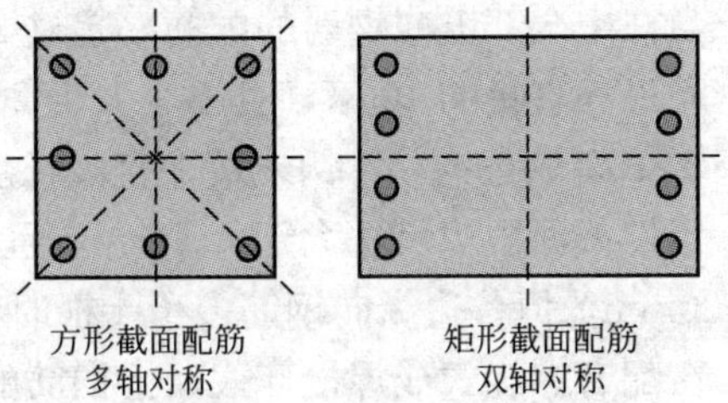

图 2.50 轴心受压与偏心受压构件对称配筋

当偏心受压柱的截面高度 $h \geqslant 600$mm 时，在侧面应设置直径为 10～16mm 的纵向构造钢筋，并相应地设置复合箍筋或拉筋(图 2.51)。

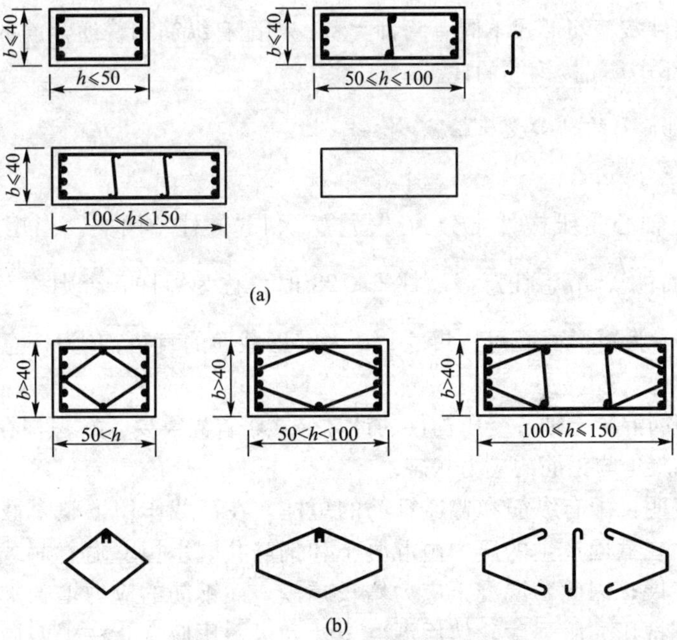

图 2.51 复合箍筋或拉筋形式

柱内纵向钢筋的净距不应小于50mm；对水平浇筑的预制柱，其纵向钢筋的最小净距可按梁的有关规定取用。柱中纵向钢筋的中距不宜大于300mm。柱中全部纵向钢筋的配筋率不宜超过5%，且不小于附表3中最小配筋率的要求，通常配筋率在0.6%～2%之间。

4）箍筋

箍筋不但可以保证纵向钢筋位置的正确，防止纵向钢筋压曲，而且对混凝土受压后的侧向膨胀起约束作用，偏心受压柱中剪力较大时还可以起到抗剪作用。因此，柱及其他受压构件中的箍筋应做成封闭式。

柱内箍筋直径不应小于$d/4$，且不应小于6mm(d为纵向钢筋的最大直径)。

柱内箍筋间距不应大于400mm及构件截面的短边尺寸，同时不应大于15d(d为纵向钢筋的最小直径)。此外，柱内纵向钢筋搭接范围内箍筋间距：当为受拉时不应大于5d，且不应大于100mm；当为受压时不应大于10d，且不应大于200mm。

当柱中全部纵向钢筋的配筋率超过3%时，箍筋直径不宜小于8mm，间距不应大于纵向钢筋最小直径的10倍，且不应大于200mm。箍筋可焊成封闭环式，或在箍筋末端做成不小于135°的弯钩，弯钩末端平直段长度不应小于10倍箍筋直径。

当柱截面短边尺寸大于400mm，且各边纵向钢筋多于3根时，或当柱截面短边未超过400mm，但各边纵向钢筋多于4根时，应设置复合箍筋。

在配有螺旋式或焊接环式间接钢筋的柱中，如计算中考虑间接钢筋的作用，则间接钢筋的间距不应大于80mm及$d_{cor}/5$(d_{cor}为按间接钢筋内表面确定的核心截面直径)，且不应小于40mm。间接钢筋的直径要求同普通箍筋。

任务2.3.2　掌握轴心受压构件承载力

轴心受压构件按箍筋形式不同有两种类型，即配有纵筋和普通箍筋的柱及配有纵筋和螺旋式(或焊接环式)间接钢筋的柱。

1. 配有普通箍筋的轴心受压柱

1）试验研究

钢筋混凝土轴心受压构件可分为“短柱”和“长柱”两类。当矩形截面柱长细比$\frac{l_0}{b}\leqslant 8$、圆形截面柱$\frac{l_0}{d}\leqslant 7$、任意截面柱$\frac{l_0}{i}\leqslant 28$时，称为短柱，否则称为长柱。式中$l_0$为柱的计算长度；$b$为矩形截面短边尺寸；$d$为圆形截面的直径；$i$为任意截面的最小回转半径。

为了建立钢筋混凝土轴心受压构件的计算公式，首先需要了解短柱在轴向压力作用下的破坏过程及混凝土与钢筋的应力状态。

大量试验表明：配有纵筋和普通箍筋的短柱，在荷载作用下整个截面压应变是均匀分布的，轴向力在截面产生的压力由混凝土和钢筋共同承担。随着荷载的增加，混凝土塑性变形有所发展，因此，混凝土应力增长减慢，而钢筋的应力增长加快。破坏时，一般是钢筋先达到抗压屈服强度，然后混凝土达到极限压应变，柱子四周出现明显的纵向裂缝，混凝土保护层剥落，箍筋间的纵向钢筋向外凸出，混凝土被压碎，整个柱子破坏(图2.52)。

试验还表明：对长细比较大的长柱，由于纵向弯曲的影响，其承载力低于条件完全相同的短柱。当构件长细比过大时还会发生失稳破坏。《混凝土规范》采用稳定系数 φ 来反映长柱承载力降低的程度（表 2-14）。由表 2-14可以看出，长细比 $\frac{l_0}{b}$ 越大，φ 值越小；而对短柱，可不考虑纵向弯曲的影响，取 $\varphi=1$。

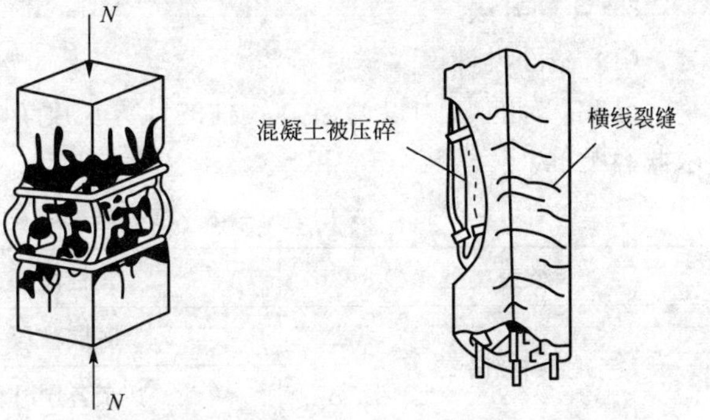

图 2.52　轴心受压短柱的破坏形态

表 2-14　钢筋混凝土轴心受压构件的稳定系数 φ

l_0/b	≤8	10	12	14	16	18	20	22	24	26	28
l_0/d	≤6	8.5	10.5	12	14	15.5	16	19	21	21.5	24
l_0/i	≤28	35	42	48	55	62	69	74	83	90	96
φ	1.0	0.98	0.95	0.92	0.86	0.81	0.65	0.60	0.65	0.60	0.56
l_0/b	30	32	34	36	38	40	42	44	46	48	50
l_0/d	26	28	29.5	31	33	34.5	36.5	38	40	41.5	43
l_0/i	104	111	118	126	132	139	146	153	160	166	164
φ	0.52	0.48	0.44	0.40	0.36	0.32	0.29	0.26	0.23	0.21	0.19

注：表中 l_0—构件计算长度；b—矩形截面的短边尺寸；d—圆形截面的直径；i—截面最小回转半径。

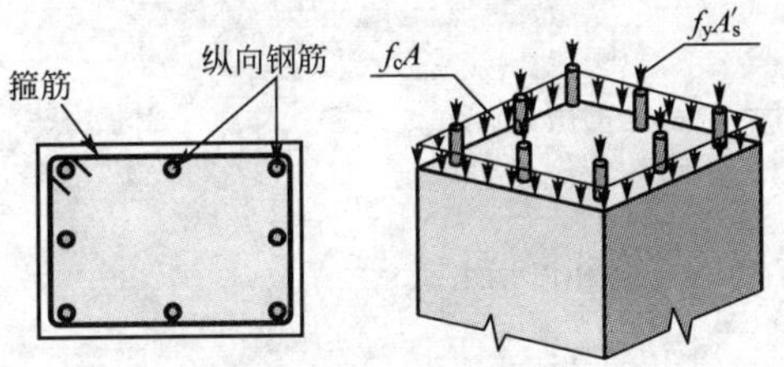

图 2.53　轴心受压构件计算应力图形

2）正截面受压承载力计算公式

根据上述分析可得轴心受压构件的应力图形，如图 2.53 所示。根据力的平衡条件，并考虑稳定系数 φ 后，可写出轴心受压构件当配有普通箍筋时，其正截面受压承载力计算公式：

$$N \leqslant 0.9\varphi(f_c A + f_y' A_s') \qquad (2-57)$$

式中　N——轴向压力设计值；

f_c——混凝土轴心抗压强度设计值；

A_s'——全部纵向钢筋的截面面积；

A——构件截面面积，当 $\rho'=\frac{A_s'}{A}>3\%$时，A 应改用 $A-A_s'$代替；

φ——钢筋混凝土构件的稳定系数，按表 2-14 采用；

0.9——系数，为保证轴心受压与偏心受压构件正截面承载力计算具有相近的可靠度。

构件计算长度 l_0 与构件两端的支承情况及有无侧移等因素有关，可按下列规定采用：

一般多层房屋中梁柱为刚接的框架结构，框架结构各层柱段的计算长度见表 2-15。

3）计算方法

（1）截面设计。

已知：轴向压力设计值 N，柱的计算长度 l_0，截面尺寸 $b\times h$，材料强度等级 f_c和 f'_y，求截面配筋。

表 2-15 框架结构各层柱段的计算长度

楼盖类型	柱段	计算长度 l_0
现浇楼盖	底层柱段	$1.0H$
	其余各层柱段	$1.25H$
装配式楼盖	底层柱段	$1.25H$
	其余各层柱段	$1.5H$

注：表中 H 对底层柱为从基础顶面到一层楼盖顶面的高度；对其余各层柱为上、下两层楼盖顶面之间的高度。

此时，可先由柱的长细比查得稳定系数 φ，然后由式(2-57) 求出钢筋截面面积 A'_s，验算配筋率 ρ'，最后按构造配置箍筋。

（2）截面复核。

已知：柱截面尺寸 $b\times h$，计算长度 l_0，材料强度等级 f_c和 f'_y，纵向钢筋 A'_s，求轴心受压柱的承载力设计值 N_u(或已知轴向压力设计值 N，复核轴心受压柱是否安全)。

此时，可先按构件长细比查得稳定系数 φ，验算配筋率 ρ'然后由式(2-57) 直接求解。

【例 2.6】 某多层现浇钢筋混凝土框架结构，底层内柱承受轴向压力设计值 $N=$ 1700kN(包括自重)，截面尺寸为 400mm×400mm，基础顶面至楼面距离 $H=6$m，混凝土强度等级 C20($f_c=9.6\text{N/mm}^2$)，纵向钢筋采用 HRB335 级($f'_y=300\text{N/mm}^2$)，试确定该柱纵向钢筋和箍筋。

【解】 (1) 柱的计算长度。

本例为现浇楼盖，查表 2-15，柱的计算长度 $l_0=1.0H=6$m。

(2) 稳定系数 φ。

长细比$\dfrac{l_0}{b}=\dfrac{6000}{400}=15$，查表 2-14，稳定系数 $\varphi=0.895$。

(3) 纵向钢筋计算。

$$A'_s=\frac{\dfrac{N}{0.9\varphi}-f_cA}{f'_y}=\frac{\dfrac{1700\times10^3}{0.9\times0.895}-9.6\times400\times400}{300}=1915\text{mm}^2$$

纵筋选用 4Φ25 ($A'_s=1964\text{mm}^2$)。

$$\text{配筋率 }\rho'=\frac{A'_s}{A}=\frac{1964}{400\times400}=1.23\%$$

$$\rho'>\rho'_{\min}=0.6\%$$

$$\rho'<\rho_{\max}'=5\%\quad\text{且}\quad<3\%$$

(4) 确定箍筋。

箍筋选用Φ8@300，箍筋间距 $s\leqslant400$mm 且$\leqslant15d=375$mm，箍筋直径$>\dfrac{d}{4}=\dfrac{25}{4}=$ 6.25mm 且>6mm，满足构造要求。

【**例 2.7**】 某轴心受压柱截面尺寸 $b\times h=300\text{mm}\times 300\text{mm}$，配有 HRB400 级 4$\Phi$20 钢筋（$f'_y=360\text{N/mm}^2$，$A'_s=1256\text{mm}^2$），计算长度 $l_0=4\text{m}$，混凝土强度等级为 C25（$f_c=11.9\text{N/mm}^2$），求该柱承载力设计值。

【**解**】（1）确定稳定系数 φ。

长细比 $\dfrac{l_0}{b}=\dfrac{4000}{300}=13.3$，查表 2-14，稳定系数 $\varphi=0.931$。

（2）柱截面承载力设计值。

验算配筋率 $\rho'=\dfrac{A'_s}{A}=\dfrac{1256}{300\times 300}=1.4\%>\rho'_{min}=0.6\%$。

$$\rho'<\rho'_{max}=5\% \quad 且 \quad <3\%$$

$$N_u=0.9\varphi(f_cA+f'_yA'_s)=0.9\times 0.931\times(11.9\times 300\times 300+360\times 1256)=1276\text{kN}$$

2. 配有螺旋式间接钢筋的轴心受压柱

轴心压柱的箍筋也可采用螺旋式钢筋或焊接环式钢筋（图 2.54），螺旋式钢筋和焊接环式钢筋又可称为间接钢筋。这两种柱性能相同，以下叙述不再区分。

试验表明：在螺旋式钢筋柱中，螺旋筋就像环箍一样，有效地阻止了核心混凝土的横向变形，使混凝土处于三向受压状态，提高了混凝土的抗压强度，从而间接提高了柱子的承载力。在荷载作用下，螺旋式钢筋中产生拉应力，当螺旋式钢筋应力达到屈服强度后，就不能再约束混凝土的横向变形了，柱即压碎。此外，螺旋式钢筋柱的混凝土保护层，在螺旋式钢筋拉应力较大时便开裂脱落，因此，在计算中不考虑保护层的作用。

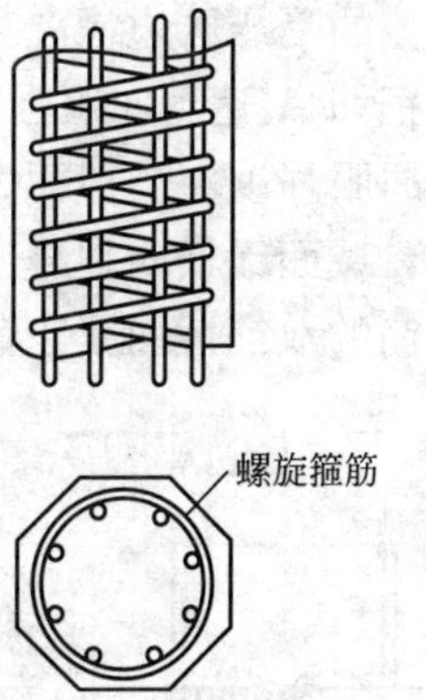

图 2.54 螺旋箍筋柱

任务 2.3.3 理解并熟悉偏心受压构件承载力

1. 偏心受压构件正截面破坏形态

偏心受压构件是指同时承受轴向压力 N 和弯矩 M 作用的构件，也可相当于承受一偏心距为 $e_0=\dfrac{M}{N}$ 的偏心压力作用。根据轴向力的偏心距和配筋情况的不同，偏心受压构件正截面破坏形态有大偏心受压破坏（图 2.55）和小偏心受压破坏两种（图 2.56）。

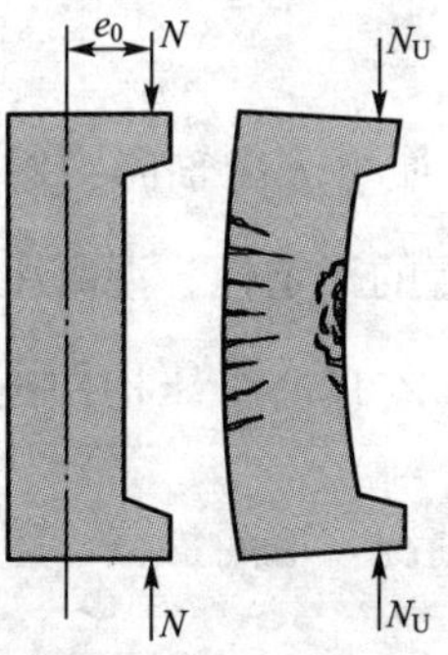

图 2.55 大偏心受压破坏形态

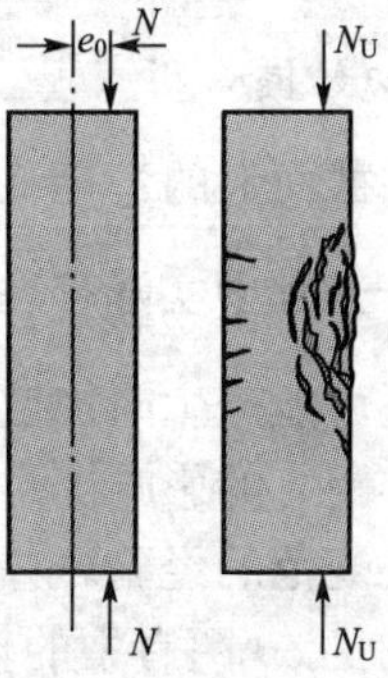

图 2.56 小偏心受压破坏形态

1）大偏心受压破坏

大偏心受压破坏发生在轴向力偏心距较大，且截面距纵向力较远一侧的钢筋 A_s 配置适量时，这时，在荷载作用下截面靠近纵向力作用的一侧受压，另一侧受拉。随着荷载增加，受拉区混凝土首先产生横向裂缝，继续增加荷载，裂缝不断开展延伸，受拉区钢筋 A_s 达到屈服强度，混凝土受压区高度迅速减小，应变急剧增加，当受压区边缘混凝土的压应变达到其极限值时，受压区混凝土压碎而构件破坏，此时受压钢筋 A'_s 也达到受压屈服强度。破坏时的状态如图 2.55 所示。这种破坏的过程和特征与适筋的双筋截面梁正截面破坏是相似的。

2）小偏心受压破坏

小偏心受压破坏发生在偏心距较小，或偏心距较大，但截面距轴向力较远一侧钢筋 A_s 配置过多时。这时，在荷载作用下截面大部分或全部受压。随着荷载增加，离轴向压力近侧的受压区边缘混凝土首先达到压应变极限值，混凝土压碎而构件破坏。破坏时该侧受压钢筋 A'_s 达到屈服强度，而离压力较远一侧的钢筋 A_s，无论受压还是受拉其强度均未达到屈服强度。当截面大部分受压时，其拉区可能出现细微的横向裂缝，而当截面全部受压时，截面无横向裂缝出现。破坏时的应力状态如图 2.57 所示，这种破坏的过程和特征与超筋的双筋截面梁正截面破坏是相似的。

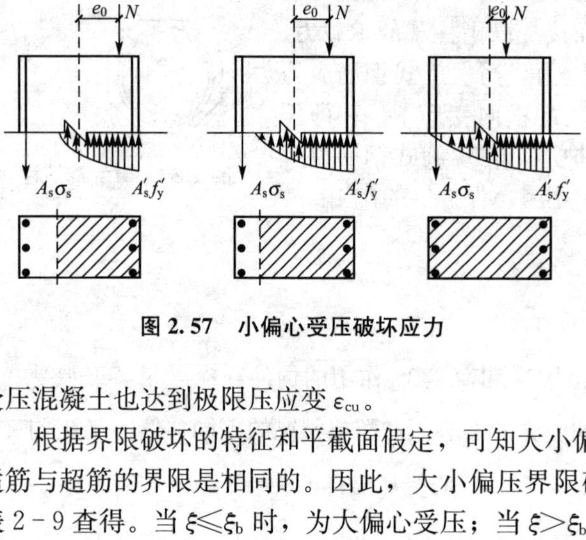

图 2.57　小偏心受压破坏应力

此外，当偏心距很小，且轴向压力近侧的纵筋 A'_s 多于压力远侧的纵筋 A_s 时，混凝土和纵筋的压坏有可能发生在压力远侧而不是近侧，称为反向破坏。如采用对称配筋，则可避免此类情况发生。

3）两类偏心破坏的界限

在大偏心受压破坏和小偏心受压破坏之间存在一种界限破坏，即受拉钢筋达到屈服强度 f_y 的同时，受压混凝土也达到极限压应变 ε_{cu}。

根据界限破坏的特征和平截面假定，可知大小偏心受压破坏的界限与受弯构件正截面适筋与超筋的界限是相同的。因此，大小偏压界限破坏时截面的相对受压区高度 ξ_b 仍按表 2－9 查得。当 $\xi \leqslant \xi_b$ 时，为大偏心受压；当 $\xi > \xi_b$ 时，为小偏心受压。

2. 附加偏心距和初始偏心距

已知偏心受压构件截面上的弯矩 M 和轴向力 N，便可求出轴向力对截面重心的偏心距 $e_0=\dfrac{M}{N}$。同时，由于工程中实际存在着荷载作用位置的不定性、混凝土质量的不均匀性及施工偏差等因素，还可能产生附加偏心距 e_a，因此，在偏心受压构件正截面承载力计算中，必须考虑附加偏心距 e_a 的影响。

我国规范参考国外规范的经验，并根据我国实际情况，取附加偏心距 e_a 为 20mm 和偏心方向截面最大尺寸的 1/30 两者中的较大值。

考虑附加偏心距后在计算偏心受压构件正截面承载力时，应将轴向力对截面重心的偏心距取为 e_i，称为初始偏心距，即

$$e_i = e_0 + e_a \tag{2-58}$$

3. 考虑二阶效应的内力分析法

偏心受压长柱在偏心压力作用下将产生纵向挠曲变形(图 2.58)，使偏心距由原来的 e_i增加为 e_i+a_f，其中 a_f为侧向挠度，相应作用在截面上的弯矩也由 Ne_i增加为 $N(e_i+a_f)$，截面弯矩中的 Ne_i称为一阶弯矩，Na_f称为二阶弯矩。若把由于结构挠曲(或结构侧移)引起的二阶弯矩称为二阶效应，显然由于二阶效应的影响，偏心受压长柱的承载力将显著降低。我国规范采用两种办法考虑二阶效应对内力的影响，现仅介绍最主要的一种偏心矩增大系数法即可。

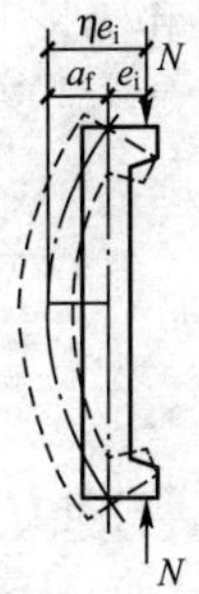

图 2.58　小偏心受压破坏

采用将轴向力对截面重心的初始偏心距 Ne_i乘以一个偏心距增大系数 η 的办法，解决上述二阶效应的影响，即 $e_i+a_f=e_i\left(1+\frac{a_f}{e_i}\right)=\eta e_i$。

根据对国内钢筋混凝土偏心受压构件的试验结果和理论分析，《混凝土规范》给出了偏心距增大系数的计算公式：

$$\eta = 1+\frac{1}{1400\frac{e_i}{h_0}}\left(\frac{l_0}{h}\right)^2\zeta_1\zeta_2 \tag{2-59}$$

$$\zeta_1 = \frac{0.5f_cA}{N} \tag{2-60}$$

$$\zeta_2 = 1.15-0.01\frac{l_0}{h} \tag{2-61}$$

式中　l_0——构件计算长度；

ζ_1——偏心受压构件的截面曲率修正系数，当 $\zeta_1>1.0$ 时，取 $\zeta_1=1.0$；

A——构件截面面积，对 T 形、工字形截面，均取 $A=bh+2(b'_f-b)h'_f$；

ζ_2——构件长细比对曲率的影响系数，当$\frac{l_0}{h}\leqslant 15$ 时，取 $\zeta_2=1.0$。

还须指出，上述 η 公式的适用条件对矩形截面是 $5\leqslant\frac{l_0}{h}\leqslant 30$ 的长柱，对$\frac{l_0}{h}\leqslant 5$ 的短柱，侧向挠度很小，纵向挠曲引起的二阶弯矩影响可忽略不计，即可取 $\eta=1.0$。而对$\frac{l_0}{h}>30$ 的细长柱，破坏是由构件失稳引起的，材料强度不能充分发挥作用，故设计中应尽量避免采用。

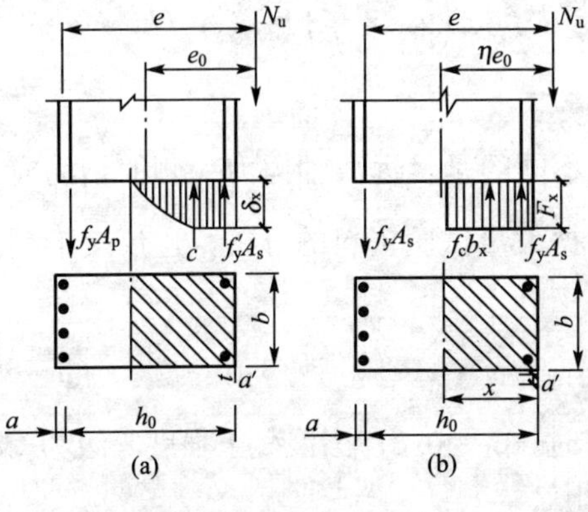

图 2.59　大偏心计算应力图

4. 基本公式及适用条件

1) 大偏心受压($\xi\leqslant\xi_b$)

大偏心受压构件破坏时截面的计算应力图形如图 2.59 所示。这时，受拉区混凝土不参加工作，受拉钢筋应力达强度设计值 f_y，受压区混凝土的应力图形为等效矩形，其压应力值为 $\alpha_1 f_c$，受压钢筋应力达到抗压强度设计值 f'_y，为考虑纵向弯曲对承载力的影响图中偏心距为 ηe_i。根据截面应力图形，由平衡条件可写出大偏心受压破坏的基本计算公式。

根据偏心受压构件破坏时的极限状态及大偏心受压的计算应力图形，可得大偏心受压构件计算公式为：

$$\sum N = 0 \quad N \leqslant \alpha_1 f_c bx + f'_y A'_s - f_y A_s \tag{2-62}$$

$$\sum M = 0 \quad Ne \leqslant \alpha_1 f_c bx\left(h_0 - \frac{x}{2}\right) + f'_y A'_s (h_0 - a'_s) \tag{2-63}$$

$$e = \eta e_i + \frac{h}{2} - a_s \tag{2-64}$$

式中　e——轴向力作用点至受拉钢筋合力点的距离；

N——轴向压力设计值。

基本公式的适用条件：

(1) $\xi \leqslant \xi_b$ 或 $x \leqslant \xi_b h_0$。

(2) $x \geqslant 2a'_s$。

条件(1)是保证截面为大偏心受压破坏。条件(2)与双筋受弯构件相似，使截面破坏时受压钢筋应力能达到其抗压强度设计值。当 $x < 2a'_s$ 时，可取 $x = 2a'_s$ 并对受压钢筋 A'_s 合力点取矩得：

$$Ne' = f_y A_s (h_0 - a'_s) \tag{2-65}$$

式中　e'——轴向力作用点至受压钢筋合力点的距离，其值为 $e' = \eta e_i - \frac{h}{2} + a'_s$。

2) 小偏心受压($\xi > \xi_b$)

小偏心受压构件破坏时截面的计算应力图形如图 2.60 所示。这时，受压区混凝土的压应力图形为等效矩形，其压应力值为 $\alpha_1 f_c$，受压钢筋达到抗压强度设计值 f'_y，而远离轴向力一侧的钢筋应力无论受压还是受拉均未达到强度设计值，即 $f'_y < \sigma_s < f_y$。根据截面应力图形，由平衡条件可写出小偏心受压破坏的基本公式：

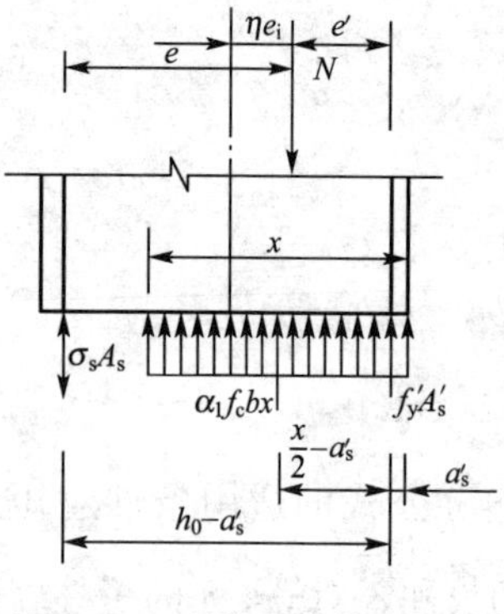

图 2.60　小偏心计算应力图

$$\sum N = 0 \quad N = \alpha_1 f_c bx + f'_y A'_s - \sigma_s A_s \tag{2-66}$$

$$\sum M = 0 \quad Ne = \alpha_1 f_c bx\left(h_0 - \frac{x}{2}\right) + f'_y A'_s (h_0 - a'_s) \tag{2-67}$$

其中 $e = \eta e_i + \frac{h}{2} - a_s$，该组公式与大偏压公式不同的是，远离轴向力一侧的钢筋应力为 σ_s，其大小和方向有待确定。《混凝土规范》根据大量试验资料的分析，建议按下列简化公式计算：

$$\sigma_s = f_y \frac{\xi - \beta_1}{\xi_b - \beta_1} \tag{2-68}$$

式中　β_1——系数，当混凝土强度等级不超过 C50 时，$\beta_1 = 0.8$；当混凝土强度等级为 C80 时，$\beta_1 = 0.74$；其间按线性内插法取用。

σ_s 计算值为正号时，表示拉应力；为负号时，表示压应力，其取值范围是：$-f'_y \leqslant \sigma_s \leqslant f_y$。

基本公式的适用条件：

(1) $\xi>\xi_b$ 或 $x>\xi_b h_0$。

(2) $x\leqslant h$ 或 $\xi\leqslant\dfrac{h}{h_0}$。

如不满足适用条件(2)，即 $x>h$ 时，取 $x=h$ 计算。

对于小偏心受压构件除了应计算弯矩作用平面的承载力，还应按轴心受压构件验算垂直于弯矩作用平面的受压承载力。

特别提示

大、小偏心受压构件，由于一般在计算过程中 ξ 未知，因此判别大小偏心的实际验算是采用 ηe_i 与 $0.3h_0$ 进行比较。当 $\eta e_i\leqslant 0.3h_0$ 时，为小偏心受压，反之则为大偏心。但这种方法仅用于快速判别，并不绝对准确。

5. 对称配筋矩形截面偏心受压构件正截面承载力计算

偏心受压构件的截面配筋方式有对称配筋和非对称配筋两种。

非对称配筋的计算方法和双筋梁类似，但因截面不仅有弯矩而且还有轴力，所以比双筋梁的计算要复杂。由于非对称配筋在实际工作中极少采用，本书也不再介绍该方法。

对称配筋是在柱截面两侧配置相等的钢筋，即 $A_s=A_s'$，$f_y=f_y'$。采用这种配筋方式的偏心受压构件可以承受变号弯矩作用，施工也比较简单，对装配式柱还可以避免弄错安装方向而造成事故。因此，对称配筋在实际工作中广泛采用。

1) 对称配筋时大小偏心的判别

由于对称配筋时 $f_yA_s=f_y'A_s'$，在大偏心受压基本公式(2-62)中两者相互抵消，再将式中 x 用 ξh_0 表示，于是得

$$\xi=\frac{N}{\alpha_1 f_c bh_0} \tag{2-69}$$

当 $\xi\leqslant\xi_b$ 时，为大偏心受压构件；当 $\xi>\xi_b$ 时，为小偏心受压构件。

2) 大偏心受压截面设计($\xi\leqslant\xi_b$)

已知：截面内力设计值为 N、M，截面尺寸为 $b\times h$，材料强度等级为 f_c、f_y'、f_y'、α_1、β_1，构件计算长度 l_0，求截面所需钢筋数量 A_s 和 A_s'。

由大偏心受压构件的计算公式：$N=\alpha_1 f_c bx+f_y'A_s'-f_yA_s$ 可知，由于 $f_yA_s=f_y'A_s'$，所以可以先求出 $\xi=\dfrac{N}{\alpha_1 f_c bh_0}$，$\xi$ 的结果可能会出现以下情况：

(1) $\dfrac{2a_s'}{h_0}\leqslant\xi\leqslant\xi_b$，则根据 $Ne=\alpha_1 f_c bx\left(h_0-\dfrac{x}{2}\right)+f_y'A_s'(h_0-a_s')$ 可求得 A_s'，$A_s=A_s'$。

(2) $\xi\leqslant\dfrac{2a_s'}{h_0}$，则 $A_s'=A_s=\dfrac{Ne'}{f_y(h_0-a_s')}$。

(3) $\xi>\xi_b$，则构件为小偏心受压构件。

式中 $e=\eta e_i+\dfrac{h}{2}-a_s$，$e'=\eta e_i-\dfrac{h}{2}+a_s'$

【例 2.8】 已知：荷载作用下柱的轴向力设计值 $N=300\text{kN}$，弯矩 $M=159\text{kN}\cdot\text{m}$，截面

尺寸 $b=300\text{mm}$，$h=400\text{mm}$，$a_s=a'_s=40\text{mm}$；$\frac{l_0}{h}=6$；混凝土采用 C20（$f_c=9.6\text{N/mm}^2$），钢筋采用 HRB335 级($f_y=f'_y=300\text{N/mm}^2$)，采用对称配筋，求钢筋截面面积 A_s 及 A'_s。

【解】 (1) 求初始偏心距。

$$e_0=\frac{M}{N}=\frac{15.9\times10^4}{30\times10^4}=0.53\text{m}=530\text{mm}$$

$e_a=20\text{mm}$

则

$$e_i=e_0+e_a=530+20=550\text{mm}$$

(2) 判断大、小偏心。

$$\zeta_1=\frac{0.5f_cA}{N}=\frac{0.5\times9.6\times300\times400}{300\times10^3}=1.92>1 \quad 取 \quad \zeta_1=1$$

$\frac{l_0}{h}=6<15$ 则 $\zeta_2=1$ 有

$$\eta=1+\frac{1}{1400\frac{e_i}{h_0}}\left(\frac{l_0}{h}\right)^2\zeta_1\zeta_2$$

$$=1+\frac{1}{1400\times1.528}\times6^2\times1\times1=1+0.02=1.02$$

因 $\eta e_i>0.3h_0(0.3\times360=108\text{mm})$。

可先按大偏心受压构件计算

$$e=\eta e_i+h/2-a_s=1.02\times550+400/2-40=721\text{mm}$$

(3) 钢筋计算。

$$\xi=\frac{N}{\alpha_1f_cbh_0}=\frac{300\times10^3}{1.0\times9.6\times300\times(400-40)}=0.289 \quad 2a'_s=80\text{mm}<\xi h_0=104<\xi_bh_0=198\text{mm}$$

则

$$A_s=A'_s=\frac{Ne-\alpha_1f_cbh_0^2\xi(1-0.5\xi)}{f'_y(h_0-a'_s)}$$

$$=\frac{300\times721\times10^3-1.0\times9.6\times300\times360^2\times0.289\times(1-0.5\times0.289)}{300\times(360-40)}$$

$$=1291\text{mm}^2,$$

所以钢筋选用 2Φ25+1Φ20($A_s=1296\text{mm}^2$)。

3) 大偏心受压构件截面复核

已知：截面尺寸 $b\times h$，钢筋截面面积 A_s、A'_s，材料强度等级 f_c，f'_y，f'_y，α_1，β_1，构件计算长度 l_0，轴向压力对截面重心的偏心距 e_0，求偏心受压构件正截面承载力设计值 N_u(或已知轴力设计值 N，复核偏心受压构件正截面承载力是否安全)。

由大偏心受压构件的计算公式 $N=\alpha_1f_cbx+f'_yA'_s-f_yA_s$ 可知，由于 $f_yA_s=f'_yA'_s$，所以可以先求出 $\xi=\frac{N}{\alpha_1f_cbh_0}$。

若 $\xi\leqslant\xi_b$，则

$$A_s=A_s'=\frac{Ne-\alpha_1 f_c bh_0^2\xi(1-0.5\xi)}{f_y'(h_0-a_s')}$$

【例 2.9】 已知偏心受压柱截面尺寸 $b\times h=300\text{mm}\times 500\text{mm}$，$a_s=a_s'=40\text{mm}$，计算长度 $l_0=2.5\text{m}$，混凝土强度等级 C25（$f_c=11.9\text{N/mm}^2$），钢筋为 HRB335 级（$f_y=f_y'=300\text{N/mm}^2$），每侧 3 根，直径为 22mm（$A_s=A_s'=1140\text{mm}^2$），试求偏心距 $e_0=600\text{mm}$（沿截面长边方向）时，柱的承载力设计值 N_u。

【解】 (1) 求偏心距增大系数。

$$\frac{l_0}{h}=\frac{2500}{500}=5\leqslant 5,\quad \text{偏心距增大系数 } \eta=1.0$$

(2) 判断大小偏心。

$$e_0=600\text{mm}\qquad e_a=20\text{mm}>\frac{h}{30}=\frac{500}{30}=16.67\text{mm}$$

$$e_i=e_0+e_a=600+20=620\text{mm}$$

$$e=\eta e_i+\frac{h}{2}-a_s=1\times 620+\frac{500}{2}-40=830\text{mm}$$

$$e'=\eta e_i-\frac{h}{2}+a_s'=1\times 620-\frac{500}{2}+40=410\text{mm}$$

$$\frac{e}{h_0}=\frac{830}{460}=1.8$$

求解联立方程组
$$\begin{cases}N=\alpha_1 f_c bx+f_y'A_s'-f_yA_s\\ Ne=\alpha_1 f_c bx\left(h_0-\dfrac{x}{2}\right)+f_y'A_s'(h_0-a_s')\end{cases}$$

得

$$\xi=1-\frac{e}{h_0}+\left(1-\frac{e}{h_0}\right)^2+\frac{2f_yA_s(e-e')}{\alpha_1 f_c bh_0^2}$$

$$=1-1.8+(1-1.8)^2+\frac{2\times 300\times 1140\times(830-410)}{1\times 11.9\times 300\times(460)^2}=0.21$$

$$\xi>\frac{2a_s'}{h_0}=\frac{80}{460}=0.174$$

$$\xi<\xi_b=0.55$$

属大偏心受压构件。

(3) 求承载力设计值 N_u。

$$N_u=\alpha_1 f_c bh_0\xi=1\times 11.9\times 300\times 460\times 0.21=344.86\text{kN}$$

6. 偏心受压构件斜截面受剪承载力计算

偏心受压构件除了承受轴向压力和弯矩作用外，一般还承受剪力作用。当受到的剪力比较大时，还需要计算其斜截面的受剪承载力。

试验表明：适当的轴向压力可以延缓斜裂缝的出现和开展，增加了截面剪压区的高度，从而使受剪承载力得以提高。但当轴向压力 N 超过 $0.3f_cA$ 后（A 为构件的截面面积），承载力的提高并不明显，超过 $0.5f_cA$ 后，还呈下降趋势。矩形、T 形和工字形截面的钢筋混凝土偏心受压构件，其斜截面受剪承载力计算公式为：

$$V\leqslant\frac{1.75}{\lambda+1}f_tbh_0+f_{yv}\frac{A_{sv}}{s}h_0+0.07N \tag{2-70}$$

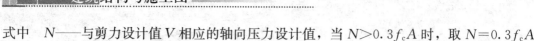

式中 N——与剪力设计值 V 相应的轴向压力设计值，当 $N>0.3f_cA$ 时，取 $N=0.3f_cA$（A 为构件截面面积）；

λ——偏心受压构件计算截面剪跨比。

λ 的值可按下列规定取用。

(1) 对各类框架柱，宜取 $\lambda=\frac{M}{Vh_0}$；对框架结构的框架柱，当其反弯点在层高范围内时，可取 $\lambda=\frac{H_n}{2h_0}$；当 $\lambda<1$ 时，取 $\lambda=1$；当 $\lambda>3$ 时，取 $\lambda=3$；此处 H_n 为柱净高，M 为计算截面上与剪力设计值相应的弯矩设计值。

(2) 对其他偏心受压构件，当承受均布荷载时，取 $\lambda=1.5$；当承受集中荷载时(包括作用有多种荷载且集中荷载对支座截面或节点边缘所产生的剪力值占总剪力值的75%以上的情况)，取 $\lambda=\frac{a}{h_0}$；当 $\lambda<1.5$ 时，取 $\lambda=1.5$；当 $\lambda>3$ 时，取 $\lambda=3$；此处，a 为集中荷载至支座或节点边缘的距离。

矩形截面偏心受压构件，当符合下列条件时，可不进行斜截面受剪承载力计算，按构造要求配置箍筋。

$$V\leqslant\frac{1.75}{\lambda+1}f_tbh_0+0.07N \tag{2-71}$$

同时，矩形截面偏心受压构件，其截面尺寸应符合下列条件，否则需加大截面尺寸。

$$V\leqslant 0.25\beta_c f_c bh_0 \tag{2-72}$$

本模块小结

(1) 配有普通箍筋的轴心受压构件承载力由混凝土和纵向受力钢筋两部分抗压能力组成，同时，对长细比较大的柱子还要考虑纵向弯曲的影响，其计算公式为：$N\leqslant 0.9\varphi(f_cA+f_y'A_s')$。

(2) 偏心受压构件按其破坏特征不同，分大偏心受压和小偏心受压。大偏心受压破坏时，受拉钢筋先达到屈服强度，最后另一侧受压区混凝土被压碎，受压钢筋也达到屈服强度。小偏心受压破坏时，距轴力近侧混凝土先被压碎，受压钢筋也达到屈服强度，而距轴力远侧的混凝土和钢筋无论受拉还是受压均未达到屈服强度。此外，对非对称配筋的小偏心受压构件，还可能发生距轴力远侧混凝土先被压坏的反向破坏。

(3) 大小偏心受压构件，应该用相对受压区高度 ξ(或受压区高度 x)判别。当 $\xi\leqslant\xi_b$(或 $x\leqslant\xi_bh_0$)时，为大偏心受压；当 $\xi>\xi_b$(或 $x>\xi_bh_0$)时，为小偏心受压。

(4) 计算偏心受压构件时，无论哪种情况，都必须先计算 ηe_i。$e_i=e_0+e_a$ 其中 $e_0=M/N$，e_a 取 20mm 和$\frac{h}{30}$两者中的较大者。

(5) 对小偏心受压构件无论截面设计还是截面复核都必须按轴心受压构件，验算垂直于弯矩作用平面的受压承载力。其稳定系数 φ，应取截面宽度 b 计算。

(6) 偏心受压构件斜截面受剪承载力计算公式是在受弯构件受剪承载力公式的基础上，加上一项由于轴向压力存在对构件受剪承载力产生的有利影响。

模块 2.4 钢筋混凝土受扭构件简介

教学目标

通过本模块的学习，学生能够掌握受扭构件的结构形式、受扭构件的构造要求；了解受扭构件的受力特点。

教学要求

知识要点	能力要求	相关知识	所占分值（100分）	自评分数
受扭构件结构形式、构造措施	掌握受扭构件形式，受扭构件构造	受扭构件的形式、构造措施	80	
受扭构件受力特点	了解受扭构件受力特点	受扭构件受力特点	20	

模块导读

扭转是结构构件受力的一种基本形式。构件截面受有扭矩，或者截面所受的剪力合力不通过构件截面的弯曲中心，截面就要受扭。钢筋混凝土结构中，构件受到的扭矩作用通常可分为两类：一类是由荷载作用直接引起，并且由结构的平衡条件所确定的扭矩，它是维持结构平衡不可缺少的主要内力之一，通常称这类扭矩为“平衡扭矩”。常见的这一类扭矩作用的结构和构件有：雨篷梁［图 2.61(a)］，平面曲梁或折线梁［图 2.61(b)］，吊车横向制动力作用下的吊车梁［图 2.61(c)］以及螺旋楼梯等。如厂房中

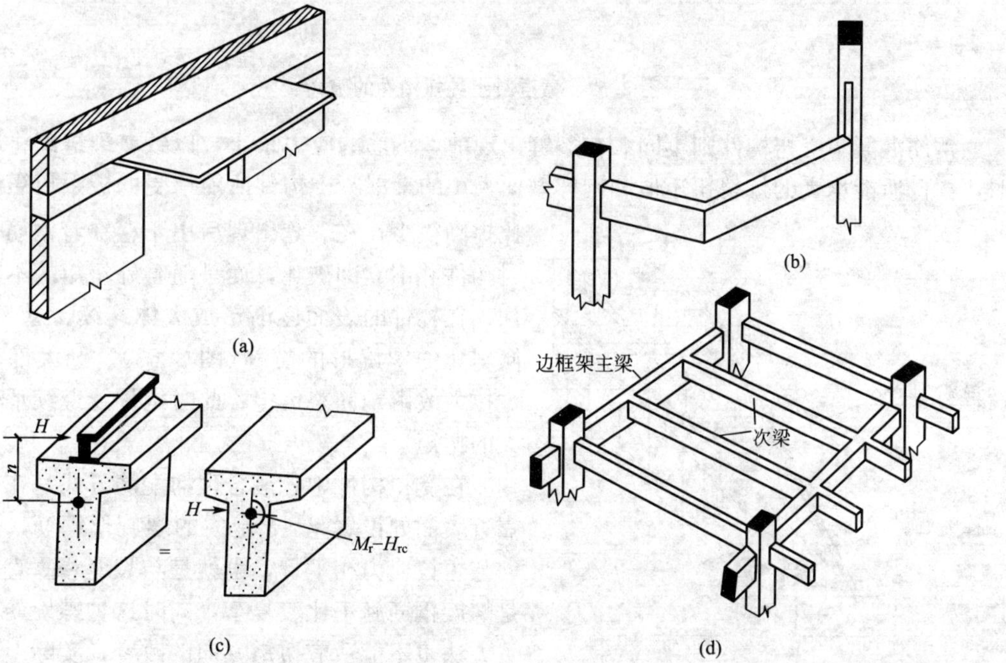

图 2.61 常见受扭构件示例

受吊车横向刹车力的吊车梁，梁承受的扭矩等于刹车力 H 与它至截面弯曲中心的距离 e_0 的乘积。第二类扭矩是由于相邻构件的弯曲转动受到支承梁的约束，在支承梁内引起的扭转，其扭矩由于梁的开裂会产生内力重分布而减小。例如钢筋混凝土框架中与次梁一起整浇的边框架主梁［图 2.61(d)］，当次梁在荷载作用下弯曲时，主梁由于具有一定的抗扭刚度而对次梁梁端的转动产生约束作用。

在实际工程中，只承受扭矩作用的纯扭构件是少见的。一般情况下，构件中除了扭矩的作用以外，往往同时还受到弯矩和剪力的作用。通常，将同时受弯矩与扭矩作用的构件称为弯扭构件，同时受剪力与扭矩作用的称为剪扭构件，同时受弯矩、剪力与扭矩作用的称为弯剪扭构件，这些构件与纯扭构件统称为受扭构件。

任务 2.4.1 掌握钢筋混凝土受扭构件的形式及构造

1. 钢筋混凝土受扭构件形式

试验表明，素混凝土构件，在扭矩作用下，首先在构建一个长边侧面的中点 m 附近出现斜裂缝。该条裂缝沿着与构件轴线约成 45°的方向迅速延伸，到达该侧面的上、下边缘 a、b 两点后，在顶面和底面上大致沿 45°方向继续延伸到 c、d 两点，形成构件三面开裂一面受压的受力状态。最后，受压面 c、d 两点连线上的混凝土被压碎，构件裂断破坏。破坏面为一个空间扭曲面(图 2.62)。

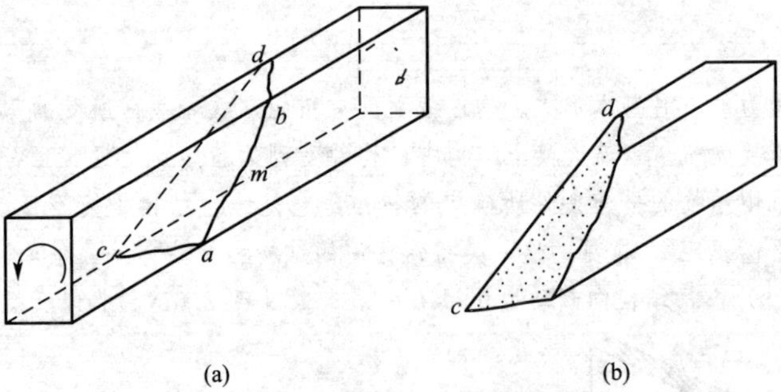

图 2.62　素混凝土纯扭构件的破坏

钢筋混凝土受扭构件则不同。在裂缝出现前，钢筋的应力很小，以致在裂缝即将出现时，构件所能承受的抗裂扭矩值和同样截面大小的素混凝土构件所能承受的极限扭矩值相比提高很少；在裂缝出现后由于存在着钢筋，这时构件并不立即破坏，而是随着外扭矩的不断增加，在构件的表面逐渐形成大体连续、近于 45°倾斜角的螺旋形的裂缝(图 2.63)。绝大部分的主拉力改由钢筋来负担，此时构件能继续承受更大的扭矩。

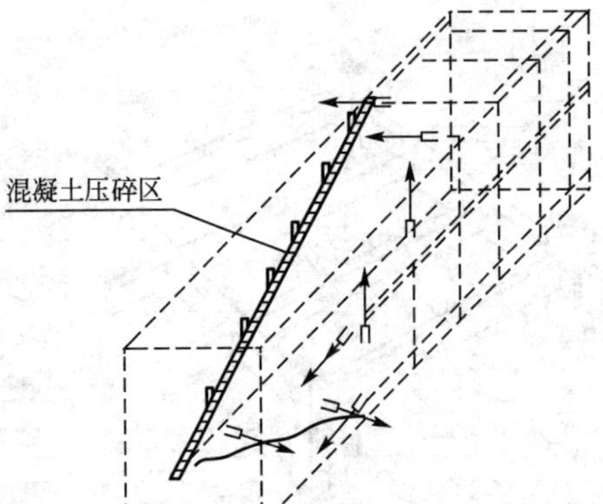

图 2.63　钢筋混凝土纯扭构件适筋破坏

在受扭构件中，最合理的配筋方式是在构件靠近表面处设置呈 45°走向的螺旋形钢筋，其方向与主拉应力相平行，也就是与裂缝相垂直，但是螺旋钢筋施工比较复杂，同时这种螺旋筋的配置方法也不能适应扭矩方向的改变，实际上很少采用。在实际工程中，一般是采用由靠近构件表面设置的横向箍筋和沿构件周边均匀对称布置的纵向钢筋共同组成抗扭钢筋骨架。它恰好与构件中抗弯钢筋和抗剪钢筋的配置方式相协调。

如图 2.64 所示为一组钢筋混凝土构件在纯扭矩作用下的扭矩(T)与扭转角(θ)的关系曲线。从图中可以看出，在裂缝出现前，$T-\theta$ 关系基本上为直线，它不因构件配筋率的改变而有所不同，并且直线较陡，有较大的扭转刚度。在裂缝出现后，由于钢筋应变突然增大，$T-\theta$ 曲线出现水平段，配筋率越小，钢筋应变增加值越大，水平段相对就越长。随后，构件的扭转角随着扭矩的增加近似地呈线性增大，但直线的斜率比开裂前小得多，说明了构件的扭转刚度大大降低，且配筋率越小，降低得就越多。试验表明，当配筋率很小时会出现扭矩增加很小甚至不再增大，而扭转角不断增加导致破坏的现象。

根据国内外相当数量的钢筋混凝土纯扭构件的试验结果，可将这类构件的破坏分为下列四种类型。

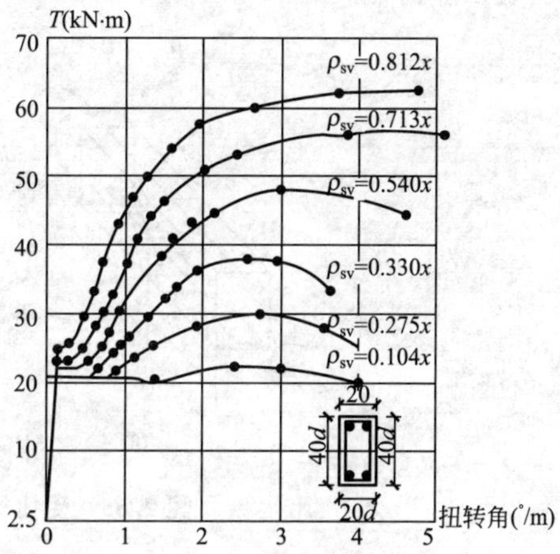

图 2.64 纯扭构件的扭矩-扭转角关系曲线

(1) 少筋破坏。当构件中的箍筋和纵筋或者其中之一配置过少时，抗扭承载力与素混凝土构件没有实质性质的差别，构件的破坏扭矩与开裂扭矩非常接近。在荷载作用下，混凝土开始开裂，抗扭纵筋及抗扭箍筋很快达到屈服或被拉断，致使构件破坏。其破坏突然发生，破坏前无任何预兆，类似于受弯构件的少筋梁，属于脆性破坏。由于其承载力极低，在工程设计中应予以避免。此类破坏构件的受扭极限承载力主要取决于混凝土的抗拉强度及构件本身的截面尺寸。为了防止发生这种少筋破坏，《混凝土规范》规定，抗扭纵筋和抗扭箍筋的配筋量不得小于最小配筋量，并应符合抗扭钢筋的构造要求。

(2) 适筋破坏。当构件为正常配筋时，即抗扭箍筋与抗扭纵筋配置适当，此时在扭矩作用下，构件将发生许多 45°的斜裂缝。由于抗扭钢筋的存在，构件并不立即破坏，混凝土开裂前承担的拉力大部分转由钢筋承担，随扭矩的增加，抗扭钢筋的应力增加迅速，致使与主裂缝相交的抗扭纵筋和抗扭箍筋首先达到屈服强度，而后该主裂缝迅速扩展，向相邻的两个面延伸，最终使第四个面上受压区的混凝土被压碎而使构件破坏。这种破坏的过程是延续发展的，钢筋先屈服，随后混凝土被压碎，与受弯构件适筋梁相似，属于塑性破坏。钢筋混凝土受扭构件的强度计算以这种破坏为依据，破坏扭曲程度的大小直接影响配筋的数量。

(3) 完全超筋破坏。当抗扭钢筋配置过多时，在扭矩作用下，构件产生许多呈 45°角的细而密的螺旋形斜裂缝，由于抗扭钢筋配置过多，抗扭钢筋应力增加缓慢，随着扭矩的增加，首先是斜裂缝间受压混凝土被压碎，此时抗扭钢筋并未达到屈服。构件的破坏是由受压混凝土被压碎所致，这类似于受弯构件的超筋梁，构件破坏前无任何破坏预兆，破坏突然发生属于脆性破坏，且构件破坏时抗扭钢筋未得到充分利用，造成浪费，为此工程设计中应避免此类构件的出现。此类破坏构件的抗扭极限承载力取决于混凝土的抗压强度及构件本身的截面尺寸。为防止这种超筋破坏的发生，《混凝土规范》规定，应限制构件的截面尺寸及混凝土的强度等级，亦即相当于限制抗扭钢筋的最大配筋量。

(4) 部分超筋破坏。由于抗扭钢筋由抗扭纵筋和抗扭箍筋两部分组成，这两者配筋的比例对破坏强度有极大影响。如果两者配筋比例不当，致使构件破坏时，抗扭纵筋或抗扭箍筋达不到屈服强度，使构件成为部分超筋状态。部分超筋构件比适筋构件的情况要差，工程设计中允许采用，但不经济。例如箍筋用量相对较少时，抗扭承载力由箍筋控制。此时，多配纵筋也不能起到提高抗扭承载力的作用，反之亦然。

综上所述，对受扭构件以适筋破坏为设计依据，保证抗扭纵筋与抗扭箍筋都能得到充分利用，以避免部分超筋破坏发生。试验研究还表明，为了使箍筋和纵筋都有效地发挥抗扭作用，应将两种钢筋的用量比控制在合理的范围内。如图 2.65 所示受扭构件的配筋形式及构造要求。

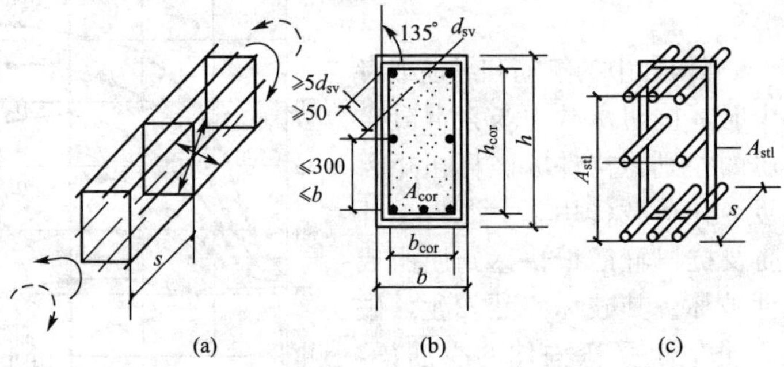

图 2.65 受扭构件的配筋形式及构造要求

2. 受扭构件的配筋构造要求

1) 箍筋的构造要求

如前所述，受扭构件中箍筋的受力状态如同空间桁架中的受拉竖向腹杆。为了保证箍筋在整个周长上都能充分发挥抗拉作用，必须将其做成封闭式，且应沿截面周边布置；当采用复合箍筋时，位于截面内部的箍筋不应计入受扭所需的箍筋面积；当采用绑扎骨架时，受扭所需箍筋的末端应做成 135°弯钩，弯钩端头平直段长度不应小于 10d（d 为箍筋直径）（图 2.66）。此外，箍筋的直径和间距还应符合受弯构件对箍筋的有关规定。

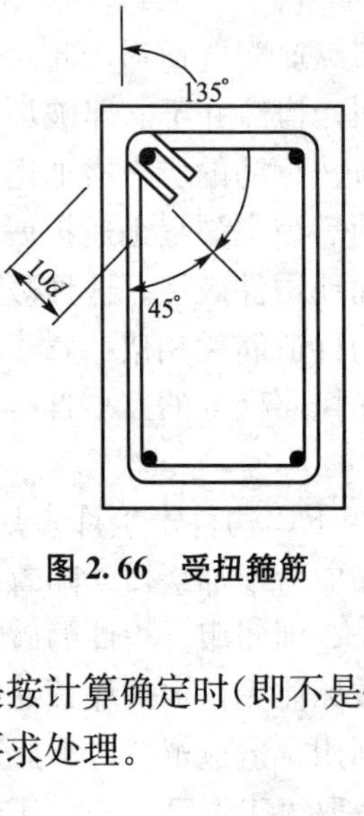

图 2.66 受扭箍筋

2) 纵向钢筋的构造要求

构件中的抗扭纵筋应均匀地沿截面周边对称布置，间距不应大于 250mm，也不应大于梁截面宽度。在截面的四角必须设有抗扭纵筋。当支座边作用有较大扭矩时，受扭纵筋应按充分受拉钢筋锚固在支座内。当受扭纵筋是按计算确定时(即不是仅按构造要求配置)，则纵筋的接头及锚固均应按受拉钢筋的构造要求处理。

本模块小结

(1) 常见的受扭构件是弯矩、剪力和扭转共同作用的构件。钢筋混凝土受扭构件，由混凝土、抗扭箍筋和抗扭纵筋共同来抵抗外荷载在构件截面产生的扭矩。

(2) 钢筋混凝土矩形截面纯扭构件的破坏形态分为完全超筋破坏、部分超筋破坏、适筋破坏和少筋破坏。适筋破坏是构件承载力计算的依据。超筋破坏和少筋破坏在工程中应禁止出现。少筋破坏依据最小配箍率和最小配筋率防止；超筋破坏通过限制截面尺寸来控制。

模块 2.5 预应力混凝土构件

教学目标

通过本模块的学习，学生能够了解预应力混凝土的概念及应用；熟悉预应力混凝土的材料品种、规格及要求；掌握预应力筋的控制应力、张拉程序；熟悉预应力混凝土结构预应力损失及防治措施；预应力混凝土构造要求。

教学要求

知识要点	能力要求	相关知识	所占分值（100分）	自评分数
预应力混凝土概念	掌握预应力混凝土概念；掌握钢筋、混凝土的要求	预应力混凝土概念；预应力混凝土、钢筋的等级和种类	20	
施加预应力的方法	掌握先张法、后张法施加预应力的方法；了解施加预应力的设备；张拉控制应力	施加预应力方法、特点；施加预应力的设备；控制应力	40	
预应力损失和预应力损失值组合	掌握预应力损失的形式；掌握预应力损失的组合	预应力损失的名称；预防措施	20	
预应力混凝土构造要求	掌握预应力混凝土一般构造要求	截面形式、尺寸；钢筋布置；非预应力筋布置；端部加强措施	20	

模块导读

预应力混凝土结构是针对普通钢筋混凝土易开裂的问题而发展起来的。自1928年法国著名工程师西奈采用高强钢材和高强混凝土提高张拉应力、减少损失率获得成功后，目前在建筑结构中，经常使用预应力混凝土构件。

任务 2.5.1 理解预应力混凝土概念

众所周知，混凝土的抗拉强度很低，混凝土的极限拉应变也很小，为$(0.1\sim0.15)\times10^{-3}$，所以裂缝出现时的受拉钢筋的应力仅为20～30N/mm²，当裂缝宽度为0.2～0.3mm时，钢筋拉应力也只能达到150～250N/mm²。

由于混凝土的过早开裂，使钢筋混凝土构件存在难以克服的缺点：一是裂缝的开展使高强度材料无法充分利用，从结构耐久性出发必须限制裂缝开展宽度，这就使得高强度钢筋无法发挥作用，相应地也不可能充分发挥高级别混凝土的作用；其二是过早开裂导致构件刚度的降低，为了满足变形控制的要求，需加大构件截面尺寸。这样做既不经济又增加了构件自重，特别是随着跨度的增大，自重所占的比例也增大，因而使钢筋混凝土结构的应用范围受到很多限制。

1. 预应力混凝土的基本概念

为了避免钢筋混凝土结构的裂缝过早出现，充分利用高强度材料，人们在长期的生产实践中创造了预应力混凝土结构。

所谓预应力混凝土结构，是在结构构件受外荷载作用前，先人为地对它施加压力，由此产生的预压应力状态用以减小或抵消外荷载所引起的拉应力，即借助于混凝土较高的抗压强度来弥补其抗拉强度的不足，以达到推迟受拉区混凝土开裂的目的。

以受弯构件为例来说明预应力的作用。

特别提示

预应力混凝土能够增加结构的承载力，但这种结构最主要的目的还是推迟混凝土开裂。

设一简支梁(图2.67)在荷载q作用下，截面的下边缘产生拉应力σ，若在加载前预先在梁端施加偏心压力N，使截面下边缘产生预压应力$\sigma_c>\sigma$(即$\sigma-\sigma_c<0$)，则梁在预压力N和荷载q共同作用下，截面将不产生拉应力，梁不致出现裂缝。由此可见，预应力作用提高了构件的抗裂度和刚度，克服了钢筋混凝土开裂过早的缺点。

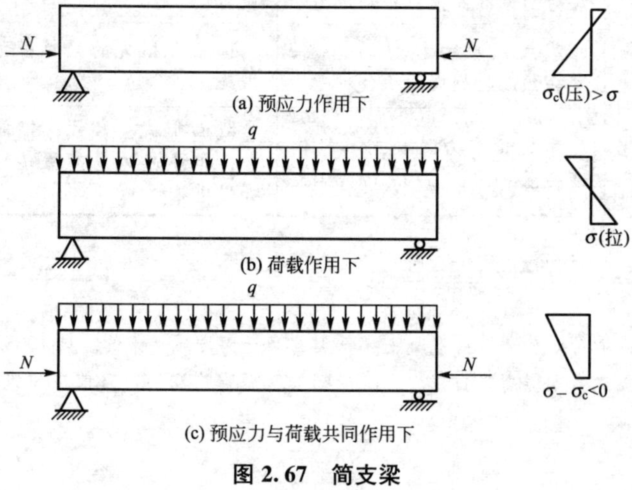

图2.67 简支梁

其实，预应力的概念在日常生活中早已有所运用。例如用双手夹住一摞书，被夹住的一摞书不会掉落；用铁箍紧箍木桶，木桶盛水而不漏；旋紧自行车轮的钢丝，使车轮受压力后而钢丝不折等，如图 2.68 所示。

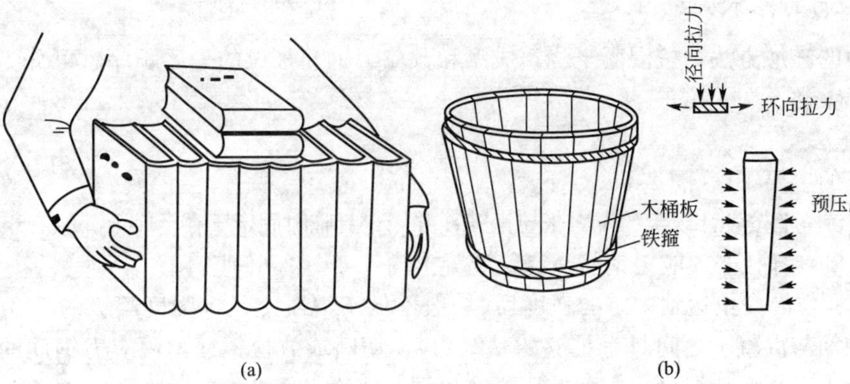

图 2.68　预应力在生活中的运用示例

2. 预应力混凝土结构的优缺点

与钢筋混凝土结构相比，预应力混凝土结构具有下列优点。

1) 抗裂性好，刚度大

由于对构件施加预应力，大大推迟了裂缝的出现，在使用荷载作用下，构件可不出现裂缝，或使裂缝推迟出现，因而也提高了构件的刚度，增加了结构的耐久性。如钢筋混凝土屋架下弦、水池、油罐、压力容器等施加预应力尤为必要。

2) 节省材料，减小自重

预应力混凝土结构由于必须采用高强度材料，因而可以减少钢筋用量和减少构件截面尺寸，节省钢材和混凝土，降低结构自重，对大跨度和重荷载结构有着显著的优越性。

3) 提高构件的抗剪能力

试验表明，纵向预应力钢筋起着锚栓的作用，阻碍着构件斜裂缝的出现与开展，又由于预应力混凝土梁的曲线钢筋(束)合力的竖向分力将部分地抵消剪力，因而提高了构件的抗剪能力。

4) 提高受压构件的稳定性

混凝土的抗压强度很高，钢筋混凝土受压构件一般都能有效地工作。但是，当受压构件长细比较大时，在受到一定的压力后便容易被压弯，以致丧失稳定而破坏。如果对钢筋混凝土柱施加预应力，使纵向受力钢筋张拉得很紧，不但预应力钢筋本身不容易压弯，而且可以帮助周围的混凝土提高抵抗压弯的能力，从而提高了构件的稳定性。

5) 提高构件的耐疲劳性能

因为具有强大预应力的钢筋，在使用阶段因加荷或卸荷所引起的应力变化幅度相对很小，因而可提高抗疲劳强度，这对承受动荷载的结构来说是很有利的。

预应力混凝土结构也存在着一些缺点：

(1) 工艺较复杂，对质量要求高，因而需要配备一支技术较熟练的专业队伍。

(2) 需要有一定的专门设备，如张拉机具、灌浆设备等。先张法需要张拉台座；后张法还要耗用数量较多并要求有一定加工精度的锚具等。

(3) 预应力混凝土结构的开工费用较大，对构件数量少的工程成本较高。

任务 2.5.2 掌握张拉控制应力与预应力损失

1. 预应力的施加方法

预应力的施加方法，按混凝土浇筑成型和预应力钢筋张拉的先后顺序，可分为先张法和后张法两大类。

1) 先张法

其施工的主要工序(图 2.69)如下。

(1) 在台座上按设计规定的拉力张拉钢筋，并用锚具临时固定于在台座上［图 2.69(a)］。

(2) 支模、绑扎非预应力钢筋、浇筑混凝土构件［图 2.69(b)］。

(3) 待构件混凝土达到一定的强度后(一般不低于混凝土设计强度等级的 75%，以保证预应力钢筋与混凝土之间具有足够的粘结力)，切断或放松钢筋，预应力钢筋的弹性回缩受到混凝土阻止而使混凝土受到挤压，产生预压应力［图 2.69(c)］。

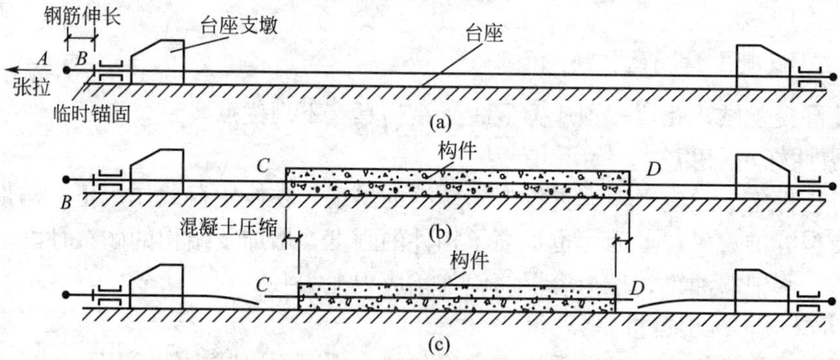

图 2.69　先张法构件施工工序

先张法是将张拉后的预应力钢筋直接浇筑在混凝土内，依靠预应力钢筋与周围混凝土之间的粘结力来传递预应力。先张法需要有用来张拉和临时固定钢筋的台座，因此初期投资费用较大。但先张法施工工序简单，钢筋靠粘结力自锚，在构件上不需设永久性锚具，临时固定的锚具都可以重复使用。因此在大批量生产时先张法构件比较经济，质量容易保证。为了便于吊装运输，先张法一般宜于生产中小型构件。

2) 后张法

后张法是先浇筑混凝土构件，当构件混凝土达到一定的强度后，在构件上张拉预应力钢筋的方法。按照预应力钢筋的形式及其与混凝土的关系，具体可分为有粘结和无粘结两类。

(1) 后张有粘结。其施工的主要工序(图 2.70)如下。

① 浇筑混凝土构件，并在预应力钢筋位置处预留孔道［图 2.70(a)］。

② 待混凝土达到一定强度(不低于混凝土设计强度等级的 75%)后，将预应力钢筋穿过孔道，以构件本身作为支座张拉预应力钢筋［图 2.70(b)］，此时，构件混凝土将同时受到压缩。

③ 当预应力钢筋张拉至要求的控制应力时，在张拉端用锚具将其锚固，使构件的混凝土受到预压应力［图 2.70(c)］。

④ 在预留孔道中压入水泥浆，以使预应力钢筋与混凝土粘结在一起。

(2) 后张无粘结。预应力钢筋沿全长与混凝土接触表面之间不存在粘结作用，可产生相对滑移，一般做法是预应力钢筋外涂防腐油脂并设外包层。现使用较多的是钢绞线外涂油脂并外包 PE 塑料管的无粘结预应力钢筋，将无粘结预应力钢筋按配置的位置固定在钢筋骨架上浇筑混凝土，待混凝土达到规定强度后即可张拉。

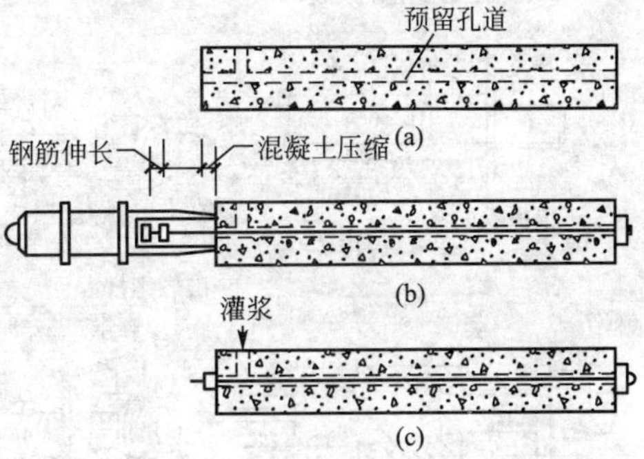

图 2.70 后张法构件施工工序

后张无粘结预应力混凝土与后张有粘结预应力混凝土相比，有以下特点：

a. 无粘结预应力混凝土不需要留孔、穿筋和灌浆，简化了施工工艺，又可在工厂制作，减少了现场施工工序。

b. 如果忽略摩擦的影响，无粘结预应力混凝土中预应力钢筋的应力沿全长是相等的，在单一截面上与混凝土不存在应变协调关系，当截面混凝土开裂时对混凝土没有约束作用，裂缝疏而宽，挠度较大，需设置一定数量的非预应力钢筋以改善构件的受力性能。

c. 无粘结预应力混凝土的预应力钢筋完全依靠端头锚具来传递预应力，所以对锚具的质量及防腐蚀要求较高。

后张法不需要台座，构件可以在工厂预制，也可以在现场施工，应用比较灵活，但是对构件施加预应力需要逐个进行，操作比较麻烦。而且每个构件均需要永久性锚具，用钢量大，因此成本比较高。后张法适用于运输不方便的大型预应力混凝土构件。本章所述计算方法仅限于后张有粘结预应力混凝土。

2. 预应力锚具与孔道成型材料

1) 锚具

锚具是锚固钢筋时所用的工具，是保证预应力混凝土结构安全可靠的关键部位之一。通常把在构件制作完毕后，能够取下重复使用的称为夹具；锚固在构件端部，与构件联成一体共同受力，不能取下重复使用的称为锚具。

锚具的制作和选用应满足下列要求。

(1) 锚具零部件选用的钢材性能要满足规定指标，加工精度高，受力安全可靠，预应力损失小。

(2) 构造简单，加工方便，节约钢材，成本低。

(3) 施工简便，使用安全。

(4) 锚具性能满足结构要求的静载和动载锚固性能。

锚具的种类很多，常用的锚具有以下几种。

① 支承式锚具。

a. 螺丝端杆锚具。如图 2.71 所示，主要用于预应力钢筋张拉端。预应力钢筋与螺丝端杆直接对焊连接或通过套筒连接，螺丝端杆另一端与张拉千斤顶相连。张拉终止时，通过螺帽和垫板将预应力钢筋锚固在构件上。

这种锚具的优点是比较简单、滑移小、便于再次张拉；缺点是对预应力钢筋长度

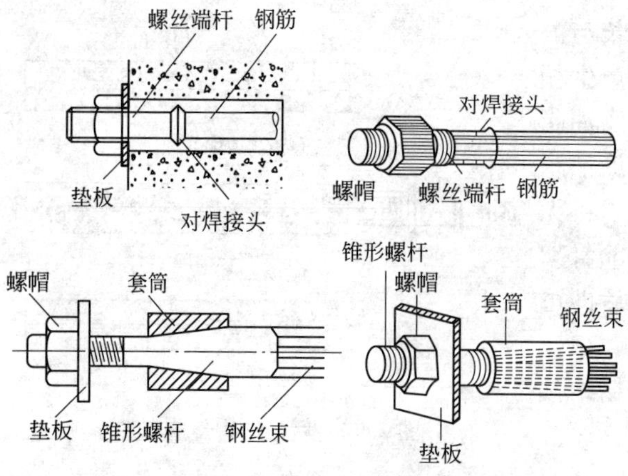

图 2.71　螺丝端杆锚具

的精度要求高，不能太长或太短，否则螺纹长度不够用。需要特别注意焊接接头的质量，以防止发生脆断。

b. 镦头锚具。如图 2.72 所示，这种锚具用于锚固钢筋束。张拉端采用锚杯，固定端采用锚板。先将钢丝端头镦粗成球形，穿入锚杯孔内，边张拉边拧紧锚杯的螺帽。每个锚具可同时锚固几根到一百多根 5～7mm 的高强钢丝，也可用于单根粗钢筋。这种锚具的锚固性能可靠，锚固力大，张拉操作方便，但要求钢筋(丝)的长度有较高的精确度，否则会造成钢筋(丝)受力不均。

② 锥形锚具。如图 2.73 所示，这种锚具是用于锚固多根直径为 5mm、7mm、8mm、12mm 的平行钢丝束，或者锚固多根直径为 12.7mm、15.2mm 的平行钢绞线束。锚具由锚环和锚塞两部分组成，锚环在构件混凝土浇灌前埋置在构件端部，锚塞中间有小孔作锚固后灌浆用。由双作用千斤顶张拉钢丝后又将锚塞顶压入锚圈内，利用钢丝在锚塞与锚圈之间的摩擦力锚固钢丝。

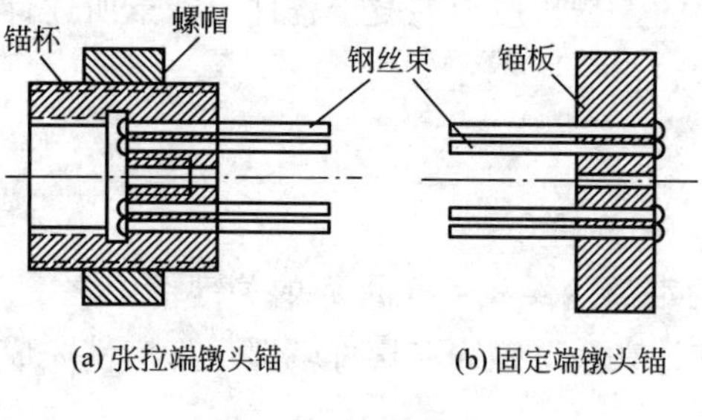

图 2.72　镦头锚具

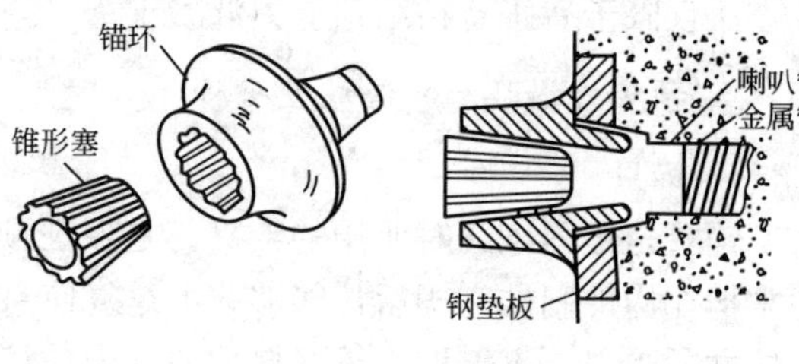

图 2.73　锥形锚具

③ 夹片式锚具。如图 2.74 所示，每套锚具是由一个锚环和若干个夹片组成，钢绞线在每个孔道内通过有齿的钢夹片夹住。可以根据需要，每套锚具锚固数根直径为 15.2mm 或 12.7mm 的钢绞线。国内常见的热处理钢筋夹片式锚具有 JM－12 和 JM－15 等，预应力钢绞线夹片式锚具有 OVM、QM、XM 等。

④ 固定端锚具。

a. H 型锚具，如图 2.75 所示，利用钢绞线梨形(通过压花设备成型)

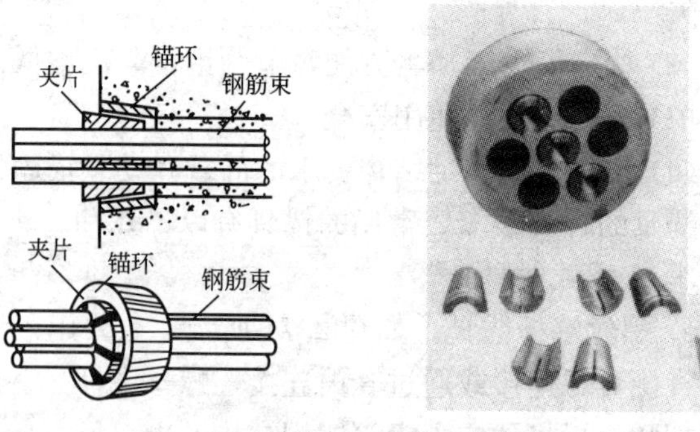

图 2.74　夹片式锚具

自锚头与混凝土粘结进行锚固；适用于55根以下钢绞线束的锚固。

b. P型锚具。如图2.76由挤压筒和锚板组成，利用挤压筒对钢绞线的挤压握裹力进行锚固；适用于锚固19根以下的钢绞线束。

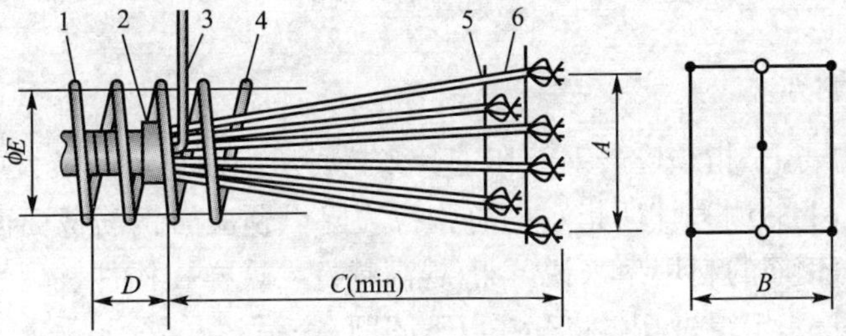

图2.75 H型锚具

1—波纹管；2—约束圈；3—出浆管；4—螺旋管；5—支架；6—钢绞线头梨形自锚

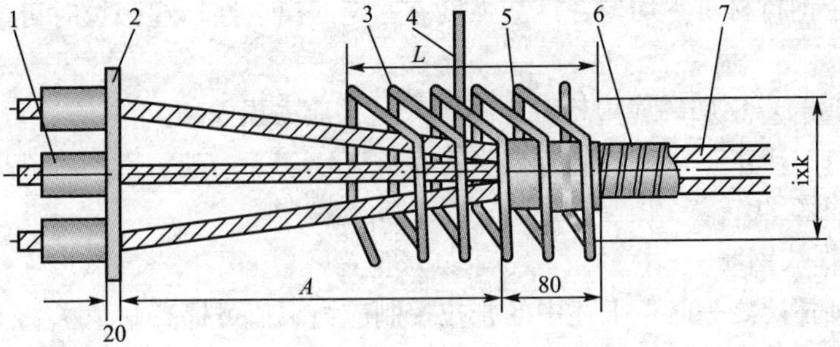

图2.76 P型锚具

1—挤压头；2—固定端锚板；3—螺旋筋；4—出浆管；5—约束圈；6—扁波纹管；7—钢绞线

3. 孔道成型与灌浆材料(图2.77)

后张有粘结预应力钢筋的孔道成型方法分抽拔型和预埋型两类。

(1) 抽拔型是在浇筑混凝土前预埋钢管或充水(充压)的橡胶管，在浇筑混凝土后并达到一定强度时拔抽出预埋管，便形成了预留在混凝土中的孔道；该方法适用于直线形孔道。

金属波纹管

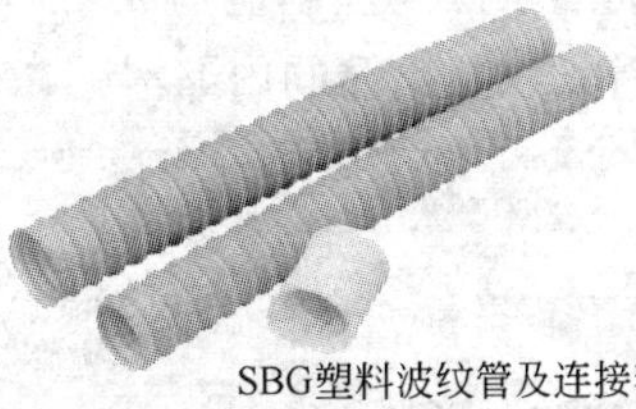

SBG塑料波纹管及连接套管

图2.77 孔道成型材料

(2) 预埋型是在浇筑混凝土前预埋金属波纹管(或塑料波纹管)，在浇筑混凝土后不再拔出而永久留在混凝土中，便形成了预留孔道；该方法适用于各种线形孔道。

预留孔道的灌浆材料应具有流动性、密实性和微膨胀性，一般采用 32.5 或 32.5 以上标号的普通硅酸盐水泥，水灰比为 0.4～0.45，宜掺入 0.01%水泥用量的铝粉作膨胀剂。当预留孔道的直径大于 150mm 时，可在水泥浆中掺入不超过水泥用量 30%的细砂或研磨很细的石灰石(图 2.27)。

4. 张拉控制应力 σ_{con}

张拉控制应力 σ_{con} 是指预应力钢筋在进行张拉时所控制达到的最大应力值，其值为张拉设备(如千斤顶)上的测力计所指示的总张拉力除以预应力钢筋截面面积后所得的应力值。从提高预应力钢筋的利用率来说，σ_{con} 越高越好，这样在构件抗裂性相同的情况下可以减少用钢量。但 σ_{con} 定得过高，将存在以下问题。

(1) 构件延性变差。构件出现裂缝时荷载和破坏时荷载接近，构件破坏前无明显预兆，呈脆性破坏。

(2) 可能引起钢丝束断丝或钢筋应力达到屈服强度。为了减少预应力损失，往往要进行超张拉，由于钢材材质不均匀，钢筋强度有一定的离散性，超张拉时可能使个别钢筋产生流塑或脆断。

(3) σ_{con} 值越高，钢筋的应力松弛也将增大，预应力损失加大。

因此《规范》规定，张拉控制应力应符合：

① 钢丝、钢绞线　　$\sigma_{con} \leqslant 0.75 f_{ptk}$

② 预应力螺纹钢筋　　$\sigma_{con} \leqslant 0.85 f_{ptk}$

当符合下列情况之一时，上述中的张拉控制应力限值可提高 $0.05 f_{ptk}$：

(1) 要求提高构件在施工阶段的抗裂性能，而在使用阶段受压区内设置的预应力钢筋；

(2) 要求部分抵消由于应力松弛、摩擦、钢筋分批张拉以及预应力钢筋与张拉台座之间的温差因素产生的预应力损失。

5. 预应力损失

由于张拉工艺和材料特性等原因，预应力钢筋的张拉应力从施工到使用将不断降低，这种降低值称为预应力损失。下面就引起预应力损失的原因、损失值的计算及减少损失的措施分别讨论。

1) 锚具变形和钢筋内缩引起的预应力损失 σ_{l1}

直线预应力钢筋当张拉到控制应力 σ_{con} 后便锚固在台座或构件上，由于锚具、垫板与构件之间的缝隙被挤紧以及钢筋的内缩滑移，使得张紧的钢筋松动，引起预应力损失，其值按下列公式计算：

$$\sigma_{l1} = \frac{a}{l} E_s \tag{2-73}$$

式中　a——张拉端锚具变形和钢筋内缩值，按表 2-16 取用；

l——张拉端至锚固端之间的距离(mm)；

E_s——预应力钢筋的弹性模量(N/mm^2)。

锚具损失只考虑张拉端，因为锚固端的锚具在张拉过程中已被挤紧。

表 2-16 锚具变形和钢筋的内缩值 a(mm)

锚具类别		a
支承式锚具(钢丝束墩头锚具等)	螺帽缝隙	1
	每块后加垫板的缝隙	1
夹片式锚具	有顶压时	5
	无顶压时	8～10

注：① 表中的锚具变形和钢筋内缩值也可根据实测数据确定。

② 其他类型的锚具变形和钢筋内缩值应根据实测数据确定。

块体拼成的结构，其应力损失尚应计及块体间填缝的预压变形。当采用混凝土或砂浆为填缝材料时，每条填缝的预压变形值应取 1mm。

对先张法生产的构件，当台座长度为 100m 以上时，σ_{l1} 可忽略不计。

减少此项损失的措施如下。

(1) 选择锚具变形小或使预应力钢筋内缩小的锚具、夹具；尽量少用垫板，因为每增加一块垫板，a 值就增加 1mm。

(2) 增加台座长度，因为 σ_{l1} 与台座长度 l 成反比。

采用预应力曲线钢筋的后张法构件，由于曲线孔道上反摩擦力的影响，使同一根钢筋不同位置处的 σ_{l1} 各不相同，其计算方法此处从略。

2) 预应力钢筋与孔道壁之间摩擦引起的预应力损失 σ_{l2}

后张法张拉直线预应力筋时，由于孔道施工偏差、孔壁粗糙、钢筋不直、钢筋表面粗糙等原因，使钢筋在张拉时与孔壁接触而产生摩擦阻力，这种摩擦阻力矩预应力钢筋张拉端越远影响越大，因而使构件每一截面上的实际预应力逐渐减小，这种应力差额称为摩擦引起的预应力损失 σ_{l2}，计算从略。

减少摩擦损失 σ_{l2} 的措施如下。

(1) 对较长的构件可在两端进行张拉，则计算孔道长度可减少一半，但将引起 σ_{l2} 的增加。

(2) 采用减摩材料降低孔道摩擦阻力。

3) 混凝土加热养护时，受张拉的钢筋与承受拉力的设备之间温差引起的预应力损失 σ_{l3}

为了缩短先张法构件的生产周期，混凝土常采用蒸汽养护来加速其硬化。升温时，新浇混凝土尚未结硬，钢筋受热自由膨胀，但两端的台座是固定不动的，距离保持不变，因此产生预应力损失 σ_{l3}。降温时，混凝土已结硬，并与钢筋结成整体一起回缩，加之两者具有相同的温度膨胀系数，故两者的回缩相同，所损失的 σ_{l3} 无法恢复。

减少此项损失的措施如下。

(1) 采用两次升温养护。先在常温下养护至混凝土强度达到一定时，再逐渐升温，此时可以认为钢筋和混凝土已结为整体，能一起胀缩而无应力损失。

(2) 在钢模上张拉，钢筋锚固在钢模上，升温时两者温度相同，可以不考虑此项损失。

4) 钢筋应力松弛引起预应力损失 σ_{l4}

钢筋在高应力作用下具有随时间而增长的塑性变形性质。在钢筋长度保持不变的条件下，其应力随时间的增长而逐渐降低的现象称为钢筋的应力松弛。钢筋的松弛引起预应力钢筋的应力损失，此损失称为钢筋应力松弛损失 σ_{l4}。

应力松弛在开始阶段发展较快，刚开始几分钟大约完成50%，24h约完成80%，以后发展缓慢，松弛的大小还与钢筋品种和张拉控制应力有关。

减小此项损失的措施是超张拉，其张拉程序为：$0 \rightarrow 1.05\sigma_{con}$；或从应力为零时开始张拉至 $1.05\sigma_{con}$，持荷2min，卸载至 σ_{con}。

5）混凝土收缩、徐变引起的预应力损失 σ_{l5}

混凝土在空气中结硬时会发生体积收缩，在预应力作用下沿压力方向发生徐变，它们均使构件的长度缩短，造成预应力损失，用 σ_{l5} 表示。当构件中配置有非预应力钢筋时，非预应力筋将产生应力增量 σ_{l5}。

减少此项损失的措施有如下。

(1) 采用高标号水泥，减少水泥用量，减少水灰比，采用干硬性混凝土。

(2) 采用级配好的骨料，加强振捣，提高混凝土的密实性。

(3) 加强养护，以减少混凝土收缩。

6）用螺旋式预应力作配筋的环形构件，由于混凝土的局部挤压所引起的预应力损失 σ_{l6}

电杆、水池、油罐、压力管道等环形构件，可配置环状或螺旋式预应力钢筋，采用后张法直接在混凝土中进行张拉。这时，预应力钢筋将对环形构件的外壁产生径向压力，使混凝土产生局部挤压，因而引起预应力钢筋的预应力损失。因此，《混凝土规范》规定：

当 $d>3$m 时，$\sigma_{l6}=0$；

当 $d\leqslant 3$m 时，$\sigma_{l6}=30\text{N/mm}^2$。

减少 σ_{l6} 的措施有：搞好骨料级配、加强振捣、加强养护以提高混凝土的密实性。

除上述六项预应力损失外，在后张法构件中，当预应力钢筋较多时，常采用分批张拉预应力钢筋。此时，考虑张拉后批钢筋时所产生的混凝土弹性压缩(或伸长)的影响，应将先批张拉钢筋的控制应力 σ_{con} 增加(或减少)等于 $\alpha E\sigma_{po}$ 的数值。此处，αE 为钢筋弹性模量与混凝土弹性模量的比值，σ_{po} 为张拉后批钢筋时，在已张拉钢筋重心处由预应力产生的混凝土法向应力。

6. 预应力损失的组合

上述的六项预应力损失，它们有的只发生在先张法构件中，有的只发生在后张法构件中，有的在两种构件中均会发生，并且发生的阶段也不相同。

为了满足对预应力构件分析和计算的需要，《混凝土规范》规定：顶应力构件在各阶段的预应力损失值的组合应按表2-17的规定进行组合。

表2-17 各阶段预应力损失值的组合

预应力损失值的组合	先张法	后张法
混凝土预压前(第一批)的损失	$\sigma_{l1}+\sigma_{l2}+\sigma_{l3}+\sigma_{l4}$	$\sigma_{l1}+\sigma_{l2}$
混凝土预压后(第二批)的损失	σ_{l1}	$\sigma_{l4}+\sigma_{l5}+\sigma_{l6}$

当计算求得的预应力损失值小于下列数值时，应按下列数值取用：

对先张法构件 $\sigma_l=100\text{N/mm}^2$

对后张法构件 $\sigma_l=80\text{N/mm}^2$

任务2.5.3 熟悉预应力混凝土构造要求

预应力混凝土结构构件的构造要求，除应满足普通钢筋混凝土结构的有关规定外，还应根据据预应力张拉工艺、锚固措施、预应力钢筋种类的不同，满足相应的构造措施。

1. 截面形式和尺寸

设计结构构件应采用几何特性好、惯性矩较大的截面形式，对于预应力轴心受拉构件，通常采用正方形或矩形截面。对于预应力受弯构件可采用T形、工字形、箱形等截面。

由于预应力构件的刚度和抗裂度较大，其截面尺寸要比钢筋混凝土构件小。对预应力受弯构件，其截面高度 $h=l/20\sim l/14$，最小可为 $l/35$（l 为跨度），大致可取为钢筋混凝土构件高度的70%。

2. 预应力混凝土的材料

1）混凝土

预应力混凝土结构构件对混凝土的基本要求如下。

(1) 强度高。与钢筋混凝土不同，预应力混凝土必须具有较高的抗压强度，才能建立起较高的预压应力，并可减少构件截面尺寸，减轻结构自重，节约材料。对采用先张法构件，高强度的混凝土可提高钢筋与混凝土的粘结强度，可减少端部应力传递长度：对采用后张法的构件，高强度的混凝土可承受端部很高的局部压应力。因此，《混凝土规范》规定，预应力混凝土构件的混凝土强度等级不宜低于C40且不应低于C30。

(2) 收缩、徐变小。混凝土因收缩、徐变产生的变形，将会导致预加应力值的降低，即产生预应力损失，并使结构或构件的挠度发生显著的变化，所以，要求混凝土的收缩，徐变小。

(3) 快硬、早强。可以尽早施加预应力，以提高台座、模具、夹具等设备的周转率，加快施工，降低管理费用。

2）钢筋

与普通混凝土构件不同，钢筋在预应力构件中，从构件制作开始到构件破坏为止，始终处于高应力状态，因此，对钢筋有较高的质量要求。

(1) 强度高。混凝土预压应力的大小，取决于预应力钢筋张拉应力的大小。为了使混凝土构件在发生弹性回缩、收缩后，其内部能建立较高的预压应力，就需要采用较高的初张拉应力，这就要求预应力钢筋具有较高的抗拉强度。

(2) 具有一定的塑性。为了避免预应力混凝土构件发生脆性破坏，要求预应力钢筋在拉断前具有一定的伸长率。当构件处于低温环境和冲击荷载条件时，更应注意对钢筋塑性和抗冲击韧性的要求。一般要求极限伸长率大于35%。

(3) 与混凝土之间能较好地粘结。由于在受力传递长度内，钢筋与混凝土间的粘结力是先张法构件建立预应力的前提，因此必须有足够的粘结强度。当采用高强度钢丝时，其表面应经过“压波”或“刻痕”等措施处理后方可使用。

(4) 具有良好的加工性能。要求有良好的可焊性，同时要求钢筋“镦粗”后并不影响其原来的物理力学性能。

目前，我国用于预应力混凝土构件中的预应力钢材主要有预应力螺纹钢筋、钢绞线、钢丝三大类。

(1) 预应力螺纹钢筋。是在热轧钢筋上轧有外螺纹的大直径、高强度、高尺寸精度的直条钢筋，其公称直径有 18mm、25mm、32mm、40mm、50mm，极限抗拉强度为 980～1230N/mm^2。

(2) 钢绞线。钢绞线是把多根高强钢丝交织在一起而成。常用的钢绞线是由直径 5～6mm 的高强度钢丝捻制成的。用三根钢丝捻制的钢绞线，其结构为 1×3，公称直径为 8.6mm、10.8mm、12.9mm。用 7 根钢丝捻制的钢绞线，其结构为 1×7，公称直径为 9.5～15.2mm。有的钢绞线的极限抗拉强度标准值可达 1860N/mm^2。

钢绞线经最终热处理后以盘或卷供应，每盘钢绞线应由一整根组成，如无特殊要求，每盘钢绞线长度不小 200m，成品的钢绞线表面不得带有润滑剂、油渍等，以免降低钢绞线和混凝土间的粘结力。钢绞线表面允许有轻微的浮锈，但不得锈蚀成目视可见的麻坑。

钢绞线的优点是施工方便，在后张法的大型构件中采用较多。

(3) 钢丝。钢丝是用高碳钢轧制成盘后经过多道冷拔而成的。预应力混凝土所用钢丝可分为中强度钢丝和消除应力钢丝两种。按外形分有光圆钢丝、螺旋肋钢丝、刻痕钢丝；按应力松弛性能分为普通松弛(即Ⅰ级松弛)和低松弛(即Ⅱ级松弛)两种。钢丝的公称直径为 3～9mm，其极限杭拉强度标准值可达 1860N/mm^2。要求钢丝表面不得有裂纹、小刺、机械损伤、氧化铁皮和油污。

因其含碳量较高，故极限伸长率较小，为 2%～6%，其在大型构件中采用较多。

钢筋、钢绞线和钢丝各有特点。预应力钢丝的强度最高，钢绞线的强度接近于钢丝，但价格最贵。钢筋和钢绞线的直径大，使用根数相对较少，便于施工，但钢绞线的锚具最贵。因此，可根据工程情况，综合考虑，合理选材。

3. 先张法和后张法的构造要求

1) 先张法构件的构造要求

(1) 钢筋的净间距。预应力钢筋的净间距应根据混凝土的浇筑状态、预应力施工工艺、预应力钢筋的锚固及传递要求确定。

预应力钢筋的净间距不应小于其公称直径的或等效直径的 2.5 倍和砼粗骨料最大直径的 1.25 倍，且应符合下列规定：

① 对热轧钢筋及钢丝不应小于 15mm。

② 对三股钢绞线不应小于 20mm。

③ 对七股钢绞线不应小于 25mm。

当先张法预应力钢丝按单根方式配筋困难时，可采用相同直径钢丝并筋的配筋方式。并筋的等效直径：对双并筋应取为单筋直径的 1.4 倍，对三并筋应取为单筋的 1.7 倍。

(2) 钢筋保护层。为了保证钢筋与混凝土的粘结锚固，防止放松预应力钢筋时出现沿钢筋的纵向劈裂裂缝，必须有一定的混凝土保护层厚度。预应力混凝土保护厚度不应小于钢筋的直径。

(3) 端部附加钢筋。对先张法构件，在切断预应力钢筋时，端部有时会引起裂缝。对预应力筋端部周围的混凝土采取加强措施。

① 单根预应力钢筋(如板肋的配筋)，其端部宜设置螺旋筋。

② 多根预应力钢筋，在构件端部 $10d$(d 为预应力钢筋的公称直径)，且不小于 100mm 范围内，应设置3～5片与预应力筋垂直的钢筋网。

③ 对采用预应力钢丝或热处理钢筋配筋的薄板，在板端 100mm 范围内应适当加密横向钢筋。当采取预应力缓慢放张工艺时，上述措施可适当放宽。

2) 后张法构件的构造要求

(1) 锚具。在后张法预应力混凝土结构中，钢筋张拉后要用一定的措施锚固在构件两端。锚具是维持其预加应力的关键，所以其形式及质量要求应符合国家现行有关标准的规定。

(2) 预留孔道。后张法上构件要在预留孔道内穿入预应力钢筋。孔道的布置应考虑张拉设备和锚具的尺寸及端部混凝土局部承压的强度要求等因素。预留孔道布置应符合下列要求。

① 对预制构件，孔道之间的水平净距不宜小于 50mm，且不宜小于粗骨料直径的 1.25 倍；孔道至构件边缘的净距不宜小于 30mm，且不宜小于孔道直径的一半。

② 预留孔道的内径应比预应力钢丝束或钢绞线束外径及需穿过孔道的锚具外径大 6～15mm;且孔道的截面积宜为穿入预应力筋截面积的 3.0～4.0 倍，并尽量取小值。

③ 在构件两端及跨中应设置灌浆孔或排气孔，其孔距不宜大于 20m。

④ 在框架梁中曲线预留孔道在竖直方向的净距不应小于孔道外径，水平方向的净间距不应小于 1.5 倍孔道外径且不应小于粗骨科直径的 1.25 倍。从孔壁算起的混凝土保护层厚度：梁底不宜小于 50mm，梁侧不宜小于 40mm。

⑤ 凡制作时需要预先起拱的构件，预留孔道宜随构件同时起拱。

(3) 曲线预应力钢筋的曲率半径：后张法预应力混凝土构件的曲线预应力钢筋束、钢绞线的曲率半径不宜小于 4m。

对折线钢筋的构件，在折线预应力钢筋弯折处曲率半径可适当减少。

(4) 构件端部的构造。

① 构件端部尺寸应考虑锚具的布置、张拉设备的尺寸和局部受压的要求，在必要时应适当加大。

② 宜将一部分预应力钢筋在靠近支座处弯起，弯起的预应力钢筋宜沿构件端部均匀布置。

③ 在预应力钢筋锚具下及张拉设备的支撑处，应采用预埋钢垫板并设置附加钢筋片或螺旋式钢筋等局部加强措施。

④ 对外露金属锚具，应采取可靠的防锈措施，如涂刷油漆、砂浆封闭等。

(5) 当构件在端部的局部凹进时，应增设折线构造钢筋。

(6) 为防止孔道劈裂，在构件端部长度不小于 $3e$(e 为截面重心线上部或下部预应力钢筋的合力点至邻近边缘的距离)且不大于 $1.2h$(h 为构件端部截面高度)，高度为 $2e$ 的附加配筋范围内，应均匀布置附加箍筋或网片，其体积配筋率不应小于 0.5%。

本模块小结

(1) 在结构承受外荷载前，预先在外荷载作用下的受拉区施加压应力，改善结构使用性能的结构形式称为预应力混凝土结构。

(2) 施加预应力的方法主要为：先张法和后张法。

(3) 预应力混凝土结构混凝土材料的要求：①快硬、早强；②强度高；③收缩、徐变小。

(4) 预应力混凝土结构钢筋需满足：①强度高；②良好的加工性能；③与混凝土较好地粘结；④具有一定的塑性。

(5) 预应力损失值。

① 预应力直线钢筋由于锚具变形和钢筋内缩引起的预应力损失 σ_{l1}。

② 预应力钢筋与孔道壁之间摩擦引起的预应力损失 σ_{l2}。

③ 混凝土加热养护时，受张拉的钢筋与承受拉力的设备之间温差引起的预应力损失 σ_{l3}。

④ 钢筋应力松弛引起的预应力损失 σ_{l4}。

⑤ 混凝土收缩、徐变引起的预应力损失 σ_{l5}。

⑥ 用螺旋式预应力作配筋的环形构件，由于混凝土的局部挤压所引起的预应力损失 σ_{l6}。

案 例 分 析

1. 某工程框架柱的原设计截面及配筋如图 2.78(a)所示，在绑扎柱基插筋时，错误地将两排 5Φ25 变成 3Φ25(b)。此失误在柱基混凝土浇筑完毕后才发现。如果你所在的工地出现这种情况应该如何处理?

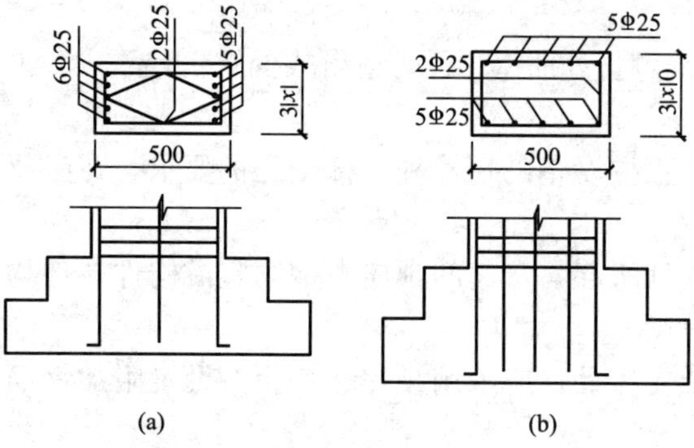

图 2.78 案例题 1 图

2. 某百货大楼一层橱窗上设置有挑出 1200mm 通长现浇钢筋混凝土雨篷，如图 2.79(a)所示。待到达混凝土设计强度拆模时，突然发生从雨篷根部折断的质量事故，呈门帘状(b)，请根据所学知识分析出现这种情况的原因都有哪些?

3. 某办公楼为现浇钢筋混凝土框架结构。在达到预定混凝土强度拆除楼板模板时，发现板上有无数走向不规则的微细裂纹，如图 2.80 所示。裂缝宽 0.05～0.15mm，有时上下贯通，但其总体特征是板上裂纹多于板下裂纹。

根据气象资料查得施工时的气象条件是：上午 9 时气温 13℃，风速 7m/s，相对湿度

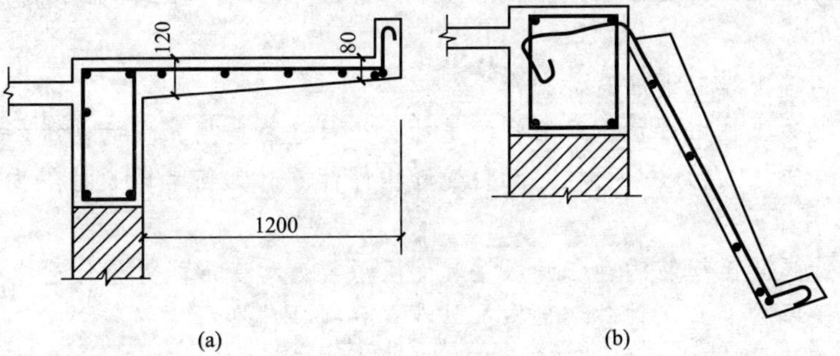

图 2.79　案例题 2 图

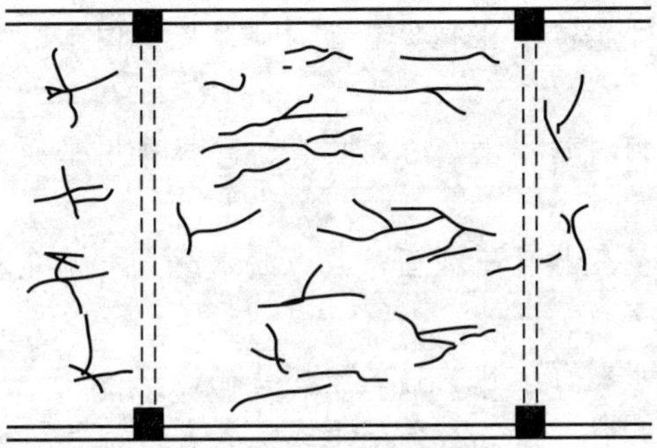

图 2.80　案例题 3 图

40%；中午温度 15℃，风速 13m/s(最大瞬时风速达 18m/s)，相对湿度 29%；下午 5 时温度 11℃，风速 11m/s，相对湿度 39%。请分析出现裂缝的原因有哪些。

习　题

一、思考题

1. 混凝土的强度等级是怎样确定的？混凝土的基本强度指标有哪些？

2. 混凝土受压时的应力-应变曲线有何特点？

3. 混凝土的弹性模量是如何确定的？

4. 什么是混凝土的徐变和收缩？影响混凝土徐变、收缩的主要因素有哪些？混凝土的徐变、收缩对结构构件有哪些影响？

5. 我国建筑结构用钢筋的品种有哪些？并说明各种钢筋的应用范围。

6. 有明显屈服点钢筋和无明显屈服点钢筋的应力-应变曲线有何特点？

7. 钢筋与混凝土产生粘结的作用和原因是什么？影响粘结强度的主要因素有哪些？

8. 具有正常配筋率的钢筋混凝土梁正截面受力过程可分为哪三个阶段，各有何特点？

9. 钢筋混凝土梁正截面受力过程三个阶段的应力与设计有何关系？

10. 什么是配筋率？配筋率对梁破坏形态有什么影响？

11. 适筋梁与超筋梁破坏的本质区别是什么？什么是“界限破坏”？单筋矩形截面梁防止超筋破坏的公式有哪些？

12. 影响受弯构件正截面承载力的因素有哪些？如欲提高正截面承载力 M_u，宜优先采用哪些措施？

13. 受压构件中纵向钢筋有什么作用？

14. 钢筋混凝土柱中放置箍筋的目的是什么？对箍筋直径、间距有什么规定？

15. 什么是短柱？什么是长柱？轴心受压构件计算时如何考虑长柱纵向弯曲使构件承载力降低的影响？

16. 配螺旋式间接钢筋的轴心受压柱其受压承载力和变形能力为什么能提高？

17. 偏心受压构件有几种破坏形态？其特点分别是什么？

18. 偏心受压构件计算时为什么要考虑附加偏心距和偏心距增大系数？应该如何考虑？

19. 如何判别大、小偏心受压？

20. 试分别绘出大、小偏心受压构件截面的计算应力图形，并按应力图形写出基本公式及适用条件。

21. 偏心受压构件在何种情况下应考虑垂直于弯矩作用平面的受压承载力验算？应该如何验算？

22. 工字形截面偏心受压构件正截面承载力基本公式有哪几种类型？如何判别工字形截面受压柱的大、小偏压？

23. 试述素混凝土矩形截面纯扭构件的破坏特征。

24. 钢筋混凝土纯扭构件有哪几种破坏形式？各有何特点？

25. 受扭构件的配筋有哪些构造要求？

二、简答题

1. 什么叫做混凝土的强度？工程中常用的混凝土的强度指标有哪些？混凝土强度等级是按哪一种强度指标值确定的？

2. 混凝土一般会产生哪两种变形？

3. 与普通混凝土相比，高强混凝土的强度和变形性能有何特点？

4. 什么是徐变？徐变对结构有何影响？影响混凝土徐变的主要因素有哪些？

5. 混凝土结构用的钢筋可分为哪两大类？钢筋的强度和塑性指标各有哪些？

6. 混凝土结构设计中选用钢筋的原则是什么？

三、判断题

1. 我国《混凝土规范》规定：钢筋混凝土构件的混凝土强度等级不应低于C10。 (　　)

2. 钢筋的伸长率越小，表明钢筋的塑性和变形能力越好。 (　　)

3. 钢筋的疲劳破坏不属于脆性破坏。 (　　)

4. 对于延性要求比较高的混凝土结构(如地震区的混凝土结构)，应优先选用高强度等级的混凝土。 (　　)

5. 钢筋和混凝土的强度标准值是钢筋混凝土结构按极限状态设计时采用的材料强度基本代表值。 (　　)

6. 混凝土强度等级的选用须注意与钢筋强度的匹配，当采用HRB335、HRB400钢筋时，为了保证必要的粘结力，混凝土强度等级不应低于C25；当采用新HRB400钢筋时，混凝土强度等级不应低于C30。 (　　)

7. 一般现浇梁板常用的钢筋强度等级为 HPB300、HRB335 钢筋。 ( )

8. 混凝土保护层应从受力纵筋的内边缘起算。 ( )

9. 钢筋混凝土受弯构件正截面承载力计算公式中考虑了受拉区混凝土的抗拉强度。 ( )

10. 钢筋混凝土受弯构件斜截面受剪承载力计算公式是以斜拉破坏为基础建立的。 ( )

11. 钢筋混凝土梁斜截面破坏的三种形式是斜压破坏、剪压破坏、斜拉破坏。( )

12. 钢筋混凝土梁沿斜截面的破坏形态均属于脆性破坏。 ( )

13. 钢筋混凝土受压构件中的纵向钢筋一般采用 HRB400 级、HRB335 级和 RRB400 级，不宜采用高强度钢筋。 ( )

14. 在轴心受压短柱中，不论受压钢筋在构件破坏时是否屈服，构件的最终承载力都是由混凝土被压碎来控制的。 ( )

15. 钢筋混凝土长柱的稳定系数 φ 随着长细比的增大而增大。 ( )

16. 两种偏心受压破坏的分界条件为：$\xi \leqslant \xi_b$ 为大偏心受压破坏；$\xi > \xi_b$ 为小偏心受压破坏。 ( )

17. 构件因为受扭而产生的裂缝，总体上是呈螺旋形的，与构件轴线的夹角大致为45°；螺旋形裂缝是连续贯通的。 ( )

18. 箍筋和纵筋对受扭都有作用，因此在受扭构件中，可以既设置受扭箍筋又设置受扭纵筋，也可以只设置一种形式的受扭钢筋。 ( )

19. 受扭纵向钢筋的布置要求是，沿截面周边均匀对称布置，间距不应大于 200mm，截面四角必须布置。 ( )

20. 雨篷板是受弯构件，雨篷梁也是受弯构件。 ( )

21. 部分超筋破坏属于延性破坏。 ( )

22. 钢筋混凝土受扭构件，当受扭纵筋、箍筋均屈服时为延性破坏。 ( )

23. 部分超筋破坏属于延性破坏。 ( )

四、选择题

1. 混凝土若处于三向应力作用下，则( )。

A. 横向受拉，纵向受压，可提高抗压强度

B. 横向受压，纵向受拉，可提高抗压强度

C. 三向受压会降低抗压强度

D. 三向受压能提高抗压强度

2. 钢材的含碳量越低，则( )。

A. 屈服台阶越短，伸长率也越短，塑性越差

B. 屈服台阶越长，伸长率越大，塑性越好

C. 强度越高，塑性越好

D. 强度越低，塑性越差

3. 钢筋的屈服强度是指( )。

A. 比例极限　B. 弹性极限　C. 屈服上限　D. 屈服下限

4. 规范确定 $f_{cu,k}$ 所用试块的边长是( )。

A. 150mm　B. 200mm　C. 100mm　D. 250mm

5. 混凝土强度等级是由(　　)确定的。

A. $f_{cu,k}$　　B. f_{ck}　　C. f_{cm}　　D. f_{tk}

6. 预应力混凝土结构的砼强度等级不应低于(　　)。

A. C20　　B. C25　　C. C30　　D. C40

7. 当板厚 $H>150$mm 时，板内受力钢筋的间距，不宜大于(　　)。

A. 1.5h　　B. 250mm　　C. 1.5h 及 250mm　　D. h 及 300mm

8. 受弯构件斜截面承载力计算公式中没有体现的影响因素是(　　)。

A. 材料强度　　B. 纵筋配筋量　　C. 截面尺寸　　D. 剪跨比

9. 受弯构件箍筋间距过小，则会(　　)。

A. 发生斜拉破坏　　B. 发生斜压破坏　　C. 发生剪压破坏　　D. 影响施工质量

10. 适筋梁的最大受压区高度是按(　　)破坏确定的。

A. 适筋　　B. 界限　　C. 超筋　　D. 少筋

11. 两根钢筋强度、外形相同，混凝土强度相同，一根较大直径的钢筋锚固长度为 l_{a1}，一根较小直径的钢筋锚固长度 l_{a2}，则有(　　)。

A. $l_{a1}<l_{a2}$　　B. $l_{a1}=l_{a2}$　　C. $l_{a1}>l_{a2}$　　D. $l_{a1}<2l_{a2}$

12. 钢筋绑扎搭接长度的原理是(　　)，将一根钢筋所受的力传递给另一根钢筋。

A. 靠铁丝绑扎牢固

B. 靠钢筋与钢筋间的化学胶结力

C. 靠铁丝的强度

D. 通过搭接长度内钢筋与混凝土之间的粘结力

13. 单筋梁钢筋的屈服应变 ε_y，当钢筋应变 $\varepsilon_s<\varepsilon_y$ 时表示(　　)破坏。

A. 界限　　B. 适筋　　C. 超筋　　D. 少筋

五、计算题

1. 钢筋混凝土矩形梁的某截面承受弯矩设计值 $M=100$kN·m，$b\times h=200$mm×500mm，采用 C20 级混凝土，HRB335 级钢筋。试求该截面所需纵向受力钢筋的数量。

2. 某钢筋混凝土矩形截面简支梁，$b\times h=200$mm×450mm，计算跨度为 6m，承受的均布荷载标准值为：恒荷载 8kN/m(不含自重)，活荷载 6kN/m，可变荷载组合值系数 $\Psi_c=0.7$。采用 C25 级混凝土，HRB400 级钢筋。试求纵向钢筋的数量。

3. 某办公楼矩形截面简支楼面梁，承受均布恒载标准值 8kN/m(不含自重)，均布活荷载标准值 7.5kN/m，计算跨度 6m，采用 C25 级混凝土和 HRB400 级钢筋。试确定梁的截面尺寸和纵向钢筋的数量。

4. 某钢筋混凝土矩形截面梁，$b\times h=200$mm×450mm，承受的最大弯矩设计值 $M=90$kN·m，所配纵向受拉钢筋为 4Φ16，混凝土强度等级为 C20。试复核该梁是否安全。

5. T 形截面梁，$b_f'=550$mm，$b=250$mm，$h=750$mm，$h_f'=100$mm 承受弯矩设计值 $M=500$kN·m，混凝土选用 C40，钢筋选用 HRB400，环境类别为二类。求：纵向受力钢筋截面面积 A_s。

6. 某矩形截面梁，$b=250$mm，$h=500$mm，混凝土强度等级为 C20，HRB400 级钢筋，承受的弯矩设计值 $M=250$kN·m，试确定该梁的纵向受拉钢筋，并绘制截面配筋图。若改用 HRB335 级钢筋，截面配筋情况怎样？

7. 已知矩形截面梁，$b\times h=200$mm×500mm，$a_s=a_s'=40$mm。该梁在不同荷载组合

下受到变号弯矩作用，其设计值分别为 $M=-80\text{kN}\cdot\text{m}$，$M=+140\text{kN}\cdot\text{m}$，采用 C20 级混凝土，HRB400 级钢筋。试求：

(1) 按单筋矩形截面计算在 $M=-80\text{kN}\cdot\text{m}$ 作用下，梁顶面需配置的受拉钢筋 A_s'。

(2) 按单筋矩形截面计算在 $M=+140\text{kN}\cdot\text{m}$ 作用下，梁底面需配置的受拉钢筋 A_s。

(3) 将在 $M=-80\text{kN}\cdot\text{m}$ 作用下梁顶面配置的受拉钢筋 A_s' 作为受压钢筋，按双筋矩形截面计算在 $M=+140\text{kN}\cdot\text{m}$ 作用下梁底部需配置的受拉钢筋 A_s。

(4) 比较(2)和(3)的总配筋面积。

8. 某 T 形截面梁，$b_f'=400\text{mm}$，$h_f'=100\text{mm}$，$b=200\text{mm}$，$h=600\text{mm}$，采用 C20 级混凝土，HRB400 级钢筋，计算该梁的配筋。

(1) 承受弯矩设计值 $M=150\text{kN}\cdot\text{m}$。

(2) 承受弯矩设计值 $M=280\text{kN}\cdot\text{m}$。

9. 已知柱截面尺寸 $b\times h=300\text{mm}\times300\text{mm}$，计算长度 $l_0=3.9\text{m}$，混凝土 C20，纵向钢筋采用 HRB335 级，若包括自重在内柱承受的轴向压力设计值 $N=1200\text{kN}$，试确定该柱的配筋。

10. 钢筋混凝土轴心受压柱，截面尺寸 $b\times h=300\text{mm}\times300\text{mm}$，已配有纵向钢筋 4Φ20(HRB335 级)，箍筋Φ8@250，计算长度 $l_0=4\text{m}$，混凝土强度等级 C25，试确定该柱的承载力设计值 N_u。

11. 矩形截面偏心受压柱，截面尺寸 $b\times h=300\text{mm}\times400\text{mm}$，计算长度 $l_0=3\text{m}$，$a_s=a_s'=40\text{mm}$，混凝土强度等级 C20 采用 HRB335 级钢筋，截面弯矩设计值 $M=160\text{kN}\cdot\text{m}$，轴向力设计值 $N=280\text{kN}$，采用对称配筋，求纵向钢筋 $A_s=A_s'$，并绘配筋图。

12. 矩形截面柱，截面尺寸 $b\times h=400\text{mm}\times600\text{mm}$，$a_s=a'_s=40\text{mm}$，钢筋采用 HRB400 级，对称配筋每侧配筋为 3ϕ25($A_s=A_s'=1473\text{mm}^2$)，混凝土 C30，$l_0/h<5$，承受内力设计值 $N=800\text{kN}$，M=400kN·m，试复核该柱正截面承载力是否安全。

13. 已知柱截面尺寸 $b\times h=300\text{mm}\times300\text{mm}$，计算长度 $l_0=3.9\text{m}$，混凝土 C20，纵向钢筋采用 HRB335 级，若包括自重在内柱承受的轴向压力设计值 $N=1200\text{kN}$，试确定该柱的配筋。

14. 钢筋混凝土轴心受压柱，截面尺寸 $b\times h=300\text{mm}\times300\text{mm}$，已配有纵向钢筋 4Φ20(HRB335 级)，箍筋Φ8@250，计算长度 $l_0=4\text{m}$，混凝土强度等级 C25，试确定该柱的承载力设计值 N_u。

15. 矩形截面偏心受压柱，截面尺寸 $b\times h=300\text{mm}\times400\text{mm}$，计算长度 $l_0=3\text{m}$，$a_s=a_s'=40\text{mm}$，混凝土强度等级 C20 采用 HRB335 级钢筋，截面弯矩设计值 $M=160\text{kN}\cdot\text{m}$，轴向力设计值 $N=280\text{kN}$，采用对称配筋，求纵向钢筋 $A_s=A_s'$，并绘配筋图。

16. 矩形截面柱，截面尺寸 $b\times h=400\text{mm}\times600\text{mm}$，$a_s=a'_s=40\text{mm}$，钢筋采用 HRB400 级，对称配筋每侧配筋为 3Φ25 ($A_s=A_s'=1473\text{mm}^2$)，混凝土 C30，$l_0/h<5$，承受内力设计值 $N=800\text{kN}$，$M=400\text{kN}\cdot\text{m}$，试复核该柱正截面承载力是否安全？

项目3

常用钢筋混凝土结构体系

模块3.1 钢筋混凝土楼(屋)盖

教学目标

通过本模块的学习，学生能够熟悉现浇单向板肋梁楼盖板、次梁、主梁结构设计的过程；熟练掌握楼盖的结构布置；熟悉现浇单、双向板肋梁楼盖的构造措施；能够熟练识读梁、板结构施工图。

教学要求

知识要点	能力要求	相关知识	所占分值(100分)	自评分数
梁板结构的受力特点	掌握梁、板结构结构形式，荷载传递	屋盖、楼盖等结构形式	10	
单向板肋梁楼盖计算	掌握荷载及支座的简化，荷载最不利组合方法	等效荷载，荷载最不利位置	20	
单、双向板构造措施	掌握楼盖结构的构造措施	配筋形式，构造措施	30	
梁、板结构施工图	熟练识读梁、板结构施工图	梁、板平法施工图制图规则	40	

模块导读

钢筋混凝土梁板结构是土木工程中常用的结构。它广泛应用于工业与民用建筑的楼盖、屋盖、筏板基础、阳台、雨篷、楼梯等，还可应用于蓄液池的底板、顶板、挡土墙及桥梁的桥面结构。钢筋混凝土屋盖、楼盖是建筑结构的重要组成部分，占建筑物总造价相当大的比例。混合结构中，建筑的主要钢筋用量在楼盖、屋盖中。因此，梁板结构的结构形式选择和布置的合理性以及结构计算和构造的正确性，对建筑物的安全使用和经济性有重要的意义。

任务3.1.1 了解现浇钢筋混凝土肋形楼盖

钢筋混凝土梁板结构是由板和梁组成的结构，是土木工程中常见的结构形式，建筑中的楼(屋)盖、阳台、楼梯、雨篷、地下室底板和挡土墙广泛采用梁板结构。

1. 楼(屋)盖结构类型

1) 按施工方法分

按施工方法可将楼盖分成现浇式、装配式和装配整体式3种。

(1) 现浇式楼盖。现浇式楼盖的整体性好、刚度大、抗震性能好、适应性强，遇到板的平面形状不规则或板上开洞较多的情况，更可显示出现浇式楼盖的优越性。但现浇式楼盖现场工程量大、模板需求量大、工期较长。

(2) 装配式楼盖。装配式楼盖是用预制构件在现场安装连接而成，具有施工进度快、机械化和工厂化程度高、工人劳动强度小等优点，但结构的整体性、刚度均较差，在抗震区应用受限。

(3) 装配整体式楼盖。装配整体式楼盖是在预制板或预制板和预制梁上现浇一个叠合层，形成整体，兼有现浇式和装配式两种楼盖的优点，刚度和抗震性能也介于上述两种楼盖之间。

2) 按梁、板的布置情况

在现浇式楼盖中，按梁、板的布置情况不同，还可将楼盖分为肋梁楼盖、无梁楼盖、井式楼盖、密肋楼盖 4 种。

(1) 肋梁楼盖。肋梁楼盖(图 3.1)由板和梁组成。梁将板分成多个区格，根据板区格长边尺寸和短边尺寸的比例不同，又可将肋梁楼盖分成为单向板肋梁楼盖和双向板肋梁楼盖。肋梁楼盖中若板为四边支承，受荷时，将在两个方向产生挠曲。但当板的长边 l_2 与短边 l_1 之比较大时，按力的传递规律，板的荷载主要沿短方向传递。为计算方便，当 $l_2/l_1 \geqslant 2$ 时，忽略沿长方向传递的荷载，按单向板计算，否则按双向板计算。

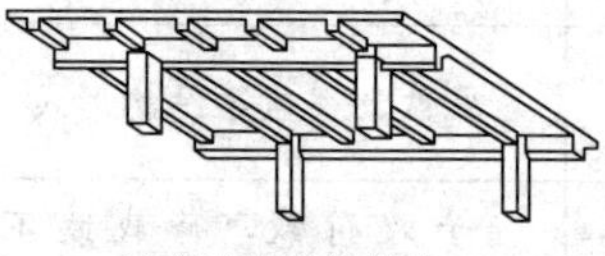

(a) 单向板肋梁楼盖

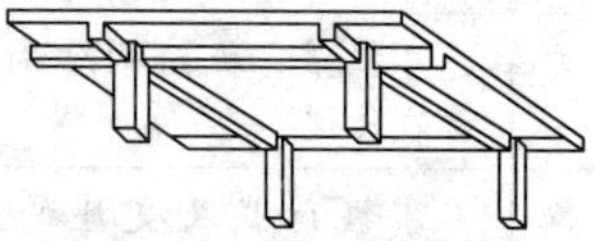

(b) 双向板肋梁楼盖

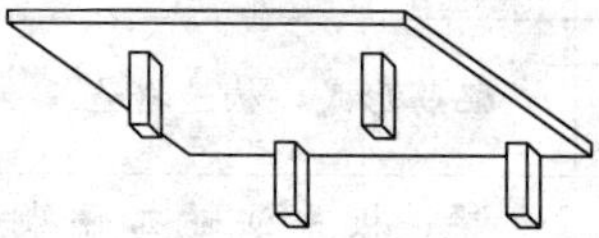

(c) 无梁楼盖

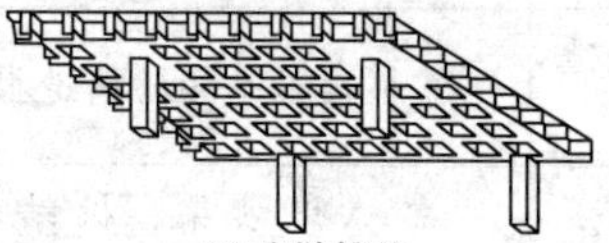

(d) 密肋楼盖

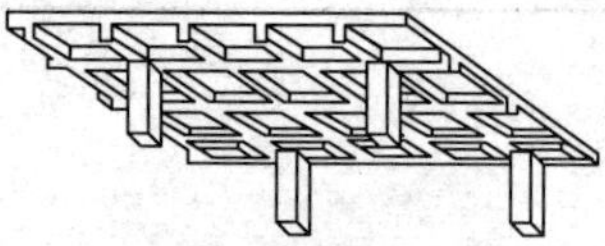

(e) 井式楼盖

图 3.1　楼盖的主要结构形式

判断单双向板，还应考虑支承条件，若 $l_2/l_1<2$，但只有一对边支承时，该板还是单向板。

在肋梁楼盖中，荷载的传递路线为板→次梁→主梁→支承(墙或柱)→基础→地基。肋梁楼盖是楼盖中应用最为广泛的一种。

(2) 无梁楼盖。如图 3.1(c)所示，建筑物柱网接近正方形，柱距小于 6m，且楼面荷载不大的情况下，可完全不设梁，楼板与柱直接整浇，若采用升板施工，可将柱与板焊接，楼面荷载直接由板传给柱(省去梁)，形成无梁楼盖。无梁楼盖柱顶处的板承受较大的集中力，可设置柱帽来扩大柱板接触面积，改善受力。

由于楼盖中无梁，可增加房屋的净高，而且模板简单，施工可以采用先进的升板法，使用中可提供平整天棚，建筑物具有良好的自然通风、采光条件，所以在厂房、仓库、商场、冷藏库、水池顶、片筏基础等结构中应用效果良好。

(3) 井式楼盖。如图 3.1(e)所示，井式楼盖通常是由于建筑上的需要，用梁把楼板划分成若干个正方形或接近正方形的小区格，两个方向的梁截面相同，不分主次，都直接承受板传来的荷载，整个楼盖支承在周边的柱、墙或更大的边梁上，类似一块大双向板。

(4) 密肋楼盖。如图 3.1(d)所示，密肋楼盖是由排列紧密，肋高较小的梁单向或双向布置形成。由于肋距小，板可做得很薄，甚至不设钢筋混凝土板，用充填物充填肋间空间，形成平整天棚，板或充填物承受板面荷载。密肋楼盖由于肋间的空气隔层或填充物的存在，其隔热隔音效果良好。

2. 楼盖结构布置

梁板结构是建筑结构的主要水平受力体系，梁板结构的结构布置决定建筑物的各种作用力的传递路径，也影响到建筑物的竖向承重体系。不同的梁板结构布置对建筑物的层高、总高、天棚、外观、设备管道布置有重要的影响，同时还会在较大程度上影响建筑物的总造价。因此，梁板结构的合理布置问题是楼盖设计中首先要解决的问题。

1) 楼盖结构中梁的布置及受力特点

根据梁的布置和支承条件，其计算简图可以是简支梁、悬臂梁、连续梁或交叉梁等。在较大的梁板结构中，梁通常是连续梁。连续梁任一跨两支座弯矩平均值的绝对值与跨中弯矩绝对值之和等于相同跨度简支梁的跨中弯矩(图 3.2)。显而易见，连续梁支座和跨中截面分担了简支梁跨中截面的弯矩，从充分利用材料强度来说，连续梁优于简支梁。

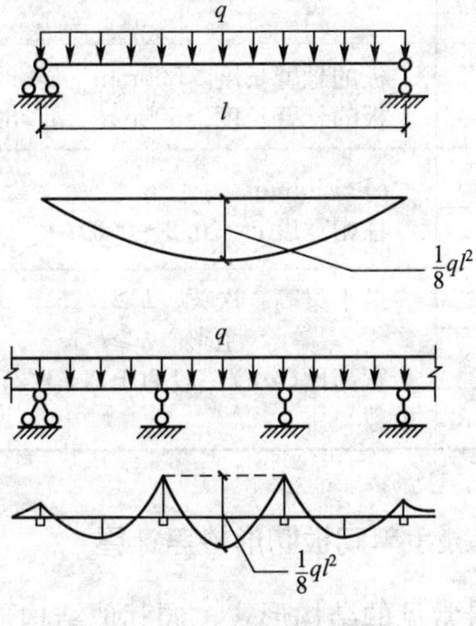

图 3.2　简支梁与连续梁弯矩对比

由以上分析可知，楼盖中梁的布置不同，内力分布就不同，合理的布置梁系可取得更好的使用效果和经济效益。

2) 楼盖中板的布置及受力特点

在梁板结构中，楼盖的类型和梁的布置决定了板的布置和受力形式。楼盖中的板一般为四边支承板，随梁的布置不同，可以是单向板或双向板。阳台、雨篷、挑檐等梁板结构，板可能有一边支承(悬挑板)、两边支承、三边支承的情况。前边已分析过，单向板假定荷载仅沿短向传递给支座，双向板荷载沿两个方向传给支座。无论是固定支座还是简支支座，板跨中和支座的短向弯矩均大于长向弯矩，即板的主要受力方向是短向。

在楼盖的结构布置中，梁的间距越大，梁的数量越小，板的厚度就越大；梁的间距越小，梁的数量就增多，板的厚度就越小。

3. 楼盖梁、板的尺寸

根据受力分析和长期的工程经验，表 3-1 给出了各种楼盖梁板尺寸的参考值。

表 3-1　混凝土梁、板截面的常规尺寸

构件种类		高跨比(h/l)	备注	合理跨度
单向板	简支	≥1/35	最小板厚： 屋面板　当 l<1.5m 时，h≥50mm； 当 l≥1.5m 时，h≥60mm 民用建筑楼板　h≥60mm 工业建筑楼板　h≥70mm 行车道下的楼板　h≥80mm	1.7～3.0m
	两端连续	≥1/40		
双向板	单跨简支	≥1/45	板厚一般取　80mm≤h≤160mm	3.0～5.0m
	多跨连续	≥1/50（按短向跨度）		
密肋板	单跨简支	≥1/20	板厚：当肋间距≤700mm，h≥40mm； 当肋间距>700mm，h≥50mm	单向板≤6.0m 双向板≤10.0m
	多跨连续	≥1/25（h 为肋高）		
悬臂板		≥1/12	板的悬臂长度≤500mm　h≥60mm 板的悬臂长度>500mm　h≥80mm	
无梁楼板	无柱帽	≥1/30	h≥150mm 柱帽宽度 c=(0.2～0.3)l	≤6.0m
	有柱帽	≥1/35		
多跨连续次梁		1/18～1/12	最小梁高：次梁　h≥l/25 主梁　h≥l/15 宽高比(b/h)一般为 1/3～1/2，并以 50mm 为模数	4.0～6.0m 5.0～8.0m
多跨连续主梁		1/14～1/8		
单跨简支梁		1/14～1/8		

任务 3.1.2　熟悉现浇钢筋混凝土单向板肋形楼盖计算

现浇肋形楼盖是楼盖中最常见的结构形式，同其他结构形式相比，其整体性好，用钢量少。在以后的学习中将主要学习肋梁楼盖。

1. 肋梁楼盖的计算简图

在进行内力分析前，必须先把楼盖实际结构抽象成为一个计算简图，在抽象过程中要忽略一些次要因素，并做如下假定：

(1) 板的竖向荷载全部沿短跨方向传给次梁，且荷载→板→次梁→主梁→主梁支承的传递过程中，支承条件简化为集中于一点的支承链杆，忽略支承构件的竖向变形，即按简支考虑。

(2) 板视为以次梁为铰支座的连续梁，可取 1m 宽板带计算。

(3) 跨数超过 5 跨的等截面连续梁(板)，当各跨荷载基本相同，且跨度相差不超过 10%时，可按 5 跨连续梁(板)计算，所有中间跨的内力和配筋均按第三跨处理。当梁板实际跨数小于 5 跨时，按实际跨数计算。

(4) 板梁的计算跨度应取为相邻两支座反力作用点之间的距离，其值与支座反力分布有关，也与构件的支承长度和构件本身的刚度有关。在实用计算中，计算跨度可按表 3-2 取值。

表 3-2　梁、板的计算跨度

按弹性理论计算	单跨	两端搁置	$l_0=l_n+a$ 且 $l_0\leqslant l_n+h$　(板) $l_0\leqslant 1.05l_n$　(梁)
		一端搁置、一端与支承构件整浇	$l_0=l_n+a/2$ 且 $l_0\leqslant l_n+h/2$　(板) $l_0\leqslant 1.025l_n$　(梁)
		两端与支承构件整浇	$l_0=l_n$
	多跨	边跨	$l_0=l_n+a/2+b/2$ 且 $l_0\leqslant l_n+h/2+b/2$　(板) $l_0\leqslant 1.025l_n+b/2$　(梁)
		中间跨	$l_0=l_c$ 且 $l_0\leqslant 1.1l_n$　(板) $l_0\leqslant 1.05l_n$　(梁)
按塑性理论计算	两端搁置		$l_0=l_n+a$ 且 $l_0\leqslant l_n+h$　(板) $l_0\leqslant 1.05l_n$　(梁)
	一端搁置、一端与支承构件整浇		$l_0=l_n+a/2$ 且 $l_0\leqslant l_n+h/2$　(板) $l_0\leqslant 1.025l_n$　(梁)
	两端与支承构件整浇		$l_0=l_n$

注：l_0—板、梁的计算跨度；l_c—支座中心线间距离；l_n—板、梁的净跨；h—板厚；a—板、梁端支承长度；b—中间支座宽度。

2. 按弹性方法计算内力

按弹性理论计算的楼盖内力，首先要假定楼盖材料为均质弹性体。根据前述的计算简图，用结构力学的方法计算梁板内力，也可利用静力计算手册中的图表确定梁、板内力。在计算内力时应注意下列问题。

1) 荷载及其不利组合

楼盖上作用有永久荷载和可变荷载，永久荷载按实际考虑，可变荷载根据统计资料折算成等效均布活荷载，可由《建筑结构荷载规范》查得。板通常取 1m 板宽的均布荷载(包括自重)，次梁承受板传来的均布荷载和次梁自重，主梁承受次梁传来的集中荷载和均布的自重荷载。为简化计算，可将主梁的自重按就近集中的原则化为集中荷载，作用在集中荷载作用点和支座处(支座处的集中荷载在梁中不产生内力)。

由于可变荷载在各跨的分布是随机的，如何分布会在各截面产生最大内力是活荷载不利布置的问题。

如图 3.3 所示为 5 跨连续梁，当活荷载布置在不同跨间时梁的弯矩图及剪力图。由图可见，当求 1，3，5 跨跨中最大正弯矩时，活荷应布置在 1，3，5 跨；当求 2，4 跨跨中最大正弯矩或 1，3，5 跨跨中最小弯矩时，活荷载应布置在 2，4 跨；当求 B 支座最大负弯矩及支座最大剪力时，活荷载应布置在 1，2，4 跨如图 3.4 所示。由此看出，活荷载在连续梁各跨满布时，并不是最不利情况。

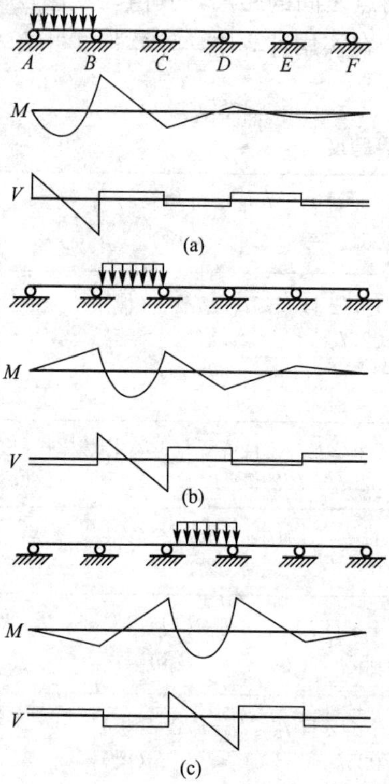

图 3.3　5 跨连续梁弯矩图及剪力图

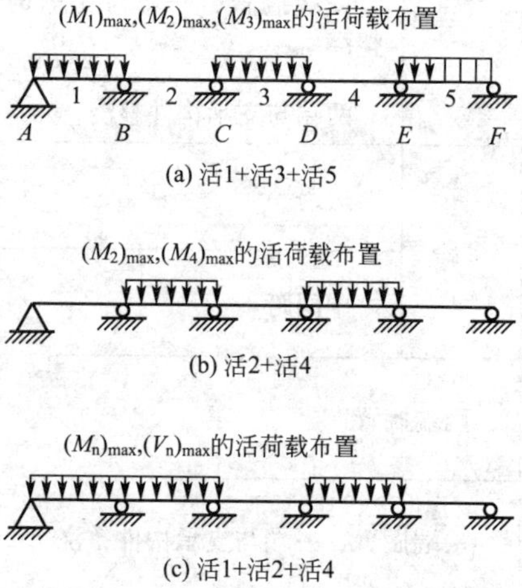

图 3.4　活荷载不利位置

从以上分析可得，确定截面最不利内力时，活荷载的布置原则如下。

(1) 欲求某跨跨中最大正弯矩时，除将活荷载布置在该跨以外，两边应每隔一跨布置活载。

(2) 欲求某支座截面最大负弯矩时，除该支座两侧应布置活荷载外，两侧每隔一跨还应布置活载。

(3) 欲求梁支座截面(左侧或右侧)最大剪力时，活荷载布置与求该截面最大负弯矩时的布置相同。

(4) 欲求某跨跨中最小弯矩时，该跨应不布置活载，而在两相邻跨布置活载，然后再每隔一跨布置活载。

2) 内力包络图

以恒载作用在各截面的内力为基础，在其上分别叠加对各截面最不利的活载布置时的内力，便得到了各截面可能出现的最不利内力。

将各截面可能出现的最不利内力图叠绘于同一基线上，这张叠绘内力图的外包线所形成的图称为内力包络图。它表示连续梁在各种荷载不利组合下，各截面可能产生的最不利内力。无论活荷载如何分布，梁各截面的内力总不会超出包络图上的内力值。梁截面可依据包络图提供的内力进行截面设计。如图 3.5 所示为 5 跨连续梁的弯矩包络图和剪力包络图。

3) 折算荷载

由于计算简图假定次梁对板、主梁对次梁的支承为简支，忽略了次梁对板、主梁对次

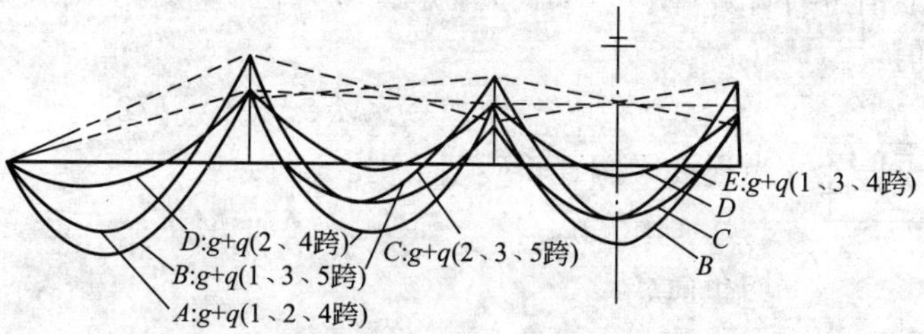

(a) 弯矩包络图

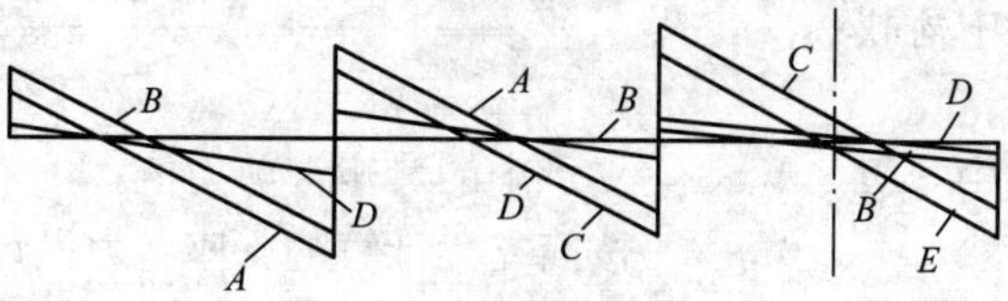

(b) 剪力包络图

图 3.5　内力包络图

梁的弹性约束作用。精确地考虑计算假定带来的误差是复杂的，实用上可用调整荷载的方法解决。减小活荷载，加大恒荷载，即以折算荷载代替实际荷载。对板和次梁，折算荷载取为：

板：折算恒载：

$$g'=g+\frac{p}{2} \tag{3-1}$$

折算活载：

$$p'=\frac{p}{2} \tag{3-2}$$

次梁：折算恒载：

$$g'=g+\frac{p}{4} \tag{3-3}$$

折算活载：

$$p'=\frac{3p}{4} \tag{3-4}$$

式中　g，p——实际的恒载、活载；

g'，p'——折算的恒载、活载。

这样调整的结果，对作用有活荷载的跨 $g'+p'=g+p$，总值不变，当板或梁搁置在砖墙或钢梁上时，不需要调整荷载。

特别提示

按照弹性方法计算内力时，相对比较保守，所以一般情况下在计算主梁时采用。

4）弯矩和剪力设计值

由于计算跨度取支承中心线间的距离，未考虑支座宽度，计算所得支座处 $-M_{max}$、V_{max} 均指支座中心线处的弯矩、剪力值。支座处截面较高，一般不是危险截面，故设计中可取支座边缘内力值进行计算(图 3.6)，按弯矩、剪力在支座范围内为线性变化，可求得支座边缘的内力值：

$$M=M_c-V_0b/2 \tag{3-5}$$

当连续梁搁置于砖墙上时：

$$M=M_c \tag{3-6}$$

均布荷载：

$$V=V_c-(g+q)b/2 \tag{3-7}$$

集中荷载：

$$V_c=V \tag{3-8}$$

式中 M_c、V_c——支承中的弯矩、剪力值；

V_0——按简支梁计算的支座剪力设计值(取绝对值)；

b——支承宽度。

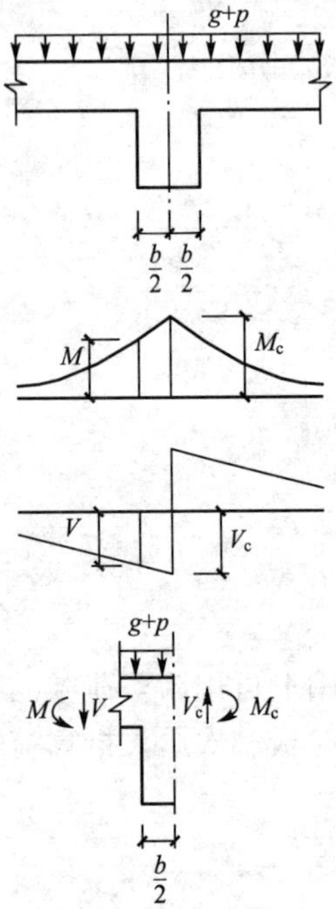

图 3.6 M-Φ 曲线

3. 按塑性内力重分布的方法计算内力

钢筋混凝土是一种弹塑性材料，连续梁板是超静定结构，当梁板的一个截面达到极限承载力时，并不意味着整个结构的破坏。钢筋达到屈服后，还会产生一定的塑性变形，结构的实际承载能力通常大于按弹性理论计算的结果。再则，混凝土构件截面设计时，考虑了材料的塑性，若内力分析按弹性理论，使得其与截面设计的理论不统一，因此有必要研究塑性理论的内力分析方法。

1) 钢筋混凝土受弯构件塑性铰

(1) 塑性铰的形成。以简支梁为例，在跨中加荷，并绘出跨中截面的 $M-\Phi$ 关系曲线(图 3.7)。钢筋屈服后，承载能力提高很小，但曲率增长非常迅速(水平段)，这表明在截面承载能力(梁纯弯区段)增加极小的情况下，截面相对转角激增，相当于该截面形成一个能转动的铰，其实质是在该处塑性变形集中发展。对于这种塑性变形集中的区域，在杆系结构中称为塑性铰，在板内称为塑性绞线。

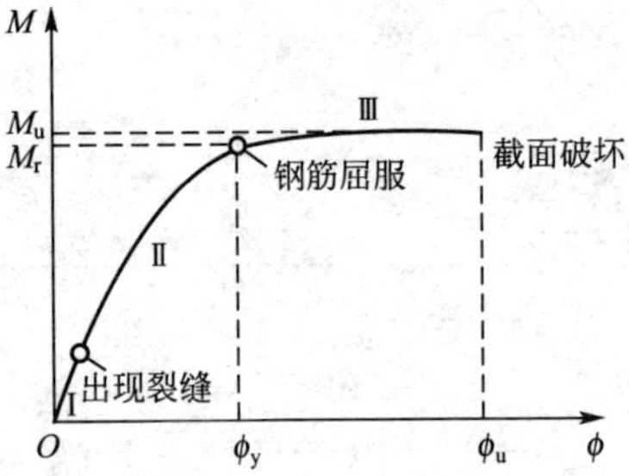

图 3.7 M-Φ 曲线

(2) 塑性铰的特点。塑性铰是塑性变形集中发生的区域，不是一个点、一个面，而是一个区域。

与理想铰相比钢筋混凝土塑性铰有几个特点：一是钢筋混凝土塑性铰仅能沿弯矩方向转动，理想铰可正反向转动；二是钢筋混凝土塑性铰能承受极限弯矩，理想铰不能承受弯矩；三是钢筋混凝土塑性铰分布在一定的范围，理想铰集中为一点；四是钢筋混凝土塑性铰转动能力有限，转动能力大小取决于配筋率 ρ 和混凝土极限压应变 ε_u。

2) 超静定结构的塑性内力重分布

钢筋混凝土超静定结构一个截面达到极限承载力时，即形成了一个塑性铰。塑性铰的转动使结构产生内力重分布，整个结构相当于减少了一个约束，结构可继续承载。

对超静定结构，若构件中各塑性铰均具有足够的转动能力，不致在其转动过程中使受压混凝土过早破坏，可以保证结构中先后出现足够数目的塑性铰，使结构最后形成机动体系，这种情况称为内力的完全重分布，但内力的完全重分布要在一定的条件下才能实现。

3）塑性内力重分布的计算方法

（1）用弯矩调幅法计算等跨连续梁板。连续梁板考虑塑性内力重分布的计算方法较多，例如：极限平衡法、塑性铰法及弯矩调幅法等。目前工程上应用较多的是弯矩调幅法。

弯矩调幅法的概念是：先按弹性分析求出结构各截面弯矩值，再根据需要将结构中一些截面的最大(绝对值)弯矩(多数为支座弯矩)予以调整，按调整后的内力进行截面配筋设计。

根据调幅法的原则，并考虑到设计的方便，对均布荷载作用下的等跨连续梁板，考虑塑性内力重分布后的弯矩和剪力的计算公式为：

$$M=\alpha(g+p)l_0^2 \tag{3-9}$$

$$V=\beta(g+p)l_n^2 \tag{3-10}$$

式中 α，β——弯矩和剪力系数，分别见表 3-3 和表 3-4；

l_0，l_n——计算跨度和净跨；

g，p——均布恒载和活载的设计值。

表 3-3 梁板弯矩系数 α

截面	支承条件	梁	板
边支座	梁、板搁置在墙上	0	0
	梁、板与梁整浇	−1/24	−1/16
	梁与柱整浇	−1/16	
边跨中	梁、板搁置在墙上	1/11	
	梁、板与梁整浇	1/14	
第一内支座	两跨连续	−1/10	
	三跨及三跨以上连续	−1/11	
中间支座		−1/16	
中间跨中		1/16	

表 3-4 梁剪力系数 β

截面	支承条件	梁
端支座内侧	搁置在墙上	0.45
	与梁或柱整浇	0.5
第一支内座外测	搁置在墙上	0.6
	与梁或柱整浇	0.55

（2）塑性内力重分布方法的适用范围。考虑塑性内力重分布的方法与弹性理论计算结果相比，节约材料，方便施工，但在结构正常使用时，变形及裂缝偏大，对下列情况不适

合采用塑性内力重分布的计算方法：承受动力荷载的结构构件；使用阶段不允许开裂的结构构件。轻质混凝土及其他特种混凝土结构；受侵蚀气体或液体作用的结构。预应力结构和二次受力迭合结构；主梁等重要构件不宜采用。

4. 截面设计及构造要求

确定了连续梁板的内力后，可根据内力进行构件的截面设计。一般情况下，强度计算后再满足一定的构造要求，可不进行变形及裂缝宽度的验算。

梁板均为受弯构件，作为单个构件的计算及构造已在模块 3.2 中述及，此处仅对受弯构件在楼盖结构中的设计和构造特点简要叙述。

1）板的计算及构造

(1) 支承在次梁或砖墙上的连续板，一般可按塑性内力重分布的方法计算。

(2) 板一般均能满足斜截面抗剪要求，设计时可不进行抗剪计算。

(3) 在承载能力极限状态时，板支座处在负弯矩作用下出现上部开裂，跨中在正弯矩的作用下出现下部开裂，板的实际轴线成为一个拱形。当板的四周与梁整浇，梁具有足够的刚度，使板的支座不能自由移动时，板在竖向荷载作用下将产生水平推力，由此产生的支座反力对板产生的弯矩可抵消部分荷载作用下的弯矩。因此对四周与梁整体连接的单向板，中间跨的跨中截面及中间支座，计算弯矩可减少 20%，其他截面不予降低。

(4) 板的受力钢筋的配置方法有弯起式和分离式两种，钢筋弯起切断位置见图 3.8，图中当 $p/g\leqslant 3$ 时，$a=l_n/4$；当 $p/g>3$ 时，$a=l_n/3$（l_n 为板的净跨）。弯起式可一端弯起［图 3.8(a)］或两端弯起［图 3.8(b)］。弯起式配筋整体性好，节约钢材，但施工复杂；分离式配筋［图 3.8(c)］施工方便，但用钢量稍大。

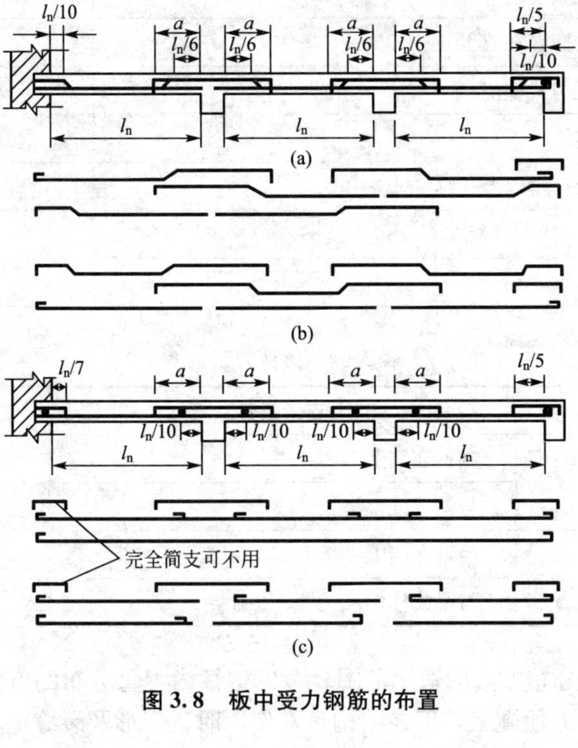

图 3.8　板中受力钢筋的布置

(5) 板除配置受力钢筋外，还应在与受力钢筋垂直的方向布置分布钢筋，分布钢筋的作用是固定受力钢筋的位置；抵抗板内温度应力和混凝土收缩应力；承担并分布板上局部荷载产生的内力；在四边支承板中，板的长方向产生少量弯矩也由分布钢筋承受。分布钢筋的数量应不少于受力钢筋的 10%，且每米不少于 3 根，应均匀布置于受力钢筋的内侧。

由于计算简图与实际结构的差异，板嵌固在砖墙上时，支座处有一定负弯矩，板角处也有负弯矩，温度、混凝土收缩、施工条件等因素也会在板中产生拉应力。

为防止上述原因在板中产生裂缝，沿墙长每米配 5ϕ6 构造钢筋，伸出墙边长度≥$l_0/7$。在角部 $l_0/4$ 范围内双向配 ϕ6@200 的负筋，伸出长度≥$l_0/4$。板靠近主梁处，部分荷载直接传给主梁，也产生一定的负弯矩，同理应配置每米 5ϕ6 钢筋，伸出长度≥$l_0/4$，板的构造钢筋配置(图 3.9)。

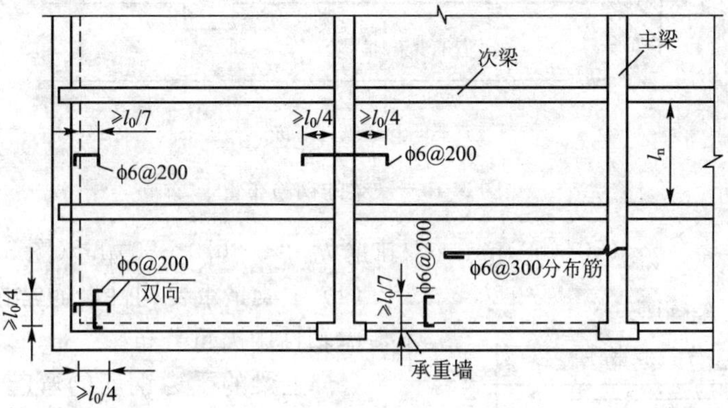

图 3.9 板的构造钢筋

(6) 现浇板上开洞时，当洞口边长或直径不大于 300mm 且洞边无集中力作用时，板内受力钢筋可绕过洞口不切断；当洞口边长或直径大于 300mm 时，应在洞口边的板面加配钢筋，加配钢筋面积不小于被截断的受力钢筋面积的 50%，且不小于 2ϕ12；当洞口边长或直径大于 1000mm 时，宜在洞边加设小梁。

2) 次梁的计算及构造

(1) 次梁承受板传来的荷载，通常可按塑性内力重分布的方法确定内力。

(2) 次梁和板整浇，配筋计算时，对跨中正弯矩应按 T 形截面考虑，T 形截面的翼缘计算宽度按混凝土结构设计规范中的规定取值；对支座负弯矩因翼缘开裂仍按矩形截面计算。

(3) 梁中受力钢筋的弯起和截断，原则应按弯矩包络图确定，但对相邻跨度不超过 20%，可承受均布荷载且活荷载与恒荷载之比 $p/g \leqslant 3$ 的次梁，可按(图 3.10)布置钢筋。

3) 主梁的计算与构造

(1) 主梁除承受自重外，主要承受由次梁传来的集中荷载。为简化计算，主梁自重可折算成集中荷载计算。

(2) 与次梁相同，主梁跨中截面按 T 形截面计算，支座截面按矩形截面计算。

(3) 主梁支座处，次梁与主梁支座负钢筋相互交叉，使主梁负筋位置下移，计算主梁

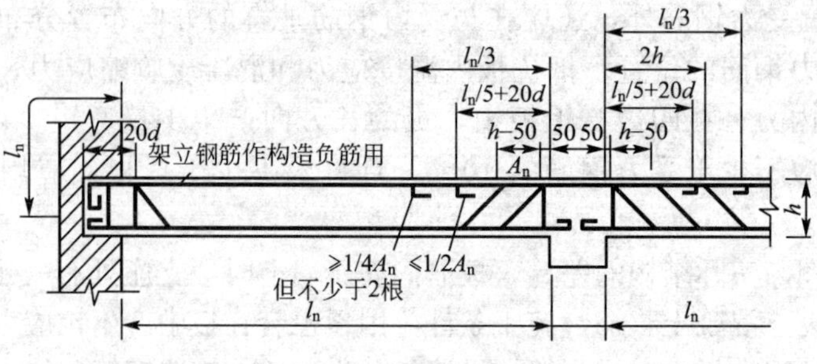

(a) 有弯起钢筋

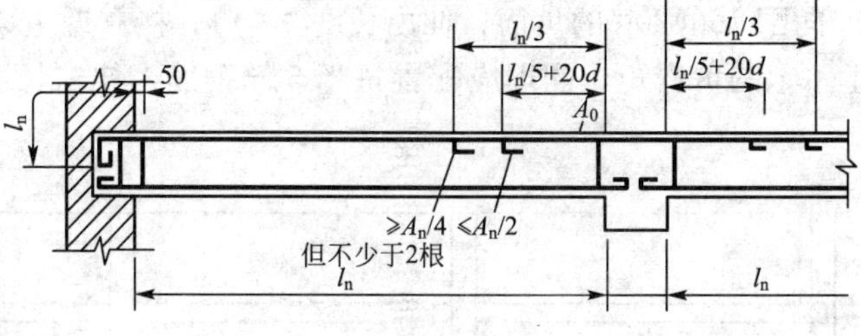

(b) 无弯起钢筋

图 3.10　次梁的钢筋布置

负筋时，单排筋 $h_0=h-(50\sim60)$mm，双排筋 $h_0=h-(70\sim80)$mm(图 3.11)。

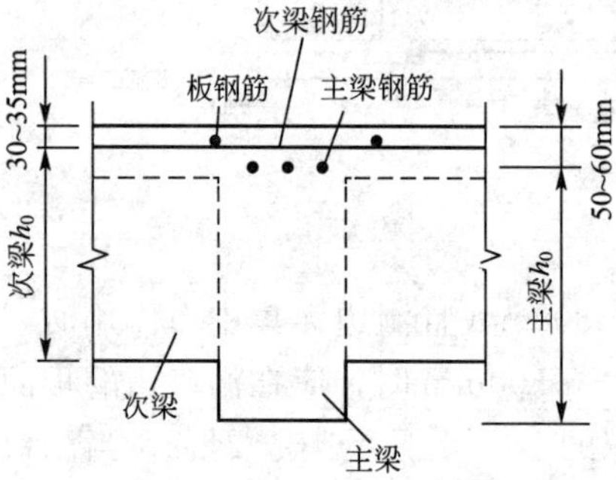

图 3.11　主梁支座截面纵筋位置

(4) 主梁是重要构件，通常按弹性理论计算，不考虑塑性内力重分布。

(5) 主梁的受力钢筋的弯起和切断原则上应按弯矩包络图确定。

(6) 在次梁与主梁相交处，次梁顶部在负弯矩作用下发生裂缝，集中荷载只能通过次梁的受压区传至主梁的腹部。这种效应约在集中荷载作用点两侧各 0.5～0.6 倍梁高范围内，可引起主拉破坏斜裂缝。为防止这种破坏，在次梁两侧设置附加横向钢筋，位于梁下部或梁截面高度范围内的集中荷载应全部由附加横向钢筋(吊筋、箍筋)承担。附加横向钢筋应布置在长度为 $S=2h_1+3b$ 的范围内(图 3.12)，附加横向钢筋所需的总截面面积按下式计算：

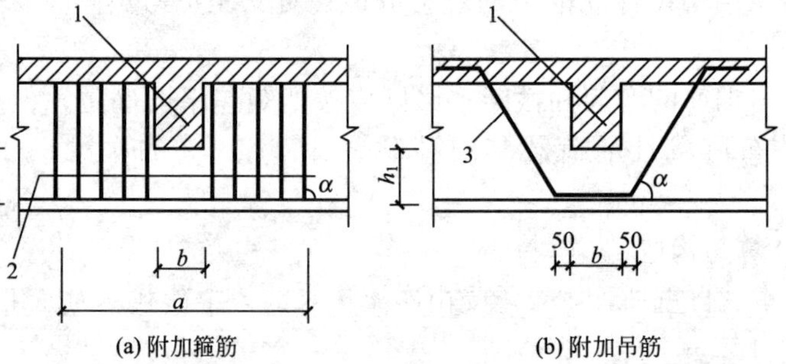

(a) 附加箍筋　　(b) 附加吊筋

图 3.12　梁截面高度范围内有集中荷载作用时，附加横向钢筋的布置

1—传递集中荷载的位置；2—附加箍筋；3—附加吊筋

$$A_{sv}=\frac{F}{f_{yv}\sin\alpha} \tag{3-11}$$

式中 F——作用在梁的下部或梁截面高度范围内的集中力设计值；

f_{yv}——箍筋或弯起钢筋的抗拉强度设计值；

A_{sv}——承受集中荷载所需的附加横向钢筋总截面面积，当采用附加吊筋时，A_{sv}应为左、右弯起段截面面积之和；

α——附加横向钢筋与梁轴线间的夹角。

5. 整体式单向板肋梁楼盖设计例题

已知：车间仓库的楼面梁格布置如图 3.13 所示，轴线尺寸为 30m×19.8m，楼面面层为 20mm 厚水泥砂浆抹面，梁板的天花抹灰为 15mm 厚混合砂浆，楼面活荷载选用 7.0kN/m²，混凝土采用 C20，梁中受力钢筋采用 HRB335，其他钢筋一律采用 HPB235，板厚 80mm，次梁截面为 $b\times h=200\text{mm}\times450\text{mm}$，主梁截面为 $b\times h=300\text{mm}\times700\text{mm}$，柱截面为 $b\times h=400\text{mm}\times400\text{mm}$。楼板周边支承在砖墙上，试设计此楼盖。

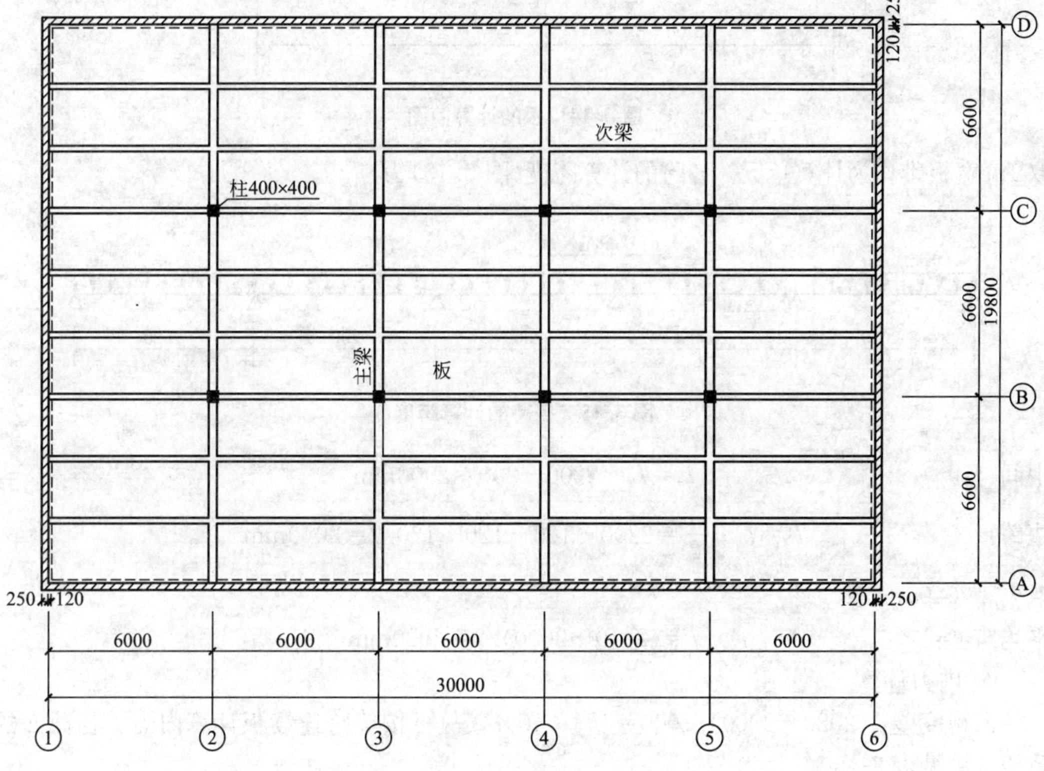

图 3.13 结构平面布置图

(1) 板的计算(按考虑塑性内力重分布的方法计算)。

① 荷载计算。

20mm 厚水泥砂浆面层　　$20\times0.02=0.400\text{kN/m}^2$

80mm 厚现浇钢筋混凝土板　$25\times0.08=3.000\text{kN/m}^2$

15mm 厚石灰砂浆抹底　　$17\times0.015=0.225\text{kN/m}^2$

恒载标准值：

$$g_k = 0.4 + 3.0 + 0.225 = 3.655\text{kN/m}^2$$

活载标准值：

$$p_k = 7.000\text{kN/m}^2$$

经试算，永久荷载效应控制的组合为最不利组合，因此取荷载设计值，即

$$q = \gamma_0(\gamma_G g_k + \psi_c \gamma_{Q1} p_k) = 1.35 \times 3.655 + 1.0 \times 1.3 \times 7.000 = 13.684\text{kN/m}^2$$

计算简图(图 3.14)。

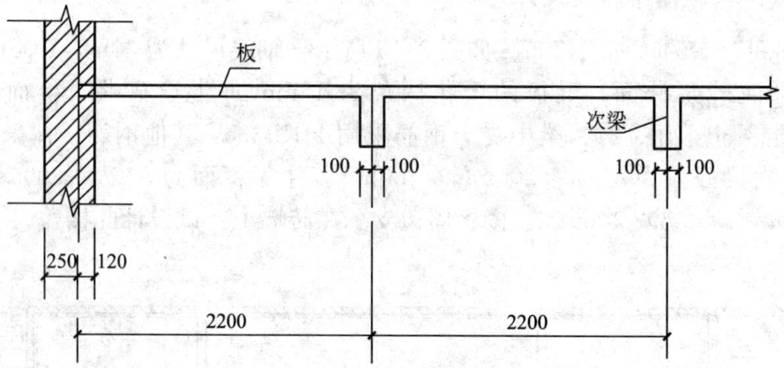

图 3.14　板的计算简图

取 1m 宽板带作为计算单元，各跨的计算跨度(图 3.15)为：

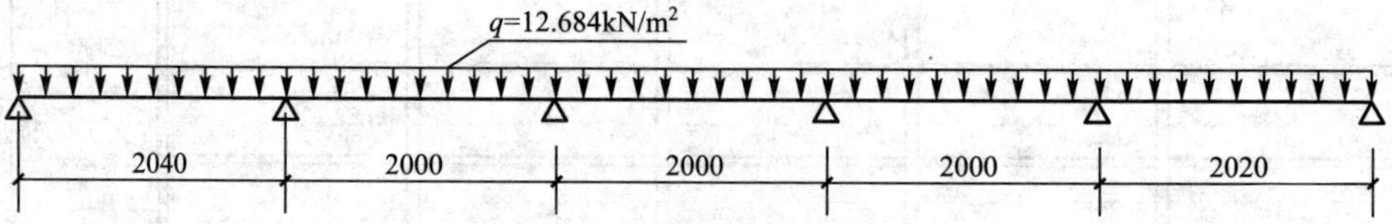

图 3.15　各跨的计算跨度

中间跨：　$l_0 = l_n = 2200 - 200 = 2000\text{mm}$

边跨：　$l_0 = l_n + \dfrac{a}{2} = 2200 - 100 - 120 + 120/2 = 2040\text{mm}$

取 $l_0 = 2040\text{mm}$。

平均跨度：　$l = (2040 + 2000)/2 = 2020\text{mm}$

② 内力计算。

因跨度差：(2020－2000)/2000＝1%＜10%，故可按等跨连续板计算内力。各截面的弯矩计算见表 3-5。

表 3-5　板弯矩计算

截面	边跨中	第一内支座	中间跨度	中间支座
弯矩系数	+1/11	−1/11	+1/16	−1/16
$M = aql^2$ (kN·m)	$1/11 \times 13.7 \times 3.022 = 4.71$	$-1/11 \times 13.7 \times 3.022 = -4.71$	$1/16 \times 13.7 \times 3.02 = 3.18$	$-1/16 \times 13.7 \times 3.02 = -3.18$

③ 截面强度计算。

$$f_y=210N/mm^2,\ f_c=9.6N/mm^2,\ \alpha_1=1.0,\ h_0=80-20=60mm$$

正截面强度计算见表 3-6。

表 3-6 正截面强度计算

截面	边跨中	B支座	中间跨中		中间支座	
在平面图上的位置			①~② ⑤~⑥	②~⑤	①~② ⑤~⑥	②~⑤
M(kN·m)	4.71	−4.71	3.18	0.8×3.18	−3.18	−0.8×3.18
$\alpha_s=\dfrac{M}{\alpha_1 f_c bh_0^2}$	0.136	0.136	0.092	0.073	0.092	0.073
$\gamma_s=0.5(1+\sqrt{1-2\alpha_s})$	0.927	0.927	0.952	0.962	0.952	0.962
$A_s=\dfrac{M}{f_y\gamma_s h_0}$(mm²)	403.25	403.25	265.11	209.55	265.11	209.55
选用钢筋	ϕ8@125	ϕ8@125	ϕ6/8@125	ϕ6@125	ϕ6/8@125	ϕ6@125
实际配筋面积	402	402	314	226	314	226

根据计算结果及板的构造要求，画出配筋图如图 3.16 所示。

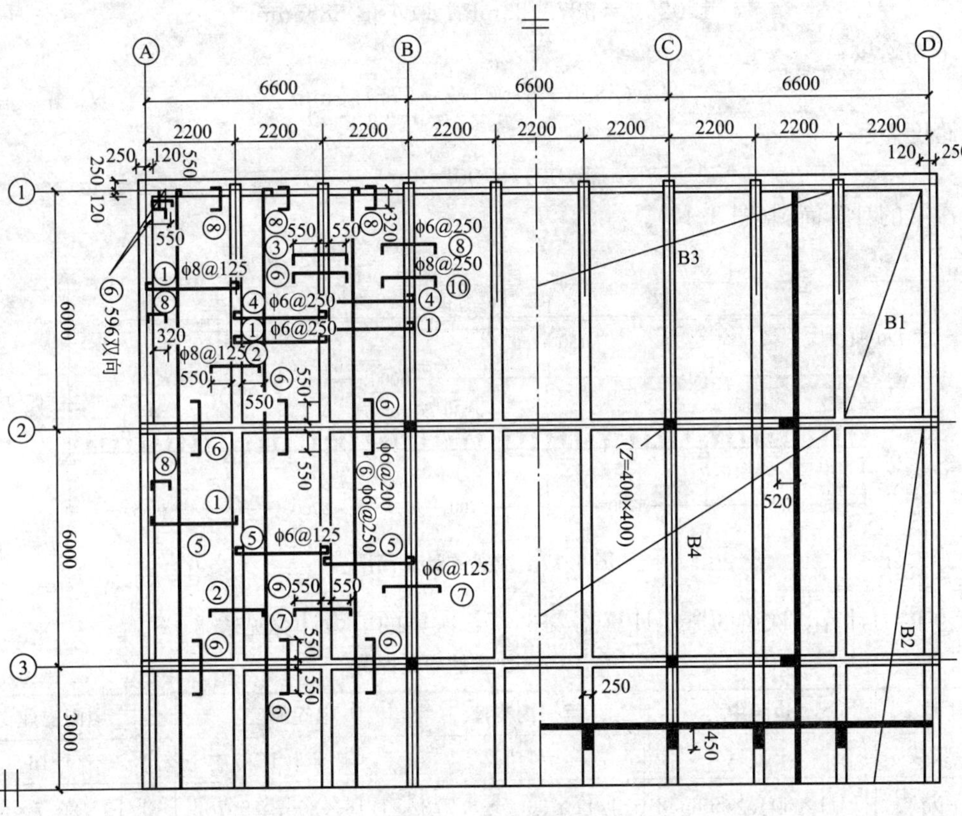

图 3.16 板配筋图

(2) 次梁的计算(按考虑塑性内力重分布的方法计算)。

① 荷载计算。

板传来的恒载：　　　　　$3.655\times3.2=5.841\text{kN/m}$

次梁自重：　　　　$25\times0.2\times(0.45-0.08)=1.850\text{kN/m}$

次梁粉刷抹灰：　$17\times0.015\times10.45-0.087\times2=0.189\text{kN/m}$

恒载标准值：

$$g_k=5.841+1.850+0.189=7.880\text{kN/m}$$

活载标准值：

$$p_k=7.000\times3.2=15.400\text{kN/m}$$

经试算，永久荷载效应控制的组合为最不利组合，因此取荷载设计值，即

$$q=\gamma_0(\gamma_G g_k+\psi_c\gamma_{Q1}p_k)=1.35\times7.880+1.0\times1.3\times15.400$$
$$=30.7\text{kN/m}^2$$

② 计算简图。

各跨的计算跨度为：

中间跨：

$$l_0=l_n=6000-300=5700\text{mm}$$

边跨：

$$l_0=l_n+\frac{a}{2}=6000-150-120+250/2=5855\text{mm}$$

$$1.025l_n=5873.25\text{mm}，取小值\ 5855\text{mm}$$

平均跨度：

$$l=(5855+5700)/2=5777.5\text{mm}$$

跨度差：

$$(5855-5700)/5700=3.7\%<10\%$$

次梁的计算简图(图 3.17)。

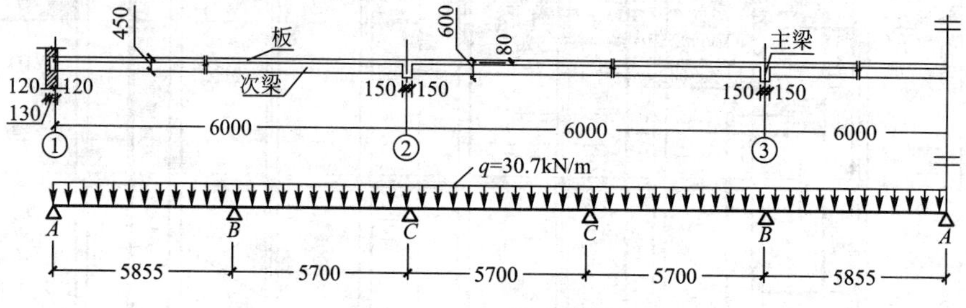

图 3.17　次梁的计算简图

③ 内力计算。次梁的弯矩计算见表 3－7，次梁的剪力计算见表 3－8。

表 3－7　次梁的弯矩计算

截面	边跨中	第一内支座	中间跨度	中间支座
弯矩系数 α	+1/11	−1/11	+1/16	−1/16
$M=aql^2$ (kN·m)	$1/11\times30.7\times5.855^2$ =95.7	$-1/11\times30.7\times5.778^2$ =−93.2	$1/16\times30.7\times5.70^2$ =63.3	$-1/16\times30.7\times5.70^2$ =−63.3

表 3-8 次梁的剪力计算

截面	*A* 支座	*B* 支座左	*B* 支座右	*C* 支座
剪力系数 β	0.45	0.55	0.55	0.55
$V=\beta dl_0$(kN)	0.45×30.7×5.73 =79.16	0.55×30.7×5.73 =96.7	0.55×30.7×5.70 =96.3	0.55×30.7×5.70 =96.3

④ 正截面强度计算。

a. 次梁跨中截面按 T 形截面计算。

边跨：

$$b'_f=\frac{l}{3}=5.855/3=1.95\text{m}$$

$$b'_f=b+s_0=0.2+1.98=3.18\text{m}$$

取 $b'_f=1.95\text{m}$。

中间跨：

$$b'_f=\frac{l}{3}=5.7/3=1.90\text{m}$$

$$b'_f=b+s_0=0.2+3.0=3.2\text{m}$$

取 $b'_f=1.90\text{m}$。

支座截面按矩形截面计算。

b. 判断截面类型。

$$h_0=h-35=450-35=415\text{mm}，f_y=300\text{N/mm}^2$$

$$\alpha_1 f_c b'_f h'_f\left(h_0-\frac{h'_f}{2}\right)=1.0\times9.6\times1950\times80\times(4111-80/2)$$

$$=561.6\text{kN}\cdot\text{m}>95.7\text{kN}\cdot\text{m}(63.3\text{kN}\cdot\text{m})$$

属于第一类 T 形截面。次梁正截面强度计算见表 3-9。

表 3-9 次梁正截面强度计算

截面	边跨中	*B* 支座	中间跨中	中间支座
M(kN·m)	95.7	−93.2	63.3	−63.3
b'_f 或 b(mm)	1950	200	1900	200
$\alpha_s=\dfrac{M}{\alpha_1 f_c b(b'_f)h_0^2}$	0.0297	0.282	0.0198	0.188
$\gamma_s=0.5(1+\sqrt{1-2\alpha_s})$	0.985	0.830	0.99	0.895
$A_s=\dfrac{M}{f_y\gamma_s h_0}$(mm²)	780.4	901.9	505.5	559.1
选用钢筋	2Φ16(弯) 2Φ16(直)	2Φ14(直) 3Φ16(弯)	1Φ16(弯) 2Φ16(直)	2Φ12(直) 2Φ16(弯)
实际配筋面积 (mm²)	804	911	603	628

⑤ 斜截面强度计算。

次梁斜截面强度计算见表 3-10。

表 3-10 次梁斜截面强度计算

截面	*A* 支座	*B* 支座左	*B* 支座右	*C* 支座
V(kN)	79.16	96.7	96.3	96.3
$0.25\beta_c f_c b h_0$(kN)	$0.25\times1.0\times9.6\times200\times415=199.2\text{kN}>V$ 截面满足要求			
$0.7 f_t b h_0$(kN)	$0.7\times1.1\times200\times415=63.91\text{kN}<V$ 按计算配箍			
箍筋直径和肢数	φ6 双肢			
A_{sv}(mm²)	2×28.3=56.6	2×28.3=56.6	2×28.3=56.6	2×28.3=56.6
$s=\dfrac{1.25 f_{yv} A_{sv} h_0}{V-0.7 f_t b h_0}$(mm)	404.3	188.1	190.4	190.4
实配间距(mm)	180	180	180	180

⑥ 计算结果及次梁的构造要求，绘次梁配筋图(图 3.18)。

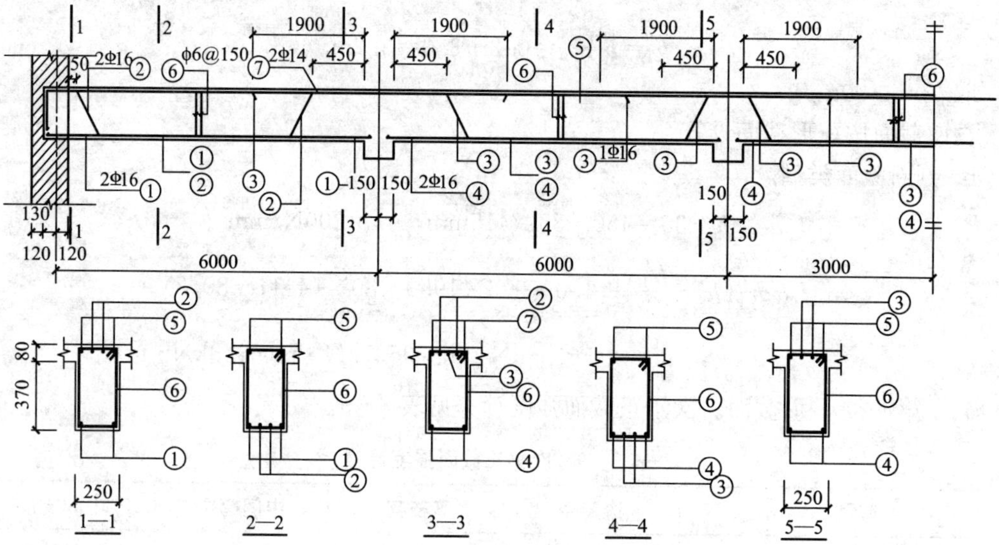

图 3.18 次梁配筋图

(3) 主梁的计算(按弹性理论计算)。

① 荷载计算。

次梁传来的恒载：

$$7.88\times6.0=47.28\text{kN/m}^2$$

主梁自重：

$$25\times0.3\times(0.7-0.08)\times3.2=10.23\text{kN}$$

梁侧抹灰：

$$17\times0.015\times(0.7-0.08)\times2\times3.2=0.696\text{kN}$$

恒载标准值：

$$G_k=47.28+10.23+0.696=58.206\text{kN}$$

活载标准值：

$$p_k=15.4\times6=93.400\text{kN}$$

恒载设计值：

$$1.35g_k=1.35\times58.206=78.58\text{kN}$$

活载设计值：

$$1.3p_k=1.3\times93.40=120.1\text{kN}$$

② 计算简图。

各跨的计算跨度为：

中间跨：

$$l_0=l_n+b=6600-400+400=6600\text{mm}$$

边跨：

$$l_0=l_n+\frac{a}{2}+\frac{b}{2}=6600-120-200+370/2+400/2=6665\text{mm}$$

$l_0\leqslant1.025l_n+b/2=1.025\times(6600-120-200)+400/2=6637\text{mm}$，取小值 6637mm

平均跨度：

$$l=(6637+6600)/2=6619\text{mm}$$

跨度差：

$$(6637-6600)/6600=0.56\%<10\%$$

主梁的计算简图(图 3.19)。

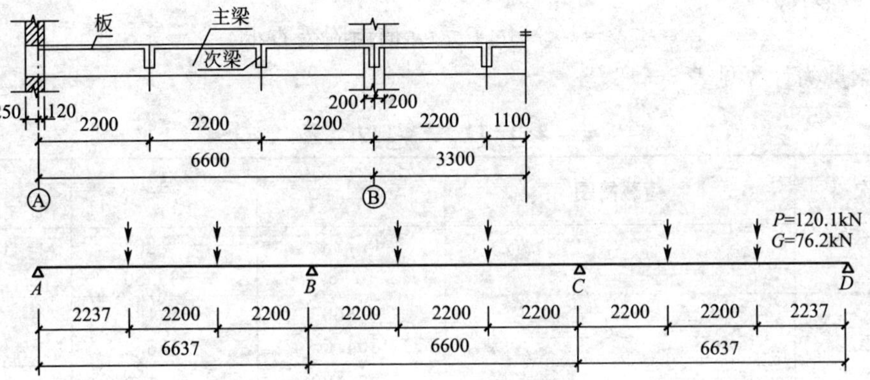

图 3.19 主梁的计算简图

③ 内力计算。

a. 弯矩计算。

$$M=k_1Gl+k_2Pl \quad (k\text{ 值由附表 8-4 查得})$$

边跨：$Gl=78.58\times6.637=521.5\text{kN}$　$Pl=120.1\times6.637=797.1\text{kN}$

中跨：$Gl=78.58\times6.6=518.6\text{kN}$　$Pl=120.1\times6.6=793.7\text{kN}$

平均跨：$Gl=78.58\times6.619=520.1\text{kN}$　$Pl=120.1\times6.619=795\text{kN}$

主梁弯矩计算见表 3-11。

表 3－11　主梁弯矩计算

项次	荷载简图	$\frac{k}{M_1}$	$\frac{k}{M_a}$	$\frac{k}{M_B}$	$\frac{k}{M_2}$	$\frac{k}{M_b}$	$\frac{k}{M_C}$
① 恒载		0.244 127.2	78.2	－0.267 －138.9	0.067 34.7	0.067 34.7	－0.267 －138.9
② 活载		0.289 230.4	194.5	－0.133 －105.7	－105.7	－105.7	－0.133 －105.7
③ 活载		－35.6	－70.7	－0.133 －105.7	0.200 158.5	0.200 158.5	－0.133 －105.7
④ 活载		0.229 183.5	99.8	－0.311 －247.2	75.9	0.170 134.8	－0.089 －70.8
⑤ 活载		－23.9	－47.3	－0.089 －70.8	0.170 134.8	75.9	－0.311 －247.2
内力组合	①＋②	357.6	273.7	－244.6	－71	－71	－244.6
	①＋③	91.6	7.5	－244.6	193.2	193.2	－244.6
	①＋④	309.7	178	－386.1	110.6	169.5	－209.7
	①＋⑤	103.3	30.9	－209.7	169.5	110.6	－386.1
最不利内力	M_{min}组合项次	①＋③	①＋③	①＋④	①＋②	①＋②	①＋⑤
	M_{min}组合值(kN・m)	91.6	7.5	－386.1	－71	－71	－386.1
	M_{max}组合项次	①＋②	①＋②	①＋⑤	①＋③	①＋③	①＋④
	M_{max}组合值(kN・m)	357.6	273.7	－209.7	193.2	193.2	－209.7

b. 剪力计算。

$$V=k_3G+k_4P \quad (k\text{ 值由附表查得})$$

主梁剪力计算见表 3－12。

表 3－12　主梁剪力计算

项次		荷载简图	$\frac{k}{V_A}$	$\frac{k}{V_{BL}}$	$\frac{k}{V_{BR}}$
① 恒载			0.733 57.6	－1.267 －99.56	1.000 78.58
② 活载			0.866 104.0	－1.134 －136.2	0 0
③ 活载			－0.133 －16	－0.133 －16	1.000 120.1
④ 活载			0.689 83.7	－1.311 －157.5	1.222 146.8
⑤ 活载			－0.089 －10.7	－0.089 －10.7	0.778 93.4
V_{min}(kN)		组合项次	①＋③	①＋④	①＋⑤
		组合值	41.6	－257.1	172
V_{max}(kN)		组合项次	①＋②	①＋⑤	①＋④
		组合值	161.6	－110.3	225.4

④ 正截面强度计算。

a. 确定翼缘宽度。

主梁跨中按 T 形截面计算

边跨： $b'_f=\frac{l}{3}=6.37/3=3.2123m$ $b'_f=b+s_0=0.3+5.7=6.0m$

取 $b'_f=3.2123m$。

中间跨： $b'_f=\frac{l}{3}=6.6/3=3.2m$ $b'_f=b+s_0=0.3+5.7=6.0m$

取 $b'_f=3.2m$。

支座截面仍按矩形截面计算。

b. 判断截面类型。

取 $h_0=640mm$(跨中)，$h_0=610mm$(支座)。

$\alpha_1 f_c b'_f h'_f\left(h_0-\frac{h'_f}{2}\right)=1.0\times9.6\times2213.3\times80\times(640-80/2)=1019.42kN\cdot m>357.6kN\cdot m(193.2kN\cdot m)$，属于第一类 T 形截面。

c. 截面强度计算。主梁正截面强度计算见表 3-13。

表 3-13 主梁正截面强度计算

截面	边跨中	**B** 支座	中间跨中	
M(kN·m)	357.6	−386.1	193.2	−71
$V_0\frac{b}{2}$(kN)	—	$198.68\times\frac{0.4}{2}=39.74$	—	—
$M-V_0\frac{b}{2}$(kN·m)	357.6	−346.36	193.2	−71
$\alpha_s=\frac{M}{\alpha_1 f_c b(b'_f)h_0^2}$	0.041	0.323	0.022	0.010
$\gamma_s=0.5(1+\sqrt{1-2\alpha_s})$	0.979	0.797	0.989	0.995
$A_s=\frac{M}{f_y\gamma_s h_0}$($mm^2$)	1903.5	2298.1	1017.4	371.6
选用钢筋	2Φ25(弯) 3Φ20(直)	1Φ18+3Φ25(弯) 2Φ16+1Φ20(直)	2Φ16(直) 1Φ18+1Φ25(弯)	2Φ16(直)
实际配筋面积(mm^2)	1924	2443.6	1147.3	402

⑤ 斜截面强度计算。主梁斜截面强度计算见表 3-14。

表中 $V_0=G+P=78.58+120.1=198.68kN$

表 3-14 主梁斜截面强度计算

截面	A 支座	B 支座左	B 支座右
V(kN)	161.6	257.1	225.4
$0.25\beta_c f_c bh_0$(kN)	$0.25\times1.0\times9.6\times300\times610=439.2\text{kN}>V$ 截面满足要求		
$0.7f_t bh_0$(kN)	$0.7\times1.1\times300\times610=140.91\text{kN}<V$ 按计算配箍		
箍筋直径和肢数	ϕ6@200　双肢		
$V_{cs}=0.7f_t bh_0+1.25f_{yv}\frac{A_{sv}}{s}h_0$	$140.91\times1000+1.25\times210\times2\times28.3\times610\div200=186.23\text{kN}$		
$A_{sb}=\frac{V-V_{cs}}{0.8f_y\sin\alpha_s}(\text{mm}^2)$	<0	$(257.1-186.23)\times1000\div0.8\div300\div0.707=417.7$	$(225.4-186.23)\times1000\div0.8\div300\div0.707=230.8$
弯起钢筋	1Φ25	1Φ25	1Φ18
实配弯起钢筋面积(mm)	490.9	490.9	254.5

⑥ 主梁吊筋计算。

由次梁传给主梁的集中荷载为：

$$F=1.35\times47.28+1.0\times1.3\times93.4=183.9\text{kN}$$

$$A_s\geqslant\frac{F}{2f_y\sin45^\circ}=\frac{183.9\times10^3}{2\times300\times0.707}=433.5\text{mm}^2$$

选用 2Φ18(509mm^2)。

⑦ 根据计算结果及主梁的构造要求，绘主梁配筋图(图 3.20)。

任务 3.1.3　了解现浇钢筋混凝土双向板肋形楼盖

均布荷载作用下四边简支板的试验表明，裂缝出现前，板基本处于弹性工作阶段，板中作用有双向弯矩和扭矩，以短跨方向为大。随着荷载增大，板底平行于长边首先出现裂缝，裂缝沿 45°方向延伸。随着荷载加大，与裂缝相交处的钢筋相继屈服，将板化成四个板块。破坏前，板顶四角也出现呈圆形的裂缝，促使板底裂缝开展迅速，最后板块绕屈服线转动，形成机构，达到极限承载力而破坏。板的裂缝分布(图 3.21)。

整个破坏过程反映钢筋混凝土板具有一定的塑性性质，破坏主要发生在屈服线上，此屈服线称为塑性绞线。在此破坏线上，所能承受的内力矩即为极限力矩。

1. 截面的有效高度

双向板跨中钢筋纵横叠置，沿短跨方向的钢筋应争取较大的有效高度，即短跨方向的底筋放在板的外侧，纵横两个方向应分别取各自的有效高度：

短跨方向：

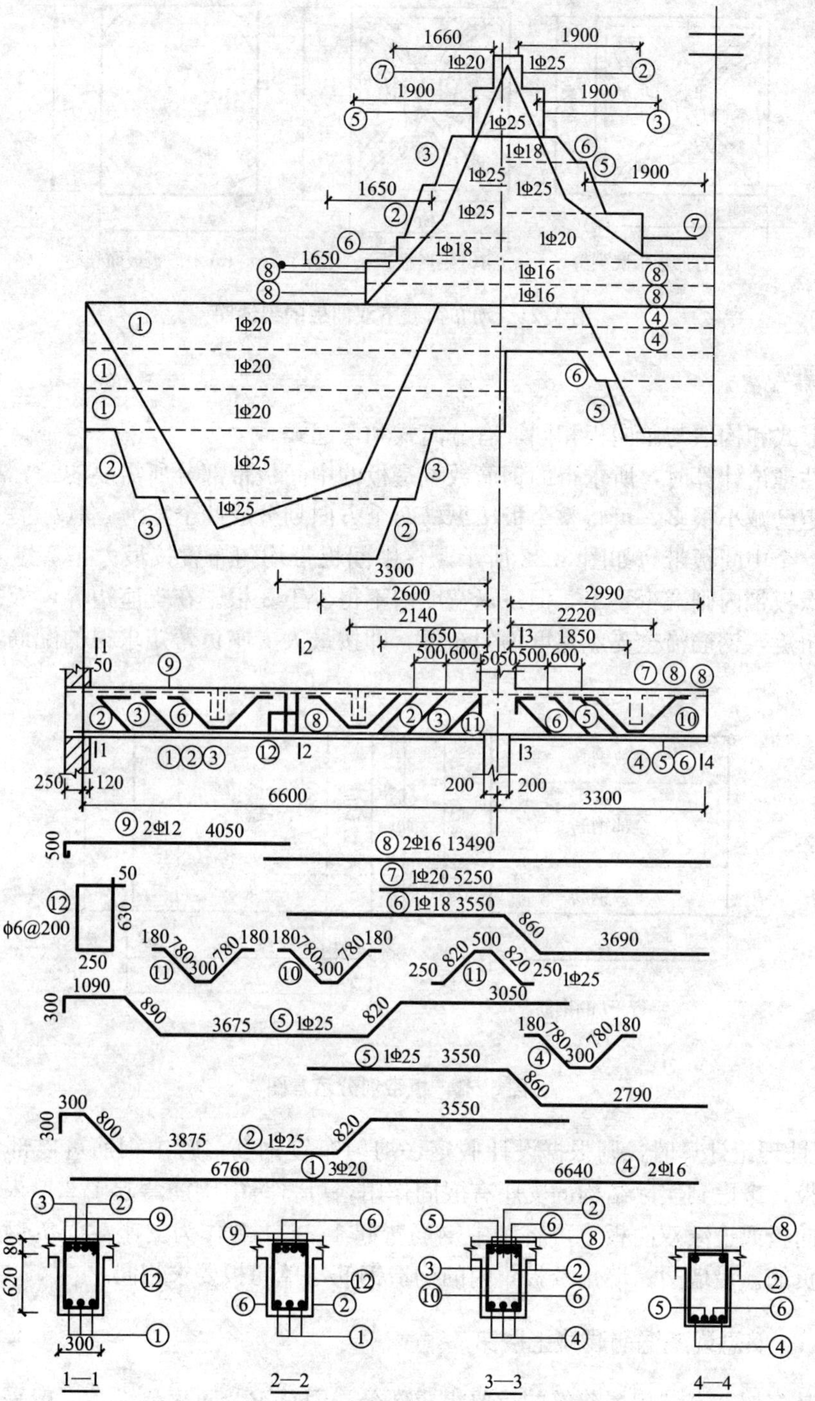

图 3.20 主梁抵抗弯矩图及配筋图

$$h_0=h-20(\mathrm{mm})$$

长跨方向：

$$h_0=h-30(\mathrm{mm})$$

式中 h——板厚度。

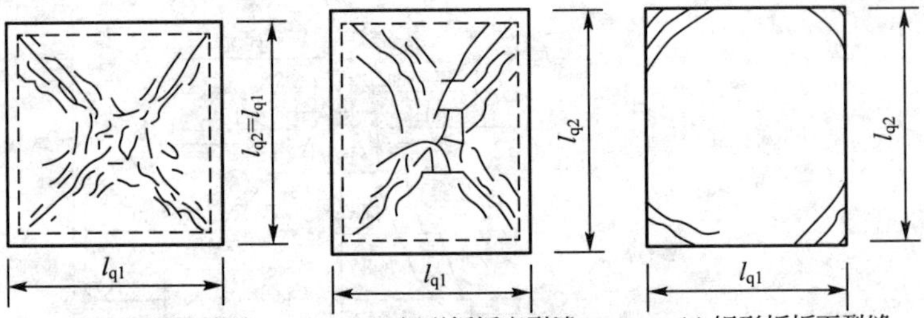

(a) 方形板板底裂缝　(b) 矩形板板底裂缝　(c) 矩形板板面裂缝

图 3.21　均布荷载下双向板的裂缝图

2. 钢筋配置

配筋形式和构造与单向板相同，有分离式和弯起式。

按弹性理论计算时，所求得的钢筋数量是板的中间板带部分所需要的量，靠近边缘的板带，弯矩已减小很多，可将整个板按纵横两个方向划分成两个宽为 $l/4$(l 为短跨)的边缘板带和各一个中间板带，如图 3.22 所示。在中间板带均匀布置按最大正弯矩求得的板底钢筋，边缘板带内则减少一半，但每米宽度内不得少于 3 根。在支座边界，板顶负钢筋要承受四角扭矩，钢筋沿全支座宽度均匀布置，即按最大支座负弯矩求得的配筋，在边缘板带内不减少。

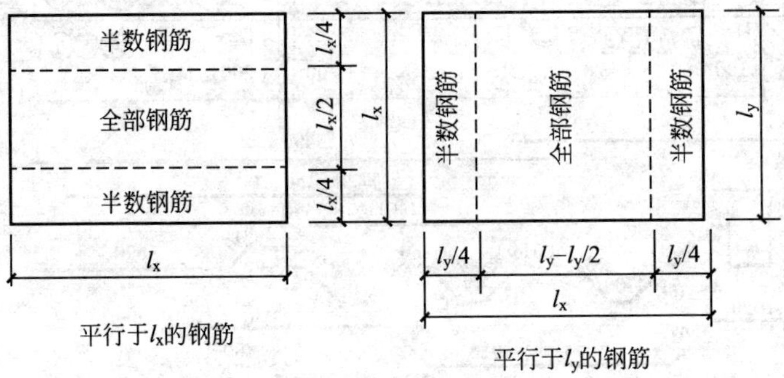

图 3.22　板带划分示意图

按塑性理论计算时，则根据设计假定，均匀布置钢筋，跨中钢筋可以部分弯起。对简支双向板，考虑到实际结构的支座有嵌固作用，可将跨中钢筋弯起 1/3 伸入支座。对固定支座双向板或连续双向板，可将跨中钢筋弯起 1/3～1/2 作为支座截面负钢筋，不足再另加板顶负筋。沿墙边、墙角及板角内的构造钢筋与单向板要求相同。

任务 3.1.4　熟悉现浇钢筋混凝土楼梯

楼梯是多层及高层房屋建筑的重要组成部分。因承重及防火要求，一般采用钢筋混凝土楼梯。

这种楼梯按施工方法的不同可分为现浇式和装配式，其中现浇楼梯具有布置灵活、容易满足不同建筑要求等优点，所以在建筑工程中应用颇为广泛。

按结构受力状态可分为梁式、板式、折板悬挑式(又称剪刀式)和螺旋式(图 3.23)。

本节主要介绍梁式和板式楼梯的设计要点。

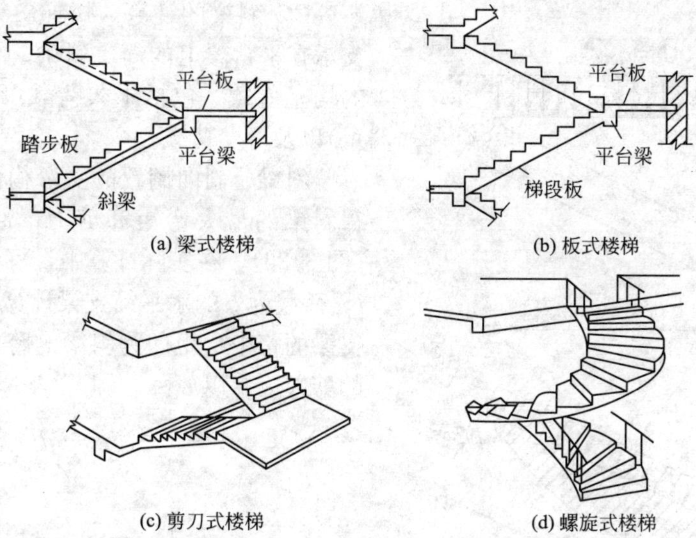

图 3.23　楼梯类型

1. 梁式楼梯

1) 结构布置

如图 3.23(a)所示是两跑梁式楼梯的典型例子。其优点是当梯段较长时，比板式楼梯经济，结构自重小，因而被广泛用于办公楼、教学楼等建筑中；缺点是模板比较复杂，施工不便，此外，当斜梁尺寸较大时，外形显得笨重。

梁式楼梯由踏步板、斜梁、平台板和平台梁组成。踏步板支承在斜梁上，而斜梁支承在平台梁上。因此，作用于楼梯上的荷载先由踏步板传给斜梁，再由斜梁传至平台梁。

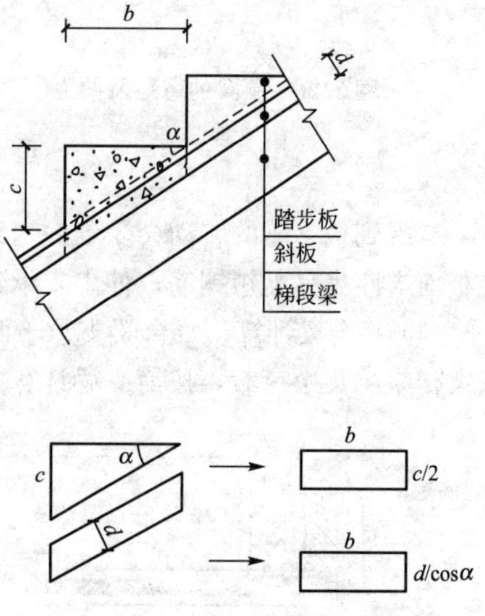

图 3.24　踏步板截面换算

2) 内力计算与构造

(1) 踏步板的计算及构造。设计时，取一个踏步作为计算单元，按两端简支在斜边梁上的单向板计算。踏步板承受均布荷载(包括其自重及可变荷载)，截面形式为梯形(图 3.24)。为简化计算，板的折算高度 h 可近似按梯形截面的平均高度取用，即 $h=\frac{c}{2}+\frac{d}{\cos\alpha}$，其中，$c$ 为踏步厚度，d 为板厚。这样，踏步板就可按承受均布荷载，截面宽度为 b、高度为 h 的简支矩形板进行内力及配筋计算了。

踏步板的高和宽由建筑设计确定，斜板的厚度一般取 30～40mm。踏步板的受力钢筋除按计算确定外，要求每一级踏步不少于 2ϕ6 钢筋；而且整个梯段板内还应沿斜向布置 ϕ6@300 的分布钢筋(图 3.25)。

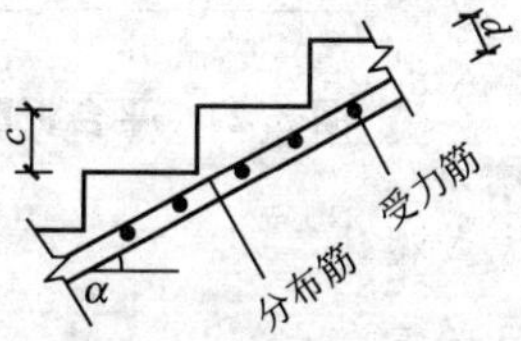

图 3.25　踏步板配筋图

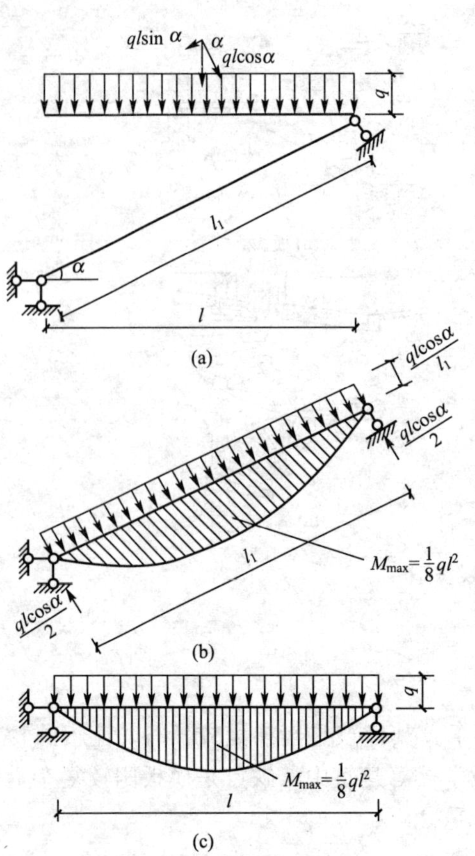

图 3.26 斜梁的弯矩及剪力

(2) 斜梁的计算。楼梯斜梁可简化为两端支承在平台梁上的简支斜梁，承受踏步板传来的均布荷载，包括永久荷载(踏步板、斜梁自重)以及可变荷载。

斜梁是斜向搁置的受弯构件，为了便于求得斜梁的最大弯矩和剪力，通过力学的分析(图 3.26)，在实际计算中，可将斜梁按跨度为 l、荷载为 q 的水平简支梁计算，此时，水平简支梁的跨中弯矩即为斜梁的跨中弯矩，但算得的剪力应乘以 $\cos\alpha$。即

$$M_{\max}=\frac{1}{8}\frac{ql\cos\alpha}{l_1}l_1^2=\frac{1}{8}ql(l_1\cos\alpha)=\frac{1}{8}ql^2 \tag{3-12}$$

$$V=\frac{1}{2}\frac{ql\cos\alpha}{l_1}l_1=\frac{1}{2}ql\cos\alpha \tag{3-13}$$

式中 l——梯段的水平投影长度。

需要注意的是，斜梁的截面计算高度应按垂直斜向的梁高取用，并按倒 L 形截面计算配筋。

(3) 平台板的计算。平台板一般为承受均布荷载的单向板，可取 1m 宽板带进行计算，平台板一端与平台梁整体连接，另一端可能支承在砖墙上，也可能与过梁整浇。跨中弯矩可取$\frac{1}{8}ql^2$或$\frac{1}{10}ql^2$。

考虑到板支座的转动会受到一定约束，一般应将板下部钢筋在支座附近弯起一半，或在板面支座处另配短钢筋，伸出支承边缘长度为 $l_n/4$(图 3.27)。

(4) 平台梁计算。平台梁支承于两端墙体，承受平台板传来的均布荷载以及上下楼梯斜梁传来的集中荷载，按简支梁计算内力与配筋。计算简图如图 3.28 所示。

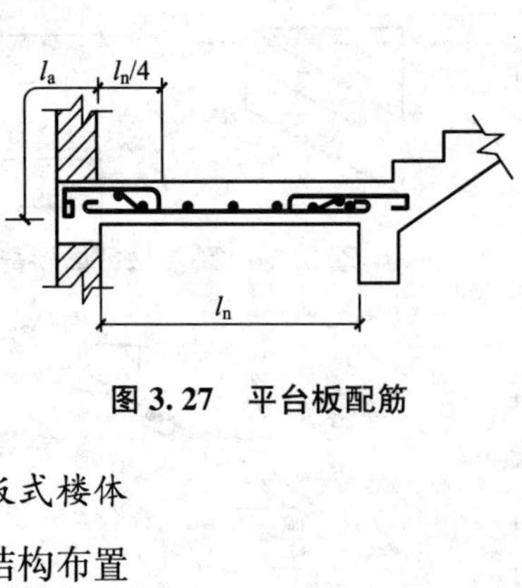

图 3.27 平台板配筋

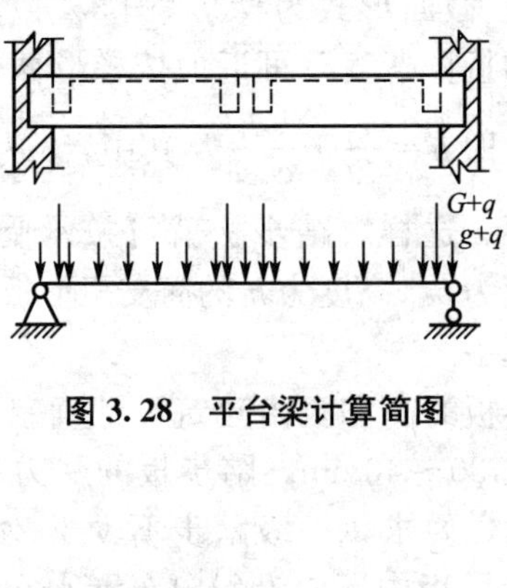

图 3.28 平台梁计算简图

2. 板式楼体

1) 结构布置

图 3.23(b)是典型的两跑板式楼梯的例子。这种楼梯由踏步板、平台板和平台梁组

成。作用于踏步板上的荷载直接传至平台梁。踏步板支承在休息板和楼层的平台梁上。休息板支承在休息板平台梁上。

板式楼梯下表面平整，因而模板简单，施工方便，缺点是斜板较厚(为跨度的 1/30～1/25)，导致混凝土和钢材用量较多，结构自重较大，所以一般多用于踏步板跨度小于 3m 的情形。由于这种楼梯外形比较轻巧、美观，因此，近年来在一些公共建筑中踏步板跨度较大的楼梯，也获得了广泛的应用。

2) 内力计算与构造

(1) 梯段板的计算及构造。梯段板可以简化成两端支承在平台梁的简支斜板。计算跨度可以近似取平台梁中线之间的斜距离。作用在斜板上荷载包括梯段板的永久荷载 g 及可变荷载 q。

梯段斜板的受力性能与梁式楼梯的斜梁相似，故二者的内力计算方法相同。但是，考虑到平台梁、板对梯段板两端的嵌固作用，其跨中弯矩相对于简支有所减少，故可近似取为 $\frac{1}{10}ql^2$。

板式楼梯的踏步板厚度一般取跨度的 1/30～1/25，通常取 100～120mm，每个踏步需配置 1 根 ϕ8 钢筋作为分布筋。由于梯段板与平台梁整体连接，连接处板面在负弯矩作用下将出现裂缝，故应在斜板上部布置适量的钢筋(图 3.29)，或将平台板的负钢筋伸入梯段板，其伸出支座长度为 $l_n/4$。

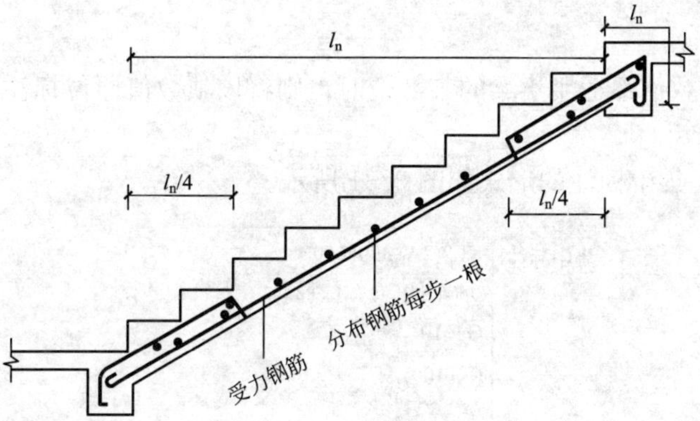

图 3.29 梯段板配筋图

(2) 平台板和平台梁的计算。板式楼梯的平台板计算方法和梁式楼梯的平台板一样。平台梁承受梯段板和平台板传来的均布荷载，一般按简支梁计算内力。

任务 3.1.5 梁、板施工图识读

1. 识读梁配筋图

梁平面整体配筋图是在梁平面布置图上采用平面注写方式或截面注写方式表达框架梁的截面尺寸、配筋的一种方法，如图 3.30 所示。

平面注写方式是指在梁平面布置图上，分别在不同编号的梁中各选一根梁，在其上注写截面尺寸和配筋具体数值的方式来表达梁平法施工图。

平面注写包括集中标注和原位标注，集中标注表达梁的通用数值，原位标注表达梁的

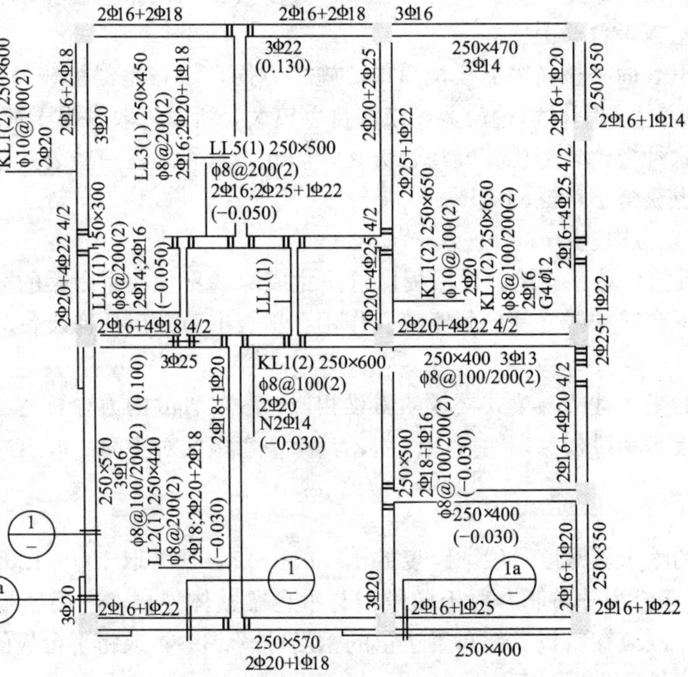

图 3.30　钢筋混凝土梁的配筋图

特殊数值。

当集中标注的数值不适用于梁的某部位时，则将该项数值原位标注，施工时原位标注优先取值。

1）集中标注。集中标注的形式如图 3.31 所示。

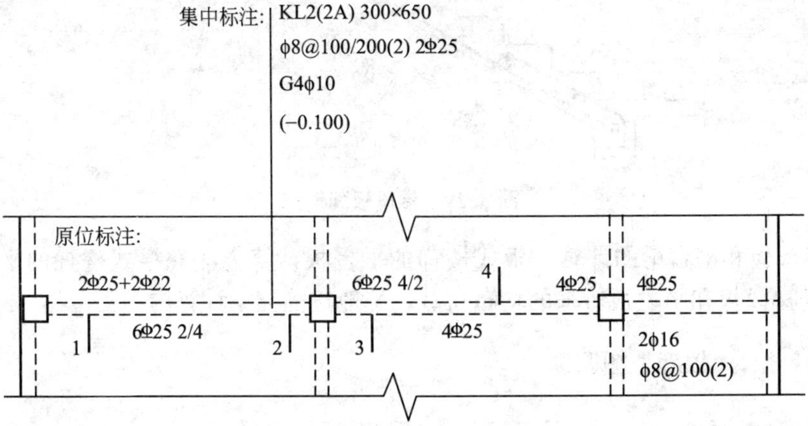

图 3.31　梁集中标注示例

集中标注的内容主要有：梁编号、梁截面尺寸、梁箍筋、梁上部通长筋或架立筋、梁侧面纵向构造钢筋或受扭钢筋、梁顶面标高高差。

（1）梁编号。梁的编号有梁类型代号、序号、跨数及有无悬挑代号组成，见表 3－15。

表 3-15 梁编号

梁类型	代号	序号	跨数及是否带有悬挑	备注
楼层框架梁	KL	××	(××)、(××A)或(××B)	(××A)为一端悬挑，(××B)为两端悬挑。如 KL5(7A)表示 5 号框架梁，7 跨一端有悬挑梁。悬挑梁不计入跨数
屋面框架梁	WKL	××	(××)、(××A)或(××B)	
框支架	KZL	××	(××)、(××A)或(××B)	
非框架梁	L	××	(××)、(××A)或(××B)	
悬挑梁	XL	××		
井字梁	JZL	××	(××)、(××A)或(××B)	

(2) 梁截面尺寸。当为等截面梁时，用 $b\times h$ 表示；当有悬挑梁且根部和端部高度不同时，用斜线分隔根部与端部的高度值，以 $b\times h_1/h_2$ 表示。

(3) 梁箍筋。

① 对考虑抗震的楼面框架梁、屋面框架梁。

包括钢筋级别、直径、加密区非加密区间距、肢数。

例：ϕ10@100/200(4)。

表示：箍筋采用四肢，一级钢筋，直径 10mm，加密区间距 100mm，非加密区间距 200mm。

例：ϕ8@100(4)/200(2)。

表示：箍筋采用一级钢筋，直径 8mm，加密区间距 100mm，四肢；非加密区间距 200mm，双肢。

② 对不考虑抗震的各类梁及考虑抗震的非框架梁、悬挑梁、井字梁。

先注梁支座端部箍筋，斜线后注写跨中箍筋。

例：13ϕ8@150/200(4)。

表示：箍筋采用一级钢筋，直径 8mm，梁两端各 13 根四肢箍筋，间距 100mm；跨中部分间距 200mm，四肢。

(4) 梁上部通长筋、架立筋。

① 当同排纵筋有通长筋又有架立筋时，用“＋”将通长筋与架立筋相连，“＋”前面为角部纵筋，“＋”后面的括号内注写架立筋。

例：2ϕ22

表示：角部通长纵筋为两根直径为 22mm 的二级钢筋。

例：2Φ22＋(4ϕ10)

表示：角部通长纵筋为两根直径为 22mm 的二级钢筋，架立钢筋为 4 根直径为 10mm 的一级钢筋。

② 若梁上、下部纵筋均为通长且多数跨配筋相同，则可加注下部纵筋配筋值，用“;”分隔。

例：3ϕ22；3ϕ25。

(5) 梁侧纵向构造钢筋、受扭钢筋。

① 纵向构造钢筋：G 开头，接续注写梁两侧总配筋且对称布置。

例：G4ϕ12。

表示：梁两侧共配置 4ϕ12 的纵向构造钢筋，每侧各两根。

② 受扭钢筋：N 开头，接续注写梁两侧总配筋且对称布置。

例：N6ϕ22。

表示：梁两侧共配置 6ϕ22 的受扭钢筋，每侧各 3 根。

(6) 梁顶面标高高差。指相对于结构层楼面标高高差值，有高差时，写入( )内；无高差时，可不注。当梁顶面高于楼面，标高高差为正，反之为负以上(1)～(5)项为必须注写项，(6)为选注项。

2) 原位标注

(1) 梁上部纵筋(含通长的所有纵筋)。

a. 上部纵筋多于一排，以斜线自上而下分开。

例：6Φ25 4/2。

b. 当同排有两种直径，以“＋”相连，角部纵筋在前。

例：2Φ22＋3Φ25。

c. 当中间支座两边上部纵筋不同时，须支座两边分开标注；当中间支座两边上部纵筋相同时，可仅在一边标注。

(2) 梁下部纵筋。

① 当下部纵筋多于一排，以斜线自上而下分开。

例：6ϕ25 2/4。

表示：上排 2ϕ25，下排 4ϕ25 全部伸入支座。

(2) 当同排有两种直径，则以“＋”相连，角部纵筋在前。

(3) 当梁下部纵筋不全伸入支座时，将梁支座下部纵筋减少数量写在括号内。

例：6ϕ25 2(−2)/4。

表示：上排 2Φ25 不伸入支座，下排 4Φ25 全部伸入支座。

2. 识读板配筋图

有梁楼盖板平面法施工图是在楼面板和屋面板平面布置图上采用平面注写的表达方式，如图 3.32 所示。而板的平面注写主要包括板块集中标注和板支座原位标注。

在设计院设计过程中，为了方便表达施工图，规定了结构平面坐标方向，具体如下。

(1) 当两向轴网正交布置时，图面从左往右为 x 向，从下至上为 y 向。

(2) 当轴网转折时，局部坐标方向顺轴网转折角度做相应的转折。

(3) 当轴网向心布置时，切向为 x 向，径向为 y 向。

以上规定在识读板的平法施工图过程中要注意。下面介绍板平法施工图制图规则。

板块集中标注：对于普通楼面，两向均以一跨为一板块；对于密肋楼盖，两向主梁均以一跨为一板块，所有板块应逐一编号，相同编号的板块可择其一做集中标注，其他仅注写圆圈及板的编号。

板支座原位标注：在配置相同跨的第一跨表达板支座钢筋。

1) 板块集中标注

板块集中标注的内容：板块编号、板厚、贯通纵筋、标高高差。

(1) 板块编号(表 3-16)。

表 3-16　板块编号

板类型	代号	序号
楼面板	LB	××
屋面板	WB	××
延伸悬挑板	YXB	××
纯悬挑板	XB	××

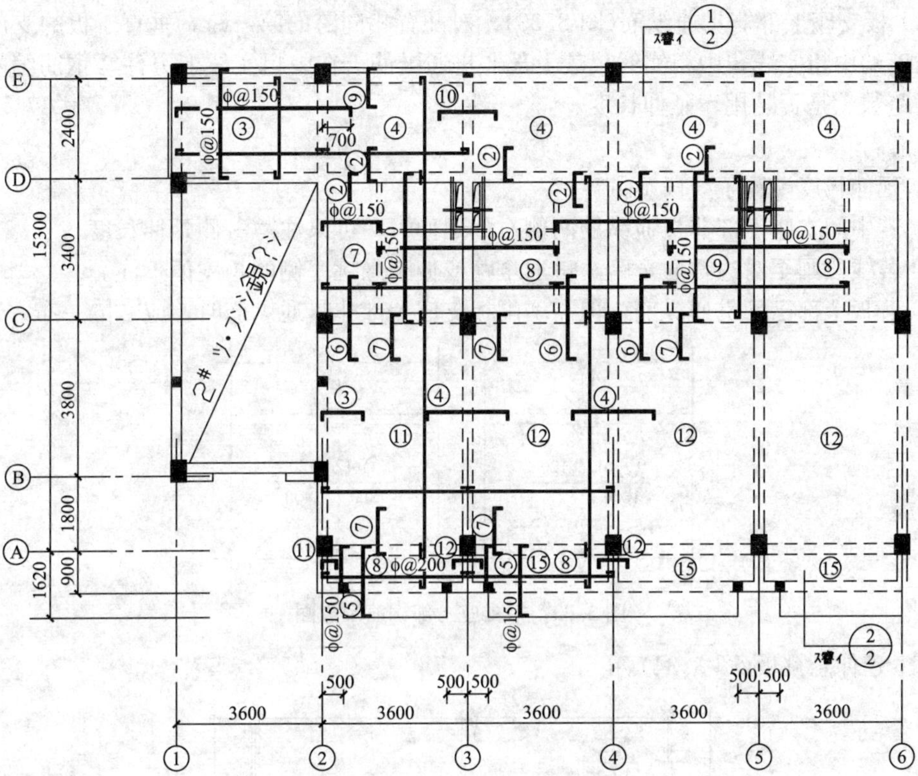

图 3.32　钢筋混凝土板的配筋图

(2) 板厚：一般注写为 h=×××；对悬挑板端部改变截面厚度时，以斜线分隔根部与端部的高度值，注写为 h=××/××。

(3) 贯通纵筋(按板块的下部和上部分别注写)。

① 下部贯通纵筋：以 B 表示。

② 上部贯通纵筋：以 T 表示(板块上部不设贯通纵筋时不注)。

③ 另外，X 向贯通纵筋以 X 打头，Y 向贯通纵筋以 Y 打头，两向贯通纵筋配置相同时以 X&Y 开头。当为单向板时，另一项贯通的分布筋可不注写，而在图中统一注明。X 向构造钢筋以 Xc 开头，Y 向构造钢筋以 Yc 开头。

(4) 板面标高高差：相对于结构层楼面标高的高差，将其注写在括号内，有高差时注写，无高差时不注。

【例 1】 设有一楼面板块注写为：LB5　h=110

B：Xϕ12@120；Yϕ10@110

系表示 5 号楼面板，板厚 110mm，板下部配置的贯通纵筋 X 向为 ϕ12@120，Y 向为 ϕ10@110；板上部未配置贯通纵筋。

【例 2】 设有一延伸悬挑板注写为：YXB2　h=150/100

B：Xc&Ycϕ8@200

系表示 2 号延伸悬挑板，板根部厚 150mm，端部厚 100mm，板下部配置构造钢筋双向均为 ϕ8@200(上部受力钢筋见板支座原位标注)。

2) 板支座的原位标注

板支座原位标注的内容为：板支座上部非贯通纵筋和纯悬挑板上部受力钢筋。

(1) 板支座上部非贯通纵筋(图 3.33)。对配置相同跨的第一跨，垂直于板的支座绘制适宜长度的中粗实线，中粗实线代表上部非贯通纵筋，在中粗实线上方注写钢筋编号、配筋值、跨数、是否悬挑、延伸长度。

注意：

① 延伸长度，写于线段下方。

② 若中间支座上部非贯通纵筋两侧对称延伸时，可只注写一侧延伸长度。

③ 若线段画至对边贯通全跨，贯通全跨或伸至悬挑一侧的长度值不注。

④ 若板上部已配贯通纵筋，但需增配板支座上部非贯通纵筋时，应“隔一布一”。

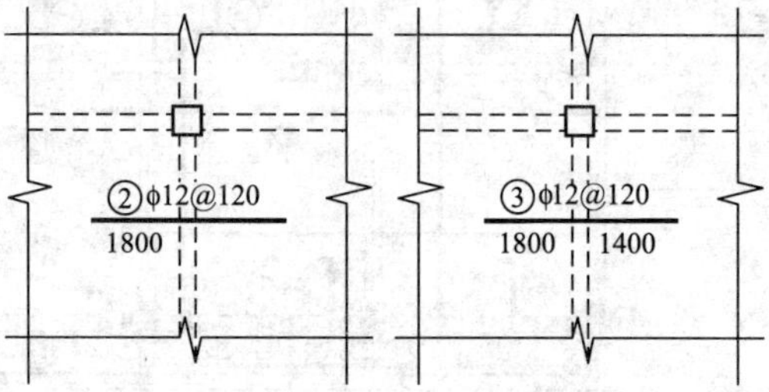

图 3.33　板支座上部钢筋示意图

(2) 延伸悬挑板(图 3.34)。

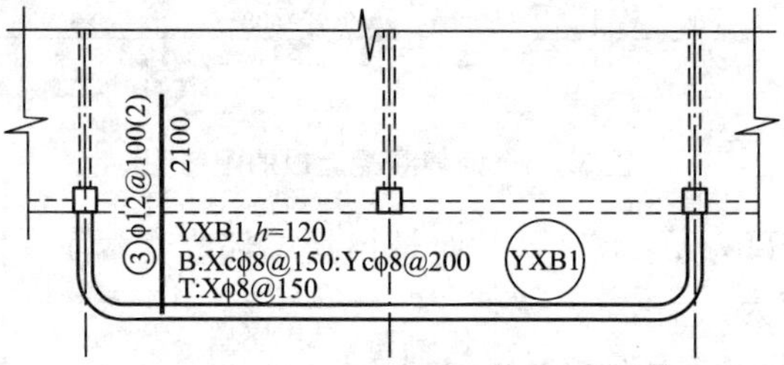

图 3.34　延伸悬挑板示意图

(3) 纯悬挑板(图 3.35)。

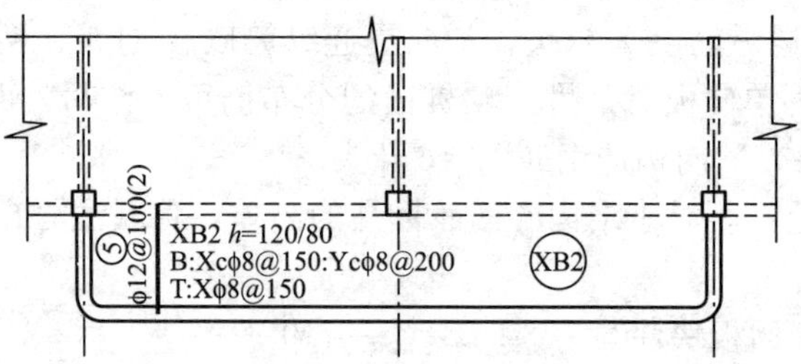

图 3.35　纯悬挑板示意图

本模块小结

(1) 钢筋混凝土楼盖的形式有现浇式、装配式、装配整体式。

(2) 肋梁楼盖可分为单向板肋梁楼盖、双向板肋梁楼盖。单向板肋梁楼盖的内力计算方法有：弹性理论和塑性理论；一般主梁按照弹性理论计算，次梁、板按照塑性理论计算。

(3) 对于多跨超静定结构内力，当跨数超过五跨，且各跨计算跨度相差不超过10%，则可按等跨的五跨连续构件计算。

(4) 计算多跨梁板内力时，要考虑活荷载的最不利布置。

(5) 连续板的配筋有弯起式和分离式两种。

(6) 建筑楼梯的形式主要有板式楼体、梁式楼梯。板式楼梯由梯段板、平台板、平台梁组成。

模块 3.2 多层及高层钢筋混凝土房屋结构体系

教学目标

通过本模块的学习，学生能够掌握框架结构、框剪结构等多高层建筑结构的形式及构造要求。

教学要求

知识要点	能力要求	相关知识	所占分值(100分)	自评分数
多高层建筑结构分类；各种结构特点	熟悉多高层建筑结构类型；各种多高层结构特点	常用多高层建筑结构	20	
框架结构构造	掌握框架结构的构造措施	框架结构简介	40	
剪力墙结构构造	掌握剪力墙结构的构造措施	剪力墙结构简介	40	

模块导读

随着社会经济的不断发展，工业化、城市化进程的不断加快，以及土木工程和相关领域科学技术水平的提高，不仅使得高层、超高层建筑的建造成为可能，而且发展速度也越来越快。自从1885年建成10层高的家庭生命保险大厦(钢结构，詹尼设计，1931年被拆除，通常被认为是世界第一栋高层建筑)以后，高层建筑在世界各国都得到了迅速的发展，许多高层建筑已成为了城市的标志性建筑(图3.36)。目前世界上高度超过300m的超高层建筑已达几十幢，其中，位于马来西亚首都吉隆坡的石油大厦，高度达到了451.9m，是目前世界上已建成并投入使用的最高建筑

(图 3.37)。近二十年来，高层建筑、超高层建筑在我国的发展速度完全可以用“突飞猛进”来形容，仅上海市目前的高层、超高层建筑已达到了 2100 幢(图 3.38)，高度在 100m 以上的超高层建筑就有 140 余幢。

图 3.36 迪拜“Anara 大楼”

图 3.37 马来西亚石油大厦

图 3.38 金茂大厦

任务 3.2.1 了解钢筋混凝土房屋常用结构体系

我国《民用建筑设计通则》(GB 50352—2005)规定，10 层及 10 层以上的住宅建筑以及高度超过 24m 的公共建筑和综合性建筑为高层建筑，而高度超过 100m 时，不论是住宅建筑还是公共建筑，一律称为超高层建筑。

特别提示

各个国家对高层建筑的规定不同，比如美国规定高度为 22～25m 以上或 7 层以上的建筑为高层建筑；英国规定高度为 24.3m 以上的建筑为高层建筑；法国规定居住建筑高度 50m 以上、其他建筑高度 28m 以上的建筑为高层建筑。

一般而论，高层建筑具有占地面积少、建筑面积大、造型特殊、集中化程度高等特点。正是这一特点，使得高层建筑在现代化大都市中得到了迅速的发展。在现代化大都市中，过度的人口和建筑密度，城市用地日趋紧张，真可谓寸土寸金，使得人们不得不向空间发展。高层建筑占地面积少，不仅可以大量地节省土地的投资，而且有较好的日照、采光和通风效果。但是，随着建筑高度的增加，建筑的防火、防灾、热岛效应等已成为人们急待解决的难题。

从受力角度来看，随着高层建筑高度的增加，水平荷载(风载及地震作用)对结构起的作用将越来越大。除了结构的内力将明显加大外，结构的侧向位移增加更快。由此可见，高层建筑不仅需要较大的承载能力，而且需要较大的刚度，从而使水平荷载产生的侧向变形限制在一定的范围内，满足有关规范的要求。

多层及高层钢筋混凝土房屋的常用结构体系可分为四种类型：框架结构、剪力墙结构、框架-剪力墙结构和筒体结构，其各有不同的适用高度和优缺点。

1. 框架结构体系

当采用梁、柱组成的框架体系作为建筑竖向承重结构，并同时承受水平荷载时，称其为框架结构体系。其中，连系平面框架以组成空间体系结构的梁称为连系梁，框架结构中承受主要荷载的梁称之为框架梁如图 3.39 所示。如图 3.40 所示为框架结构柱网布置的几种常见形式。

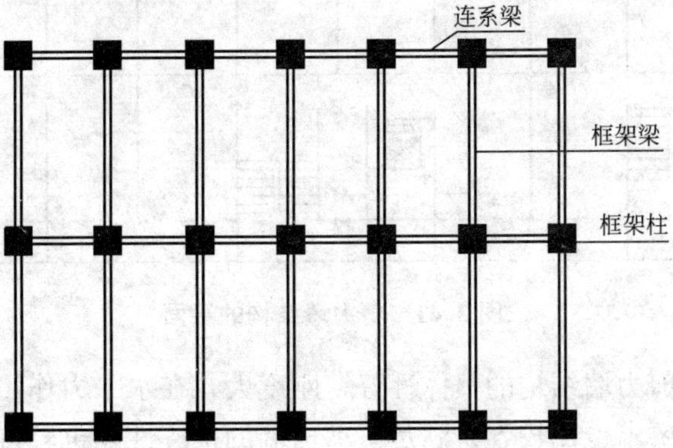

图 3.39 框架结构构件

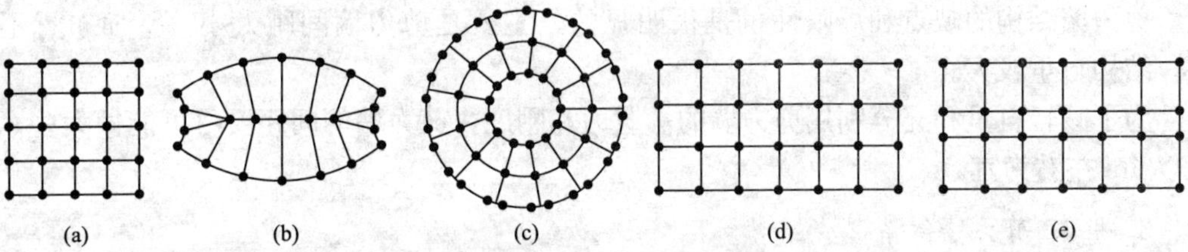

图 3.40 框架柱网布置举例

框架结构的优点是建筑平面布置灵活，可做成需要较大空间的会议室、餐厅、办公室及工业车间、实验室等，加隔墙后，也可做成小房间。框架结构的构件主要是梁和柱，可以做成预制或现浇框架，布置比较灵活，立面也可变化。

通常，框架结构的梁、柱断面尺寸都不能太大，否则影响使用面积。因此，框架结构的侧向刚度较小，水平位移大，这是它的主要缺点，也因此限制了框架结构的建造高度，一般不宜超过 60m。在抗震设防烈度较高的地区，高度更加受到限制。

通过合理的设计，框架结构本身的抗震性能较好，能承受较大的变形。但是，变形大了容易引起非结构构件(如填充墙、装修等)出现裂缝及破坏，这些破坏会造成很大的经济损失，也会威胁人身安全。所以，如果在地震区建造较高的框架结构，必须选择既减轻自重，又能经受较大变形的隔墙材料和构造做法。框架结构的适用层数为 6～15 层，非地震区也可建到 15～20 层。

柱截面为 L 形、T 形、Z 形或十字形的框架结构称为异形柱框架，其柱截面厚度一般为 180～300mm，目前一般用于非抗震设计或按 6、7 度抗震设计的 12 层以下的建筑中。

2. 剪力墙结构体系

如图 3.41 所示将房屋的内、外墙都做成实体的钢筋混凝土结构，这种体系称为剪力墙结构体系。剪力墙的间距受到楼板跨度的限制，一般为 3～8m，因而剪力墙结构适用于具有小房间的住宅、旅馆等建筑，此时可省去大量砌筑填充墙的工序及材料，如果采用滑升模板及大模板等先进的施工方法，施工速度很快。

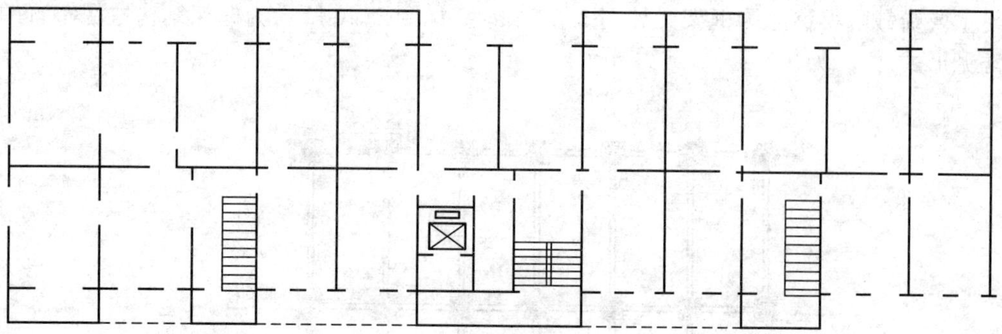

图 3.41　剪力墙结构的平面

现浇钢筋混凝土剪力墙结构的整体性好，刚度大，在水平力作用下侧向变形很小。墙体截面积大，承载力要求也比较容易满足。剪力墙的抗震性能也较好。因此它适宜于建造高层建筑，在 10～50 层范围内都适用，目前在我国 10～30 层的公寓住宅大多采用这种体系。

剪力墙结构的缺点和局限性也是很明显的，主要是剪力墙间距太小，平面布置不灵活，结构自重较大。

为了减轻自重和充分利用剪力墙的承载力和刚度，剪力墙的间距要尽可能做大些，一般以 6m 左右为宜。

3. 框架-剪力墙体系

框架结构侧向刚度差，抵抗水平荷载能力较低，地震作用下变形大，但它具有平面灵活、有较大空间、立面处理易于变化等优点。而剪力墙结构则相反，虽然剪力墙结构的抗侧力刚度、强度大，但限制了使用空间。把两者结合起来，取长补短，在框架中设置一些剪力墙，就成了框架-剪力墙(简称框-剪)体系，如图 3.42 所示为框剪结构平面布置示意。

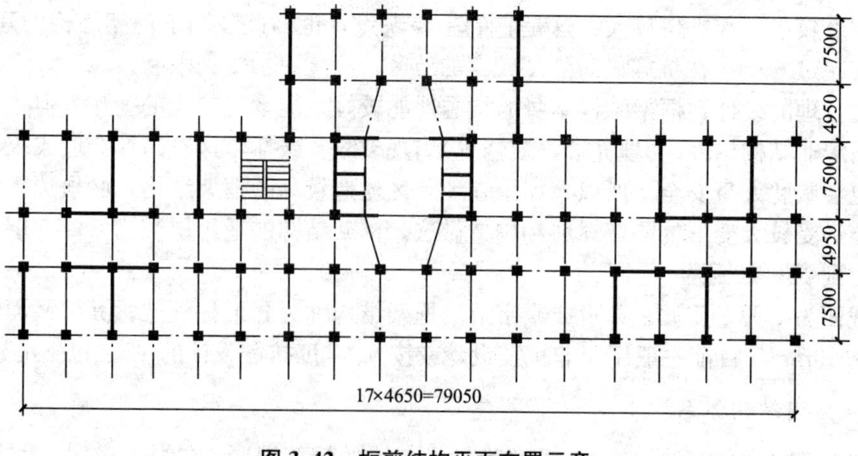

图 3.42　框剪结构平面布置示意

在这种体系中，剪力墙常常担负大部分水平荷载，结构总体刚度加大，侧移减小。同时，通过框架和剪力墙协同工作，通过变形协调，使各种变形趋于均匀，改善了纯框架或纯剪力墙结构中上部和下部层间变形相差较大的缺点，因而在地震作用下可减少非结构构件的破坏。从框架本身来看，上下各层柱的受力也比纯框架柱的受力均匀，因此柱子断面尺寸和配筋都可比较均匀。所以，框-剪体系在多层及高层办公楼、旅馆等建筑中得到了广泛应用。框-剪体系的适用高度为15～25层，一般不宜超过30层。

4. 筒体体系

由筒体为主组成的承受竖向和水平作用的结构称为筒体结构体系。筒体是由若干片剪力墙围合而成的封闭井筒式结构，其受力与一个固定于基础上的筒形悬臂构件相似。根据开孔的多少，筒体有空腹筒和实腹筒之分如图3.43所示。

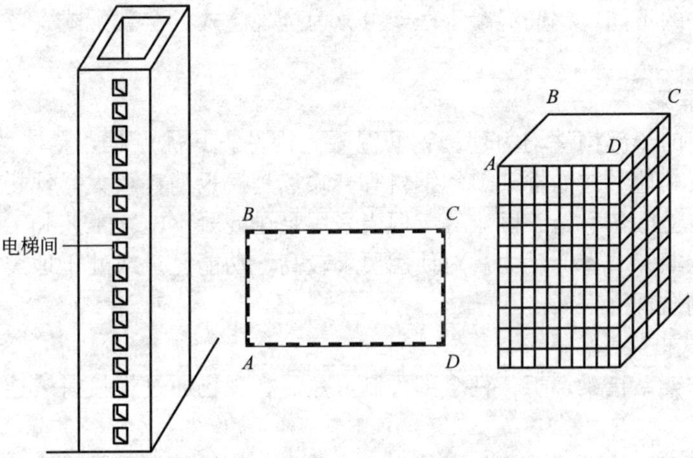

(a) 实腹筒　　(b) 空腹筒

图3.43　筒体示意

空腹筒一般由电梯井、楼梯间、管道井等形成，开孔少，因其常位于房屋中部，故又称核心筒。空腹筒也称框筒，由布置在房屋四周的密排立柱(柱距一般为1.22～3.0m)和截面、高度很大的横梁组成。这些横梁称为窗裙梁，梁高一般为0.6～1.22m。由核心筒、框筒等基本单元组成的承重结构体系称为筒体体系。根据房屋高度及其所受水平力的不同，筒体体系可以布置成核心筒结构、框筒结构、筒中筒结构、框架-核心筒结构、成束筒结构和多重筒结构等形式(图3.44)。其中筒中筒结构通常用框筒作为外筒，实腹筒作为内筒。

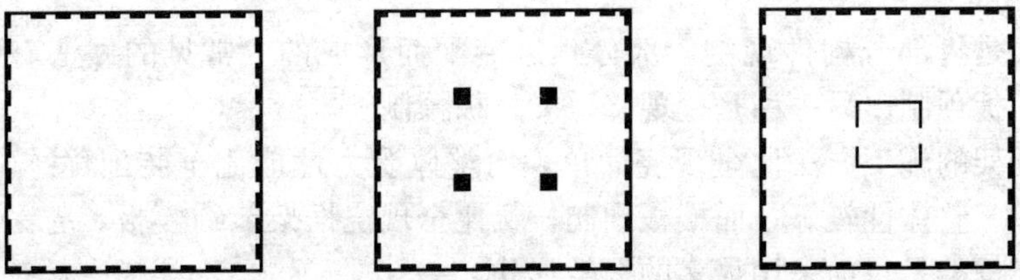

(a)　　(b)　　(c)

图3.44　筒体体系类别

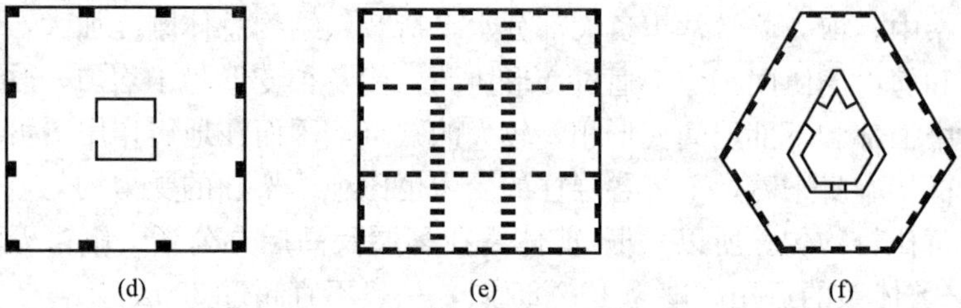

图 3.44 筒体体系类别(续)

任务 3.2.2 掌握钢筋混凝土框架结构构造

1. 框架结构类型

按施工方法的不同，钢筋混凝土框架可分为全现浇式、全装配式、装配整体式及半现浇式四种形式。

1）全现浇框架

全现浇框架的全部构件均为现浇钢筋混凝土构件。其优点是，整体性及抗震性能好，预埋铁件少，较其他形式的框架节省钢材等。缺点是模板消耗量大，现场湿作业多，施工周期长，在寒冷地区冬季施工困难等，但当采用泵送混凝土施工工艺和工业化拼装式模板时，可以缩短工期和节省劳动力。对使用要求较高、功能复杂或处于地震高烈度区域的框架房屋，宜采用全现浇框架。

2）全装配式框架

全装配式框架系指梁、板、柱全部预制，然后在现场通过焊接拼装连接成整体的框架结构。

全装配式框架的构件可采用先进的生产工艺在工厂进行大批量生产，在现场以先进的组织处理方式进行机械化装配，因而构件质量容易保证，并可节约大量模板，改善施工条件，加快施工进度，但结构整体性差，节点预埋件多，总用钢量较全现浇框架多，施工需要大型运输和拼装机械，在地震区不宜采用。

3）装配整体式框架

装配整体式框架是将预制梁、柱和板在现场安装就位后，焊接或绑扎节点区钢筋，在构件连接处现浇混凝土使之成为整体框架结构。

与全装配式框架相比，装配整体式框架保证了节点的刚性，提高了框架的整体性，省去了大部分预埋铁件，节点用钢量减少，但增加了现场浇筑混凝土量。装配整体式框架是常用的框架形式之一。

4）半现浇框架

这种框架是将部分构件现浇，部分预制装配而形成的。常见的做法有两种：一种是梁、柱现浇，板预制；另一种是柱现浇，梁、板预制。

半现浇框架的施工方法比全现浇简单，而整体受力性能比全装配优越。梁、柱现浇，节点构造简单，整体性较好；而楼板预制，又比全现浇框架节约模板，省去了现场支模的麻烦。半现浇框架是目前采用最多的框架形式之一。

2. 框架结构的受力特点

框架结构承受的荷载包括竖向荷载和水平荷载。竖向荷载包括结构自重及楼(屋)面活荷载，一般为分布荷载，有时有集中荷载。水平荷载主要为风荷载。

框架结构是一个空间结构体系，沿房屋的长向和短向可分别视为纵向框架和横向框架。纵、横向框架分别承受纵向和横向水平荷载，而竖向荷载传递路线则根据楼(屋)布置方式而不同。现浇板楼(屋)盖主要向距离较近的梁上传递，预制板楼盖传至支承板的梁上。

在多层框架结构中，影响结构内力的主要是竖向荷载，一般不必考虑结构侧移对建筑物使用的功能和结构可靠性的影响。随着房屋高度的增大，增加最快的结构侧移，弯矩次之。因此在高层框架结构中，竖向荷载的作用与多层建筑相似，柱内轴力随层增加而增加，而水平荷载的内力和位移则将成为控制因素。同时，多层建筑中的柱以轴力为主，而高层框架中的柱受到压、弯、剪的复合作用，其破坏形态更为复杂。其侧移由两部分组成：第一部分侧移由柱和梁的弯曲变形产生。柱和梁都有反弯点，形成侧向变形。框架下部的梁、柱内力大，层间变形也大，越到上部层间变形越小，如图 3.45(a)所示。第二部分侧移由柱的轴向变形产生。在水平力作用下，柱的拉伸和压缩使结构出现侧移。这种侧移在上部各层较大，越到底部层间变形越小，如图 3.45(b)所示。在两部分侧移中第一部分侧移是主要的，随着建筑高度加大，第二部分变形比例逐渐加大。结构过大的侧向变形不仅会使人不舒服，影响使用，也会使填充墙或建筑装修出现裂缝或损坏，还会使主体结构出现裂缝、损坏，甚至倒塌。因此，高层建筑不仅需要较大的承载能力，而且需要较大的刚度。框架抗侧刚度主要取决于梁、柱的截面尺寸。通常梁柱截面惯性较小，侧向变形较大，所以称框架结构为柔性结构。虽然通过合理设计可以使钢筋混凝土框架获得良好的延性，但由于框架结构层间变形较大，在地震区高层框架结构容易引起非结构构件的破坏。这是框架结构的主要缺点，也因此而限制了框架结构的高度。

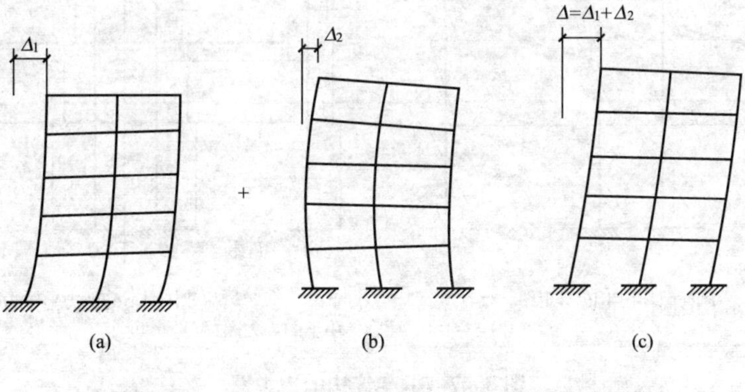

图 3.45 框架结构在水平荷载作用下的受力变形

除装配式框架外，一般可将框架结构的梁、柱节点视为刚接节点，柱固结于基础顶面，所以框架结构多为高次超静定结构，如图 3.46 所示。

竖向活荷载具有不确定性。梁、柱的内力将随竖向活荷载的位置而变化。如图 3.46 (a)、(b)所示分别为梁跨中和支座产生最大弯矩的活荷载位置。风荷载也具有不确定性，梁、柱可能受到反号的弯矩作用，所以框架柱一般采用对称配筋。如图 3.47 所示为框架结构在竖向荷载和水平荷载作用下的内力图。由图可见，梁、柱端弯矩、剪力、轴力都较大，跨度较小的中间跨度框架梁甚至出现了上部受拉的情况。

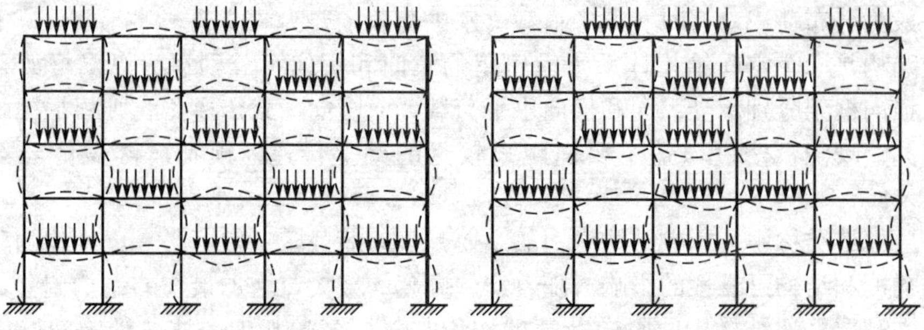

(a) 梁跨中弯矩最不利荷载位置　　(b) 梁支座弯矩最不利活荷载位置

图 3.46　竖向活荷载最不利位置

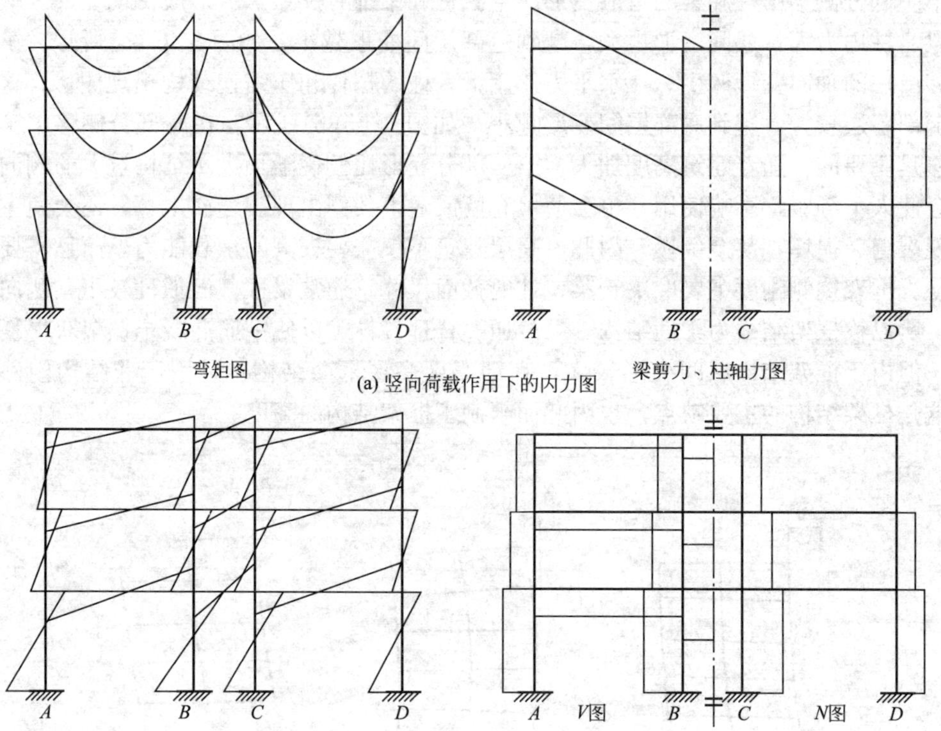

弯矩图　　梁剪力、柱轴力图

(a) 竖向荷载作用下的内力图

风荷载作用下的弯矩图　　风荷载作用下的剪力、轴力图

(b) 左向水平荷载作用下的内力图

图 3.47　框架结构的内力图

3. 现浇框架节点构造

构件连接是框架设计的一个重要组成部分。只有通过构件之间的相互连接，结构才能成为一个整体。现浇框架的连接构造，主要是梁与柱、柱与柱之间的配筋构造。

框架梁、柱的纵向钢筋在框架节点区的锚固和搭接，应符合下列要求(图 3.48)。

(1) 顶层中节点柱纵向钢筋和边节点柱内侧纵向钢筋应伸至柱顶；当从梁底边计算的直线锚固长度不小于 l_a 时，可不必水平弯折，否则应向柱内或梁、板水平弯折；当充分利用柱纵向钢筋的抗拉强度时，其锚固段弯折前的竖直投影长度不应小于 $0.5l_a$，弯折后的水平投影长度不宜小于 12 倍的柱纵向钢筋直径。

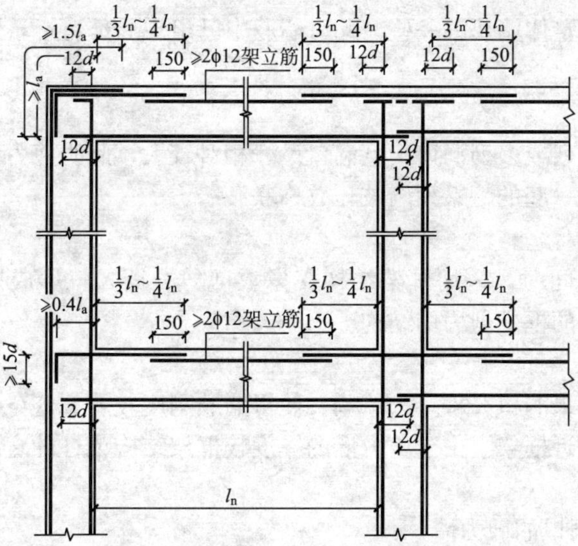

图 3.48　非抗震设计时框架梁、柱纵向钢筋在节点区的锚固要求

(2) 顶层端节点处，在梁宽范围以内的柱外侧纵向钢筋可与梁上部纵向钢筋搭接，搭接长度不应小于 $1.5l_a$；在梁宽范围以外的柱外侧纵向钢筋可伸入现浇板内，其伸入长度与伸入梁内的相同。当柱外侧纵向钢筋的配筋率大于 1.2%时，伸入梁内的柱纵向钢筋宜分两批截断，其截断点之间的距离不宜小于 20 倍的柱纵向钢筋直径。

(3) 梁上部纵向钢筋伸入端节点的锚固长度，直线锚固时不应小于 l_a，且伸过柱中心线的长度不宜小于 5 倍的梁纵向钢筋直径；当柱截面尺寸不足时，梁上部纵向钢筋应伸至节点对边并向下弯折，锚固段弯折前的水平投影长度不应小于 $0.4l_a$，弯折后的竖直投影长度应取 15 倍的梁纵向钢筋直径。

(4) 当计算中不利用梁下部纵向钢筋的强度时，其伸入节点内的锚固长度应取不小于 12 倍的梁纵向钢筋直径。当计算中充分利用梁下部钢筋的抗拉强度时，梁下部纵向钢筋可采用直线方式或向上 90°弯折方式锚固于节点内，直线锚固时的锚固长度不应小于 l_a；弯折锚固时，锚固段的水平投影长度不应小于 $0.4l_a$，竖直投影长度应取 15 倍的梁纵向钢筋直径。

特别提示

梁下部纵筋一般不在跨中截断。

任务 3.2.3　掌握钢筋混凝土房屋剪力墙结构构造

1. 剪力墙结构类别

一般按照剪力墙上洞口的大小、多少及排列方式，将剪力墙分为以下几种类型。

1) 整体墙

没有门窗洞口或只有少量很小的洞口时，可以忽略洞口的存在，这种剪力墙即为整体剪力墙，简称整体墙。

2）小开口整体墙

门窗洞口尺寸比整体墙要大一些，此时墙肢中已出现局部弯矩，这种墙称为小开口整体墙。

3）联肢墙

剪力墙上开有一列或多列洞口，且洞口尺寸相对较大，此时剪力墙的受力相当于通过洞口之间的连梁连在一起的一系列墙肢，故称联肢墙。

4）框支剪力墙

当底层需要大空间时，采用框架结构支撑上部剪力墙，就形成框支剪力墙。在地震区，不容许采用纯粹的框支剪力墙结构。

5）壁式框架

在联肢墙中，如果洞口开得再大一些，使得墙肢刚度较弱、连梁刚度相对较强时，剪力墙的受力特性已接近框架。由于剪力墙的厚度较框架结构梁柱的宽度要小一些，故称壁式框架。

6）开有不规则洞口的剪力墙

有时由于建筑使用的要求，需要在剪力墙上开有较大的洞口，而且洞口的排列不规则，即为此种类型。

需要说明的是，上述剪力墙的类型划分不是严格意义上的划分，严格划分剪力墙的类型还需要考虑剪力墙本身的受力特点。这一点我们在后面具体剪力墙的计算中再进一步讨论。

2. 剪力墙结构构造要求

为保证墙体的稳定及浇灌混凝土的质量，钢筋混凝土剪力墙的截面厚度不应小于楼层净高的1/25，也不应小于140mm。采用装配式楼板时，楼板搁置不能切断或过多削弱剪力墙沿高度的连续性，剪力墙至少应有60％面积与上层相连。在决定墙厚时也应考虑这一因素。

钢筋混凝土剪力墙中，混凝土不宜低于C20级。

剪力墙的配筋有单排及双排配筋两种形式(图3.49)。单排配筋施工方便，但当墙厚度较大时，表面易出现温度收缩裂缝。在山墙及楼梯间一侧的剪力墙，常常有墙体平面外的偏心。因此在多数情况下剪力墙都宜配置双排钢筋，双排钢筋之间要设置拉结筋。

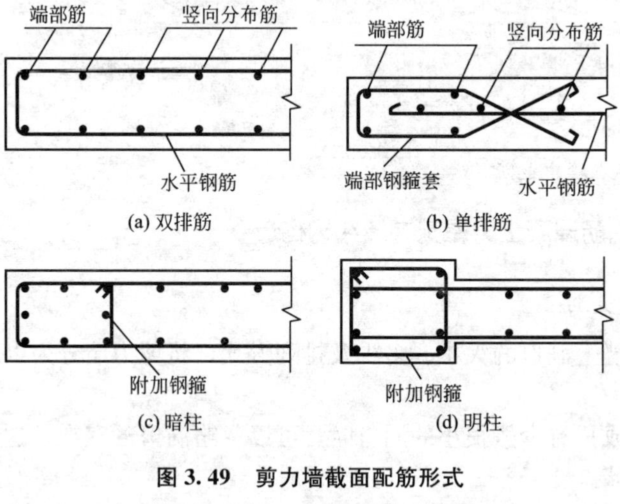

图 3.49 剪力墙截面配筋形式

剪力墙分布钢筋的配置应符合下列要求：一般剪力墙竖向和水平分布筋的配筋率，一、二、三级抗震设计时均不应小于0.25%，四级抗震设计和非抗震设计时均不应小于0.20%；一般剪力墙竖向和水平分布钢筋间距均不应大于300mm，分布钢筋直径均不应小于8mm。

剪力墙竖向及水平分布钢筋的搭接连接，如图3.49所示。

剪力墙上开洞时，洞口边缘必须配置钢筋，必要时应配斜筋以抵抗洞口角部的应力集中。

当洞口较大，按整体小开口墙或联肢墙计算剪力墙内力时，洞口边的钢筋按连梁及墙肢截面计算要求配置，如洞口较小，按整体计算时，洞口按构造要求配置钢筋。每边不少于2ϕ12，钢筋伸过洞口边至少600mm或l_a，如图3.50所示。

当开的洞口很小(如穿管道需要的小洞)，未切断分布筋时，可利用分布筋作洞口边的钢筋。当洞口切断分布筋时，则洞口边应放置构造钢筋，其面积不小于切断的分布筋或不小于2ϕ8。

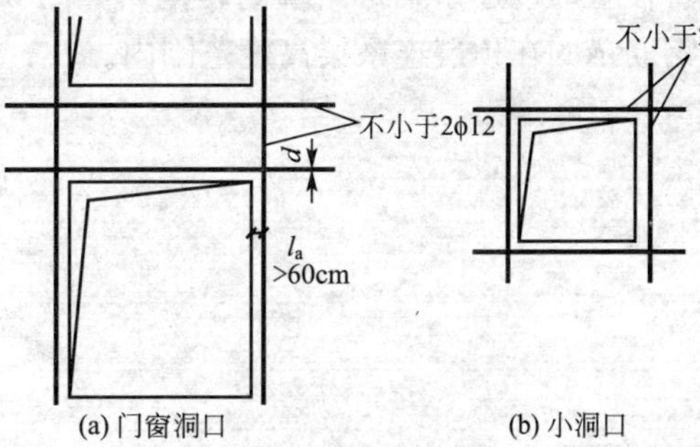

图3.50 洞口配筋

注：抗震时锚固长度为l_{aE}。

任务3.2.4 掌握钢筋混凝土房屋框架-剪力墙结构构造

1. 框架-剪力墙结构的受力特点

框架-剪力墙结构是由框架和剪力墙两类抗侧力单元组成，这两类抗侧力单元的变形和受力特点不同。剪力墙的变形以弯曲型为主，框架的变形以剪切型为主。在框-剪结构中，框架和剪力墙由楼盖连接起来而共同变形。

框-剪结构协同工作时，由于剪力墙的刚度比框架大得多，因此剪力墙负担大部分水平力；另外，框架和剪力墙分担水平力的比例，房屋上部和下部是变化的。在房屋下部，由于剪力墙变形增大，框架变形减小，使得下部剪力墙担负更多剪力，而框架下部担负的剪力较少。在上部，情况恰好相反，剪力墙担负外载减小，而框架担负剪力增大。这样，就使框架上部和下部所受剪力均匀化。从协同变形曲线可以看出，框架结构的层间变形在下部小于纯框架，在上部小于纯剪力墙，因此各层的层间变形也将趋于均匀化。

2. 框架-剪力墙的构造要求

框-剪结构中，剪力墙是主要的抗侧力构件，承担着大部分剪力，因此构造上应加强。

剪力墙的厚度不应小于160mm，也不应小于$h/20$(h为层高)。

剪力墙墙板的竖向和水平方向分布钢筋的配筋率均不应小于0.2%，直径不应小于8mm，间距不应大于300mm，并至少采用双排布置。各排分布钢筋间应设拉筋，拉筋直径不小于6mm，间距不应大于600mm。

剪力墙周边应设置梁(或暗梁)和端柱组成边框。墙中的水平和竖向分布钢筋宜分别贯穿柱、梁或锚入周边的柱、梁中，锚固长度为l_a。端柱的箍筋应沿全高加强配置。

剪力墙水平和竖向分布钢筋的搭接长度不应小于 $1.2l_a$。同排水平分布钢筋的搭接接头之间沿水平方向的净距不宜小于 500mm，如图 3.51 所示。竖向分布钢筋可在同一高度搭接。

剪力墙洞口上、下两边的水平纵向钢筋不应少于 2 根直径 12mm 的钢筋，钢筋截面面积分别不宜小于洞口截断面的水平分布钢筋总截面面积的 1/2。纵向钢筋自洞口边伸入墙内的长度不应小于 l_a。剪力墙洞口边梁应沿全长配置箍筋，箍筋不宜小于 ϕ6@150。在顶层洞口连系梁纵向钢筋伸入墙内的锚固长度范围内，应设置间距不大于 150mm 的箍筋，箍筋直径宜与该连系梁跨内箍筋相同，如图 3.52 所示。同时，门窗洞边的竖向钢筋应按受拉钢筋锚固在顶层连系梁高度范围内。

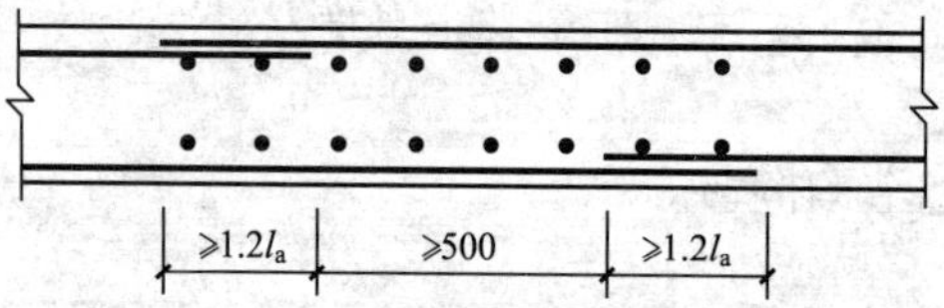

图 3.51　剪力墙内分部钢筋的连接

注：抗震设计时，图中锚固长度为 l_{aE}。

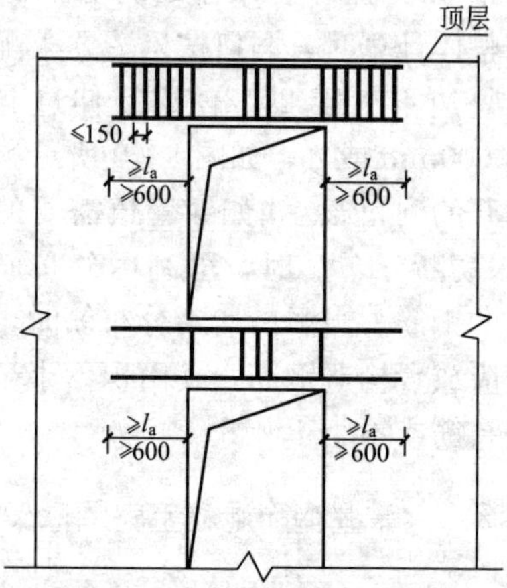

图 3.52　连系梁配筋构造

注：抗震设计时，图中锚固长度为 l_{aE}。

当剪力墙墙面开有非连续小洞口(其各边长度小于 800mm)，且在整体计算中不考虑其影响时，应将洞口处被截断的分布筋量分别集中配置在洞口上、下和左、右两边，且钢筋直径不应小于 12mm，如图 3.53(a)所示。穿过连系梁的管道宜预埋套管，洞口上、下的有效高度不宜小于梁高的 1/3，且不宜小于 200mm，洞口处宜配置补强钢筋，如图 3.53(b)所示。

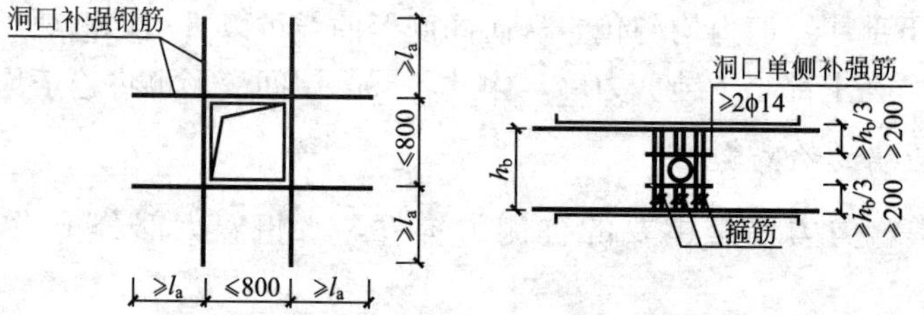

(a) 剪力墙洞口补强　　(b) 连系梁洞口补强

图 3.53　洞口补强配筋示意

注：抗震设计时，图中锚固长度为 l_{aE}。

剪力墙端部应按构造配置不少于 4ϕ12mm 的纵向钢筋，沿纵向钢筋应配置不少于直径 6mm、间距为 250mm 的拉筋。

本模块小结

(1) 我国多高层钢筋混凝土结构应用广泛，其结构体系主要有框架结构、剪力墙结构、框架-剪力墙结构、筒体结构等。

(2) 采用梁、柱组成的框架体系作为建筑竖向承重结构，并同时承受水平荷载时，称其为框架结构体系；钢筋混凝土框架可分为全现浇式、全装配式、装配整体式及半现浇式四种形式。

(3) 用实心的钢筋混凝土墙片作为抗侧力单元，同时由墙片承担竖向荷载的结构体系为剪力墙结构体系；根据剪力墙上开洞不同，可分为整体墙、小开口整体墙、联肢墙、框支剪力墙、壁式框架、开有不规则洞口的剪力墙。

模块 3.3 钢筋混凝土单层工业厂房

教学目标

掌握单层工业厂房的形式、组成及各组成的作用；单层工业厂房的构造要求。

教学要求

知识要点	能力要求	相关知识	所占分值(100分)	自评分数
单层工业厂房结构形式	掌握单层工业厂房的结构形式、组成、各组成的作用	单层工业厂房的结构形式、组成、各组成的作用	40	
单层工业厂房构造	掌握单层工业厂房构造措施	单层工业厂房构造措施	60	

模块导读

单层工业厂房(图3.54)是各类厂房中最普遍、最基本的一种形式，根据选用材料的不同，可以分为

(a)

(b)

图 3.54 单层工业厂房

混合结构、钢筋混凝土结构和钢结构。随着经济的发展，由于钢结构厂房的施工优势明显，钢结构厂房被更加广泛的采用。因此，本模块主要介绍一下单层工业厂房的一些基本知识。

任务 3.3.1 掌握单层厂房结构组成

1. 单层厂房类型

钢筋混凝土单层工业厂房结构按承重体系有两种基本类型：排架结构与刚架结构，如图 3.55 所示。

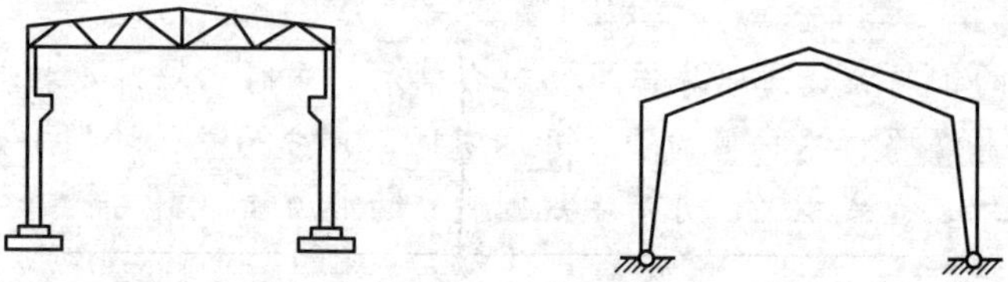

(a) 排架结构　　(b) 刚架结构

图 3.55 钢筋混凝土单层工业厂房的两种基本类型

(1) 排架结构是由屋架(或屋面梁)、柱、基础等构件组成，柱与屋架铰接，与基础刚接。此类结构能承担较大的荷载，在冶金和机械工业厂房中应用广泛，其跨度可达 30m，高度为 20～30m，吊车吨位可达 150t 或 150t 以上。

排架结构的结构形式又有单跨排架、等高排架、不等高排架等形式，如图 3.56 所示。

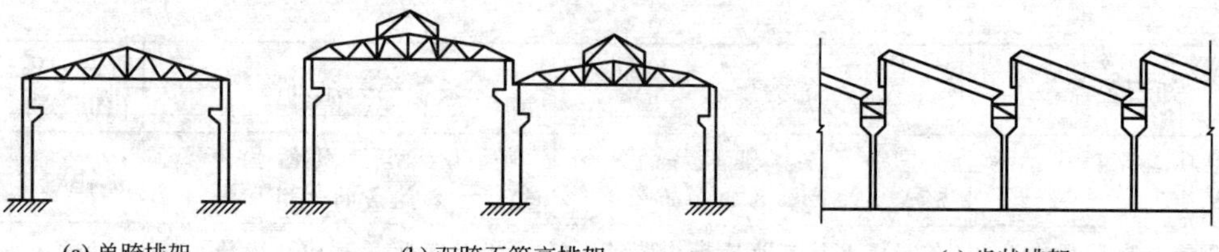

(a) 单跨排架　　(b) 双跨不等高排架　　(c) 齿状排架

图 3.56 单层厂房的结构形式

(2) 刚架结构的主要特点是梁与柱刚接，柱与基础通常为铰接。因梁、柱整体结合，故受荷载后，在刚架的转折处将产生较大的弯矩，容易开裂；另外，柱顶在横梁推力的作用下，将产生相对位移，使厂房的跨度发生变化，故此类结构的刚度较差，仅适用于屋盖较轻的厂房或吊车吨位不超过 10t，跨度不超过 10m 的轻型厂房或仓库等。

2. 结构组成

本模块主要讲述钢筋混凝土铰接排架结构的单层厂房，这类厂房通常由下列结构构件所组成，如图 3.57 所示。

1) 屋盖结构

分无檩和有檩两种体系(图 3.58)，前者由大型屋面板、屋面梁或屋架(包括屋盖支撑)组成；后者由小型屋面板、檩条、屋架(包括屋盖支撑)组成。

屋盖结构有时还有天窗架、托架，其作用主要是维护和承重(承受屋盖结构的自重、屋面活载、雪载和其他荷载，并将这些荷载传给排架柱)，以及采光和通风等。

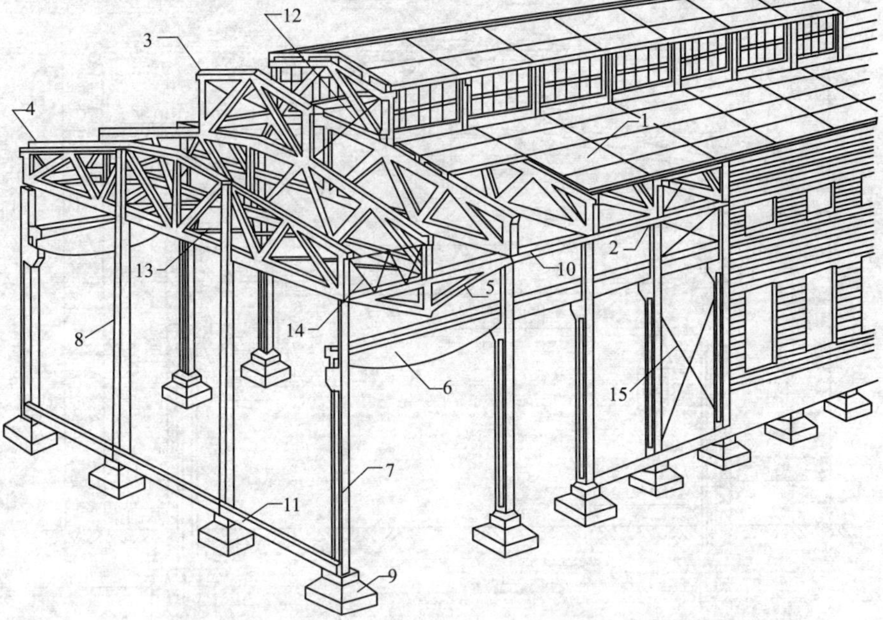

图 3.57　单层厂房的结构组成

1—屋面板；2—天沟板；3—天窗架；4—屋架；5—托架；6—吊车梁；7—排架柱；
8—抗风柱；9—基础；10—连系梁；11—基础梁；12—天窗架垂直支撑；
13—屋架下弦横向水平支撑；14—屋架端部垂直支撑；15—柱间支撑

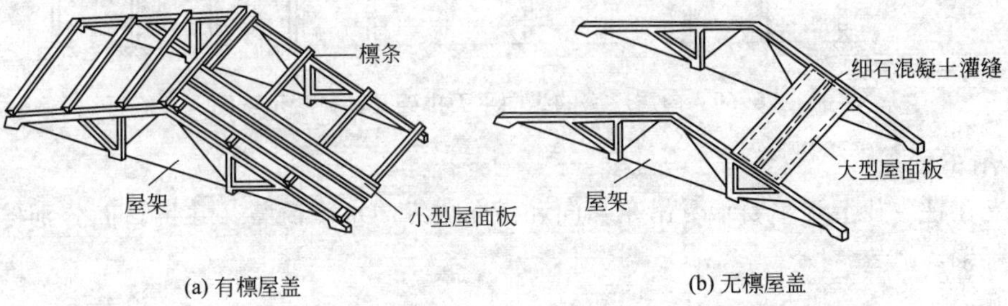

图 3.58　屋盖结构组成

2）横向平面排架

由横梁(屋面梁或屋架)和横向柱列(包括基础)组成，它是厂房的基本承重结构。

厂房结构承受的竖向荷载(结构自重、屋面活载、雪载和吊车竖向荷载等)及横向水平荷载(风载和吊车横向制动力、地震作用)主要通过它将荷载传至基础和地基，如图 3.59 所示。

3）纵向平面排架

由纵向柱列(包括基础)、连系梁、吊车梁和柱间支撑等组成，其作用是保证厂房结构的纵向稳定性和刚度，并承受作用在山墙和天窗端壁并通过屋盖结构传来的纵向风载、吊车纵向水平荷载(图 3.60)、纵向地震作用以及温度应力等。

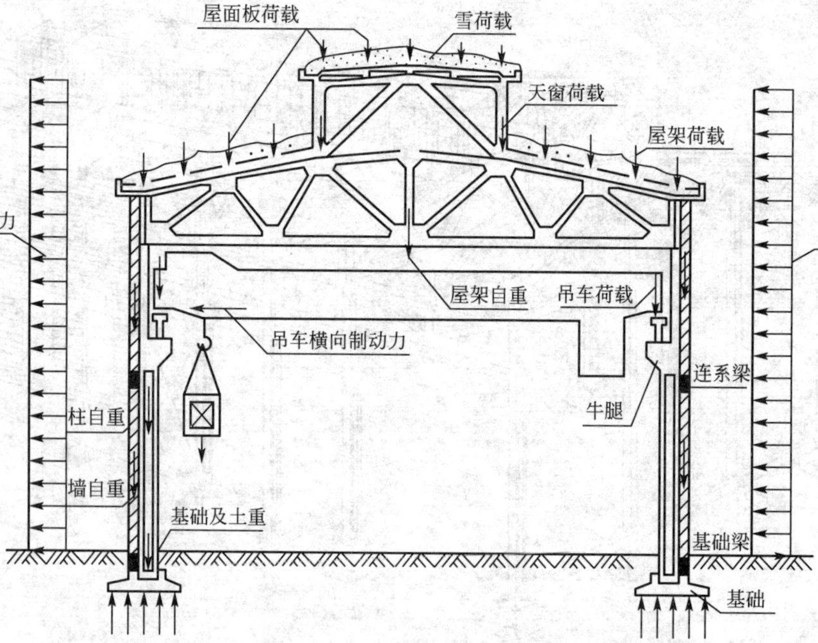

图 3.59　单层厂房的横向平面排架及其荷载示意图

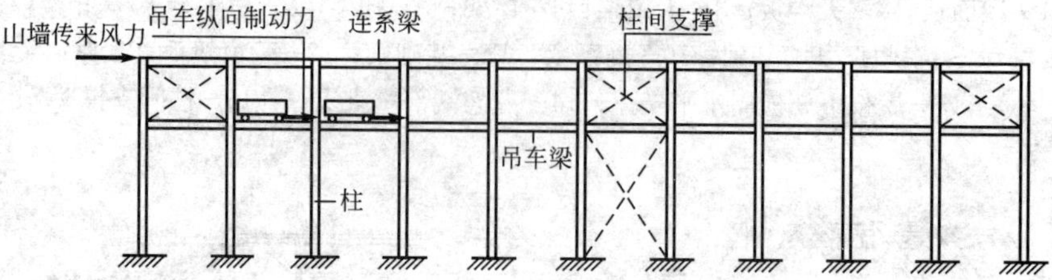

图 3.60　单层厂房的纵向平面排架及其荷载示意图

4）吊车梁

简支在柱牛腿上，主要承受吊车竖向和横向或纵向水平荷载，并将它们分别传至横向或纵向排架。

5）支撑

包括屋盖和柱间支撑，其作用是加强厂房结构的空间刚度，并保证结构构件在安装和使用阶段的稳定和安全。同时起传递风载和吊车水平荷载或地震力的作用。

6）基础

承受柱和基础梁传来的荷载并将它们传至地基。

7）围护结构

包括纵墙和横墙(山墙)及由墙梁、抗风柱(有时还有抗风梁或抗风桁架)和基础梁等组成的墙架。这些构件所承受的荷载，主要是墙体和构件的自重以及作用在墙面上的风荷载。

3. 柱网及变形缝的布置

1）柱网布置

厂房承重柱(或承重墙)的纵向和横向定位轴线，在平面上排列所形成的网格，称为柱网。柱网布置就是确定纵向定位轴线之间(跨度)和横向定位轴线之间(柱距)的尺寸。确定柱网尺寸，既是确定柱的位置，同时也是确定屋面板、屋架和吊车梁等构件的跨度并涉及厂房结构构件的布置。柱网布置恰当与否，将直接影响厂房结构的经济合理性和先进性，对生产使用也有密切关系。

柱网布置的一般原则应为：符合生产和使用要求；建筑平面和结构方案经济合理；在厂房结构形式和施工方法上具有先进性和合理性；符合《厂房建筑统一化基本规则》(TJ6—1974)的有关规定；适应生产发展和技术革新的要求。

厂房跨度在18m及以下时，应采用3m的倍数；在18m以上时，应采用6m的倍数。厂房柱距应采用6m或6m的倍数，如图3.61所示。当工艺布置和技术经济有明显的优越性时，亦可采用21m、27m、33m的跨度和9m或其他柱距。

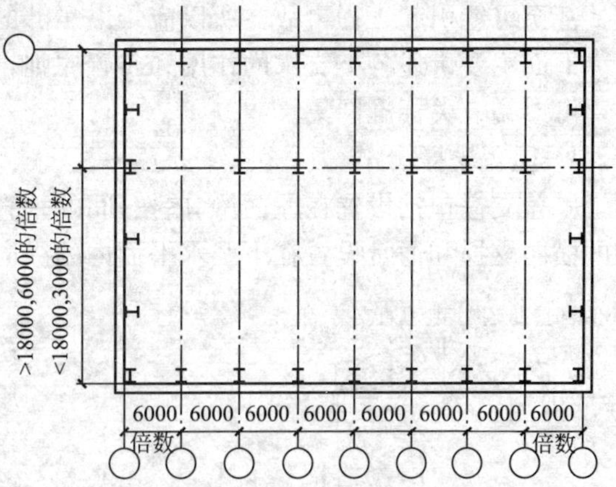

图3.61 柱网布置示意图

目前，从经济指标、材料消耗、施工条件等方面来衡量，一般的，特别是高度较低的厂房，采用6m柱距比12m柱距优越。

但从现代化工业发展趋势来看，扩大柱距，对增加车间有效面积，提高设备布置和工艺布置的灵活性，机械化施工中减少结构构件的数量和加快施工进度等，都是有利的。当然，由于构件尺寸增大，也给制作、运输和吊装带来不便。12m柱距是6m柱距的扩大模数，在大小车间相结合时，两者可配合使用。此外，12m柱距可以利用现有设备做成6m屋面板系统(有托架梁)；当条件具备时又可直接采用12m屋面板(无托架梁)。所以，在选择12m柱距和9m柱距时，应优先采用前者。

2) 变形缝布置

变形缝包括伸缩缝、沉降缝和防震缝三种。

如果厂房长度和宽度过大，当气温变化时，将使结构内部产生很大的温度应力，严重的可将墙面、屋面等拉裂，影响使用。为减小厂房结构中的温度应力，可设置伸缩缝，将厂房结构分成几个温度区段。伸缩缝应从基础顶面开始，将两个温度区段的上部结构构件完全分开。并留出一定宽度的缝隙，使上部结构在气温变化时，水平方向可以自由地发生变形。温度区段的形状，应力求简单，并应使伸缩缝的数量最少。温度区段的长度(伸缩缝之间的距离)，取决于结构类型和温度变化情况。《混凝土规范》对钢筋混凝土结构伸缩缝的最大间距作了规定，当厂房的伸缩缝间距超过规定值时，应验算温度应力。伸缩缝的具体做法见有关建筑构造手册。

在一般单层厂房中可不做沉降缝，只有在特殊情况下才考虑设置，如厂房相邻两部分高度相差很大(如10m以上)、两跨间吊车起重量相差悬殊，地基承载力或下卧层土质有较大差别，或厂房各部分的施工时间先后相差很长，土壤压缩程度不同等情况。沉降缝应将建筑物从屋顶到基础全部分开，以使在缝两边发生不同沉降时不致损坏整个建筑物。沉降缝可兼作伸缩缝。

防震缝是为了减轻厂房地震灾害而采取的有效措施之一。当厂房平、立面布置复杂或结构高度或刚度相差很大，以及在厂房侧边贴建生活间、变电所、炉子间等附属建筑时，应设置防震缝将相邻部分分开。地震区的厂房，其伸缩缝和沉降缝均应符合防震缝的要求。

4. 支撑的作用和布置原则

在装配式钢筋混凝土单层厂房结构中，支撑虽非主要的构件，但却是连系主要结构构件以构成整体的重要组成成分。实践证明，如果支撑布置不当，不仅会影响厂房的正常使用，甚至可能引起工程事故，所以应予以足够的重视。

下面主要讲述各类支撑的作用和布置原则，至于具体布置方法及与其他构件的连接构造，可参阅有关标准图集。

1) 屋盖支撑

屋盖支撑包括设置在屋面梁(屋架)间的垂直支撑、水平系杆以及设置在上、下弦平面内的横向支撑和通常设置在下弦水平面内的纵向水平支撑。

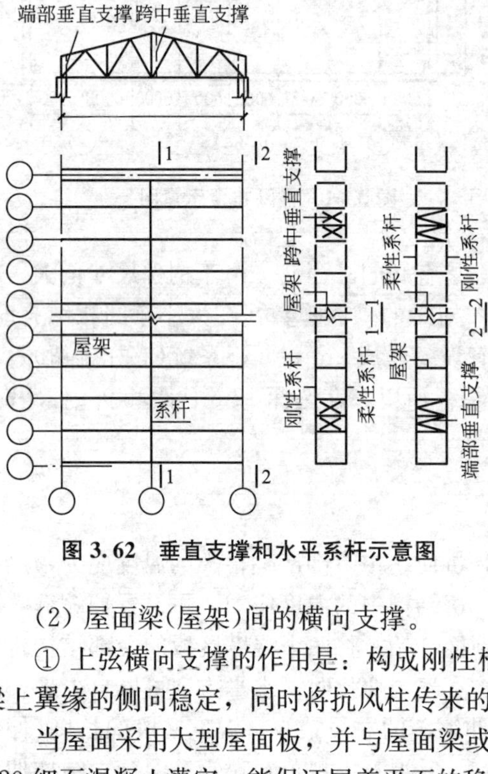

图 3.62　垂直支撑和水平系杆示意图

(1) 屋面梁(屋架)间的垂直支撑及水平系杆(图 3.62)。垂直支撑和下弦水平系杆是用以保证屋架的整体稳定(抗倾覆)以及防止在吊车工作时(或有其他振动)屋架下弦的侧向颤动。上弦水平系杆则用以保证屋架上弦或屋面梁受压翼缘的侧向稳定(防止局部失稳)。

当屋面梁(或屋架)的跨度 $l>18$m 时，应在第一或第二柱间设置端部垂直支撑并在下弦设置通常水平系杆；当 $l\leqslant18$m，且无天窗时，可不设垂直支撑和水平系杆；仅对梁支座进行抗倾覆验算即可。当为梯形屋架时，除按上述要求处理外，必须在伸缩缝区段两端第一或第二柱间内，在屋架支座处设置端部垂直支撑。

(2) 屋面梁(屋架)间的横向支撑。

① 上弦横向支撑的作用是：构成刚性框，增强屋盖整体刚度，保证屋架上弦或屋面梁上翼缘的侧向稳定，同时将抗风柱传来的风力传递到(纵向)排架柱顶。

当屋面采用大型屋面板，并与屋面梁或屋架有三点焊接，并且屋面板纵肋间的空隙用C20 细石混凝土灌实，能保证屋盖平面的稳定并能传递山墙风力时，则认为可起上弦横向支撑的作用，这时不必再设置上弦横向支撑。凡屋面为有檩体系，或山墙风力传至屋架上弦而大型屋面板的连接又不符合上述要求时，则应在屋架上弦平面的伸缩缝区段内两端各设一道上弦横向支撑，当天窗通过伸缩缝时，应在伸缩缝处天窗缺口下设置上弦横向支撑(图 3.63)。

② 下弦横向水平支撑的作用是：保证将屋架下弦受到的水平力传至(纵向)排架柱顶，故当屋架下弦设有悬挂吊车或受有其他水平力，或抗风柱与屋架下弦连接，抗风柱风力传至下弦时，则应设置下弦横向水平支撑。

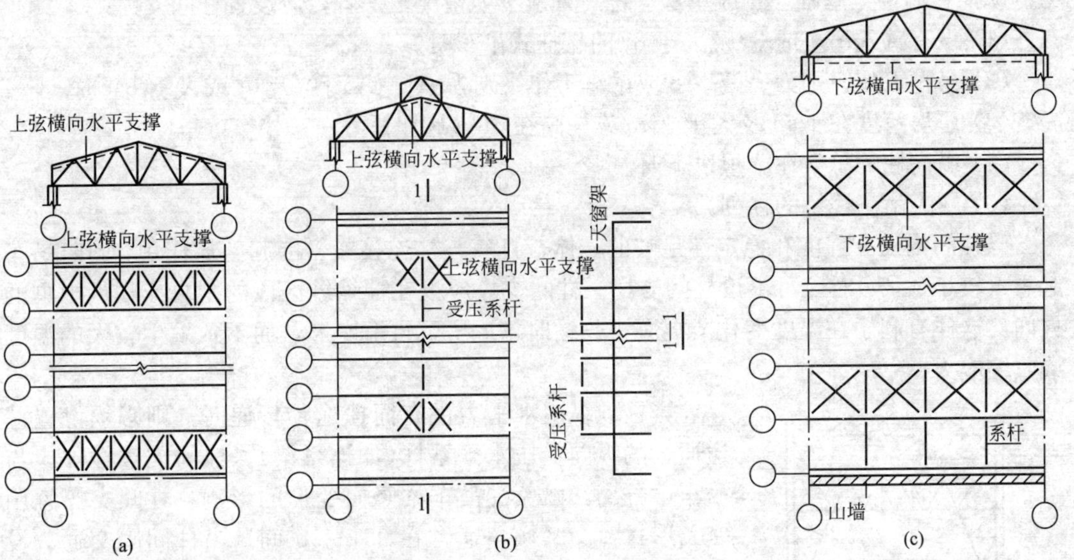

图 3.63 上、下弦横向水平支撑布置

(3) 屋面梁(屋架)间的纵向水平支撑。下弦纵向水平支撑是为了提高厂房刚度，保证横向水平力的纵向分布，增强排架的空间工作性能而设置的。设计时应根据厂房跨度、跨数和高度，屋盖承重结构方案，吊车吨位及工作制等因素考虑在下弦平面端节点中设置。当厂房没有托架时，必须设置纵向水平支撑，如图 3.64(a)所示；如厂房还设有横向支撑时，则纵向支撑应尽可能同横向支撑形成封闭支撑体系，如图 3.64(b)所示；如果只在部分柱间设有托架，则必须在设有托架的柱间和两端相邻的一个柱间设置纵向水平支撑以承受屋架传来的横向风力。

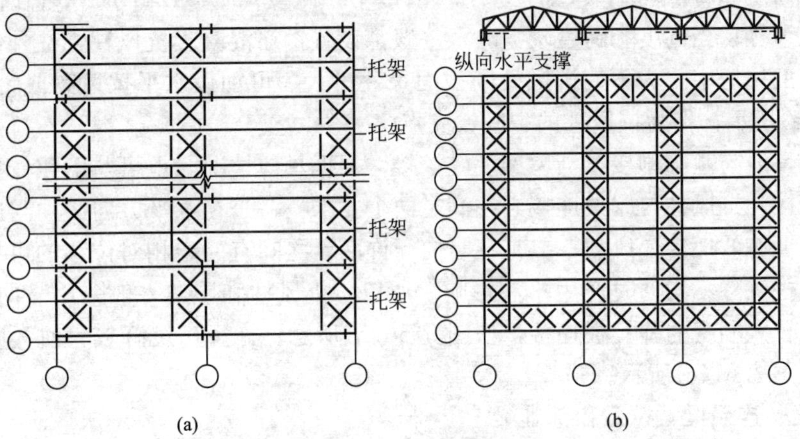

图 3.64 纵向水平支撑布置

2）柱间支撑

柱间支撑的作用主要是提高厂房的纵向刚度和稳定性。对于有吊车的厂房，柱间支撑分上部和下部两种，前者位于吊车梁上部，用以承受作用在山墙上的风力并保证厂房上部的纵向刚度；后者位于吊车梁下部，承受上部支撑传来的力和吊车梁传来的吊车纵向制动力，并把它们传至基础。一般单层厂房，凡属下列情况之一者，应设置柱间支撑：

(1) 设有臂式吊车或3t及大于3t的悬挂式吊车时。

(2) 吊车工作级别为A6～A8或吊车工作级别为A1～A5且在10t或大于10t时。

(3) 厂房跨度在18m及大于18m或柱高在8m以上时。

(4) 纵向柱的总数在7根以下时。

(5) 露天吊车栈桥的柱列。

当柱间内设有强度和稳定性足够的墙体，且其与柱连接紧密能起整体作用，同时吊车起重量较小(≤5t)时，可不设柱间支撑。柱间支撑应设在伸缩缝区段的中央或临近中央的柱间。这样有利于在温度变化或混凝土收缩时，厂房可自由变形，而不致发生较大的温度或收缩应力。

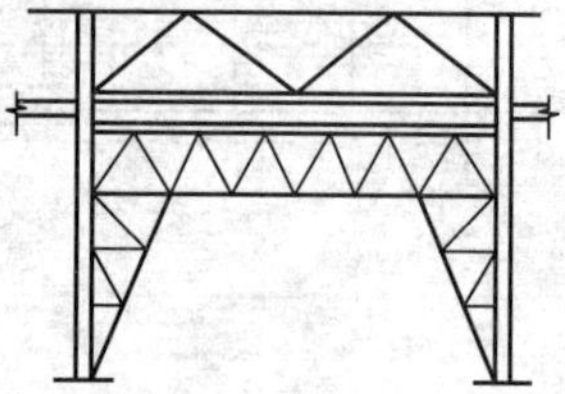

图3.65　门架式支撑

当柱顶纵向水平力没有简捷途径传递时，则必须设置一道通长的纵向受压水平系杆(如连系梁)。柱间支撑杆件应与吊车梁分离，以免受吊车梁竖向变形的影响。柱间支撑宜用交叉形式，交叉倾角通常在35°～55°间。当柱间因交通、设备布置或柱距较大而不宜或不能采用交叉式支撑时，可采用如图3.65所示的门架式支撑。柱间支撑一般采用钢结构，杆件截面尺寸应经强度和稳定性验算。

5. 抗风柱、圈梁、连系梁、过梁和基础梁的作用及布置原则

1) 抗风柱

单层厂房的端墙(山墙)，受风面积较大，一般需要设置抗风柱将山墙分成几个区格，使墙面受到的风载一部分(靠近纵向柱列的区格)直接传至纵向柱列，另一部分则经抗风柱下端直接传至基础和经上端通过屋盖系统传至纵向柱列。

当厂房高度和跨度均不大(如柱顶在8m以下，跨度为9～12m)时，可在山墙设置砖壁柱作为抗风柱；当高度和跨度较大时，一般都设置钢筋混凝土抗风柱，柱外侧再贴砌山墙。在很高的厂房中，为不使抗风柱的截面尺寸过大，可加设水平抗风梁或钢抗风桁架，如图3.66(a)所示，作为抗风柱的中间铰支点。

抗风柱一般与基础刚接，与屋架上弦铰接，根据具体情况，也可与下弦铰接或同时与上、下弦铰接。抗风柱与屋架连接必须满足两个要求：一是在水平方向必须与屋架有可靠的连接以保证有效地传递风载；二是在竖向允许两者之间有一定相对位移的可靠性，以防厂房与抗风柱沉降不均匀时产生不利影响。所以，抗风柱和屋架一般采用竖向可以移动，水平向又有较大刚度的弹簧板连接，如图3.66(b)所示；如厂房沉降较大时，则宜采用螺栓连接，如图3.61(c)所示。

2) 圈梁、连系梁、过梁和基础梁

当用砖作为厂房围护墙时，一般要设置圈梁、连系梁、过梁及基础梁。

圈梁的作用是将墙体同厂房柱箍在一起，以加强厂房的整体刚度，防止由于地基的不均匀沉降或较大振动荷载引起对厂房的不利影响。圈梁设置于墙体内，和柱连接仅起拉结作用。圈梁不承受墙体重量，所以柱上不设置支承圈梁的牛腿。

圈梁的布置与墙体高度、对厂房刚度的要求以及地基情况有关。对于一般单层厂房，可参照下述原则布置：对无桥式吊车的厂房，当墙厚≤240mm，檐高为5～8m时，应在

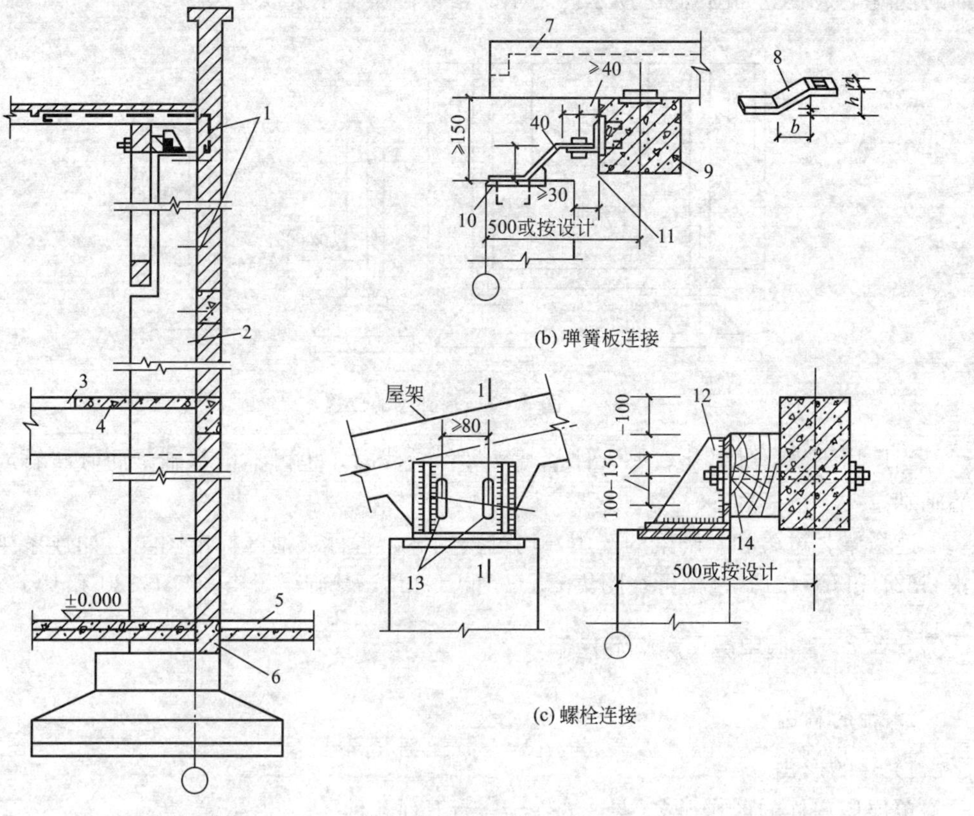

(a) 抗风柱

(b) 弹簧板连接

(c) 螺栓连接

图 3.66　抗风柱及连接示意图

1—锚拉钢筋；2—抗风柱；3—吊车梁；4—抗风梁；5—散水坡；6—基础梁；
7—屋面纵筋或檩条；8—弹簧板；9—屋架上弦；10—柱中预埋件；11—螺栓；
12—加劲板；13—长圆孔；14—硬木块

檐口附近布置一道，当檐高大于 8m 时，宜增设一道；对有桥式吊车或有极大震动设备的厂房，除在檐口或窗顶布置外，尚宜在吊车梁处或墙中适当位置增设一道，当外墙高度大于 15m 时，还应适当增设。

圈梁应连续设置在墙体的同一平面上，并尽可能沿整个建筑物形成封闭状。当圈梁被门窗洞口切断时，应在洞口上部墙体中设置一道附加圈梁(过梁)，其截面尺寸不应小于被切断的圈梁。两者搭接长度的要求可参阅《砌体结构》。

连系梁的作用是连系纵向柱列，以增强厂房的纵向刚度并传递风载到纵向柱列。此外，连系梁还承受其上部墙体的重量。连系梁通常是预制的，两端搁置在柱牛腿上，其连接可采用螺栓连接或焊接连接。过梁的作用是承托门窗洞口上部墙体重量。

在进行厂房结构布置时，应尽可能将圈梁、连系梁和过梁结合起来，以节约材料、简化施工，使一个构件在一般厂房中，能起到两种或三种构件的作用。通常用基础梁来承托围护墙体的重量，而不另做墙基础。基础梁底部距土壤表面应预留 100mm 的空隙，使梁可随柱基础一起沉降。当基础梁下有冻胀性土时，应在梁下铺设一层干砂、碎砖或矿渣等松散材料，并预留 50～150mm 的空隙，这可防止土壤冻结膨胀时将梁顶裂。基础梁与柱一般不要求连接，将基础梁直接放置在柱基础杯口上或当基础埋置较深时，放置在基础上面的混凝土垫块上如图 3.67 所示。施工时，基础梁支承处应坐浆。

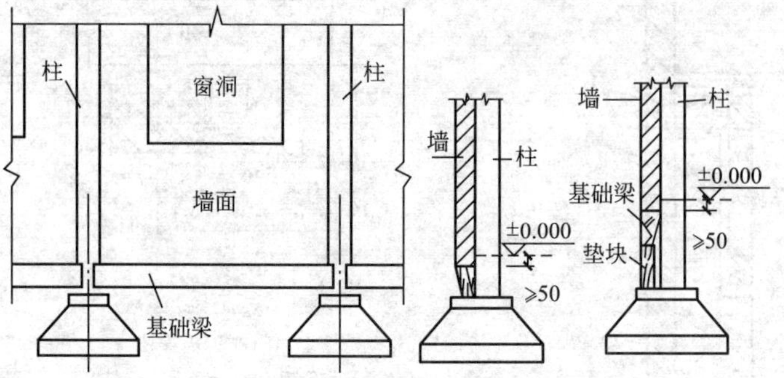

图 3.67　基础梁的位置

当厂房不高、地基比较好、柱基础又埋得较浅时，也可不设基础梁而做砖石或混凝土墙基础。

连系梁、过梁和基础梁的选用，均可查国标、省标或地区标准图集，如连系梁可查图集 G321 和 CG421，过梁可查图集 G322 和 CG422，基础梁可查图集 G320 和 CG420。

任务 3.3.2　掌握单层厂房构造措施

1. 柱的构造

1）柱的形式

单层厂房柱的形式很多(图 3.68)，分为下列几种。

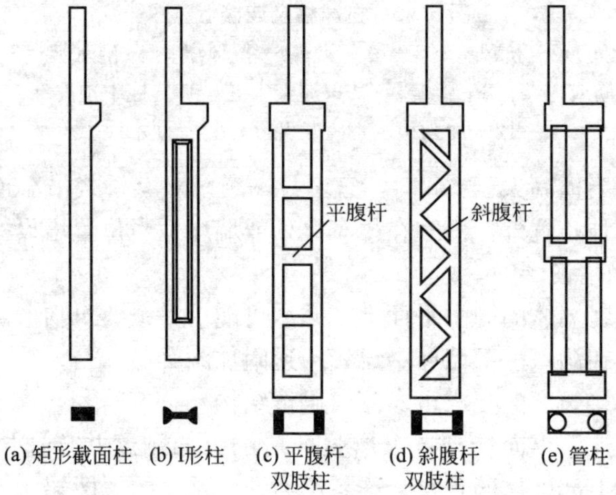

图 3.68　柱的形式

矩形截面柱：如图 3.68(a)所示，其外形简单，施工方便，但自重大，经济指标差，主要用于截面高度 $h \leqslant 700$mm 的偏压柱。

I形柱：如图 3.68(b)所示，能较合理地利用材料，在单层厂房中应用较多，已有全国通用图集可供设计者选用。但当截面高度 $h \geqslant 1600$mm 后，自重较大，吊装较困难，故使用范围受到一定限制。

双肢柱：如图 3.68(c)、(d)所示，可分为平腹杆与斜腹杆两种。前者构造简单，制造方便，在一般情况下受力合理，且腹部整齐的矩形孔洞便于布置工艺管道，故应用较广泛。当承受较大水平荷载时，宜采用具有桁架受力特点的斜腹杆双肢柱。双肢柱与I形柱相比，自重较轻，但整体刚度较差，构造复杂，用钢量稍多。

管柱：如图 3.68(e)所示，可分为圆管混凝土柱、方管(外方内圆)混凝土柱及钢管混凝土柱三种。前两种采用离心法生产，质量好，自重轻，但受高速离心制管机的限制，且节点构造较复杂；后一种利用方钢管或圆钢管内浇膨胀混凝土后，可形成自应力(预应力)钢管混凝土柱，可承受较大荷载作用。

单层厂房柱的形式虽然很多，但在同一工程中，柱型及规格宜统一，以便为施工创造有利条件。通常应根据有无吊车、吊车规格、柱高和柱距等因素，做到受力合理、模板简单、节约材料、维护简便，同时要因地制宜，考虑制作、运输、吊装及材料供应等具体情况。一般可按柱截面高度 h 参考以下原则选用：

当 $h \leqslant 500$mm 时，采用矩形截面柱。

当 $600 \leqslant h \leqslant 800$mm 时，采用矩形截面柱或I形柱。

当 $900 \leqslant h \leqslant 1200$mm 时，采用I形柱。

当 $1300 \leqslant h \leqslant 1500$mm 时，采用I形柱或双肢柱。

当 $h \geqslant 1600$mm 时，采用双肢柱。

柱高 h 可按表 3-17 确定，柱的常用截面尺寸，边柱查表 3-18，中柱查表 3-19。对于管柱或其他柱型可根据经验和工程具体条件选用。

表 3-17　6m 柱距可不做刚度验算的柱截面最小尺寸

项目	简图	适用条件		截面高度 h	截面宽度 b
无吉车厂房	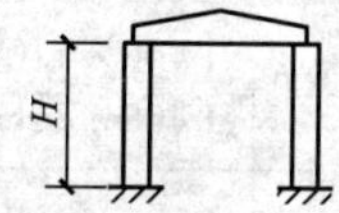	单跨		$\frac{H}{18}$	$\frac{H}{30}$ 及 300mm
		多跨		$\frac{H}{20}$	$r=105$mm 及 $d=300$mm 管柱
有吊车厂房	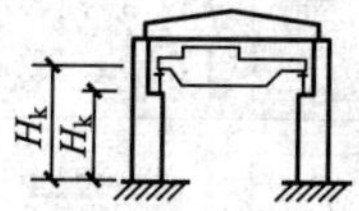	$G<10$t		$\frac{H_k}{14}$	$\frac{H_k}{20}$ 及 400mm $r=\frac{H_k}{85}$ 及 $d=400$mm 管柱
		$G=15\sim20$t	$H_k \leqslant 10$m	$\frac{H_k}{11}$	
			$H_k \geqslant 12$m	$\frac{H_k}{13}$	
		$G=30$t	$H_k \leqslant 10$m	$\frac{H_k}{10}$	
			$H_k \geqslant 12$m	$\frac{H_k}{12}$	
		$G=50$t	$H_k \leqslant 11$m	$\frac{H_k}{9}$	
			$H_k \geqslant 13$m	$\frac{H_k}{11}$	
		$G=75\sim100$t	$H_k \leqslant 12$m	$\frac{H_k}{9}$	
			$H_k \geqslant 14$m	$\frac{H_k}{10}$	

（续）

项目	简图	适用条件	截面高度 h	截面宽度 b
露天吊车栈桥	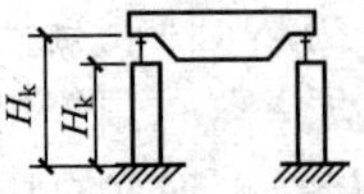	$G<10t$	$\frac{H_k}{10}$	$\frac{H_k}{25}$及400mm
		$G=15\sim30t$	$\frac{H_k}{9}$	
		$G=50t$	$\frac{H_k}{8}$	

注：① 表中G为吊车起重量；r为管柱单管回转半径；d为单管外径。

② 有吊车厂房表中数值适用于重级工作制；当为中级工作制时截面高度h可乘以系数0.95。

③ 屋盖为有檩体系，且无下弦纵向水平支撑时住截面高度宜适当增大。

④ 当柱截面为平腹杆双肢柱及斜腹杆双肢柱时柱截面高度h应分别乘以系数1.1及1.05。

表3-18　单层厂房边柱常用截面　　单位：mm

吊车起重量（t）	轨顶标高（m）	6m柱距		12m柱距	
		上柱	下柱	上柱	下柱
≤5	6～7.8	矩400×400	矩400×600	矩400×400	I400×700×100×100
10	8.4	矩400×400	I400×700×100×100 （矩400×600）	矩400×400	I400×800×150×100
	10.2	矩400×400	I400×800×150×100 （I400×700×100×100）	矩400×400	I400×900×150×100
15～20	8.4	矩400×400	I400×900×150×100 （I400×800×150×100）	矩400×400	I400×1000×150×100 （I400×900×150×100）
	10.2	矩400×400	I400×1000×150×100 （I400×900×150×100）	矩400×400	I400×1100×150×100 （I400×1000×150×100）
	12.0	矩500×400	I500×1000×200×120 （I500×900×150×120）	矩500×400	I500×1000×200×120 （I500×1000×200×120）
30/5	10.2	矩500×500 （矩400×500）	I500×1000×200×120 （I×400×1000×150×100）	矩500×500	I500×1100×200×120 （I500×1000×200×120）
	12.0	矩500×500	I500×1100×200×120 （I500×1000×200×120）	矩500×500	I500×1200×200×120 （I500×1100×200×120）
	14.4	矩600×500	I600×1200×200×120	矩600×500	I600×1300×200×120 （I600×1200×200×120）
50/10	10.2	矩500×600	I500×1200×200×120 （I500×1100×200×120）	矩500×600	I500×1400×200×120 （I500×1200×200×120）
	12.0	矩500×600	I500×1300×200×120 （I500×1200×200×120）	矩500×600	I500×1400×200×120
	14.0	矩600×600	（I600×1400×200×120）	矩600×600	双600×1600×300 （I600×1400×200×120）

（续）

吊车起重量（t）	轨顶标高（m）	6m柱距		12m柱距	
		上柱	下柱	上柱	下柱
75/20	12.0	矩600×900	I 600×1400×200×120	矩600×900	双600×1800×300 （双600×1600×300）
	14.4	矩600×900	双600×1600×300	矩600×900	双600×2000×350① （双600×1600×300）
	16.2	矩700×900	双700×1800×300	矩700×900	双700×2000×250
100/20	12.0	矩600×900	双600×1600×300	矩600×900	双600×2000×350 （双600×1800×300）
	14.4	矩600×900	双600×1800×300 （双600×1600×300）	矩600×900	双600×2200×350 （双600×2000×350）
	16.2	矩700×900	双700×2000×350	矩700×900	双700×2200×350

注：刚度控制的截面。

表3-19　单层厂房中柱常用截面　　单位：mm

吊车起重量（t）	轨顶标高（m）	6m柱距		12m柱距	
		上柱	下柱	上柱	下柱
≤5	6～7.8	矩400×600	矩400×600	矩400×600	矩400×800
10	8.4 10.2	矩400×600 矩400×600	I 400×800×100×100 I 400×900×150×100	矩500×600 矩500×600	I 500×1100×200×120 I 500×1100×200×120
15～20	8.4 10.2 12.0	矩400×600 矩400×600 矩500×600	I 400×900×150×100 （I 400×800×150×100） I 400×1000×150×100 （I 400×800×150×100） I 500×1000×150×120	矩500×600 矩500×600 矩500×600	双500×1600×300 双500×1600×300 双500×1600×300
30/5	10.2 12.0 14.4	矩500×600 矩500×600 矩600×600	I 500×1100×200×120 I 500×1200×200×120 I 600×1200×200×120	矩500×700 矩500×700 矩600×700	双500×1600×300 双500×1600×300 双600×1600×300
50/10	10.2 12.0 14.4	矩500×700 矩500×700 矩600×700	I 500×1300×200×120 I 500×1400×200×120 I 600×1400×200×120	矩600×700 矩600×700 矩600×700	双600×1800×300 双600×1800×300 双600×1800×300
75/20	12.0 14.4 16.2	矩600×900 矩600×900 矩700×900	双600×2000×350 双600×2000×350 双700×2000×350	矩600×900 矩600×900 矩700×900	双600×2000×350 双600×2000×350 双600×2000×350
100/20	12.0 14.4 16.2	矩600×900 矩600×900 矩700×900	双600×2000×350 双600×2000×350 双700×2000×350	矩600×900 矩600×900 矩700×900	双600×2000×350 双600×2200×350 双700×2200×350

2）柱的截面尺寸

使用阶段柱截面尺寸除应保证具有足够的承载力外，还应有一定的刚度以免造成厂房横向和纵向变形过大，发生吊车轮和轨道的过早磨损，影响吊车正常运行或导致墙和屋盖产生裂缝，影响厂房的使用。柱的截面尺寸可按表 3 - 17～3 - 19 确定。

I形柱的翼缘高度不宜小于 120mm，腹板厚度不应小于 100mm，当处于高温或侵蚀性环境中，翼缘和腹板的尺寸均应适当增大。I形柱的腹板可以开孔洞，当孔洞的横向尺寸小于柱截面高度的一半，竖向尺寸小于相邻两孔洞中距的一半时，柱的刚度可按实腹工形柱计算，承载力计算时应扣除孔洞的削弱部分。当开孔尺寸超过上述范围时，则应按双肢柱计算。

3）吊装运输阶段的验算

单层厂房施工时，往往采用预制柱，现场吊装装配，故柱经历运输、吊装工作阶段。

柱在吊装运输时的受力状态与其使用阶段不同，故应进行施工阶段的承载力及裂缝宽度验算。

吊装时柱的混凝土强度一般按设计强度的 70％考虑，当吊装验算要求高于设计强度的 70％方可吊装时，应在设计图上予以说明。

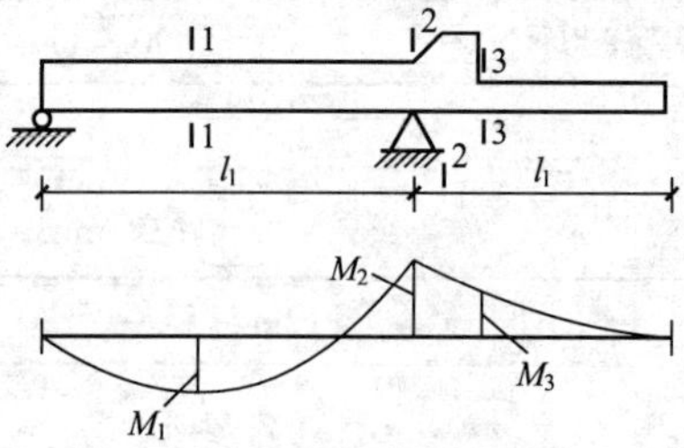

图 3.69　柱的吊装验算

如图 3.69 所示吊点一般设在变阶处，故应按图中的 1—1、2—2、3—3 三个截面进行吊装时的承载力和裂缝宽度的验算。验算时，柱自重采用设计值，并乘以动力系数 1.5。

承载力验算时，考虑到施工荷载下的受力状态为临时性质，安全等级可降一级使用。裂缝宽度验算时，可采用受拉钢筋应力为：

$$\sigma_s=\frac{M}{0.87h_0A_s} \tag{3-14}$$

求出 σ_s 后，可按混凝土结构设计原理确定裂缝宽度是否满足要求。当变阶处柱截面验算钢筋不满足要求时，可在该局部区段附加配筋。运输阶段的验算，可根据支点位置，按上述方法进行。

2. 牛腿构造

单层厂房排架柱一般都带有短悬臂(牛腿)以支承吊车梁、屋架及连系梁等，并在柱身不同标高处设有预埋件，以便和上述构件及各种支撑进行连接，如图 3.70 所示为几种常见的牛腿形式。下面分别就牛腿和预埋件的设计进行讨论。

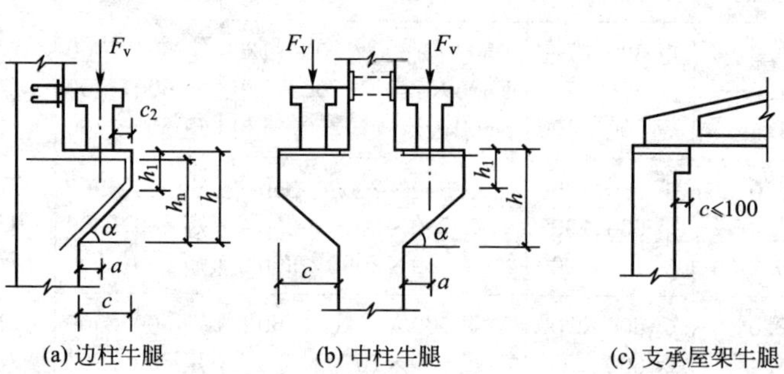

(a) 边柱牛腿　(b) 中柱牛腿　(c) 支承屋架牛腿

图 3.70　几种常见的牛腿形式

1）牛腿的受力特点

(1) 牛腿的受力特点，破坏形态与计算简图。如图 3.71 所示，牛腿指的是其上荷载

F_v 的作用点至下柱边缘的距离 $a \leqslant h_0$（短悬臂梁的有效高度）的短悬臂梁。它的受力性能与一般的悬臂梁不同，属变截面深梁。如图 3.71 所示是一环氧树脂牛腿模型（$a/h_0=0.5$）的光弹试验结果。从图中可看出，主拉应力的方向基本上与牛腿的上表面平行，且分布较均匀；主压应力则主要集中在从加载点到牛腿下部转角点的连线附近，这与一般悬臂梁有很大的区别。试验表明，在吊车的竖向和水平荷载作用下，随着 a/h_0 值的变化，牛腿呈现出下列几种破坏形态，如图 3.72 所示。当 $a/h_0<0.1$ 时，发生剪切破坏；当 $a/h_0=0.1 \sim 0.75$ 时，发生斜压破坏；当 $a/h_0>0.75$ 时，发生弯压破坏；当牛腿上部由于加载板太小而导致混凝土强度不足时，发生局压破坏。常用牛腿的 $a/h_0=0.1 \sim 0.75$，其破坏形态为斜压破坏。试验验证的破坏特征是：随着荷载增加，首先牛腿上表面与上柱交接处出现垂直裂缝，但它始终开展很小（当配有足够受拉钢筋时），对牛腿的受力性能影响不大，当荷载增至 40%～60%的极限荷载时，在加载板内侧附近出现斜裂缝①［图 3.72(b)］，并不断发展；当荷载增至 70%～80%的极限荷载时，在裂缝①的外侧附近出现大量短小斜裂缝；随着荷载继续增加，当这些短小斜裂缝相互贯通时，混凝土剥落崩出，表明斜压主压应力已达 f_c，牛腿即宣告破坏。也有少数牛腿在斜裂缝①发展到相当稳定后，如图 3.72(c)所示，突然从加载板外侧出现一条通长斜裂缝②，然后随此斜裂缝的开展，牛腿破坏。破坏时，牛腿上部的纵向水平钢筋象桁架的拉杆一样，从加载点到固定端的整个长度上，其应力近于均匀分布，并达到 f_y

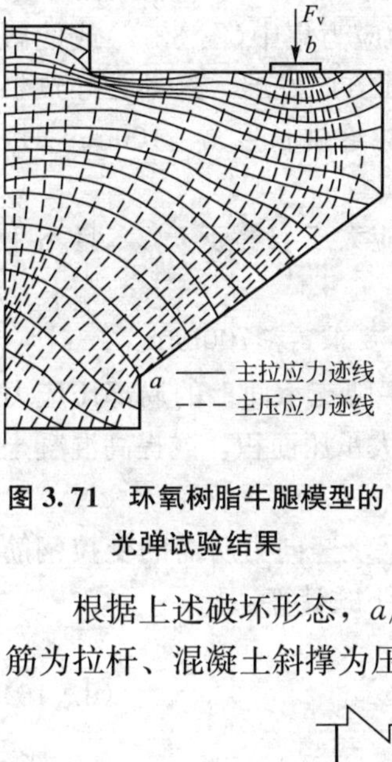

图 3.71　环氧树脂牛腿模型的光弹试验结果

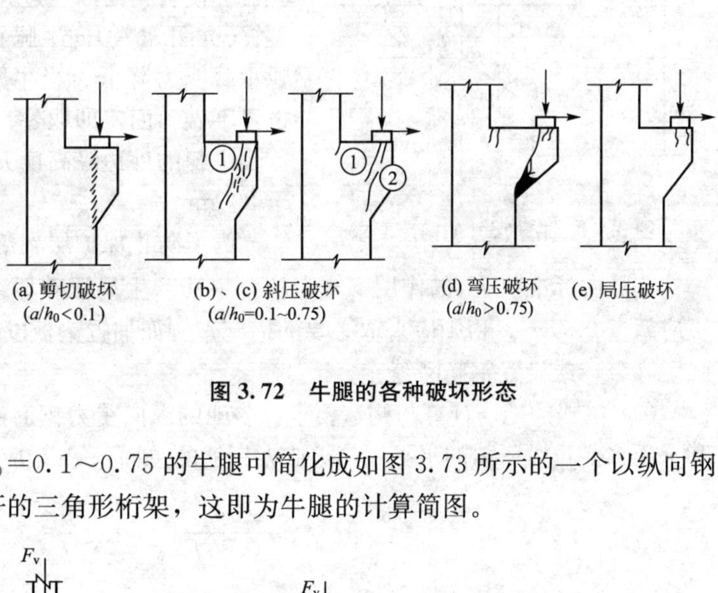

图 3.72　牛腿的各种破坏形态

根据上述破坏形态，$a/h_0=0.1 \sim 0.75$ 的牛腿可简化成如图 3.73 所示的一个以纵向钢筋为拉杆、混凝土斜撑为压杆的三角形桁架，这即为牛腿的计算简图。

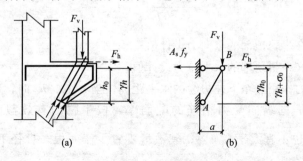

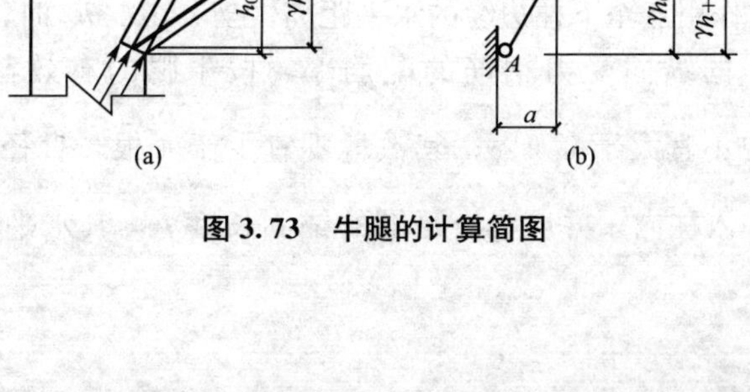

图 3.73　牛腿的计算简图

(2) 牛腿的尺寸。牛腿的宽度与柱宽相同。牛腿的高度 h 是按抗裂要求确定的。因牛腿负载很大，设计时应使其在使用荷载下不出现裂缝。由上述受力分析可知，影响牛腿第一条斜裂缝出现的主要参数是剪跨比 a/h_0、水平荷载 F_{hk} 与竖向荷载 F_{vk} 的值。根据试验回归分析，可得以下计算公式：

$$F_{vk} \leqslant \beta\left(1-0.5\frac{F_{hk}}{F_{vk}}\right)\frac{f_{tk}bh_0}{0.5+\frac{a}{h_0}} \tag{3-15}$$

式中 F_{vk}——作用于牛腿顶部按荷载效应标准组合计算的竖向力值；

F_{hk}——作用于牛腿顶部按荷载效应标准组合计算的水平拉力值；

β——裂缝控制系数(对支撑吊车梁的牛腿，取 $\beta=0.65$；对其他牛腿，取 $\beta=0.80$)；

a——竖向力的作用点至下柱边缘的水平距离，此时应考虑安装偏差 20mm；当考虑安装偏差后的竖向力作用点仍位于下柱截面以内时，取 $a=0$；

b——牛腿宽度；

h_0——牛腿与下柱交接处的垂直截面的有效高度，$h_0=h_1-a_s+c\cdot\tan\alpha$(当 $\alpha>45°$ 时，取 $\alpha=45°$；c 为下柱边缘到牛腿外缘的水平长度)。

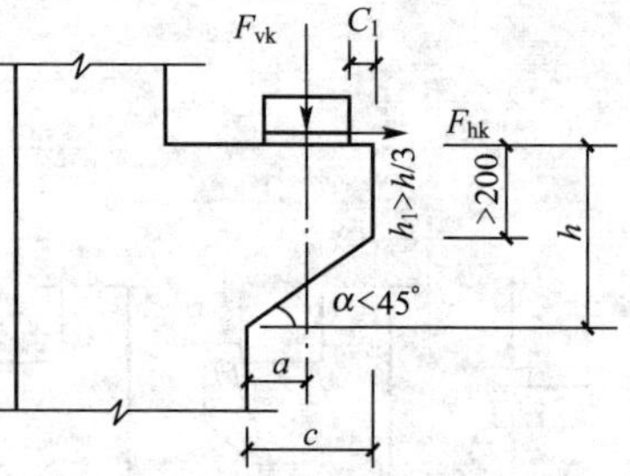

图 3.74 牛腿尺寸的构造要求

牛腿尺寸的构造要求如图 3.74 所示。

牛腿底面的倾角 α 不应大于 45°，因为倾角 α 过大，会使折角处产生过大的应力集中(图 3.72)或使斜裂缝①(图 3.72)向牛腿斜面方向发展，这都会导致牛腿承载能力降低。当牛腿的悬挑长度 $c\leqslant 100$mm 时，也可不做斜面，即取 $\alpha=0$。

牛腿的外边缘高度 h_1 应大于或等于 $h/2$，且不小于 200mm。

为了防止保护层剥落，要求 $c_1\geqslant 700$mm。

在竖向标准值 F_{vk} 的作用下，为防止牛腿产生局压破坏，牛腿支承面上的局部压应力不应超过 $0.75f_c$，否则应采取必要的措施，例如加置垫板以扩大承压面积，或提高混凝土强度等级，或设置钢筋网等。

(3) 牛腿的配筋计算与构造要求。牛腿的纵向受力钢筋由承受竖向力所需的受拉钢筋和承受水平拉力所需的水平锚筋组成，钢筋的总面积 A_s，应按下式计算：

$$A_s \geqslant \frac{F_v a}{0.85f_y h_0}+1.2\frac{F_h}{f_y} \tag{3-16}$$

式中 F_v——作用在牛腿顶部的竖向力设计值；

F_h——作用在牛腿顶部的水平拉力设计值；

a——竖向力作用点至下柱边缘的水平距离，当 $a<0.3h_0$ 时，取 $a=0.3h_0$。

承受竖向力所需的纵向受力钢筋的配筋率，按牛腿的有效截面计算，不应小于 0.2%及 $0.45\frac{f_t}{f_y}$，也不宜大于 0.6%；其数量不宜少于 4 根，直径不宜小于 12mm。纵向受拉钢筋的一端伸入柱内，并应具有足够的锚固长度 l_a，其水平段长度不小于 $0.4l_a$，在柱内的垂直长度，除满足锚固长度 l_a 外，尚不小于 $15d$，不大于 $20d$；另一端沿牛腿外缘弯折，并伸入下柱 150mm(图 3.75)。纵向受拉钢筋是拉杆，不得下弯兼作弯起钢筋。

牛腿内应按构造要求设置水平箍筋及弯起钢筋(图 3.75)，它能起抑制裂缝的作用。

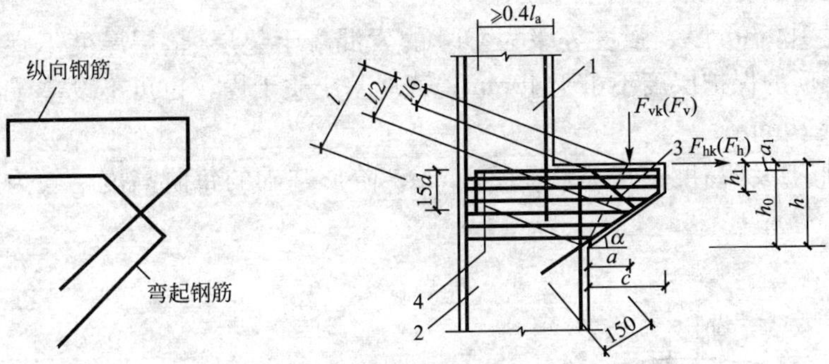

图 3.75　牛腿配筋的构造要求

水平箍筋应采用直径 6～12mm 的钢筋，在牛腿高度范围内均匀布置，间距 100～150mm。但在任何情况下，在上部$\frac{2h_0}{3}$范围内的水平箍筋的总截面面积不宜小于承受竖向力的受拉钢筋截面面积的二分之一。

当牛腿的剪跨比$\frac{a}{h_0}\geqslant 0.3$时，宜设置弯起钢筋。弯起钢筋宜用变形钢筋，并应配置在牛腿上部 $l/6$～$l/2$ 之间，主拉力较集中的区域见图 3.75，以保证充分发挥其作用。弯起钢筋的截面面积 A_{sb}不宜小于承受竖向力的受拉钢筋截面面积的$\frac{1}{2}$，数量不少于 2 根，直径不宜小于 12mm。

3. 预埋件构造要求

(1) 受力预埋件的锚板和型钢，宜采用 Q235 级钢；锚筋宜采用 HPB235、HRB335 或 HRB400 级钢筋，不得采用冷加工钢筋。

(2) 预埋件的受力直锚筋不宜少于 4 根(仅受剪的预埋件，允许采用 2 根)，不宜多于 4 层；直径不宜小于 8mm，也不宜大于 25mm。

(3) 受拉直锚筋和弯折锚筋的锚固长度应符合规范规定的受拉钢筋锚固长度要求；受剪和受压直锚筋的锚固长度不应小于 $15d$(d 为锚筋的直径)。

(4) 受力预埋件应采用直锚筋与锚板 T 形焊，锚筋直径不大于 20mm 时，应优先采用压力埋弧焊；锚筋直径大于 20mm 时，宜采用穿孔塞焊。当采用手工焊时，焊缝高度不宜小于 6mm 及 $0.6d$(HPB235 级钢筋)或 $0.6d$(HPB235 级和 HRB400 级钢筋)。

(5) 锚板厚度 t 宜大于锚筋直径的 0.6 倍；当为受拉和受弯预埋件时，t 尚宜大于 $b/8$ (b 为锚筋的间距。)锚筋到锚板边缘的距离 c_1：当锚筋下部无横向钢筋时，c_1 应不小于 $10d$ 及 100mm；当锚筋下有横向钢筋时，c_1 应不小于 $6d$ 及 70mm。受剪预埋件锚筋的间距 b 及 b_1 应不大于 300mm，其中 b_1 也应不小于 $6d$ 及 70mm。

4. 基础的构造要求

1）一般规定

基础的混凝土强度等级不宜低于 C20。受力钢筋的直径不宜小于 10mm，间距不宜大于 c，也不宜小于 100mm。当基础边长大于或等于 2.5m 时，沿此向钢筋的长度可减小 10%，但应交错放置，如图 3.76 所示。

基底常设 100mm 厚、强度等级为 C10 的素混凝土垫层(垫层厚度不宜小于 70mm)，则底板受力钢筋的保护层度不小于 40mm；若地基土质干燥，也可不设垫层，但保护层的厚度不宜小于 70mm。

锥形基础的边缘高度一般不小于 200mm；阶形基础的每阶高度一般为 300～500mm (图 3.77)。

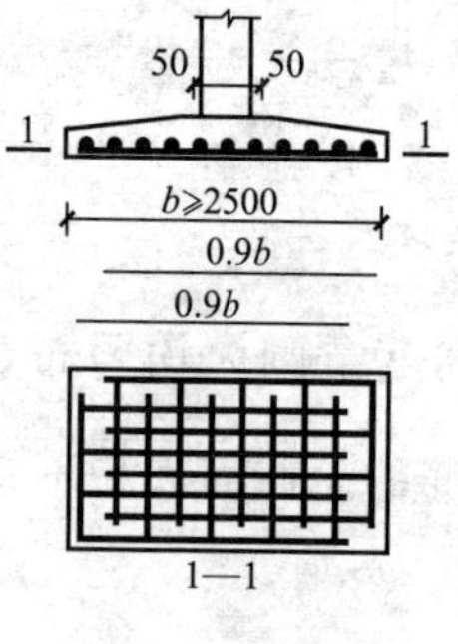

图 3.76 受力钢筋布置示意图

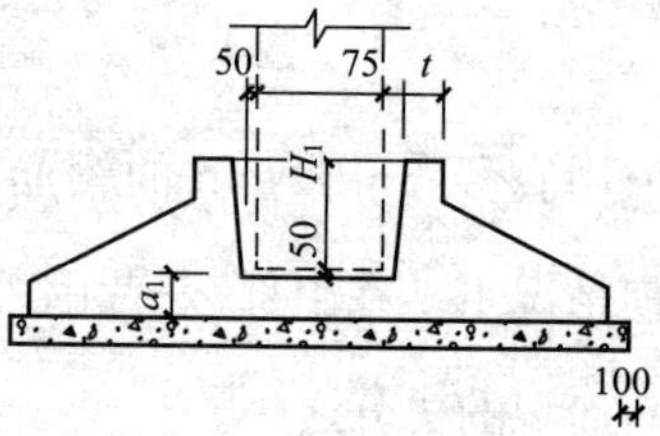

图 3.77 基础的构造

2）柱的插入深度 H_1

为了保证柱与基础的整体结合，柱插入基础应有足够的插入深度 H_1，见表 3-20，此外，H_1 还应满足柱内受纵向钢筋(直径 d)锚固长度不小于 l_a 的要求，并应考虑吊装时柱的稳定性，即要求 $H_1 \geqslant 0.05$ 预制柱长。

表 3-20 柱的插入深度 H_1

矩形或工字形截面				双肢柱
$h<500$	$500\leqslant h<800$	$800\leqslant h\leqslant 1000$	$h>1000$	
$H_1=(1.0\sim1.2)h$	$H_1=h$	$H_1=0.9h$ $H_1\geqslant 800$	$H_1=0.8h$ $H_1\geqslant 1000$	$H_1=\left(\frac{1}{3}\sim\frac{2}{3}\right)h$ $H_1=(1.5\sim1.9)b$

注：① h 为柱截面长边尺寸，b 为短边尺寸。

② 柱轴心受压或小偏心受压时，H_1 可适当减小；偏心距大于 $2h$ 时，H_1 应适当加大。

3）基础杯底厚度和杯壁厚度

为了防止安装预制柱时，杯底可能发生冲切破坏，基础的杯底应有足够的厚度 a_1，其值见表 3-21。同时，杯口内应铺垫 50mm 厚的水泥砂浆。基础的杯壁应有足够的抗弯强度，其厚度 t 可按表 3-21 选用。

表3-21　基础杯底厚度和杯壁厚度

柱截面长边尺寸 h	杯底厚度 a_1	杯壁厚度 t
$h<500$	≥150	150～200
$500\leqslant h<800$	≥200	≥200
$800\leqslant h<1000$	≥200	≥300
$1000\leqslant h<1500$	≥250	≥350
$1500\leqslant h\leqslant 2000$	≥300	≥400

注：① 双肢柱的 a_1 值可适当加大。

② 当有基础梁时，基础梁下的杯壁厚度应满足其支承宽度的要求。

③ 柱插入杯口部分的表面应凿毛。柱与杯口之间的空隙，应用细石混凝土(比基础混凝土标号高一级)密实充填，其强度达到基础设计标号的70%以上时，方能进行上部吊装。

4）杯壁配筋

当柱为轴心受压或小偏心受压，且 $t\geqslant 0.65h_1$（h_1 为杯壁高度)时，或为大偏心受压且 $t\geqslant 0.75h_1$ 时，杯壁内一般不配筋。当柱为轴心或小偏心受压，且 $0.5\leqslant\frac{t}{h_1}<0.65$ 时，杯壁内可按表3-22，如图3.78所示的要求配置钢筋；其他情况下，应按计算配筋。

表3-22　杯壁的配筋数量

柱截面长边尺寸 h(mm)	$h<1000$	$1000\leqslant h<1500$	$1500\leqslant h\leqslant 2000$
钢筋网直径(mm)	8～10	10～12	12～16

5）双杯口基础及高杯口基础

在厂房伸缩缝处，需设置双杯口基础。当两杯口间的宽度 $a_3<400$mm 时，宜在中间杯壁内配筋(图3.79)。

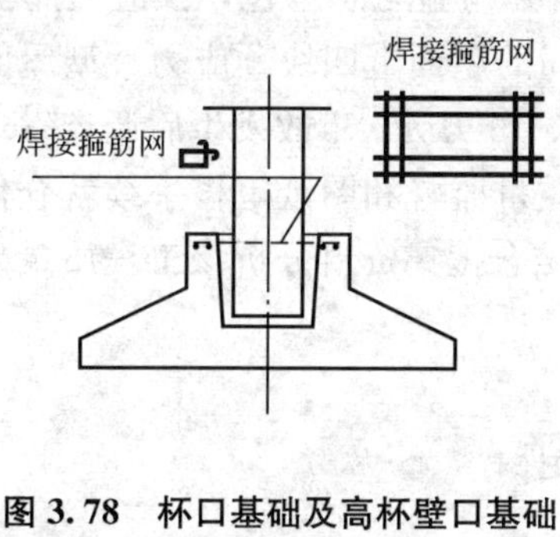

图3.78　杯口基础及高杯壁口基础

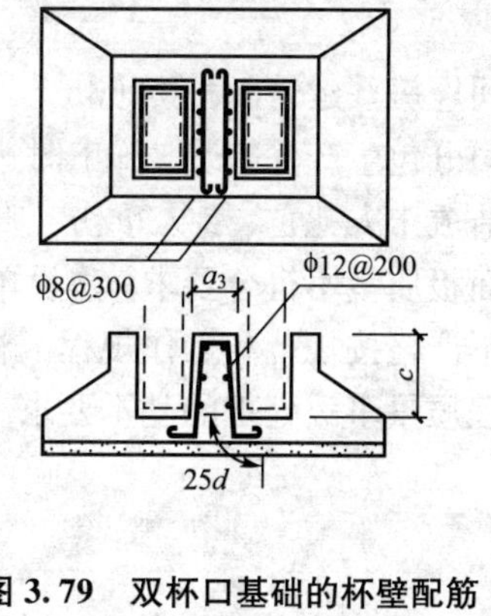

图3.79　双杯口基础的杯壁配筋

因地质条件，或因有设备基础，在单层厂房中有时需将个别或部分柱基的埋置深度加大。为使厂房预制柱的长度相同，常在这些柱下设置高杯口基础，其杯口尺寸和配筋(图3.80)，其下的短柱可按偏心受压构件设计。

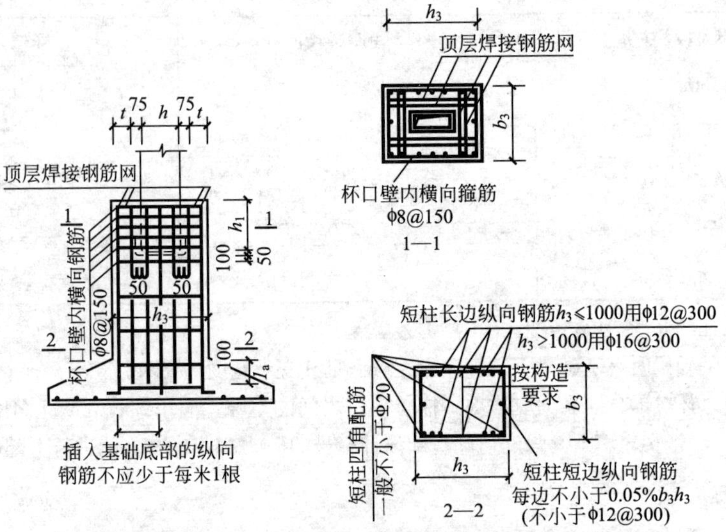

图 3.80 高杯口基础的配筋

本模块小结

(1) 单层工业厂房结构形式主要有：排架结构、刚架结构。排架结构是单层工业厂房常用的形式。

(2) 单层工业厂房由屋盖支撑结构、横向平面排架、吊车梁、排架柱、支撑结构、基础及围护结构组成。

案 例 分 析

某车间厂房，建筑面积 5263m^2，市第三建筑公司施工总承包，预应力屋面板由市建筑构件公司分包生产并安装。施工时边跨南端开间的屋面上四块预应力大型屋面板突然断裂塌落，造成 1 人死亡、2 人重伤、直接经济损失 16 万元。事故发生后调查发现构件公司提供的屋面板质量不符合要求，建设单位未办理质量监督和图纸审核手续就仓促开工，施工过程中不严格按规范和操作规程，管理紊乱。结合搜集资料分析该工程质量事故发生的原因，工程质量事故处理的基本要求有哪些？

习　　题

一、思考题

1. 塑性铰与理想铰有何不同？

2. 板中配有哪些种类的钢筋？板中分布钢筋有哪些作用？

3. 主梁中为什么设吊筋？吊筋的数量如何计算？

4. 荷载如图3.81所示布置时会出现哪些截面的哪些最大值？画出出现M_{1max}时的活荷载布置图。

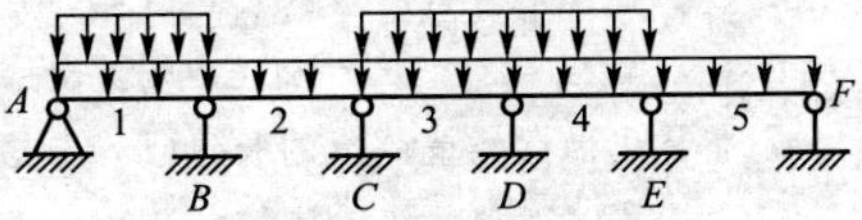

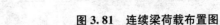

图3.81 连续梁荷载布置图

5. 板式楼梯和梁式楼梯有何区别？两种形式楼梯的踏步板中配筋有什么不同。

6. 单向板和双向板的区别是什么？

7. 多高层建筑结构是如何划分的？

8. 框架结构体系的适用范围是什么？剪力墙结构体系的适用范围是什么？框架-剪力墙结构体系的适用范围是什么？

9. 剪力墙墙肢内一般需配置哪几种钢筋？其作用是什么？

二、判断题

1. 次梁传递荷载给主梁属于间接荷载，该处应设附加箍筋或吊筋。 （ ）

2. 弯矩包络图就是抵抗弯矩图。 （ ）

3. 现浇板式楼梯在计算梯段板时，可取1m宽板带或以整个梯段板作为计算单元。 （ ）

4. 现浇梁式楼梯中的平台梁，除承受平台板传来的均布荷载和平台梁自重外，还承受梯段斜梁传来的集中荷载。 （ ）

5. 由于单向板上的荷载主要沿一个方向传递，所以仅需在板中该方向配置钢筋即可。 （ ）

6. 不论楼板的支承条件如何，只要其长短边比值$l_2/l_1<2$，就可称之为双向板。 （ ）

7. 求多跨连续双向板某区格的跨中最大正弯矩时，板上活荷载应按满布考虑。 （ ）

8. 单向板只布置单向钢筋，双向板需布置双向钢筋。 （ ）

9. 塑性铰可以承受一定的弯矩，并能作单向有限的转动。 （ ）

10. 现浇楼盖中的连续梁，在进行正截面承载力计算时，跨中按T形截面计算，而支座则按矩形截面计算。 （ ）

11. 次梁传递荷载给主梁，该处应设附加箍筋或吊筋。 （ ）

12. 单层厂房有檩体系屋盖整体性和刚度好。 （ ）

13. 单层厂房无檩体系屋盖整体性和刚度好。 （ ）

14. 钢筋混凝土排架结构单层厂房，除基础之外，所有构件都是预制的。 （ ）

15. 单层工业厂房的牛腿柱的牛腿主要发生斜压破坏。 （ ）

三、填空题

1. 厂房屋盖结构有________和________两种类型。

2. 厂房横向排架是由________、________和________组成。

3. 厂房纵向排架是由________、________、________、________和________组成。

4. 屋架之间的支撑包括________、________、________和________。

5. 钢筋混凝土排架结构单层厂房当室内最大间距为________，室外露天最大间距为________时，需设伸缩缝。

6. 柱间支撑按其位置可分为________和________。

7. 钢筋混凝土单层厂房排架的类型有________和________两种。

8. 厂房柱牛腿的类型有________和________两种。

四、选择题

1. 多跨连续梁求某跨中截面最大弯矩时，活载的布置应为（ ）。

A. 本跨布置，然后隔一跨布置　　B. 本跨的左面、右面跨布置

C. 全部满跨布置

2. 按塑性内力重分布理论计算不等跨的多跨连续梁、板时，当计算跨度相差不超过（ ）时，可近似按等跨连续梁、板内力计算系数查表。

A. 5%　　B. 10%　　C. 20%

3. 整体式肋形楼盖的板的长边(L_2)与短(L_1)边之比为(　　)的板称为单向板。

A. $L_2/L_1 \leqslant 2$　　B. $L_2/L_1 > 3$　　C. $L_2/L_1 \leqslant 3$

4. 整体式肋梁楼盖的板的长边(L_2)与短边(L_1)之比(　　)的板称为双向板。

A. $\leqslant 2$　　B. > 2　　C. $\geqslant 3$

5. 多跨连续梁求某支座截面最大弯矩时，活载的布置应为(　　)。

A. 全部满跨布置

B. 支座左面、右面跨都布置，然后隔一跨布置

C. 支座左面、右面跨都布置，其他不布置

6. 多跨连续梁求某跨中截面最大弯矩时，活载的布置应为(　　)。

A. 本跨布置，然后隔一跨布置　　B. 本跨的左面、右面跨布置

C. 全部满跨布置

7. 多跨连续梁求某支座左截面最大剪力时，活载的布置应为(　　)。

A. 支座左面一跨，然后隔一跨布置

B. 支座左面、右面跨都布置，然后隔一跨布置

C. 全部满跨布置

8. 有吊车厂房结构温度区段的纵向排架柱间支撑布置原则为(　　)。

A. 下柱支撑布置在中部，上柱支撑布置在中部及两端

B. 下柱支撑布置在两端，上柱支撑布置在中部

C. 下柱支撑布置在中部，上柱支撑布置在两端

D. 下柱支撑布置在中部及两端，上柱支撑布置在中部

9. 大部分短牛腿的破坏形式属于(　　)。

A. 剪切破坏　　B. 斜压破坏　　C. 弯压破坏　　D. 斜拉破坏

五、简答题

1. 简述厂房屋盖结构的类型及特点。
2. 排架结构厂房柱网的布置模数有哪些要求？
3. 厂房支撑系统的支撑作用？
4. 屋架之间需设置哪些支撑？各有什么作用？
5. 试述柱间支撑及布置。
6. 柱间支撑为什么要设在伸缩缝区段的中央或临近中央的柱间？
7. 短牛腿的破坏形式有哪些？

项目4

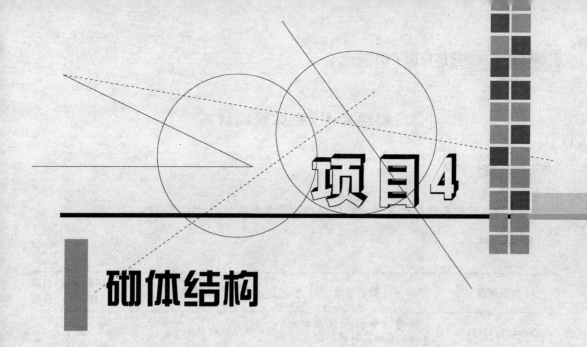

砌体结构

模块 4.1　砌体结构材料

教学目标

熟悉砌体结构各种材料及性能；能够熟练查找砌体材料的力学指标。

教学要求

知识要点	能力要求	相关知识	所占分值(100 分)	自评分数
砌体结构材料	熟悉砌体结构使用材料；掌握砌体结构材料的规格	砌体结构材料	40	
砌体结构材料的性能	能熟练查找砌体材料性能表	砌体结构材料的性能	60	

模块导读

砌体结构的使用在一些较大的城市中已经出现得不多了，但是在我国北方的大部分城市及一些中、小城市砌体结构还在广泛的使用。砌体结构抗震能力不高是世界性的普遍问题，这在 2008 年 5 月 12 日汶川地震中有所体现。

特别提示

只有砌体作为承重构件的结构才称之为砌体结构，而砌体作为填充墙(非承重)的结构则不是砌体结构。

砌体结构是指由块材和砂浆砌筑而成的墙、柱作为建筑物主要受力构件的结构，是砖砌体、砌块砌体和石砌体结构的统称。

1. 砂浆

砂浆是由胶结材料(水泥、石灰)和砂加水拌和而成的混合材料。砂浆的作用是把块体粘结成整体，并均匀传递块材之间的压力，同时改善砌体的透气性、保温隔热性和抗冻性。

按砂浆的组成可分为以下几类。

1) 水泥砂浆

由水泥与砂加水拌和而成的砂浆称为水泥砂浆，这种砂浆具有较高的强度和较好的耐久性，但和易性和保水性较差，适用于砂浆强度要求较高的砌体和潮湿环境中的砌体。

根据需要按一定的比例掺入掺和料和外加剂等组分，专门用于砌筑混凝土砌块的砌筑砂浆称为混凝土砌块砌筑砂浆，简称砌块专用砂浆。

2) 混合砂浆

由水泥、石灰与砂加水拌和而成的砂浆称为混合砂浆。这种砂浆具有一定的强度和耐久性，而且和易性和保水性较好，在一般墙体中广泛应用，但不宜用于潮湿环境中的砌体。

3）非水泥砂浆

非水泥砂浆指不含水泥的石灰砂浆、石膏砂浆和粘土砂浆。这类砂浆强度不高，耐久性也较差，所以只用于受力较小或简易建筑中的砌体。

砂浆的强度等级是按标准方法制作的70.7mm的立方体试块(一组六块)，在标准条件下养护28天，经抗压试验所测得的抗压强度的平均值来划分的。确定砂浆强度等级时应采用同类块体为砂浆强度试块的底模。砌筑砂浆的强度等级分为MU15、MU10、MU7.5、MU5和MU2.5五个强度等级。

2. 块材

块材分为砖、砌块和石材三大类。块材强度等级以符号MU(Masonry Unit)表示。

1）砖

用于承重结构中的砖，主要有烧结普通砖、烧结多孔砖和烧结空心砖、蒸压灰砂砖、蒸压粉煤灰砖等。

(1) 烧结普通砖。是以粘土、页岩、煤矸石或粉煤灰为主要原料，经焙烧而成。分为烧结粘土砖、烧结页岩砖、烧结煤矸石砖和烧结粉煤灰砖等。烧结普通砖具有全国统一的规格尺寸：240mm×115mm×53mm，通称为“标准砖”。

烧结普通砖强度较高，保温隔热及耐久性能良好，可用于房屋的墙体，也可用来砌筑地面以下的带形基础、地下室墙体及挡土墙、水池等潮湿环境下的砌体和受较高温度作用的构筑物。

烧结普通砖的强度等级是根据10块样砖的抗压强度平均值、强度标准值和单块最小抗压强度值来划分的，共分为MU30、MU25、MU20、MU15和MU10五个强度等级。

特别提示

烧结普通砖由于需用粘土，会对环境造成破坏，因此烧结普通砖现在已经限制使用。一般在地下基础中采用。

(2) 烧结多孔砖和烧结空心砖。烧结多孔砖是以粘土、页岩、煤矸石或粉煤灰为主要原料，经焙烧而成，孔洞率不小于25%，孔的尺寸小而数量多的砖(图4.1)。烧结多孔砖主要用于承重部位，砌筑时孔洞垂直于受压面。我国主要采用的空心砖规格有三种：KP1型、KP2型、KM1型。其中：符号K表示空心，P表示普通，M表示模数。

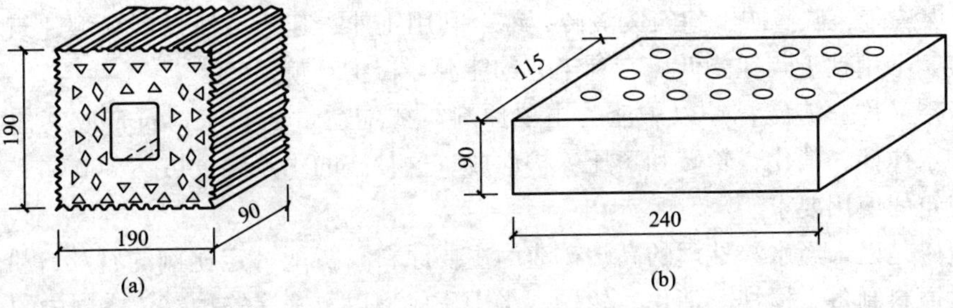

图4.1 烧结多孔砖

烧结空心砖是指孔洞率等于或大于40%，孔的尺寸大而数量少的砖(图4.2)，常用于非承重部位。

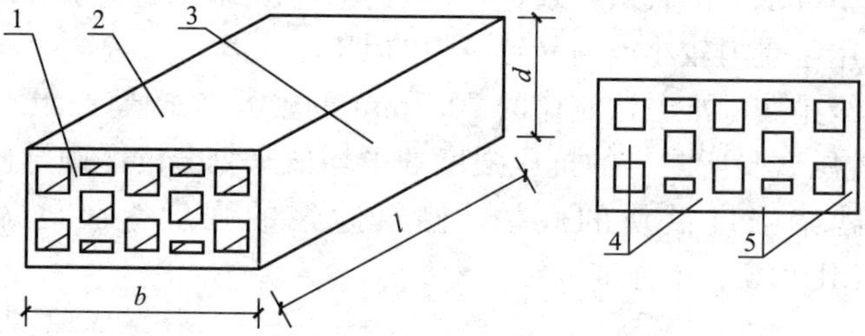

图4.2 烧结空心砖

1—顶面；2—大面；3—条面；4—肋；5—壁；l—长度；b—宽度；d—高度

烧结多孔砖或烧结空心砖的外形为直角六面体，其长度、宽度、高度尺寸应符合长度为390mm、290mm、240mm，宽度为190mm、180mm、140mm，高度为115mm、90mm的要求。

烧结多孔砖或烧结空心砖的生产工艺同烧结普通砖。但与烧结普通砖相比，具有表观密度小，节省原料、燃料，保温隔热性好等优点。作为一种轻质高强的墙体材料，现已被逐步推广使用。

烧结多孔砖或烧结空心砖的强度等级是根据10块样砖毛面积的抗压强度平均值、强度标准值和单块最小抗压强度值来划分的。烧结多孔砖共分为MU30、MU25、MU20、MU15和MU10五个强度等级；烧结空心砖共分为MU10、MU7.5、MU5、MU4.5和MU2.5五个强度等级。

(3) 蒸压灰砂砖。是用石灰和砂为主要原料，经坯料制备、压制成型、蒸汽养护而成的实心砖，简称灰砂砖。蒸压灰砂砖与烧结普通砖相比耐久性较差，所以不宜用于防潮层以下的勒脚、基础及高温、有酸性侵蚀的砌体中。

蒸压灰砂砖的强度等级是根据5块样砖的抗压强度和抗折强度试验值确定的，分为MU25、MU20、MU15和MU10四个强度等级。

(4) 蒸压粉煤灰砖。是以粉煤灰、石灰为主要原料，掺加适量的石膏和集料，经坯料制备、压制成型、高压蒸汽养护而成的实心砖，简称粉煤灰砖。这种砖的抗冻性、长期稳定性及防水性能等均不如粘土砖，可用于一般建筑。

蒸压粉煤灰砖的强度等级是根据10块样砖的抗压强度和抗折强度试验值确定的，分为MU25、MU20、MU15和MU10四个强度等级。

(5) 煤渣砖、矿渣砖、建筑废渣砖。综合利用工业、建筑废渣发展新型建筑材料可以变废为宝，不用粘土，耗能低，有利于节约能源，保护环境。

煤渣砖又称炉渣砖，是以炉渣为主要原料，掺配适量的石灰、石膏或其他碱性激发剂，经加水搅拌、消化、轮碾和蒸压养护而成。这种砖的耐热温度可达300℃，能基本满足一般建筑的使用要求。

矿渣砖是以未经水淬处理的高炉矿渣为主要原料，掺配一定比例的石灰、粉煤灰或煤渣，经过原料制备、搅拌、消化、轮碾、半干压成型以及蒸汽养护等工序制成的。

建筑废渣砖是以建筑废渣为粗骨料，掺入适当比例的细骨料和水泥，经过专用生产设备机械振动挤压而成。

2）砌块

砌块是尺寸较大的块体，其外形尺寸可达标准砖的6～60倍。砌块的规格尚不统一，通常将高度在390mm以下的砌块称为小型砌块；高度为390～900mm的砌块称为中型砌块；高度大于900mm的砌块称为大型砌块。

混凝土小型空心砌块主要由普通混凝土、轻骨料混凝土或工业废渣骨料混凝土制成，主规格尺寸为390mm×190mm×190mm(其他规格尺寸由供需双方协商)，空心率为25%～50%(图4.3)。

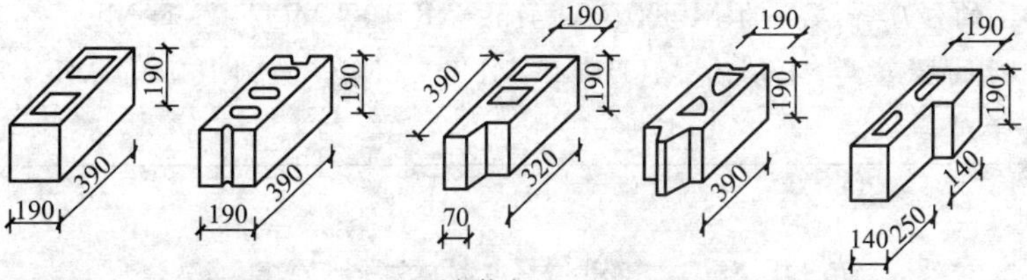

图4.3 混凝土小型空心砌块

砌块表观密度较小，可减轻结构自重，保温隔热性能好，施工速度快，能充分利用工业废料、价格便宜。目前已广泛用于房屋的墙体，在有些地区，小型砌块已成功用于高层建筑的承重墙体。

砌块的强度等级，是根据5个砌块试样毛面积截面抗压强度的平均值和最小值进行划分的，分为MU20、MU15、MU10、MU7.5和MU5五个强度等级。

特别提示

中、小型砌块的使用比较多，而大型砌块的使用受到限制，因为大型砌块的搬运对施工来说是个大问题。

3）石材

在承重结构中，常用的石材有花岗岩、石灰岩和凝灰岩等。石材抗压强度高，耐久性好，多用于房屋的基础及勒脚部位。在有开采和加工石材能力的地区，也用于房屋的墙体，但石材传热性较高，所以用于采暖房屋的墙壁时，需很大的厚度。

石材按其外形规则程度分为毛石和料石。毛石形状不规则，中部厚度不小于200mm，长度约为300～400mm。料石为比较规则的六面体，其高度与宽度不小于200mm，料石按加工平整程度不同分为细料石、半细料石、粗料石和毛料石。其中细料石、半细料石价格较高，一般用作镶面材料。粗料石、毛料石和毛石一般用于承重结构。

石材的强度等级是根据3个边长为70mm的立方体石块抗压强度的平均值划分的，分为MU100、MU80、MU60、MU50、MU40、MU30和MU20七个强度等级。

由不同尺寸和形状的块材按一定的方式排列，用砂浆砌筑成的结构称砌体结构。用各种不同承重块材砌体组成的房屋墙体、柱，是房屋中主要的竖向承重构件。它承受竖向荷载传来的压应力，以及水平荷载传来的弯曲和剪切应力。

本模块小结

(1) 砌体结构类型有砖砌体、砌块砌体、石砌体和配筋砌体；所采用的材料有砖、砌块、石材、砂浆。

(2) 烧结普通砖的强度等级共分为MU30、MU25、MU20、MU15和MU10五个强度等级；烧结普通砖已经限制使用，一般在地下基础中采用。烧结空心砖共分为MU10、MU7.5、MU5、MU4.5和MU2.5五个强度等级。

(3) 砌块的强度等级分为MU20、MU15、MU10、MU7.5和MU5五个强度等级。

(4) 石材的强度等级分为MU100、MU80、MU60、MU50、MU40、MU30和MU20七个强度等级。

模块4.2 砌体结构构件验算简介

教学目标

砌体结构强度及其强度调整；掌握无筋砌体受压构件承载力计算；掌握砌体局部受压承载力验算方法；了解房屋的静力计算方案；掌握混合结构房屋的墙、柱高厚比验算方法；能够熟练识读砌体结构施工图。

教学要求

知识要点	能力要求	相关知识	所占分值(100分)	自评分数
砌体强度指标	能够熟练查找砌体强度值；掌握砌体结构及其强度调整	砌体结构的抗压强度	20	
无筋砌体受压承载力	能够进行无筋砌体受压墙柱的承载力计算	砌体受压构件受压特点；受压承载力计算	20	
墙、柱高厚比验算	能进行混合结构房屋墙、柱高厚比验算	墙、柱高厚比的影响因素；墙、柱高厚比的验算	20	
砌体局部受压承载力	能够进行砌体局部受压承载力计算	砌体局部受压构件的破坏形态，局部均匀、不均匀受压承载力计算	20	
砌体结构施工图	能初步识读砌体结构施工图	砌体结构施工图组成，砌体结构施工图图示特点	20	

模块导读

砌体结构由于是由块材和胶结材料组合而成的结构，其整体性和承载力比起混凝土结构来说有所降低，那么砌体结构的承载力与哪些因素有关？承载力又如何计算呢？

1. 砌体的种类

按照块材材料分，砌体可分为：砖砌体、砌块砌体和石砌体。

1）砖砌体

砖砌体包括：烧结普通砖、烧结多孔砖、蒸压灰砂砖、蒸压粉煤灰砖等砌筑成的无筋和配筋砖砌体。

(1) 无筋砖砌体(图 4.4)。无筋砖砌体在房屋建筑中广泛用于承重内外墙、隔墙和砖柱。墙体的厚度根据强度和稳定性要求确定，外墙还需要考虑保温和隔热的要求。承重墙一般多采用实心砌体。墙体的砌筑方式大多采用一顺一丁，也可用三顺一丁。

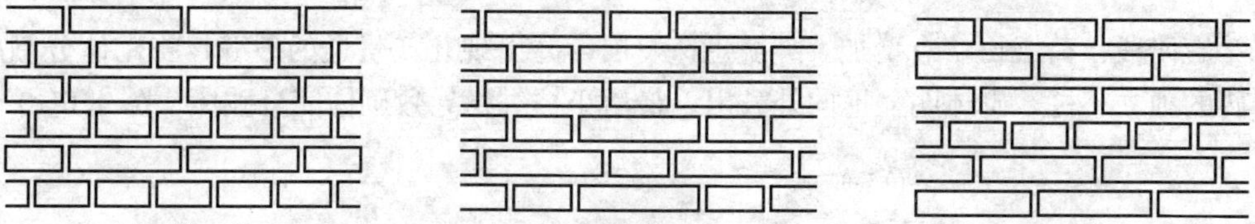

(a) 一顺一丁　(b) 梅花丁　(b) 三顺一丁

图 4.4　常用砖砌体砌合方法

(2) 配筋砖砌体。当砖砌体的截面尺寸受到限制时，为了提高砌体的抗压强度，可在砌体内配置一定数量的钢筋或增加部分钢筋混凝土，称配筋砖砌体。配筋砖砌体有网状配筋砖砌体和组合砖砌体两种(图 4.5)。

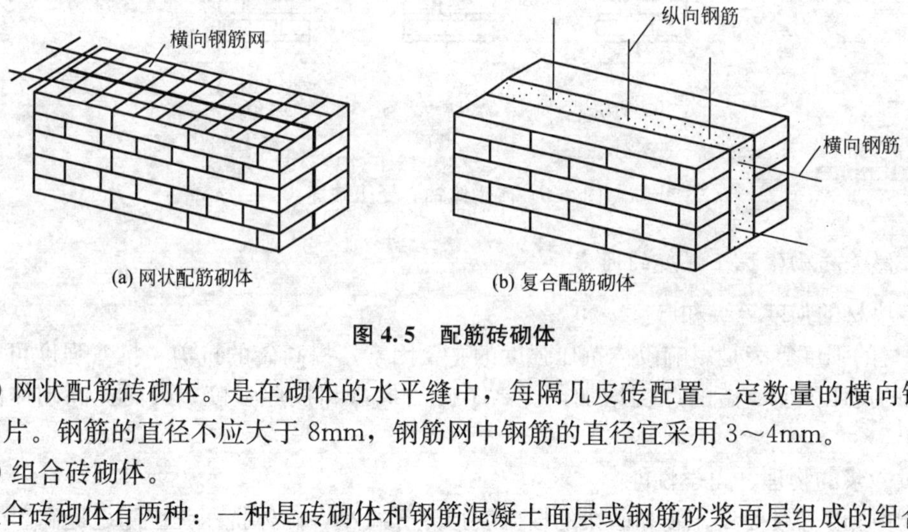

(a) 网状配筋砌体　(b) 复合配筋砌体

图 4.5　配筋砖砌体

① 网状配筋砖砌体。是在砌体的水平缝中，每隔几皮砖配置一定数量的横向钢筋或钢筋网片。钢筋的直径不应大于 8mm，钢筋网中钢筋的直径宜采用 3～4mm。

② 组合砖砌体。

组合砖砌体有两种：一种是砖砌体和钢筋混凝土面层或钢筋砂浆面层组成的组合砖砌体；另一种是砖砌体和钢筋混凝土构造柱组成的组合墙。

2）砌块砌体

砌块砌体有：普通混凝土小型空心砌块砌体和轻集料混凝土小型空心砌块砌体。每一种砌体又分为无筋砌体和配筋砌体，砌体内又有灌孔砌体和不灌孔砌体之分。灌孔砌体是砌块用砌筑砂浆组砌后，砌块内的孔洞用灌孔混凝土灌实；不灌孔砌体就是砌块用砂浆组砌后的砌体。

3）石砌体

石砌体主要分为料石砌体、毛石砌体等。

2. 砖砌体的轴心受压破坏

砖砌体抗压强度试验的试件截面尺寸为370mm×240mm，高720mm，轴心受压破坏过程可分为三个阶段：

第一阶段：从加载开始到50%～70%的破坏荷载，出现第一条(批)裂缝，如图4.6(a)所示，主要是在单块砖内出现竖向裂缝。

第二阶段：继续加载，单块砖裂缝延伸形成连续的裂缝，垂直通过几皮块体，同时发生新的裂缝。当荷载约为破坏荷载的80%～90%时，即使荷载不增加，裂缝仍继续扩展，此时砌体处于危险状态，如图4.6(b)所示。在长期荷载作用下，砌体可达到破坏。

第三阶段：荷载再略有增加，裂缝迅速发展，并出现几条贯通的裂缝，将砌体分割成几个半砖的独立小柱，砌体明显地向外鼓出，最后小柱失稳导致砌体完全破坏［图4.6(c)］。

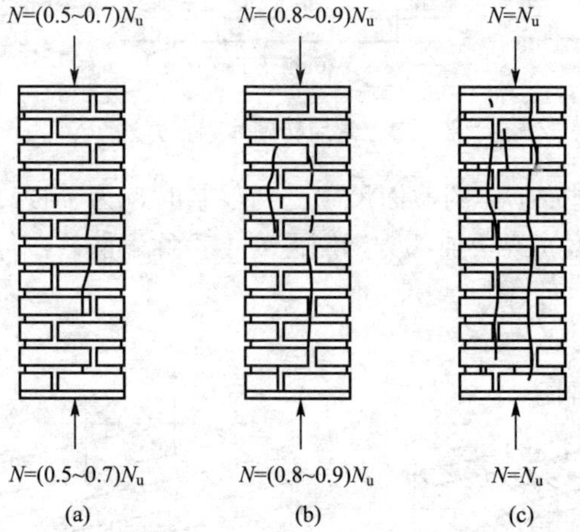

图4.6　砖砌体轴心受压破坏

3. 影响砖砌体抗压强度的因素

1）块材的强度等级和厚度

块材的强度等级是影响砌体抗压强度的主要因素。提高砖的抗剪、抗弯强度可明显提高砌体的抗压强度。砖的厚度增加，提高了砖的抗弯和抗剪强度，因而提高砌体的抗压强度。

2）砂浆的物理、力学性能

砂浆强度等级提高，砖和砂浆的横向变形差异减小，砌体抗压强度随之提高。

和易性好的砂浆，使灰缝饱满、均匀，降低砌体内砖的弯、剪应力，提高砌体强度。保水性好的砂浆容易铺砌，有利于砂浆的硬化，提高砂浆与砖的黏结力，提高砌体强度。砌体用纯水泥砂浆砌筑时，砌体抗压强度较混合砂浆约降低5%～15%。

3）砌筑质量

砌筑质量主要是指灰缝质量，包括灰缝的均匀性、饱满度和厚度。《砌体工程施工质量验收规范》(GB 50203—2011)中规定，水平灰缝的砂浆饱满度不得小于80%。水平灰缝的厚度宜为10mm，但不应小于8mm，也不应大于12mm。

4. 砌体结构验算

1）砌体房屋的结构布置

砌体结构的房屋通常是指墙、柱与基础等竖向承重结构的构件采用砌体材料，而屋盖、楼盖等水平承重构件采用钢筋混凝土或木材等其他材料的房屋。

砌体结构中的墙体一般具有承重和围护的作用，墙体、柱的自重约占房屋总重的60％。由于砌体的抗压强度并不太高，此外块材与砂浆间的粘结力很弱，使得砌体的抗拉、抗弯、抗剪的强度很低。所以，在砌体结构的结构布置中，使墙、柱等承重构件具有足够的承载力是保证房屋结构安全可靠和正常使用的关键。特别是在需要进行抗震设防的地区，以及在地基条件不理想的地点，合理的结构布置是极为重要的。

房屋的设计，首先是根据房屋的使用要求，以及地质、材料供应和施工等条件，按照安全可靠、技术先进、经济合理的原则，选择较合理的结构方案。同时再根据建筑布置、结构受力等方面的要求进行主要承重构件的布置。承重墙体的布置不仅影响到房屋平面的划分和房间的大小，而且对房屋的荷载传递路线、承载的合理性、墙体的稳定以及整体刚度等受力性能都有着直接、密切的联系。

(1) 承重墙体的布置。砌体结构房屋的平面通常以矩形为主，矩形的短边方向的墙称为横墙，矩形的长边方向的墙称为纵墙。在这种布置下，按竖向荷载传递方式的不同，有下列方案可供选择：a. 纵墙承重体系；b. 横墙承重体系；c. 纵、横墙承重体系；d. 内框架承重体系；e. 底层框架承重体系。

① 纵墙承重体系。是指纵墙直接承受屋面、楼面荷载的结构方案。如图 4.7 所示为两种纵墙承重的结构布置图。图 4.7(a)为某车间屋面结构布置图，屋面荷载主要由屋面板传给屋面梁，再由屋面梁传给纵墙。图 4.7(b)为某多层教学楼的楼面结构布置图，除横墙相邻开间的小部分荷载传给横墙外，楼面荷载大部分通过横梁传给纵墙。有些跨度较小的房屋，楼板直接搁置在纵墙上，也属于纵墙承重体系。

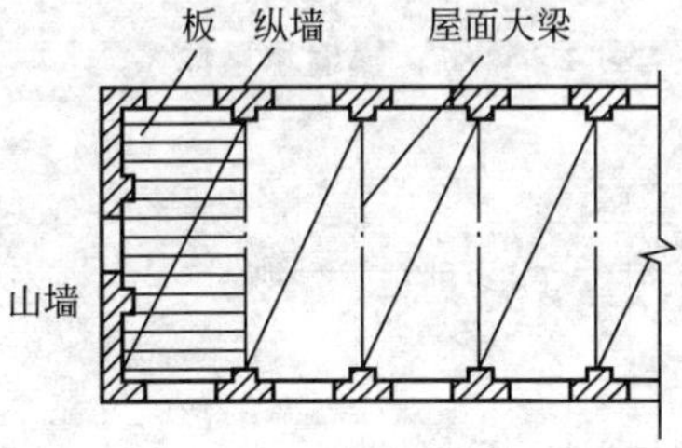

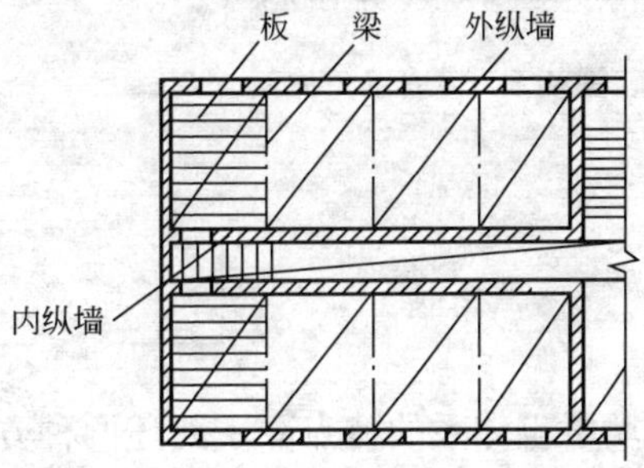

图 4.7　纵墙承重体系

纵墙承重体系房屋屋(楼)面荷载的主要传递路线为：楼(屋)面→纵墙→基础→地基。

纵墙承重体系的特点如下。

纵墙是主要承重墙。横墙的设置主要是满足房间的使用要求，保证纵墙的侧向稳定和房屋的整体刚度，因而房屋的划分比较灵活，可布置大开间用房。

由于纵墙承受的荷载较大，在纵墙上设置的门窗洞口的大小和位置都受到一定的限制。

纵墙间距一般较大，横墙数量相对较少，因而房屋空间刚度较小，整体性较差。

楼盖的材料用量较多，墙体的材料用量较少。

纵墙承重体系适用于教学楼、图书馆等较大空间的房屋，以及食堂、俱乐部、中小型工业厂房等单层和多层空旷房屋。由于其墙体材料承载力被利用的程度较高，故层数不宜过多。

② 横墙承重体系。楼(屋)面荷载主要由横墙承受的房屋，属于横墙承重体系。如图 4.8所示为横墙承重体系的某宿舍楼面结构平面布置图。这类房屋荷载的主要传递路线为：楼(屋)面→横墙→基础→地基。

横墙承重体系的特点如下。

横墙是主要的承重构件。纵墙的作用主要是围护、隔断以及与横墙联结在一起，保证横墙的侧向稳定。由于纵墙不承重，因而对纵墙上设置门窗洞口的限制较少，外纵墙的立面处理比较灵活。

横墙数量多、间距较小，一般为 3～4.5m，纵、横墙及楼屋盖一起形成刚度很大的空间受力体系，整体性好，具有良好的抗风、抗震性能及调整地基不均匀降的性能。

楼盖结构简单，施工方便，材料用量较少，但墙体的用料较多。

横墙承重体系开间较小，适用于宿舍、住宅、旅馆等居住建筑和由小开间组成的办公楼等。

③ 纵、横墙承重体系。楼(屋)面荷载分别由纵墙和横墙共同承受的房屋，属于纵横墙承重体系。如图 4.9 所示为纵、横墙承重体系的某教学楼楼面结构布置图。这类房屋的主要荷载传递路线如下：

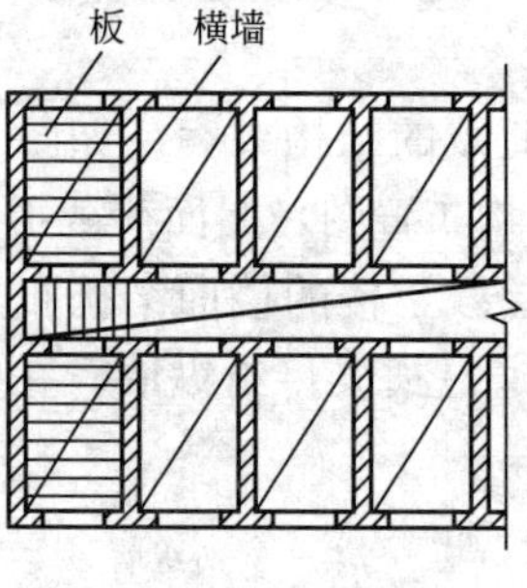

图 4.8　横墙承重体系

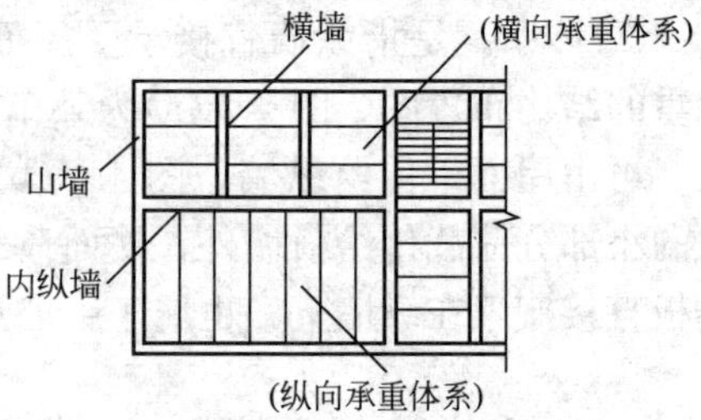

图 4.9　纵、横墙承重体系

纵、横墙承重体系的特点介于前述两种方案之间，可归纳如下。

开间可比横墙承重体系大，结构布置较为灵活性。

纵横墙均承受楼面传来的荷载，因而纵横方向的刚度均较大。

横墙一般间距不太大，横向水平地震作用完全可以由横墙承担，通常可以满足抗震要求。纵墙由于有部分是承重的，从而也增强了墙体的抗剪能力，对整个结构承担纵向地震作用也是有利的。

纵横墙承重体系既可使房间有较大的空间，也可具有较好的空间刚度，适用于教学楼、办公楼及医院等建筑。

④ 内框架承重体系。内部由钢筋混凝土框架，外部由砖墙、砖柱构成的房屋，称为内框架承重体系。如图 4.10 所示就是某内框架承重体系的平面图。这类结构体系的特点

如下。

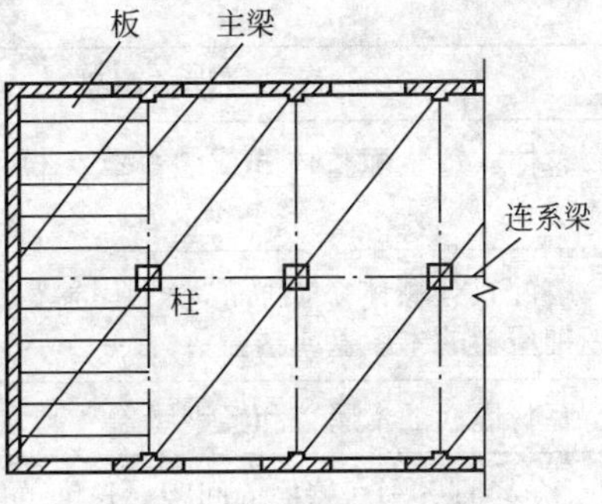

图 4.10 内框架承重体系

墙和柱都是主要承重构件，由于取消了内墙，由柱代替，在使用上可取得较大空间，且梁的跨度无须相应增大。

由于横墙少，房屋的空间刚度和整体性较差。

由于钢筋混凝土柱和砖墙的压缩性能不同，柱基础和墙基础的沉降量也不易一致，从而引起附加内力，结构易产生不均匀的竖向变形。

框架和墙的变形性能相差较大，在地震时易由于变形不协调而破坏。

在施工上，砌体和钢筋混凝土分属两个不同的施工过程，会给施工组织带来一定的麻烦。

内框架承重体系一般适用于层数不多的工业厂房、仓库和商店等需要有较大空间的房屋。

⑤ 底层框架承重体系。房屋有时由于底部需设置大空间，在底部采用框架结构，上部仍为小开间的由横墙或纵墙承重的房间，这就构成了底层框架承重体系。这种体系的特点是“上刚下柔”。由于承重材料的不同，房屋结构的竖向刚度在底层与二层之间发生突变，在底层结构中易产生应力集中现象，对抗震显然不利，设计中需要特别注意。

城市规划往往要求在临街住宅、办公楼等建筑的底层设置大空间，用作商店、邮局等，一些旅馆也因使用要求，往往在底层设立餐厅、会议室等大空间，此时，就可采用底层框架承重体系。

特别提示

砌体结构中的承重墙是不得随意拆除的。

(2) 砌体结构中，墙体布置一般原则如下。

① 尽可能采用横墙承重体系，尽量减少横墙间距离，以增加房屋的整体刚度。

② 承重墙布置力求简单、规则，纵墙宜拉通，避免断开和转折，每隔一定距离设一道横墙，将内外纵墙拉结在一起，形成空间受力体系，增加房屋的空间刚度，增强调整地基不均匀沉降的能力。

③ 承重墙所承受的荷载力求明确，荷载传递的途径应简捷、直接。开洞时应使各层洞口上下对齐。

④ 结合楼盖、屋盖的布置，使墙体避免承受偏心距过大的荷载或过大的弯矩。

2) 砌体结构静力计算方案

混合结构房屋中，各种主要构件如楼(屋)盖、墙、柱及基础等相互连接成一个空间受力体系，共同承受作用在房屋上的各种竖向荷载和水平荷载，整个结构体系处于空间工作状态，影响房屋空间工作性能的主要因素是楼(屋)盖的水平刚度和横墙的间距大小。根据房屋空间刚度的大小，静力计算时可划分为三种方案，即弹性方案、刚性方案和刚弹性方案。房屋静力计算方案见表 4-1。

表 4-1 房屋静力计算方案

屋盖或楼盖类别	刚性方案	弹性方案	刚弹性方案
整体式、装配整体式或装配式无檩体系钢筋混凝土屋盖或楼盖	$S<32$	$32\leqslant S\leqslant 72$	$S>72$
装配式有檩体系钢筋混凝土屋盖、轻钢屋盖和有密铺望板的木屋盖或楼盖	$S<20$	$20\leqslant S\leqslant 48$	$S>48$
瓦材屋面的木屋盖和轻钢屋盖	$S<16$	$16\leqslant S\leqslant 36$	$S>36$

注：① S 为房屋横墙间距，长度单位为 m。

② 当屋盖、楼盖类别不同或横墙间距不同时，可按《砌体结构设计规范》(GB 50003—2011)第 4.2.7 条的规定确定的静力计算方案。

③ 对无山墙或伸缩缝处无横墙的房屋，应按弹性方案考虑。

5. *砌体房屋设计的基本原理*

砌体结构设计必须满足安全、适用、耐久的功能要求，我国《砌体结构设计规范》(GB 50003—2011)采用“以概率理论为基础的极限状态设计法”，即：将结构的极限状态分为承载能力极限状态和正常使用极限状态，并根据结构可靠度与极限状态方程之间的数学关系，规定结构的可靠度(即结构在规定的时间内、规定的条件下完成预定功能的概率)，用多系数公式来具体表示设计思想。根据砌体结构的特点，构件(一片墙、一根柱)抗压承载力在设计时一般是先根据建筑构造的要求，选定截面尺寸和材料强度，然后复核其受力情况，采取构造措施来保证正常使用极限状态的要求。

1) 受压构件承载力计算公式

由砌体的受压性能试验可知：短粗柱在轴向压力作用下，随着荷载的不断增大，截面的压应力值不断加大，最终破坏时截面所能承受的最大压应力达到砌体的抗压强度。当轴向压力有偏心时，截面上的应力分布是不均匀的，偏心距越大，截面的受压区越小，破坏时构件所能承担的轴向力越小。细长柱在轴向压力作用下，初偏心、初弯曲及几何尺寸差异等纵向弯曲进一步加大，受压承载力会随着偏心距的增加而降低。综合以上两种情况，砌体结构受压构件承载力计算公式如下：

$$N\leqslant \varphi Af \tag{4-1}$$

式中 N——作用在构件截面上的轴向力设计值；

φ——受压构件承载力影响系数，与构件的高厚比 β 和纵向力的偏心距 e 有关；

f——砌体抗压强度的设计值；

A——按毛面积计算的砌体截面面积。

对带壁柱墙其翼缘宽度值按下列规定取用：多层房屋，当有门窗洞口时，可取窗间墙宽度；当无门窗洞口时，可取壁柱宽度加 2/3 壁柱高度。单层房屋可取壁柱宽度加 2/3 墙高度，但不大于窗间墙宽度和相邻壁柱间距离。

2) 局部受压的概念

当较大的轴向力作用在砌体截面的某一部分上时，砌体受力状态称为局部受压。在混合结构房屋中，这种情况是很常见的，如支承钢筋混凝土屋架、大梁端部的砖墙，上部墙体与基础交界面处，往往只有局部面积受压，且压力较大。有时局部受压面可能是整个砌体结构中最薄弱的环节，若不细心验算将导致砌体发生局部受压破坏，以致影响整个建筑的安全与可靠，所以对局部受压问题应给予足够的重视。

砌体局部均匀受压承载力计算公式：

$$N_l \leqslant \gamma f A_l \tag{4-2}$$

$$\gamma = 1 + 0.35\sqrt{\frac{A_0}{A_l} - 1} \tag{4-3}$$

式中 N_l——局部受压面积上的轴向力设计值；

γ——砌体抗压强度调整系数；

f——砌体抗压强度设计值，可不考虑强度调整系数 γ_a；

A_l——局部均匀受压面积；

A_0——影响砌体局部抗压强度的计算面积，按图 4.11 的规定采用。

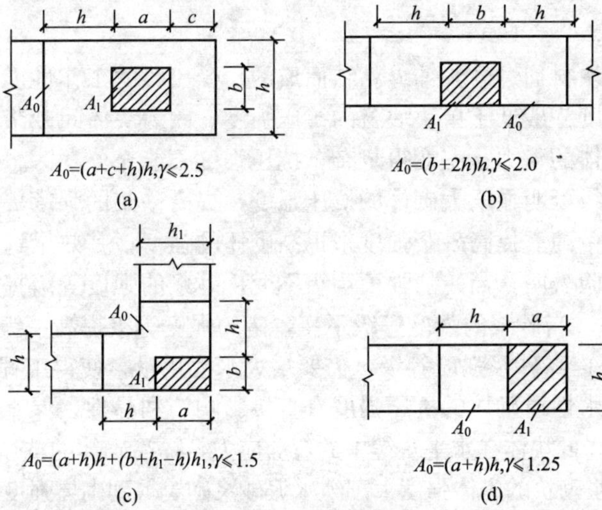

图 4.11 砌体局部抗压强度的计算面积 A_0

【例 4.1】 一钢筋混凝土柱截面尺寸为 250mm×250mm，支承在厚为 370mm 的砖墙上，作用位置如图 4.12 所示，砖墙用 MU10 烧结普通砖和 M5 水泥砂浆砌筑，柱传到墙上的荷载设计值为 120kN。试验算柱下砌体的局部受压承载力。

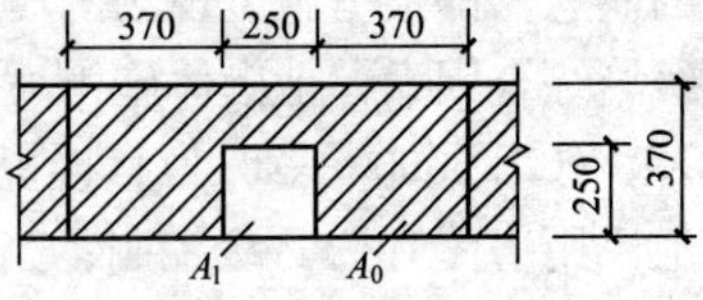

图 4.12 柱下砌体局部受压图

【解】 局部均匀受压面积：

$$A_l = 250 \times 250 = 62500\text{mm}^2$$

影响砌体局部抗压强度的计算面积：

$$A_0 = (250 + 2 \times 370) \times 370 = 366300\text{mm}^2$$

砌体局部抗压强度提高系数：

$$\gamma = 1 + 0.35\sqrt{\frac{A_0}{A_l} - 1} = 1 + 0.35\sqrt{\frac{366300}{62500} - 1} = 1.77 < 2$$

查表 4-3 得 MU10 烧结普通砖和 M5 水泥砂浆砌筑的砌体的抗压强度设计值：$f=1.5\text{MPa}$，采用水泥砂浆应乘以调整系数：

$$\gamma_a = 0.9$$

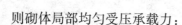

则砌体局部均匀受压承载力：

$$\gamma f A_l = 1.77 \times 0.9 \times 1.5 \times 62500 = 149344\text{N}$$
$$= 149.3\text{kN} > 120\text{kN}。$$

砌体局部受压承载力满足要求。

当梁端支承处砌体的局部抗压不够时，通常在梁端支承面处设置垫块，使局部受压面积加大，以减小局部受压面上的压应力值，满足其抗压承载力的要求。垫块分为预制垫块和现浇垫块。预制垫块的高度 $t_d \geqslant 180$mm，且自梁边算起的垫块挑出长度不宜大于垫块的高度，壁柱上的垫块伸入翼缘墙内的长度不应小于 120mm；现浇垫块与梁端整浇成一体，相当于梁端头扩大，局部受压面积加大，具体尺寸应通过计算确定。当梁的支承处有与梁同时浇筑的圈梁时，可以利用圈梁把大梁的集中力分散到相关区域的墙体上，使得大梁支承处局部面积受到的压力减小。

3）砌体的抗压强度

由于砌体是由单个块材通过砂浆铺缝粘结而成的，受压时的工作性能与单一块体有显著差别，砌体的抗压强度一般低于单块块材的抗压强度。因为块体间砂浆厚度(灰缝厚度)和密实度不均匀，使块体的受力状态变得复杂，抗压强度不能充分发挥。

提高块体的强度等级可明显增大砌体的抗压强度，提高砂浆的强度等级，砌体的抗压强度也随着提高，但是单纯靠提高砂浆强度来提高砌体的强度，其效果远不如提高砌体的强度等级更为有效。实验表明，当砖的强度等级不变，砂浆的强度等级提高一级，砌体的抗压强度约可提高 15%，当砂浆的强度等级不变，砖的强度等级提高一级，砌体的抗压强度约可提高 20%，另外提高砂浆强度等级，需要增大水泥用量，使得工程造价增加。

砂浆的和易性、保水性对砌体的抗压强度有直接影响，和易性、保水性好，灰缝铺砌均匀密实，可以有效地降低块体在水平灰缝中的弯剪应力，提高砌体的抗压强度。试验表明同一强度等级的混合砂浆砌筑的砌体强度大于纯水泥砂浆砌筑得到砌体强度的 5%～15%。

砌体的抗压强度与砌筑质量有密切关系，我国《砌体结构设计规范》(GB 50004—2011)和《砌体结构工程施工质量验收规范》(GB 50203—2011)，引入了施工质量控制等级的概念，即根据施工现场的质量保证体系(管理水平)、材料强度等级、砌筑工人的技术等级等综合因素，把砌体施工质量划分为 A、B、C 三个质量等级表 4-2。《砌体结构设计规范》(GB 50003—2011)直接提供了施工质量为 B 级的砌体强度设计值，并明确规定：对一般民用房屋宜按 B 级控制；当施工质量为 C 级时，砌体强度设计值应予以降低为 0.89；当采用 A 级时可将强度设计值提高 5%。《砌体结构工程施工质量验收规范》(GB 50203—2011)规定：水平灰缝的砂浆饱满度不得低于 80%；竖向灰缝的饱满度不得低于 60%；灰缝厚度在 8～12mm 之间，以 10mm 为宜；采用“三一”砖砌法(一铲灰，一块砖，一挤揉)。砖的含水率影响砖砌体抗压强度，含水率过高会使墙体产生流浆，使砖与砂浆的粘结力下降；含水率过低(干砖砌墙)，砖会吸收砂浆中的水分而使砂浆失水降低其强度。砌筑时普通砖、多孔砖含水率一般控制在 10%～15%，灰砂砖、粉煤灰砖含水率控制在 8%～12%。

在实际工程中有时也会遇到砌体承受拉力、弯矩和剪力作用的情况。如：砌体的水池、贮仓、挡土墙(受弯)及拱圈等。砌体受拉、弯、剪的破坏一般都发生在砂浆和块体的连接面，即取决于块体和砂浆的粘结强度，当块体强度较低时，也可能发生沿块体截面的破坏。砌体的抗拉、抗弯、抗剪都很差。实际工程中不允许出现沿砌体水平灰缝受拉的轴心拉力作用的情况。

表 4-2 砌体施工质量控制等级

项目	施工质量控制等级		
	A	B	C
项目现场管理	制度健全；现场设有常驻代表；施工方管理、技术人员齐全，并持证上岗	制度基本健全；非施工方质量监督人员间断到现场控制；施工方有在岗管理、技术人员，并持证上岗	有制度，非施工方质量监督人员很少到现场控制；施工方有在岗专业技术管理人员
砂浆混凝土	试块按规定制作，强度满足验收规定，离散性小	试块按规定制作，强度满足验收规定，离散性较小	试块强度满足验收规定，离散性大
砂浆拌和方式	机械拌和；配合比计量控制严格	机械拌和；配合比计量控制一般	机械或人工拌和；配合比计量控制较差
砌筑工人	中级工以上，高级工不少于20%	高、中级工不少于70%	初级工以上

龄期为28d的以毛截面计算的各类砌体抗压强度设计值，当施工质量控制等级为B级时，应根据块体和砂浆的强度等级分别按下列规定采用。

(1) 烧结普通砖和烧结多孔砖砌体的抗压强度设计值，应按表4-3采用。

(2) 蒸压灰砂砖和蒸压粉煤灰砖砌体的抗压强度设计值，应按表4-4采用。

表 4-3 烧结普通砖和烧结多孔砖砌体的抗压强度设计值 单位：MPa

砖强度等级	砂浆强度等级					砂浆强度
	M15	M10	M7.5	M5	M2.5	0
MU30	4.94	4.27	2.93	2.59	2.26	1.15
MU25	4.60	2.98	2.68	2.37	2.06	1.05
MU20	4.22	2.67	2.39	2.12	1.84	0.94
MU15	2.79	2.31	2.07	1.83	1.60	0.82
MU10	—	1.89	1.69	1.50	1.30	0.67

表 4-4 蒸压灰砂砖和蒸压粉煤灰砖砌体的抗压强度设计值 单位：MPa

砖强度等级	砂浆强度等级				砂浆强度
	M15	M10	M7.5	M5	0
MU25	4.60	2.98	2.68	2.37	1.05
MU20	4.22	2.67	2.39	2.12	0.94
MU15	2.79	2.31	2.07	1.83	0.82
MU10	—	1.89	1.69	1.50	0.67

(3) 单排孔混凝土和轻骨料混凝土砌块砌体的抗强度设计值，应按表4-5采用。

表 4-5　单排孔混凝土和轻骨料混凝土砌块砌体的抗压强度设计值　　单位：MPa

砌块强度等级	砂浆强度等级				砂浆强度
	Mb15	Mb10	Mb7.5	Mb5	0
MU20	5.68	4.95	4.44	4.94	2.33
MU15	4.61	4.02	4.61	4.20	1.89
MU10	—	2.79	2.50	2.22	1.31
MU7.5	—	—	1.93	1.71	1.01
MU5	—	—	—	1.19	0.70

注：① 对错孔砌筑的砌体，应按表中数值乘以 0.8。

② 对独立柱或厚度为双排组砌的砌块砌体，应按表中数值乘以 0.7。

③ 对 T 形截面砌体，应按表中数值乘以 0.85。

④ 表中轻骨料混凝土砌块为煤矸石和水泥煤渣混凝土砌块。

(4) 单排孔混凝土砌块对孔砌筑时，灌孔砌体的抗压强度设计值 f_g，见表 4-6，应按下列公式计算：

$$f_g = f + 0.6\alpha f_c, \tag{4-4}$$

$$\alpha = \delta\rho \tag{4-5}$$

式中 f_g——灌孔砌体的抗压强度设计值，并不应大于未灌孔砌体抗压强度设计值的 2 倍；

f——未灌孔砌体的抗压强度设计值，应按表 4-5 采用；

f_c——灌孔混凝土的轴心抗压强度设计值；

α——砌块砌体中灌孔混凝土面积和砌体毛面积的比值；

δ——混凝土砌块的孔洞率；

ρ——混凝土砌块砌体的灌孔率，系截面灌孔混凝土面积和截面孔洞面积的比值，ρ 不应小于 33%。

砌块砌体的灌孔混凝土强度等级不应低于 Cb20，也不宜低于两倍的块体强度等级。

注：灌孔混凝土的强度等级 Cb×× 等同于对应的混凝土强度等级 C×× 的强度指标。

(5) 孔洞率不大于 35% 的双排孔或多排孔轻骨料混凝土砌块砌体的抗压强度设计值，应按表 4-6 采用。

(6) 块体高度为 180～350mm 的毛料石砌体的抗压强度设计值，应按表 4-7 采用。

表 4-6　轻骨料混凝土砌块砌体的抗压强度设计值　　单位：MPa

砌块强度等级	砂浆强度等级			砂浆强度
	Mb10	Mb7.5	Mb5	0
MU10	4.08	2.76	2.45	1.44
MU7.5	—	2.13	1.88	1.12
MU5	—	—	1.31	0.78

注：① 表中的砌块为火山渣、浮石和陶粒轻骨料混凝土砌块。

② 对厚度方向为双排组砌的轻骨料混凝土砌块砌体的抗压强度设计值，应按表中数值乘以 0.80。

表 4-7　毛料石砌体的抗压强度设计值　　单位：MPa

毛料石强度等级	砂浆强度等级			砂浆强度
	M7.5	M5	M2.5	0
MU100	5.42	4.80	4.18	2.13
MU80	4.85	4.29	4.73	1.91
MU60	4.20	4.71	4.23	1.65
MU50	4.83	4.39	2.95	1.51
MU40	4.43	4.04	2.64	1.35
MU30	2.97	2.63	2.29	1.17
MU20	2.42	2.15	1.87	0.95

注：对下列各类料石砌体，应按表中数值分别乘以系数：细料石砌体 1.5；半细料石砌体 1.3；粗料石砌体 1.2；干砌勾缝石砌体 0.8。

(7) 毛石砌体的抗压强度设计值，应按表 4-8 采用。

表 4-8　毛石砌体的抗压强度设计值　　单位：MPa

毛料石强度等级	砂浆强度等级			砂浆强度
	M7.5	M5	M2.5	0
MU100	1.27	1.12	0.98	0.34
MU80	1.13	1.00	0.87	0.30
MU60	0.98	0.87	0.76	0.26
MU50	0.90	0.80	0.69	0.23
MU40	0.80	0.71	0.62	0.21
MU30	0.69	0.61	0.53	0.18
MU20	0.56	0.51	0.44	0.15

特别提示

本书此处重点介绍了砌体抗压强度的计算指标，另同样施工控制情况下，各类砌体的轴心抗拉强度设计值、弯曲抗拉强度设计值和抗剪强度设计值，可查阅《砌体结构设计规范》(GB 50003—2011)。

6. 砌体结构构造要求

1) 房屋墙柱高厚比验算

(1) 墙、柱高厚比的概念。砌体结构房屋中，作为受压构件的墙、柱除满足承载力要求外，还须满足高厚比的要求。墙、柱的高厚比验算是保证砌体房屋施工阶段和使用阶段稳定性与刚度的一项重要构造措施。

所谓高厚比 β 是指墙、柱计算高度 H_0 与墙厚 h(或与矩形柱的计算高度相对应的柱边长)的比值。墙柱的高厚比过大，虽然强度满足要求，但是可能在施工阶段因过度的偏差倾斜以及施工和使用过程中的偶然撞击、振动等因素而导致丧失稳定；同时，过大的高厚比，还可能使墙体产生过大的变形而影响使用，故应满足 $\beta \leqslant [\beta]$。

墙、柱高厚比的限值，称允许高厚比，用 $[\beta]$ 表示，是根据我国长期的工程实践经验并经过大量调查研究得到的，同时也进行了理论校核。规范规定的允许高厚比 $[\beta]$ 见表 4-9。

表 4-9　墙、柱的允许高厚比 $[\beta]$

砂浆强度等级	墙	柱
M2.5	22	15
M5.0	24	16
≥M7.5	26	17

注：① 毛石墙、柱允许高厚比应按表中数值降低 20%。

② 组合砖砌体构件的允许高厚比，可按表中数值提高 20%，但不得大于 28%。

③ 验算施工阶段砂浆尚未硬化的新砌体高厚比时，允许高厚比对墙取 14，对柱取 11。

(2) 墙、柱高厚比验算。墙柱高厚比应按下式验算：

$$\beta = \frac{H_0}{h} \leqslant \mu_1 \mu_2 [\beta] \qquad (4-6)$$

式中　$[\beta]$——墙、柱的允许高厚比，按表 4-9 采用；

h——墙厚或矩形柱与 H_0 相对于的边长；

μ_1——自承重墙允许高厚比的修正系数(按下列规定采用：$h=240\text{mm}$，$\mu_1=1.2$；$h=90\text{mm}$，$\mu_1=1.5$；$240\text{mm}>h>90\text{mm}$，$\mu_1$ 可按插入法取值)；

μ_2——有门窗洞口墙允许高厚比的修正系数，按下式计算：

$$\mu_2 = 1 - 0.4\frac{b_s}{s} \qquad (4-7)$$

式中　s——相邻窗间墙、壁柱或构造柱之间的距离；

b_s——在宽度 s 范围内的门窗洞口总宽度；

H_0——墙、柱的计算高度。

受压构件的计算高度 H_0，应根据房屋类别和构件支承条件等按表 4-10 采用。表中的构件高度 H 应按下列规定采用。

表 4-10　受压构件的计算高度 H_0

<table>
<tr><th colspan="3" rowspan="2">房屋类别</th><th colspan="2">柱</th><th colspan="3">带壁柱墙或周边拉结的墙</th></tr>
<tr><th>排架方向</th><th>垂直排架方向</th><th>$S>2H$</th><th>$2H>S>H$</th><th>$S\leqslant H$</th></tr>
<tr><td rowspan="3">有吊车的单层房屋</td><td rowspan="2">变截面柱上段</td><td>弹性方案</td><td>$2.5H_u$</td><td>$1.25H_u$</td><td colspan="3">$2.5H_u$</td></tr>
<tr><td>刚性、刚弹性方案</td><td>$2.0H_u$</td><td>$1.25H_u$</td><td colspan="3">$2.0H_u$</td></tr>
<tr><td colspan="2">变截面柱下段</td><td>$1.0H_l$</td><td>$0.8H_l$</td><td colspan="3">$1.0H_l$</td></tr>
</table>

（续）

房屋类别			柱		带壁柱墙或周边拉结的墙		
			排架方向	垂直排架方向	$S>2H$	$2H\geqslant S>H$	$S\leqslant H$
无吊车的单层和多层房屋	单跨	弹性方案	$1.5H$	$1.0H$	$1.5H$		
		刚弹性方案	$1.2H$	$1.0H$	$1.2H$		
	多跨	弹性方案	$1.25H$	$1.0H$	$1.25H$		
		刚弹性方案	$1.10H$	$1.0H$	$1.10H$		
	刚性方案		$1.0H$	$1.0H$	$1.0H$	$0.4S+0.2H$	$0.6S$

注：① 表中 H_u 为变截面柱的上段高度，H_l 为变截面柱的下段高度。

② 对于上端为自由端的构件，$H_0=2H$。

③ 独立砖柱，当无柱间支承时，柱在垂直排架方向的 H_0 应按表中数值乘以 1.25 后采用。

④ S 为房屋横墙间距。

⑤ 自承重墙的计算高度应根据周边支承或拉接条件确定。

① 在房屋底层，为楼板顶面到构件下端支点的距离。下端支点的位置，可取在基础顶面；当埋置较深且有刚性地坪时，可取室外地面下 500mm 处。

② 在房屋其他楼层，为楼板或其他水平支点间的距离。

③ 对于无壁柱的山墙，可取层高加山墙尖高度的 1/2；对于带壁柱的山墙可取壁柱处的山墙高度。

④ 对有吊车的房屋，当荷载组合不考虑吊车作用时，变截面柱上段的计算高度可按表 4－10 规定采用；变截面柱下段的计算高度可按下列规定采用。

a. 当 $H_0/H\leqslant1/3$ 时，取无吊车房屋的 H_0。

b. 当 $1/3<H_0/H<1/2$ 时，取无吊车房屋的 H_0 乘以修正系数 μ，$\mu=1.3-0.3\dfrac{I_u}{I_l}$，$I_u$ 为变截面柱上段的惯性矩，I_l 为变截面柱下段的惯性矩。

c. 当 $H_0/H\geqslant1/2$ 时，取无吊车房屋的 H_0。但在确定 β 值时，应采用上柱截面。

上端为自由端的允许高厚比，除按上述规定提高外，尚可提高 30%；对厚度小于 90mm 的墙，当双面用不低于 M10 的水泥砂浆抹面，包括抹面层的墙厚不小于 90mm 时，可按墙厚等于 90mm 验算高厚比。

当按式（4－7）计算得到的 μ_2 的值小于 0.7 时，应采用 0.7，当洞口高度等于或小于墙高的 1/5 时，可取 $\mu_2=1$。

2）一般构造要求

为了保证砌体房屋的耐久性和整体性，砌体结构和结构构件在设计使用年限内(通常按 50 年考虑)和正常维护下，必须满足砌体结构正常使用极限状态的要求，一般可由相应的构造措施来保证。

(1) 块体和砂浆的最低强度等级。砌体材料强度等级与房屋耐久性有关。五层和五层以上房屋的墙，以及受震动或层高大于 6m 的墙和柱所用材料的最低强度等级，应符合：砖采用 MU10；砌块采用 MU7.5；石材采用 MU30；砂浆采用 M5。

对安全等级为一级或设计使用年限大于 50 年的房屋，墙、柱所用材料的最低强度等级应至少提高一级。

地面以下或防潮层以下的砌体、潮湿房间的墙，应符合规范要求。

(2) 构造限制。砌体结构的最小截面尺寸应满足表 4-11 的要求。

表 4-11　砌体结构最小截面尺寸

序号	构件名称	截面尺寸
1	承重的独立砖柱	240mm×370mm
2	毛石墙	厚度 350mm
3	毛料石柱	较小边长 400mm

注：当有振动荷载时，墙、柱不宜采用毛石砌体。

当梁的跨度大于或等于表 4-12 所列数值时，梁支承处宜设壁柱或采取其他措施对墙予以加强。

表 4-12　梁端支承处设置壁柱的条件

<table>
<tr><th>序号</th><th colspan="2">墙体材料</th><th>梁的跨度</th></tr>
<tr><td rowspan="2">1</td><td rowspan="2">砖砌体</td><td>墙厚 240mm</td><td>≥6m</td></tr>
<tr><td>墙厚 180mm</td><td>≥4.8m</td></tr>
<tr><td>2</td><td colspan="2">砌块和料石墙</td><td>≥4.8m</td></tr>
</table>

梁和屋架的跨度大于表 4-13 所列数值时，在其支承面下应设置混凝土或钢筋混凝土垫块，当墙中设有圈梁时，垫块与圈梁宜浇成整体。

表 4-13　梁和屋架设置垫块的条件

序号	构件名称	砖砌体	砌块和料石砌体	毛石砌体
1	钢筋混凝土梁	跨度 4.8m	跨度 4.2m	跨度 4.9m
2	屋架	跨度 6m	跨度 6m	跨度 6m

预制钢筋混凝土板的支承长度应满足表 4-14 的要求。

表 4-14　预制钢筋混凝土板支承长度

支承条件	最小支承长度
直接支承在砌体墙上	100mm
支承在梁上或圈梁上	80mm

当利用板端伸出的钢筋拉结和混凝土灌缝时，其支承长度可为 40mm，但板端缝宽不小于 80mm，灌缝混凝土不宜低于 C20。

不应在砌体截面长边小于 500mm 的承重墙体、独立柱内埋设管线；不宜在墙体中穿行暗线或预留、开凿沟槽，无法避免时应采取必要的措施或按削弱后的截面验算墙体的承载力。但对受力较小或未灌孔的砌块砌体，允许在墙体的竖向孔洞中设置管线。

夹心墙的夹层厚度不宜大于 100mm，其外叶墙的最大横向支承间距不宜大于 9m。夹心墙混凝土砌块的强度等级不应低于 MU10。

(3) 墙、柱的拉结。对于支承在墙、柱上的吊车梁、屋架及跨度大于或等于 9m(砖砌体)或 7.2m(对砌块和料石砌体)的预制梁的端部，应采用锚固件与墙、柱上的垫块锚固(图 4.13)。

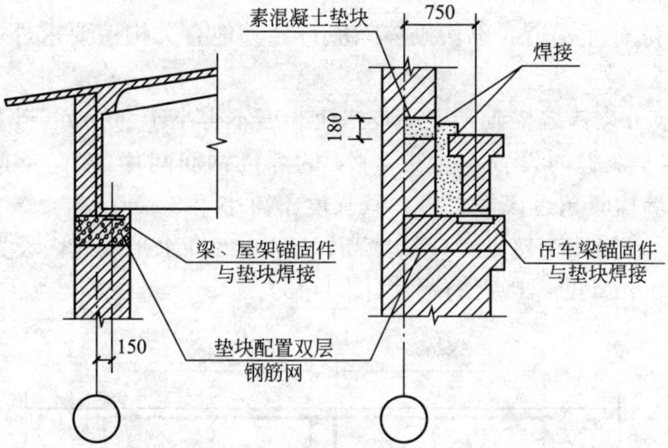

图 4.13 锚固件与垫块连接

骨架房屋的围护墙、隔墙及填充墙，应分别采用拉结条或其他措施与骨架拉结。一般是在钢筋混凝土骨架中预埋拉结筋，砌砖时嵌入墙的水平灰缝内(图 4.14)。这种柔性拉结可防止墙体与柱子间的沉降等变形差异引起连接处的开裂。

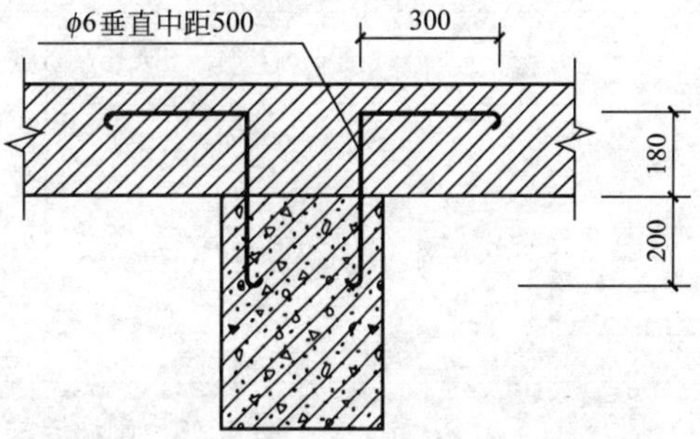

图 4.14 墙与骨架拉结

山墙处的壁柱宜砌至山墙顶部。风压较大的地区，檩条应与山墙锚固，屋盖不宜挑出山墙，以避免大风的吸力掀起局部屋盖使山墙成为无支承的悬臂状态而倒塌。

未设置圈梁楼层的楼面板嵌入墙内的长度不应小于 120mm，并沿墙长配置不少于 2ϕ10 的纵向钢筋。

墙体的转角处、交接处应同时砌筑，且宜沿竖向每隔 400～500mm 设置拉结筋。拉结筋的数量每 120mm 墙厚不少于 1ϕ16 或焊接钢筋网片，埋入长度从墙的转角或交接处算起，每边不少于 600mm。

夹心墙的叶墙的连接应符合下列要求。

① 叶墙应用经防腐处理的拉结件或钢筋网片连接。

② 当采用环形拉结件时，钢筋的直径不应小于 4mm，当为 Z 形拉结件时，钢筋的直径不应小于 6mm。拉结件应沿竖向梅花形布置，拉结件的水平和竖向最大间距分别不宜大于 800mm 和 600mm；对有振动和抗震设防要求时，其水平和竖向最大间距分别不宜大于 800mm 和 400mm。

③ 当采用钢筋网片作拉结件时，网片横向钢筋的直径不应小于 4mm，其间距不应大于 400mm；网片的竖向间距不宜大于 600mm，对有振动和抗震设防要求时，不宜大于 400mm。

④ 拉结件在叶墙上的搁置长度，不应小于叶墙厚度的2/3，并不小于60mm。

⑤ 门、窗洞口周边300mm范围内应附加间距不大于600mm拉结件。

⑥ 对安全等级为一级或设计使用年限大于50年的房屋，夹心墙叶墙间宜采用不锈钢拉结件。

(4) 砌块砌体的补充构造。砌块砌体除应符合其他有关构造要求外，还应符合下列构造规定。

① 砌块砌体应分皮错缝搭砌，上下皮搭砌长度不得小于90mm。当搭砌长度不满足上述要求时，应在水平灰缝内设置不少于2φ4的焊接钢筋网片(横向钢筋的间距不宜大于200mm)，网片每端均应超过该垂直缝，其长度不得小于300mm。

② 砌块墙与后砌隔墙交接处，应沿墙高每400mm在水平灰缝内设置不少于2φ4、横筋的间距不大于200mm的焊接钢筋网片(图4.15)。

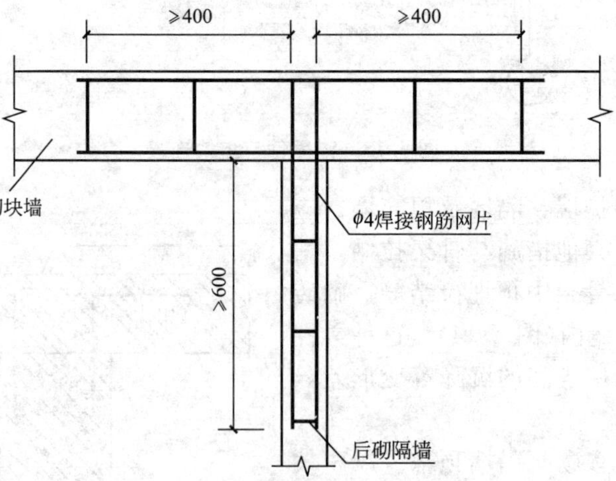

图4.15　砌块墙与后砌隔墙交接处钢筋网片

③ 混凝土砌块房屋，宜将纵横墙交接处，距墙中心段每边不少于300mm范围内的孔洞，采用不低于Cb20灌孔混凝土灌实，灌实高度应为全部墙身高度。

④ 混凝土砌块墙体，在表4-15所指出的部位如未设圈梁或混凝土垫块，应采用不低于Cb20灌孔混凝土将孔洞灌实。

表4-15　混凝土砌块墙体应灌实部位

墙体部位	灌实范围
钢筋混凝土楼板、檩条、隔栅等支承面下	高度≥200mm
屋架、大梁等支承面下	高度≥600mm，长度≥600mm
挑梁支承面下	长度≥600mm，距墙中心线每边≥300mm

(5) 过梁、挑梁、墙梁、圈梁。

① 过梁。是砌体结构门窗洞口上常用的构件，用以承受门窗洞口以上砌体自重以及其上梁板传来的荷载。过梁主要有钢筋混凝土过梁、钢筋砖过梁、砖砌平拱过梁和砖砌弧拱过梁等几种形式。过梁的构造要求如下：

钢筋混凝土过梁按受弯构件计算确定其配筋，截面高度 $h=(1/14\sim1/8)l_0$，l_0 为过梁计算跨度，截面宽度取为墙厚，端部支承长度不宜小于 240mm。

钢筋砖过梁跨度不应超过 1.5m，过梁底面砂浆内的钢筋直径不应小于 5mm，间距不宜大于 120mm，钢筋伸入支座砌体的长度不宜小于 240mm，砂浆层的厚度不宜小于 30mm，砂浆不宜低于 M5。

砖砌平拱过梁跨度不应超过 1.2m，其厚度等于墙厚，砖砌过梁截面计算高度内的砂浆不宜低于 M5，竖砖砌筑部分高度不应小于 240mm。砖砌过梁延性较差，跨度不宜过大，因此对有较大振动荷载或可能产生不均匀沉降的房屋，应采用钢筋混凝土过梁。弧拱砌筑时施工较复杂，多由于对建筑外形有特殊要求的房屋中。

② 挑梁。是一端埋入砌体墙内另一端伸出主体结构之外的钢筋混凝土悬臂构件。在砌体结构房屋中，为了支撑外廊、阳台、雨篷等必须要设置挑梁。挑梁除按钢筋混凝土受弯构件设计外，还必须进行抗倾覆验算、挑梁下砌体局部承压验算，并应满足下列构造要求。

纵向受力钢筋至少应有 1/2 的钢筋面积伸入梁尾端，且不少于 2φ12。其他钢筋伸入支座的长度不应小于 $2l_1/3$。

挑梁埋入砌体长度 l_1 与挑出长度 l 之比宜大于 1.2；当挑梁上无砌体时，l_1 与 l 之比宜大于 2。

③ 墙梁。由支承墙体的钢筋混凝土托梁及其以上计算高度范围内的墙体所组成的组合构件称为墙梁。如底层为商场、上层为住宅或旅馆的砌体结构房屋中，底层的托梁及其上部一定高度范围的墙体［图 4.16(a)］，工业厂房的基础梁及其上部一定高度的围护墙等均属墙梁［图 4.16(b)］。

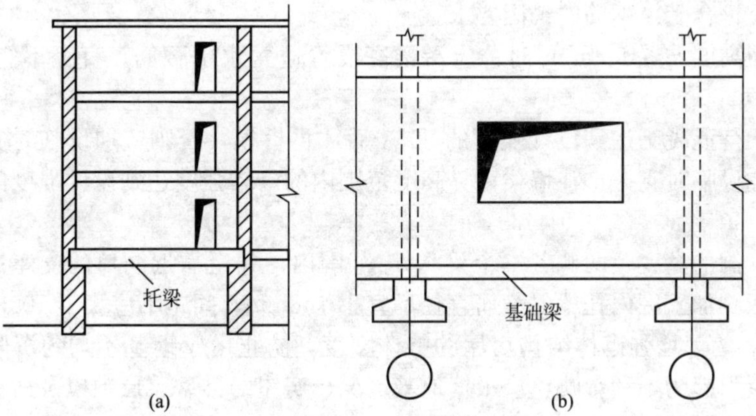

图 4.16　墙梁实例

墙梁除进行以上计算外，应符合《砌体结构设计规范》(GB 50003—2011)和《混凝土结构设计规范》(GB 50010—2010)的有关构造规定，并要满足下列构造要求。

a. 材料。托梁混凝土强度等级不应低于 C30。

纵向钢筋宜采用 HRB335、HRB400 或 RRB400 级钢筋。

承重墙梁的块体强度等级不应低于 MU10，计算高度范围内墙体的砂浆强度等级不应低于 M10。

b. 墙体。框支墙梁的上部砌体房屋，以及设有承重的简支墙梁或连续墙梁的房屋，应满足刚性方案房屋的要求。

墙梁的计算高度范围内的墙体厚度，对砖砌体不应小于 240mm，对混凝土小型砌块砌体不应小于 190mm。

墙梁洞口上方应设置混凝土过梁，其支承长度不应小于 240mm；洞口范围内不应施加集中荷载。

承重墙梁的支座处应设置落地翼墙，翼墙厚度，对砖砌体不应小于 240mm，对混凝土砌块砌体不应小 190mm。翼墙宽度不应小于墙体墙梁厚度的 3 倍，并与墙体墙梁同时砌筑。当不能设置翼墙时，应设置落地且上、下贯通的构造柱。

当墙体墙梁在靠近支座 1/3 跨度范围内开洞时，支座处应设置落地且上、下贯通的构造柱，并与每层圈梁连接。

墙梁计算高度范围内的墙体，每天可砌高度不应超过 1.5m，否则，应加设临时支撑。

③ 托梁。有墙梁的房屋的托梁两边各一个开间及相邻开间处应采用现浇钢筋混凝土楼盖，楼板的厚度不宜小于 120mm，当楼板厚度大于 150mm 时，宜采用双层双向钢筋网，楼板上应少开洞，洞口尺寸大于 800mm 时应设洞边梁。

托梁每跨底部的纵向钢筋应通长设置，不得在跨中段弯起或截断。钢筋接长应采用机械连接或焊接。

墙梁的托梁跨中截面纵向受力钢筋总配筋率不应小于 0.6%。

在托梁距边支座 $l_0/4$ 范围内，其上部钢筋面积不应小于跨中下部钢筋面积的 1/3。连续墙梁或多跨框支墙梁的托梁中支座上部附加纵向钢筋从支座边算起每边延伸不少于 $l_0/4$。

承重墙梁的托梁在砌体墙、柱上的支承长度不应小于 350mm。其纵向受力钢筋应伸入支座，并应符合受拉钢筋的锚固要求。

托梁截面高度 $h_b \geqslant 500$mm 时，应沿梁高设置通常水平腰筋，直径不宜小于 12mm，间距不应大于 200mm。

现浇托梁待混凝土达到设计强度的 80% 后才可拆模，否则应加设临时支撑；冬季施工托梁下应加设临时支撑，在墙梁计算高度范围内的砌体强度达到设计强度的 80% 以前，不得拆除。

墙梁偏开洞的宽度及两侧各一个梁高 h_b 范围内，并至靠近洞口的支座边处，为托梁的箍筋加密区。加密区内托梁的箍筋直径不宜小于 8mm，间距不应大于 100mm。

④ 圈梁。为了增强砌体结构房屋的整体刚度，防止由于地基不均匀沉降或较大振动荷载等对房屋引起的不利影响，应根据地基情况、房屋的类型、层数以及所受的振动荷载等情况设置钢筋混凝土圈梁。

a. 圈梁的设置。车间、仓库、食堂等空旷的单层房屋，应按下列要求设置圈梁。

砖砌体房屋，檐口标高为 5～8m 时，应在檐口标高处设置圈梁一道，檐口标高大于 8m 时，应增加设置数量。

砌块及石砌体房屋，檐口标高为 4～5m 时，应在檐口标高处设置圈梁一道，檐口标高大于 5m 时，应增加设置数量。

对有电动桥式吊车或较大振动设备的单层工业房屋，除在檐口或窗顶标高处设置钢筋混凝土圈梁外，还应增加设置数量。

宿舍、办公楼等多层砖砌体民用房屋，且层数为 3～4 层时，应在檐口标高处设置圈梁一道。当层数超过 4 层时，应在所有纵横墙上隔层设置。屋盖处圈梁应现浇，预制圈梁安装时应坐浆，并应保证接头可靠。对多层砌体工业房屋，应每层设置钢筋混凝土圈梁。

设置墙梁的多层砌体房屋，应在托梁、墙梁顶面和檐口标高处设置现浇钢筋混凝土圈梁，其他楼层处应在所有纵横墙上每层设置。

建筑在软弱地基或不均匀地基上的砌体房屋，除按上述规定设置圈梁外，还应符合国家现行《建筑地基基础设计规范》(GB 50007—2011)的有关规定。

采用现浇钢筋混凝土楼(屋)盖的多层砌体结构房屋，当层数超过5层时，除在檐口标高处设置一道圈梁外，可隔层设置圈梁，并与楼(屋)面板一起现浇。未设置圈梁的楼面板嵌入墙内的长度不应小于120mm，并沿墙长配置不少于2ф10的纵向钢筋。

组合砖墙砌体房屋在基础顶面和有组合墙的楼层设置钢筋混凝土圈梁。圈梁截面高度不宜小于240mm，纵筋不宜小于4ф12，并应按受拉钢筋的要求与构造柱锚固；圈梁的箍筋宜采用ф6@200。

b. 圈梁的构造要求。圈梁宜连续地设在同一水平面上，并形成封闭状；圈梁必须是连续、整体的，圈梁中的钢筋也必须是连续通长或有可靠连接的，当圈梁被门窗洞口截断时，应在洞口上部增设相同截面的附加圈梁，附加圈梁与圈梁的搭接长度不应小于其中心线到圈梁中心线垂直间距的2倍，且不得小于1m。

为保证建筑结构的水平整体性，圈梁宜布置在靠近楼道、屋盖平面的标高处，内外纵墙、横墙、山墙中的圈梁在水平面内相互拉结，形成牢靠的网络。

刚弹性和弹性方案房屋中，圈梁应与屋架、大梁等构件可靠连接，如在屋架或大梁端部伸出钢筋，与圈梁内的钢筋搭接。

钢筋混凝土圈梁的宽度宜与墙厚相同，当墙厚 $h\geqslant240$mm 时其宽度不宜少于 $2h/3$。圈梁高度不应小于120mm。纵向钢筋不宜小于4ф10，绑扎接头的搭接长度应按受拉钢筋考虑，箍筋间距不应大于300mm。

圈梁兼作过梁时，过梁部分的钢筋应按计算用量另行增加配置。

圈梁房屋转角、丁字接头处，应设置附加钢筋予以加强。

为防止钢筋混凝土圈梁受温度影响而产生裂缝等现象，其最大长度可按《混凝土结构设计规范》(GB 50010—2010) 中有关伸缩缝最大间距考虑。

7. 砌体结构施工图识读

砌体结构施工图只表示各承重构件(如基础、墙体、柱、梁、板)的结构布置，构件种类、数量，构件的内部构造、配筋和外部形状大小，材料及构件间的相互关系。制图规则和本书前述钢筋混凝土部分相同，主要包括：结构设计总说明；基础图包括基础(含设备基础、基础梁、地圈梁)平面图和基础详图；结构平面布置图包括楼层结构平面布置图和屋面结构布置图；柱(墙)、梁、板的配筋图包括梁、板结构详图；结构构件详图包括落体结构详图和其他详图(如预埋件、连接件等)。上述顺序也即识读砌体结构施工图的顺序。

1) 结构设计总说明和图纸目录

结构设计总说明一般放在第一张，内容包括：结构类型，抗震设防情况，地基情况，结构选用材料的类型、规格、强度等级，构造要求，施工注意事项，选用标准图集情况等。

2) 基础图

(1) 基础平面图的主要内容。是房屋施工过程中指导放线、挖基坑、定位基础的依据，主要表示基础的平面位置，以及与墙(柱)及定位轴线的相对位置关系。其内容主要包括：图名和比例；定位轴线、编号及轴线之间的尺寸；基础的平面位置要反映墙(柱)基础底面的形状、尺寸及基础与轴线的尺寸关系；基础断面的剖切位置和符号；施工说明(图 4.17)。

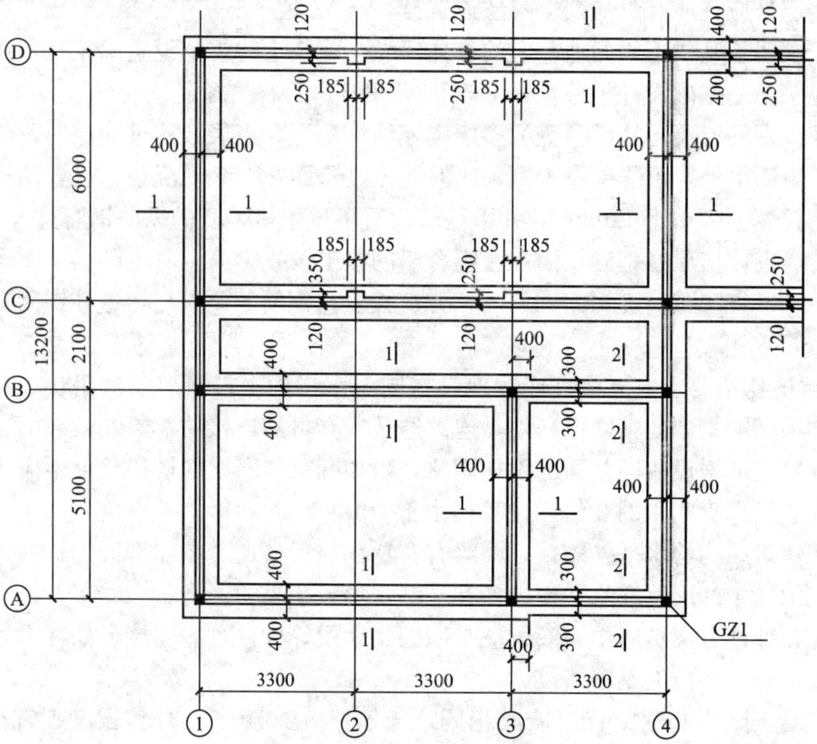

图 4.17　基础平面图(局部)

(2) 基础详图的主要内容。图名和比例；定位轴线、编号及轴线之间的尺寸；基础的详细尺寸，基础墙的厚度，基础的断面形式、大小、材料、配筋情况，大放脚的做法，垫层的厚度，地圈梁的位置、尺寸和配筋等；室内外底面标高及基础底面标高；防潮层的位置及做法；施工说明(图 4.18)。

3) 楼层结构平面布置图和屋面结构布置图

图名和比例；定位轴线、编号及轴线之间的尺寸；墙体的厚度及门窗洞口的位置，门窗洞口宽用虚线表示，在门窗洞口处，注明过梁的代号、编号与数量；现浇板的位置、配筋状况、厚度、标高及编号；预制板的布置情况、编号、数量及标高；梁的布置情况、代号或编号标记；构造柱的位置、编号和尺寸；圈梁的平面位置、尺寸和配筋，圈梁的平面位置既可以用粗点画线另外画出，也可以用文字说明；各节点详图的剖切位置及索引；预留洞口的位置和洞口尺寸。对于承重构件布置相同的楼面，可只画一个结构平面布置图，该图称为标准层结构平面布置图(图 4.19 和图 4.20)。

特别提示

(1) 地圈梁沿墙体均设，且封闭成圈。

(2) 地圈梁兼防潮层。

墙下条形基础表:

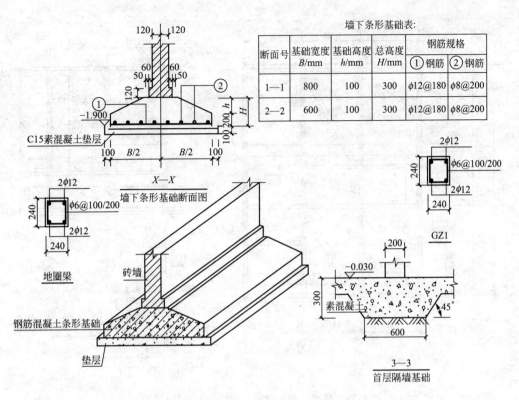

断面号	基础宽度 B/mm	基础高度 h/mm	总高度 H/mm	钢筋规格	
				①钢筋	②钢筋
1—1	800	100	300	ϕ12@180	ϕ8@200
2—2	600	100	300	ϕ12@180	ϕ8@200

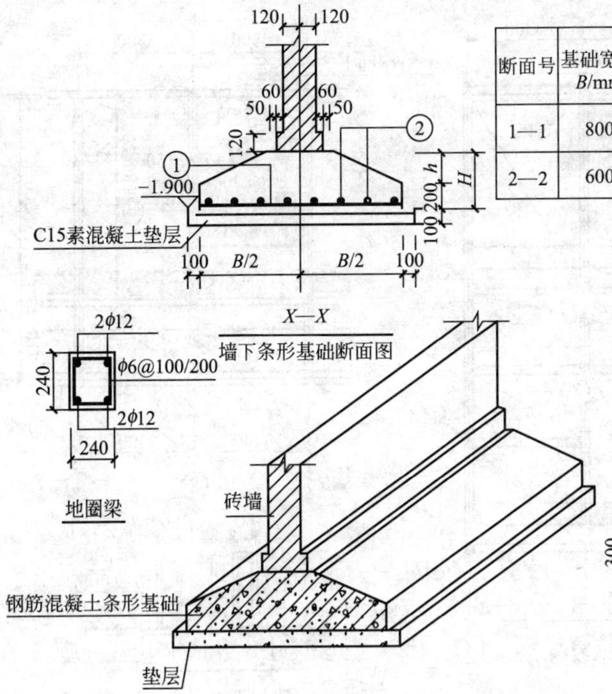

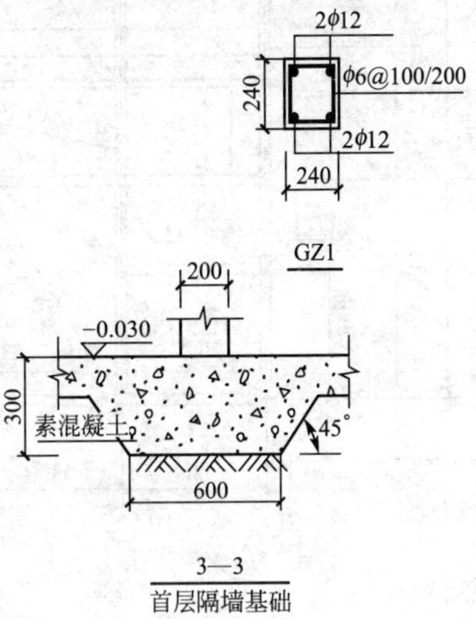

图 4.18 基础详图

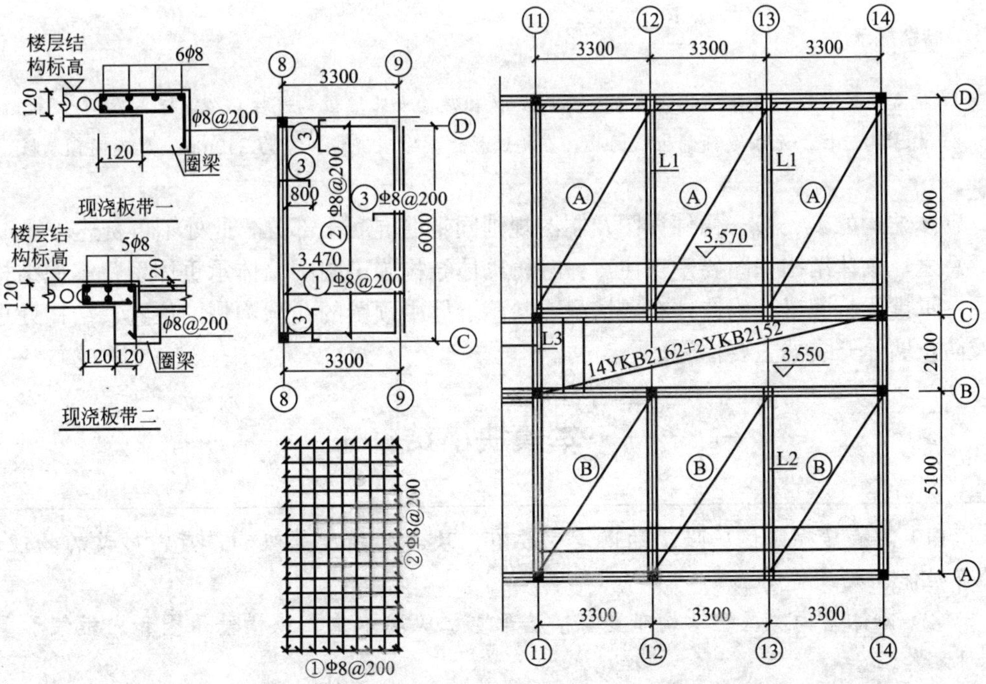

图 4.19 二层结构平面布置图(局部)

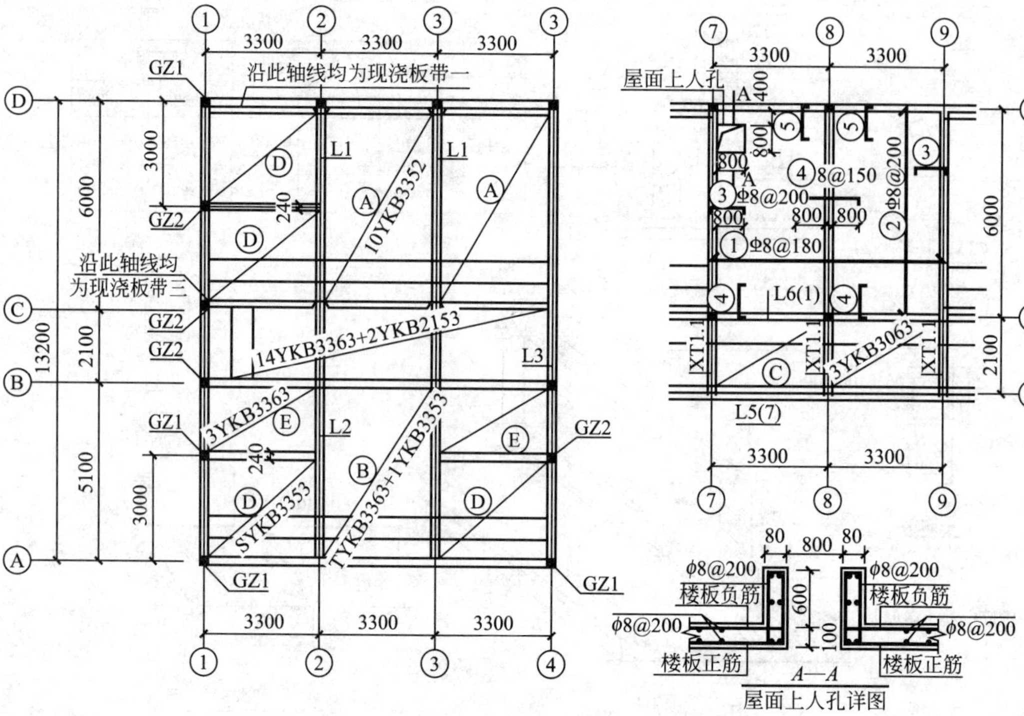

图 4.20　屋面预制板布置、现浇板配筋图(局部)

特别提示

(1) 抗震规范要求：女儿墙构造柱间距≤4m，故出屋面女儿墙设构造柱 GZ2，标高 7.07～8.2m；

(2) 由于构造柱上无法做预制板，因此，在构造柱位置做现浇带，宽为 240mm，厚度同预制板。

砌体结构的梁、板、构件详图及制图规则同钢筋混凝土部分，此处不再赘述。

总之，砌体结构识图要重点注意：分析砌体结构施工图中墙体承重体系，掌握结构平面图中承重梁、圈梁、构造柱布置情况，熟悉墙体中预留的孔洞沟槽的位置、结构处理方法及防止墙体开裂的主要措施。

本模块小结

(1) 影响砖砌体抗压强度的因素主要有：块材的强度等级和厚度、砂浆的物理、力学性能、砌筑质量。

(2) 砌体结构房屋的结构布置有横墙承重、纵墙承重、纵横墙承重和内框架承重 4 种方案。

(3) 砌体的刚度和稳定性通过墙柱高厚比验算来保证。

案例分析

某工程为三层砖混结构，现浇钢筋混凝土楼盖，纵墙承重、灰土基础(图4.21)。施工后于当年10月浇灌二层楼盖混凝土。全部主体结构于第二年1月完工。在4月间进行装修工程时，发现各层大梁均有斜裂缝。

具体现象：

裂缝多为斜向，倾角50°～60°，且多发生在300mm的钢箍间距内。近梁中部为竖向裂缝，斜裂缝两端密集，中部稀少(值得注意的是在纵筋截断处都有斜裂缝)；其沿梁高度方向的位置较多地在中和轴以下，个别贯通梁高。

裂缝宽度在梁端附近约0.5～1.2mm，近跨中约0.1～0.5mm；裂缝深度一般小于1/3，个别的两端穿通；裂缝数量每根梁少则4根，多则22根，一般为10～15根。

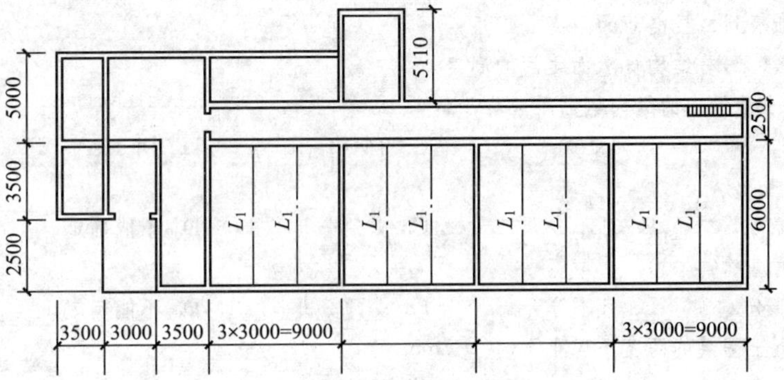

图4.21 三层砖混结构平面图

讨论、搜集资料分析本工程产生裂缝的原因都有哪些？

习 题

一、思考题

1. 影响砖砌体抗压强度的主要因素有哪些？
2. 什么是高厚比？影响实心砖砌体允许高厚比的主要因素是什么？
3. 为什么要验算高厚比？
4. 砌体材料中块材的种类有哪些？
5. 砂浆的强度等级有哪些？
6. 砂浆有哪几种？
7. 影响砌体抗压强度的因素有什么？
8. 砌体的弯曲受拉破坏有哪三种形态？

二、选择题

1. 对于整体式的钢筋混凝土屋盖，当$S<32$时，砌体结构房屋的静力计算方案属于(　　)。

   A. 刚性方案　　B. 刚弹性方案　　C. 弹性方案　　D. 不能确定

2. 对于整体式的钢筋混凝土屋盖，当$S>72$时，砌体结构房屋的静力计算方案属于(　　)。

   A. 刚性方案　　B. 刚弹性方案　　C. 弹性方案　　D. 不能确定

3. 墙、柱的计算高度与其相应厚度的比值，称为(　　)。

A. 高宽比　　B. 长宽比　　C. 高厚比　　D. 高长比

4. 墙体一般要进行(　　)个方面的验算。

A. 二　　B. 三　　C. 四　　D. 五

5. 墙体作为受压构件稳定性的验算通过(　　)验算。

A. 高宽比　　B. 长宽比　　C. 高厚比　　D. 高长比

6. 多层房屋刚性方案的竖向荷载作用下的墙体验算中底层高度取(　　)。

A. 一层地面到二层楼盖的距离

B. 基础大放脚顶到楼盖支承面之间的高度

C. 一层地面到二层楼面的距离

D. 两层楼(屋)盖结构支承面之间的高度

7. 多层房屋刚性方案的竖向荷载作用下的墙体验算中底层以上各层的高度取(　　)。

A. 一层地面到二层楼盖的距离

B. 基础大放脚顶到楼盖支承面之间的高度

C. 一层地面到二层楼面的距离

D. 两层楼(屋)盖结构支承面之间的高度

8. 钢筋混凝土圈梁中的纵向钢筋不应少于(　　)。

A. 4Φ12　　B. 4Φ10　　C. 3Φ10　　D. 3Φ12

9. 伸缩缝的基础(　　)。

A. 必不能分　　B. 可不分开　　C. 必须分开　　D. 不能确定

10. 沉降缝的基础(　　)。

A. 必不能分　　B. 可不分开　　C. 必须分开　　D. 不能确定

11. 钢筋混凝土圈梁的高度不应小于(　　)mm。

A. 90　　B. 100　　C. 110　　D. 120

12.《砌体结构设计规范》(GB 50003—2011) 规定，下列情况的各类砌体强度设计值应乘以调整系数 γ_a：

Ⅰ. 有吊车房屋和跨度不小于 9m 的多层房屋，γ_a 为 0.9

Ⅱ. 有吊车房屋和跨度不小于 9m 的多层房屋，γ_a 为 0.8

Ⅲ. 构件截面 A 小于 $0.3m^2$ 时，取 $\gamma_a = A + 0.7$

Ⅳ. 构件截面 A 小于 $0.3m^2$ 时，取 $\gamma_a = 0.85$

下列(　　)是正确的。

A. Ⅰ、Ⅲ　　B. Ⅰ、Ⅳ　　C. Ⅱ、Ⅲ　　D. Ⅱ、Ⅳ

项目5

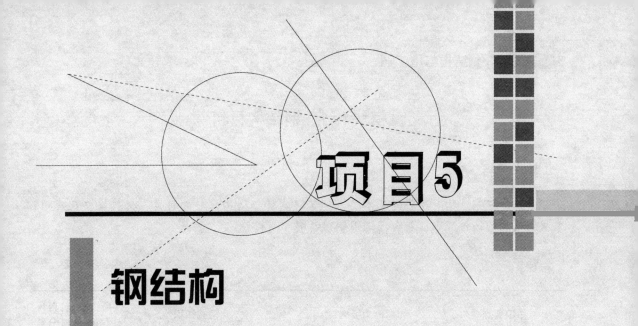

钢结构

模块 5.1 钢结构材料

教学目标

掌握建筑钢结构对材料的基本要求；了解建筑钢结构材料的种类、材料规格及应用；掌握钢结构的选材原则，能合理选用钢材的牌号和材性。

教学要求

知识要点	能力要求	相关知识	所占分值（100分）	自评分数
建筑钢结构对材料的基本要求	掌握建筑钢结构对材料的基本要求	强度、变形、加工性能、耐久性	30	
建筑钢结构材料的种类、材料规格及应用	了解建筑钢结构材料的种类；了解建筑钢结构材料的规格；了解建筑钢结构材料的应用	钢结构用钢的牌号、表示方法、规格、应用	35	
钢结构的选材原则	掌握钢结构的选材原则，能合理选用钢材的牌号和材性	钢结构的选材原则	35	

模块导读

我们在《建筑材料与检测技术》这门课程中已经学了钢材的品种、钢材的规格、钢材的技术性能、钢材的冶炼过程和冶炼方法等知识，在实际工程中，我们看到很多建筑中用到钢材(图 5.1、图 5.2、图 5.3、图 5.4)，本模块通过回顾和重温已学知识，重点讲解建筑钢结构对材料的基本要求和选用钢材的原则。

图 5.1 迪拜跑马场——停车场

图 5.2　国家体育馆

图 5.3　法国埃菲尔铁塔

图 5.4　泉州海峡体育中心

1. 建筑钢结构对材料性能的基本要求

1）强度

建筑结构用钢材要轻质高强，材料抵抗外力作用时不致破坏的能力。

2）变形

(1) 塑性。良好的塑性使结构破坏前出现明显的变形，减少突然破坏的危险性，调整局部高峰应力，使应力平缓。

(2) 韧性。良好的韧性使结构抗震、构件抵抗冲击荷载和动力荷载的能力提高。

3）加工性能

(1) 冷弯性能。是衡量钢材在冷加工(常温)塑性变形时抵抗裂纹的能力，既反映钢材的塑性好坏，又反映钢材的内部质量。

(2) 可焊性。是指采用一般焊接工艺就可达到合格焊缝性能。具体表现为：

施工上：正常焊接工艺下，焊缝不出现裂纹；使用上：焊缝力学性能不低于母材力学性能。

钢材可焊性与碳、合金元素的含量有关，需通过试验来鉴定可焊性的好坏、确定焊接工艺要求。

4）耐久性

(1) 耐腐蚀。钢材受各种腐蚀环境影响而慢慢生锈，削弱截面厚度。通过喷涂防腐涂料使钢材耐腐蚀。

(2) 耐疲劳。钢材长时间受荷载重复作用(比如工业厂房的吊车梁，图 5.5)，达到一定的寿命而破坏。

图 5.5　工业厂房

在桥梁工程中，疲劳破坏常有发生，1967 年 12 月 15 日下午美国普莱森特角悬索桥因一吊杆断裂而在 60s 内倒塌，46 人丧生，37 辆各种车辆掉入河中(图 5.6)。可以通过改善材质、采取措施来提高构件的抗疲劳性能，增加寿命。

图 5.6　美国普莱森特角悬索桥倒塌图片

2. 建筑钢结构材料的品种、规格

1) 建筑钢结构材料的品种(表 5-1)

建筑钢结构工程中需要消耗大量的钢材，常用的建筑钢结构材料有碳素结构钢、低合金高强度结构钢。

表 5-1　建筑钢结构材料的品种

品种	特　点
碳素结构钢	用于结构的普通碳素钢
低合金高强度结构钢	普通低碳钢+若干种合金元素(Mn、V 等，总量<5%)
优质碳素结构钢	有害元素少的碳素钢+热处理
钢索	钢丝、平行钢丝索、钢绞线、钢丝绳的总称

(1) 碳素结构钢。碳素结构钢牌号见表 5-2；碳素结构钢表示方法见表 5-3。

表 5-2　碳素结构钢牌号

牌号	Q195	Q215	Q235 规范推荐	Q255	Q275
特点	含碳量↑，强度↑ 含碳量↑，塑性↓ 建筑钢结构最常用牌号：Q235，强度、塑性韧性、可焊性均好				
供货	提供力学性能质保书(f_y、f_u、δ) 提供化学成分质保书(C、Mn、Si、S、P 等)				

表 5-3　碳素结构钢表示方法

<table>
<tr><th>钢材代号</th><th>屈服强度数值(MPa)</th><th>质量等级(四级)</th><th>脱氧方法</th></tr>
<tr><td rowspan="4">Q
(屈服强度
的含义)</td><td rowspan="4">235</td><td>A
无冲击韧性规定
冷弯试验需方要求时提供</td><td rowspan="2">F(沸腾钢)
b(半镇静钢)
Z(镇静钢)</td></tr>
<tr><td>B
规定 20℃冲击韧性 $A_k \geqslant 27J$
提供冷弯试验合格证书</td></tr>
<tr><td>C
规定 0℃冲击韧性 $A_k \geqslant 27J$
提供冷弯试验合格证书</td><td>Z
(镇静钢)</td></tr>
<tr><td>D
规定－20℃冲击韧性 $A_k \geqslant 27J$
提供冷弯试验合格证书</td><td>TZ
(特殊镇静钢)</td></tr>
</table>

Q235 钢是建筑工程中应用最广泛的钢，属低碳钢，具有较高的强度，良好的塑性、韧性及可焊性，综合性能好，能满足一般钢结构的要求，且成本较低，大量被用作轧制各种型钢、钢板。

(2) 低合金高强度结构钢。低合金结构钢牌号见表 5-4；低合金结构钢表示方法见表 5-5。

表 5-4　低合金结构钢牌号

<table>
<tr><th>牌号</th><th>Q295</th><th>Q345 规范推荐</th><th>Q390 规范推荐</th><th>Q420 规范推荐</th><th>Q460</th></tr>
<tr><td>特点</td><td colspan="5">含碳量↑，强度↑
含碳量↑，塑性↓
建筑钢结构最常用牌号：Q345</td></tr>
<tr><td>供货</td><td colspan="5">提供力学性能质保书(f_y、f_u、δ 和冷弯试验等)
提供化学成分质保书(C、Mn、Si、S、P、V、Ti 等)</td></tr>
</table>

表 5-5　低合金结构钢表示方法

<table>
<tr><th>钢材代号</th><th>屈服强度数值(MPa)</th><th>质量等级(五级)</th><th>脱氧方法</th></tr>
<tr><td rowspan="5">Q(屈服强度
的含义)</td><td rowspan="5">345</td><td>A
无冲击韧性规定
冷弯试验需方要求时提供</td><td rowspan="2">Z(镇静钢)</td></tr>
<tr><td>B
规定 20℃冲击韧性 $A_k \geqslant 34J$
提供冷弯试验合格证书</td></tr>
<tr><td>C
规定 0℃冲击韧性 $A_k \geqslant 34J$
提供冷弯试验合格证书</td><td rowspan="3">TZ(特殊镇静钢)</td></tr>
<tr><td>D
规定－20℃冲击韧性 $A_k \geqslant 34J$
提供冷弯试验合格证书</td></tr>
<tr><td>E
规定－40℃冲击韧性 $A_k \geqslant 27J$
提供冷弯试验合格证书</td></tr>
</table>

Q345钢的综合性能较好，是钢结构的常用牌号，Q390、Q420也是推荐使用的牌号。与碳素结构钢Q235相比，低合金结构钢Q345的强度更高，并具有良好的承受动荷载和耐疲劳性能，但价格稍高。用低合金结构钢代替碳素结构钢Q235可节省钢材15%～25%，并减轻结构的自重。

2) 建筑钢结构材料的规格

(1) 热轧型钢。建筑钢结构用钢常用的热轧型钢规格有角钢(图5.7)、槽钢(图5.8)、T形钢(图5.9)、工字钢(图5.10)、H形钢(图5.11)等。

图5.7 角钢

图5.8 槽钢

图5.9 T形钢

图5.10 工字钢

角钢、工字钢、槽钢、T形钢主要用于次要受力构件、桁架的杆件、支撑等。

H形钢主要用于主要承重的梁柱或桁架的杆件等。

(2) 冷弯薄壁型钢。由2～6mm薄钢板冷弯或模压而成，有Z形钢(图5.12)、C形钢(图5.13)、角钢、槽钢等开口薄壁型钢及方形、矩形等空心薄壁型钢，主要用于轻型钢结构的屋面、墙面受力构件或其他次要构件。

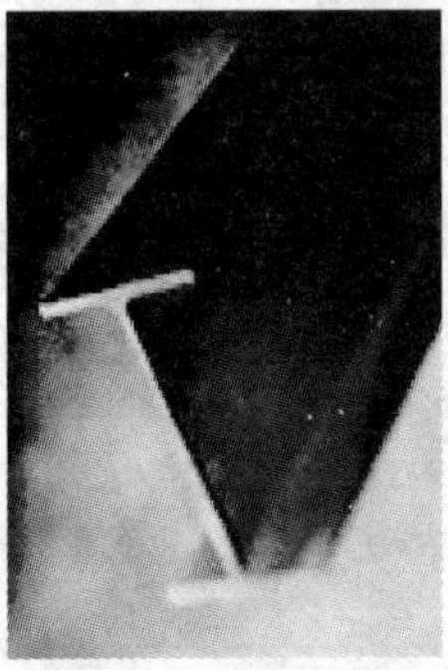

图5.11 H形钢

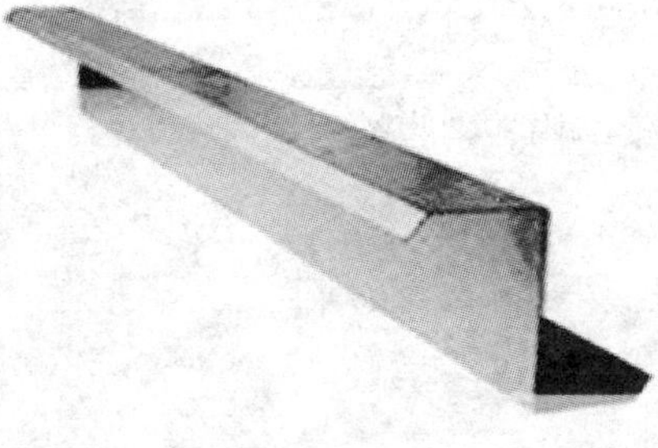

图5.12 Z形钢

图5.13 C形钢

(3) 钢板、压型钢板。

花纹钢板主要用于钢楼梯的踏步板、楼梯平台板、操作平台板、吊车检修走道板等(图 5.14)。

光面钢板主要用来加工制作焊接 H 形钢截面、箱形钢截面、圆管、十字形截面等,其在工程中的应用(图 5.15～图 5.17)。

图 5.14　花纹钢板

图 5.15　光面钢板

图 5.16　杭州雷迪森大厦钢柱图片

图 5.17　杭州高新产业大楼连廊桁架图

彩色钢板主要用于加工压型钢板、夹芯板,压型钢板、夹芯板一般用于轻钢结构的屋面、墙面围护等。

4) 钢管

钢管(图 5.18)分为无缝钢管和焊接钢管。钢管一般用于钢柱、桁架的杆件、屋面的支撑、系杆等,其在工程中的应用(图 5.19)。

5) 钢丝

建筑钢结构中钢丝主要用于悬索结构、索膜结构等。

3. 钢结构的选材原则

1) 钢结构选材的基本原则

(1) 结构安全可靠。

(2) 满足使用要求。

(3) 经济合理。

图 5.18 钢管

图 5.19 杭州客运中心屋面桁架图片

2）根据结构特点选材

为了保证承重结构的承载能力和防止在一定条件下出现脆性破坏，应根据结构的重要性、荷载特征、连接方法、工作温度、结构形式、应力状态、板材厚度、环境介质等不同情况选择其牌号和材性。承重结构的钢材宜采用 Q235 钢、Q345 钢、Q390 钢、Q420 钢，其质量应分别符合现行标准《普通碳素结构钢》(GB/T 700—2006)、《低合金高强度结构钢》(GB/T 1591—2008)的规定。

3）不宜采用 Q235 沸腾钢的承重结构和构件

(1) 焊接结构。直接承受动力荷载或振动荷载且需要验算疲劳的结构；工作温度低于－20℃时的直接承受动力荷载或振动荷载，但可不验算疲劳的结构以及承受静力荷载的受弯及受拉的重要承重结构；工作温度等于或低于－30℃的所有承重结构。

(2) 非焊接结构。工作温度等于或低于－20℃的直接承受动力荷载且需要验算疲劳的结构。

4）承重结构采用的钢材应满足的要求

承重结构采用的钢材应具有抗拉强度、伸长率、屈服强度和硫、磷含量的合格保证，对焊接结构尚应具有碳含量的合格保证。焊接承重结构以及重要的非焊接承重结构采用的钢材还应具有冷弯试验的合格保证。

5）对于需要验算疲劳的结构

(1) 对于需要验算疲劳的焊接结构的钢材，应具有常温冲击韧性的合格保证。当结构工作温度不高于 0℃但高于－20℃时，Q235 钢和 Q345 钢应具有 0℃冲击韧性的合格保证；对 Q390 钢和 Q420 钢应具有－20℃冲击韧性的合格保证。当结构工作温度不高于－20℃时，对 Q235 钢和 Q235 钢应具有－20℃冲击韧性的合格保证。对 Q390 钢和 Q420 钢应具有－40℃冲击韧性的合格保证。

(2) 对于需要验算疲劳的非焊接结构的钢材亦应具有常温冲击韧性的合格保证。当结构工作温度不高于－20℃时，对 Q235 钢和 Q345 钢应具有 0℃冲击韧性的合格保证；对 Q390 钢和 Q420 钢应具有－20℃冲击韧性的合格保证。

注：吊车起重量不小于 50t 的中级工作制吊车梁，对钢材冲击韧性的要求应与需要验算疲劳的构件相同。

6）钢结构的连接材料应符合下列要求

（1）手工焊接采用的焊条，应符合现行国家标准《碳钢焊条》（GB/T 5117—1995）或《低合金钢焊条》（GB/T 5118—1995）的规定。选择的焊条型号应与主体金属力学性能相适应。对直接承受动力荷载或振动荷载且需要验算疲劳的结构，宜采用低氢型焊条。

自动焊接或半自动焊接采用的焊丝和相应的焊剂应与主体金属力学性能相适应，并应符合现行国家标准的规定。

普通螺栓应符合现行国家标准《六角头螺栓　C级》(GB/T 5780—2000)和《六角头螺栓》(GB/T 5782—2000)的规定。

高强螺栓应符合现行国家标准《钢结构用高强度大六角头螺栓》(GB/T 1228—2006)、《钢结构用高强度大六角螺母》(GB/T 1229—2006)、《钢结构用高强度垫圈》(GB/T 1230—2006)、《钢结构用高强度大六角头螺栓、大六角螺母、垫圈技术条件》(GB/T 1231—2006）或《钢结构用扭剪型高强度螺栓连接副》(GB/T 3632—2008)、《钢结构用扭剪型高强度螺栓连接副技术条件》(GB/T 3633—1995）的规定。

7）其他要求

（1）当焊接承重结构为防止钢材的层状撕裂而采用Z向钢时，其材质应符合现行国家标准《厚度方向性能钢板》（GB/T 5313—2010）的规定。

（2）对处于外露环境，且对耐腐蚀有特殊要求的或在腐蚀性气态和固态介质作用下的承重结构，宜采用耐候钢，其质量要求应符合现行国家标准《焊接结构用耐候钢》（GB/T 4172—2000）的规定。

本模块小结

（1）建筑钢结构对材料性能的基本要求。

①强度；②变形：塑性，韧性；③加工性能：冷弯性能，可焊性；④耐久性：耐腐蚀，耐疲劳。

（2）建筑钢结构主要采用碳素结构钢和低合金高强度结构钢。碳素结构钢常用的钢材牌号为Q235；低合金高强度结构钢常用的钢材牌号为Q345、Q390、Q420。

（3）建筑钢结构材料的规格：①热轧型钢；②冷弯薄壁型钢；③钢板；④钢管；⑤钢丝。

模块5.2　钢结构的连接

教学目标

了解钢结构连接方式；掌握普通螺栓连接的承载力计算方法；掌握高强螺栓连接的承载力计算方法；掌握焊接连接的计算方法；掌握建筑结构制图标准和识图方法。

教学要求

知识要点	能力要求	相关知识	所占分值（100分）	自评分数
钢结构连接方式	了解钢结构的连接方式	螺栓连接、焊接连接	20	
螺栓连接及承载力	掌握普通螺栓连接的承载力计算方法； 掌握高强螺栓连接的承载力计算方法	普通螺栓设计值、高强螺栓设计值	30	
焊接连接及承载力	掌握焊接连接的计算方法	对接焊缝、角焊缝	30	
钢结构施工图制图规则	掌握建筑结构制图标准和制图方法	施工图绘图、识图	20	

模块导读

钢结构的连接是钢结构至关重要的部分，连接的方式、质量直接影响钢结构的工作性能，本模块重点讲解各类连接的计算方法和构造要求，让学生掌握建筑结构制图方法，使学生真正具备识图能力。

1. 钢结构连接方式

钢结构的连接方法分为焊接连接(图 5.20)、螺栓连接(图 5.21)、铆钉连接(图 5.22)等，目前铆钉连接在承重钢结构连接中已很少应用，最常用的是焊接连接和螺栓连接，以下我们做具体讲解。

图 5.20　焊缝连接图

图 5.21　螺栓连接图

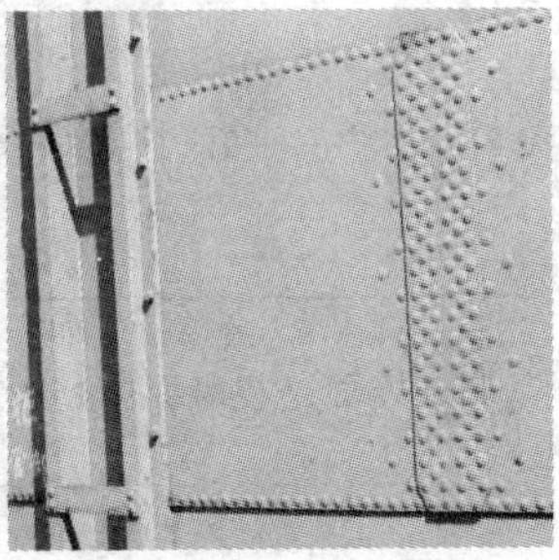

图 5.22　铆钉连接

2. 螺栓螺栓连接及承载力

螺栓连接的优点：施工简单，装拆方便，对安装工的要求高；摩擦型高强度螺栓连接动力性能好；耐疲劳，易阻止裂纹扩展。

螺栓连接的缺点：费料、开孔截面削弱；螺栓孔加工精度要求高。

1）普通螺栓连接的承载力计算

螺栓受剪的破坏形式有：螺栓剪断；钢板孔壁挤压破坏；钢板由于螺孔削弱而净截面拉断；钢板因螺孔端距或螺孔中距太小而剪坏；螺杆因太长或螺孔大于螺杆直径而产生弯、剪破坏；另外还有螺栓双剪破坏等。

(1) 普通螺栓的受剪承载力设计值：取螺栓的受剪承载力设计值和板件的承压承载力

设计值中的较小者。

受剪承载力设计值：

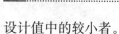

$$N_v^b = n_v \frac{\pi d^2}{4} f_v^b \tag{5-1}$$

承压承载力设计值：

$$N_c^b = d \sum t. f_c^b \tag{5-2}$$

式中 n_v——受剪面数目；

d——螺栓杆直径；

$\sum t$——在同一方向的承压构件的较小总厚度；

f_v^b、f_c^b——螺栓的抗剪和承压强度设计值(见附表8)。

(2) 普通螺栓的受拉承载力设计值：

$$N_t^b = \frac{\pi d_e^2}{4} f_t^b \tag{5-3}$$

f_t^b——螺栓的抗拉强度设计值(见附表8)

(3) 同时承受剪力和杆轴方向拉力的普通螺栓的承载力设计值：

$$\sqrt{\left(\frac{N_v}{N_v^b}\right)^2 + \left(\frac{N_v}{N_v^b}\right)^2} \leqslant 1 \tag{5-4}$$

$$N_v \leqslant N_c^b \tag{5-5}$$

2) 高强螺栓摩擦型连接的承载力计算

(1) 每个高强螺栓的抗剪承载力设计值：

$$N_v^b = 0.9 n_f \mu P \tag{5-6}$$

式中 n_f——传力摩擦面数目；

μ——摩擦面的抗滑移系数(表5-6)；

P——每个高强螺栓的预拉力(表5-7)。

表5-6 摩擦面的抗滑移系数μ

在连接面处接触面的处理方法	构件的钢号		
	Q235 钢	Q345 钢、Q390 钢	Q420 钢
喷砂(丸)	0.45	0.50	0.50
喷砂(丸)后涂无机富锌漆	0.35	0.40	0.40
喷砂(丸)后生赤锈	0.45	0.50	0.50
钢丝刷清除浮锈或未经处理的干净轧制表面	0.3	0.35	0.40

表5-7 一个高强螺栓的预拉力P(kN)

螺栓的性能等级	螺栓公称直径(mm)					
	M16	M20	M22	M24	M27	M30
8.8	80	125	150	175	230	280
10.9	100	155	190	225	290	355

(2) 在螺栓杆轴方向受拉的连接中，每个摩擦型高强度螺栓的承载力设计值，取 $N_t^b=0.8P$。

(3) 当高强螺栓摩擦型连接同时承受摩擦面间的剪力和杆轴方向的外拉力时，其承载力应按下式计算：

$$\frac{N_v}{N_v^b}+\frac{N_t}{N_t^b}\leqslant 1 \tag{5-7}$$

式中 N_v、N_t——某个高强螺栓承受的剪力和拉力；

N_v^b、N_t^b——一个高强螺栓的受剪、受拉承载力设计值。

3) 高强螺栓承压型连接的承载力计算

(1) 高强螺栓承压型连接中螺栓的预拉力 P 和连接处构件接触面的处理方法应与高强螺栓摩擦型连接相同，连接处构件接触面应清除油污和浮锈。

(2) 在抗剪连接中，每个承压型连接高强螺栓承载力设计值的计算方法与普通螺栓相同，但当剪切面在螺纹处时，其受剪承载力设计值应按螺纹处的有效面积进行计算。

(3) 在杆轴方向受拉的连接中，每个承压型连接高强螺栓的承载力设计值计算方法与普通螺栓相同。

(4) 同时承受剪力和杆轴方向拉力的承压型连接高强螺栓，应符合下列公式的要求：

$$\sqrt{\left(\frac{N_v}{N_v^b}\right)^2+\left(\frac{N_t}{N_t^b}\right)^2}\leqslant 1 \tag{5-8}$$

$$N_v\leqslant N_c^b/1.2 \tag{5-9}$$

式中 N_v、N_t——每个承压型高强度螺栓所承受的剪力和拉力；

N_v^b、N_t^b、N_c^b——每个承压型高强度螺栓的受剪、受拉和承压承载力设计值。

(5) 在构件的节点处或拼接接头的一端，当螺栓沿受力方向的连接长度 l_1 大于 $15d_0$ 时，应将螺栓的承载力设计值乘以折减系数$\left(1.1\ \frac{l_1}{150d_0}\right)$。当 l_1 大于 $60d_0$ 时，折减系数为 0.7，d_0 为孔径。

(6) 在下列情况的连接中，螺栓的数目应予增加。

① 一个构件借助填板或其他中间板件与另一构件连接的螺栓(高强螺栓摩擦型连接除外)数目，应按计算增加 10%。

② 当采用搭接或拼接板的单面连接传递轴心力，因偏心引起连接部位发生弯曲时，螺栓(高强螺栓摩擦型连接除外)数目，应按计算增加 10%。

③ 在构件的端部连接中，当利用短角钢连接型钢(角钢或槽钢)的外伸肢以缩短连接长度时，在短角钢两肢中的一肢上，所用的螺栓数目应按计算增加 50%。

(7) 螺栓连接的构造要求。

① 每一杆件在节点上以及拼接接头的一端，永久性的螺栓数不宜少于两个。对组合构件的缀条，其端部连接可采用一个螺栓。

② 高强度螺栓孔应采用钻成孔。摩擦型连接高强螺栓的孔径比螺栓公称直径 d 大 1.5～2.0mm；承压型连接高强螺栓的孔径比螺栓公称直径 d 大 1.0～1.5mm。

③ 在高强度螺栓连接范围内，构件接触面的处理方法应在施工图中说明。

④ 螺栓的距离应符合(表 5-8)的要求。

表 5-8　螺栓的最大、最小容许距离

名称	位置和方向			最大容许距离(取两者的较小值)	最小容许距离
中心间距	任意方向	外排		$8d_0$ 或 12t	$3d_0$
		中间排	构件受压力	$12d_0$ 或 18t	
			构件受拉力	$16d_0$ 或 24t	
中心至构件边缘距离	顺内力方向			$4d_0$ 或 $8t$	$1.2d_0$
	垂直内力方向	切割边			$2d_0$
		轧制边	高强度螺栓		
			其他螺栓		$1.5d_0$

注：① d_0 为螺栓的孔径，t 为外层较薄板件的厚度。

② 钢板边缘与刚性构件(如角钢、槽钢等)相连的螺栓或铆钉的最大间距，可按中间排的数值采用。

⑤ C 级螺栓宜用于沿其杆轴方向受拉的连接，在下列情况下可用于受剪连接。

承受静力荷载或间接承受动力荷载结构中的次要连接。

不承受动力荷载的可拆卸结构的连接。

临时固定构件用的安装连接。

⑥ 对直接承受动力荷载的普通螺栓连接应采用双螺帽或其他能防止螺帽松动的有效措施。

⑦ 当型钢构件的拼接采用高强螺栓连接时，其拼接件宜采用钢板。

⑧ 沿杆轴方向受拉的螺栓连接中的端板(法兰板)，应适当增强其刚度(如加设加劲肋)，以减少撬力对螺栓抗拉承载力的不利影响。

3. 焊接连接及承载力

1) 对接焊缝或对接与角接组合焊缝强度计算

(1) 在对接接头和 T 形接头中，垂直于轴心拉力或轴心压力的对接焊缝，其强度应按下式计算：

$$d=\frac{N}{l_{w}t}\leqslant f_{t}^{w} \text{ 或 } f_{c}^{w} \tag{5-10}$$

式中　N——轴心拉力或轴心压力；

l_w——焊缝长度；

t——在对接接头中为连接件的较小厚度，在 T 形接头中为腹板的厚度；

f_t^w、f_c^w——对接焊缝的抗拉、抗压强度设计值(见附表 9)

(2) 在对接接头和 T 形接头中，承受弯矩和剪力共同作用的对接焊缝，其正应力和剪应力应分别进行计算。但在同时受有较大正应力和剪应力处(例如梁腹板横向对接焊缝的端部)，应按下式计算折算应力：

$$\sqrt{\sigma^2+3\tau^2}\leqslant 1.1 f_t^w \tag{5-11}$$

注：① 当承受轴心力的板件用斜焊缝对接，焊缝与作用力间的夹角 θ 符合 $\tan\theta\leqslant 1.5$ 时，其强度可不计算。

② 当对接焊缝和 T 形对接与角接组合焊缝无法采用引弧板和引出板施焊时，每条焊缝的长度计算时应各减去 $2t$。

2) 直角角焊缝(图 5.23)的强度计算

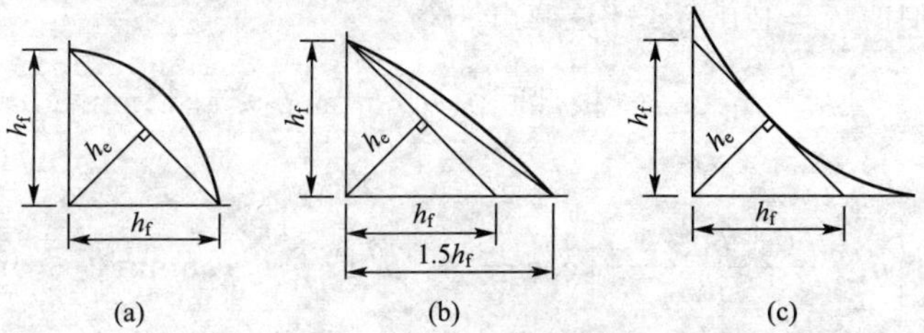

图 5.23 直角角焊缝截面

(1) 在通过焊缝形心的拉力、压力或剪力作用下：

正面角焊缝：

$$\sigma_f=\frac{N}{h_e l_w}\leqslant\beta_f f_f^w \tag{5-12}$$

侧面角焊缝：

$$\tau_f=\frac{N}{h_e l_w}\leqslant f_f^w \tag{5-13}$$

(2) 在各种力综合作用下，σ_f 和 τ_f 共同作用处：

$$\sqrt{\left(\frac{\sigma_f}{\beta_f}\right)+\tau_f^2}\leqslant f_f^w \tag{5-14}$$

式中 σ_f——按焊缝有效截面 $h_e l_w$ 计算，垂直于焊缝长度方向的应力；

τ_f——按焊缝有效截面计算，沿焊缝长度方向的剪应力；

h_e——角焊缝的有效厚度，对直角角焊缝等于 $0.7h_f$，(h_f 为较小焊脚尺寸)；

l_w——角焊缝的计算长度，对每条焊缝取其实际长度减去 10mm；

f_f^w——角焊缝的强度设计值(见附表 9)；

β_f——正面角焊缝的强度设计值增大系数；对承受静力荷载和间接承受动力荷载的结构，$\beta_f=1.22$；对直接承受动力荷载的结构，$\beta_f=1.0$。

3) 斜角角焊缝(图 5.24 和图 5.25)的强度计算

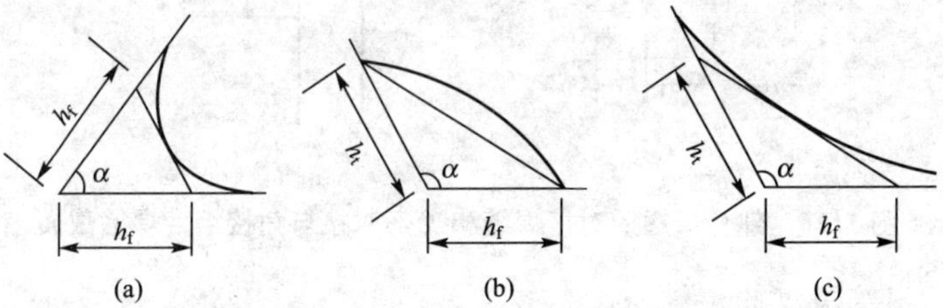

图 5.24 T 形接头的斜角角焊缝截面

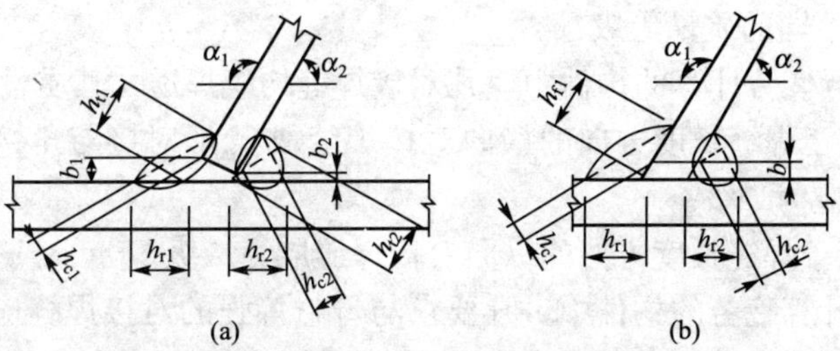

图 5.25 T 形接头的根部间隙和焊缝截面

两焊脚边夹角 α 为 $60°\leqslant\alpha\leqslant135°$ 的 T 形接头，其斜角角焊缝的强度应按式(5－12)及式(5－13)计算，但取 $\beta_f=1.0$，其计算厚度为：

$$h_e=h_f\cos\frac{\alpha}{2}\text{（根部间隙 }b\text{、}b_1\text{ 或 }b_2\leqslant1.15\text{mm}$$

或

$$h_e=\left|h_f-\frac{b(\text{或 }b_1\text{、}b_2)}{\sin\alpha}\right|\cos\frac{\alpha}{2}(b\text{、}b_1\text{ 或 }b_2>1.5\text{mm 但}\leqslant5\text{mm})$$

4）部分焊透的对接焊缝和 T 形对接与角接组合焊缝的强度计算

部分焊透的对接焊缝［图 5.26(a)、(b)、(d)、(e)］和 T 形对接与角接组合焊缝［图 5.26(c)］的强度，应按角焊缝的计算式(5－12)至式(5－14)计算，在垂直于焊缝长度方向的压力作用下，取 $\beta_r=1.22$，其他受力情况取 $\beta_r=1.0$，其计算厚度应采用：

(1) V 形坡口［图 5.26(a)］；当 $\alpha\geqslant60°$ 时，$h_e=s$；当 $\alpha\geqslant60°$ 时，$h_e=0.75s$。

(2) 单边 V 形和 K 形坡口［图 5.26(b)、(c)］：当 $\alpha=45°\pm5°$ 时，$h_e=s-3$。

(3) U 形、J 形坡口［图 5.26(d)、(e)］：$h_e=s$。

其中，S 为坡口深度，即根部至焊缝表面(不考虑余高)的最短距离(mm)；α 为 V 形、单边 V 形或 K 形坡口角度。

当熔合线处焊缝截面边长等于或接近于最短距离 s 时［图 5.26(b)、(c)、(e)］，抗剪强度设计值应按角焊缝的强度设计值乘以 0.9。

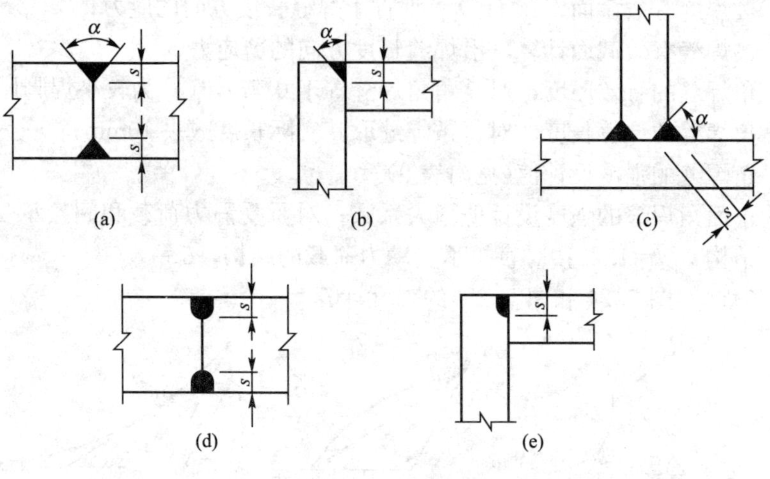

图 5.26　部分焊透的对接焊缝和 T 形对接与角接组合焊缝截面

5）焊缝的质量等级要求

焊缝应根据结构的重要性、荷载特性、焊缝形式、工作环境以及应力状态等情况，按下述原则分别选用不同的质量等级：

(1) 在需要进行疲劳计算的构件中，凡对接焊缝均应焊透，其质量等级为：

① 作用力垂直于焊缝长度方向的横向对接焊缝或 T 形对接与角接组合焊缝，受拉时应为一级，受压时应为二级。

② 作用力平行于焊缝长度方向的纵向对接焊缝应为二级。

(2) 在不需要计算疲劳的构件中，凡要求与母材等强的对接焊缝应予焊透，其质量等级当受拉时应不低于二级，受压时宜为二级。

(3) 重级工作制和起重量 $Q\geqslant50t$ 的中级工作制吊车梁的腹板与上翼缘之间以及吊车桁架上弦杆与节点板之间的T形接头焊缝均要求焊透，焊缝形式一般为对接与角接的组合焊缝，其质量等级不应低于二级。

(4) 不要求焊透的T形接头采用的角焊缝或部分焊透的对接与角接组合焊缝，以及搭接连接采用的角焊缝，其质量等级为：

① 对直接承受动力荷载且需要验算疲劳的结构和吊车起重量等于或大于50t的中级工作制吊车梁、焊缝的外观质量标准应符合二级。

② 对其他结构，焊缝的外观质量标准可为三级。

6) 焊缝连接的构造要求

(1) 焊缝金属宜与基本金属相适应。当不同强度的钢材连接时，可采用与低强度钢材相适应的焊接材料。

(2) 在设计中不得任意加大焊缝，避免焊缝立体交叉和在一处集中大量焊缝，同时焊缝的布置应尽可能对称于构件重心。焊件厚度大于20mm的角接接头焊缝，应采用收缩时不易引起层状撕裂的构造。

注：钢板的拼接：当采用对接焊缝时，纵横两方向的对接焊缝，可采用十字形交叉或丁形交叉；当为T形交叉时，交叉点的间距不得小于200mm。

(3) 对接焊缝的坡口形式，应根据板厚和施工条件按有关现行国家标准的要求选用。

(4) 在对接焊缝的拼接处：当焊件的宽度不同或厚度相差4mm以上时，应分别在宽度方向或厚度方向从一侧或两侧做成坡度不大于1：2.5的斜角(图5.27)；当厚度不同时，焊缝坡口形式应根据较薄焊件厚度按第(3)条的要求取用。

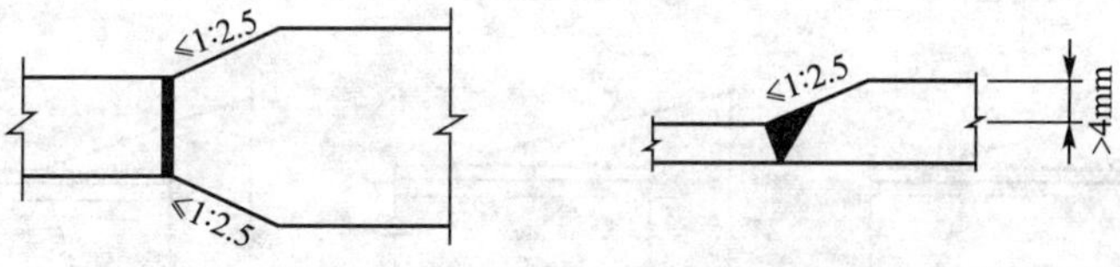

(a) 不同宽度　　(b) 不同厚度

图5.27　不同宽度或厚度钢板的拼接

注：直接承受动力荷载且需要进行疲劳计算的结构，本条所指斜角坡度不应大于1：4。

(5) 当采用不焊透的对接焊缝时，应在设计图中注明坡口的形式和尺寸，其有效厚度 h_e(mm)不得小于 $1.5\sqrt{t}$，t 为坡口所在焊件的较大厚度(mm)。

在直接承受动力荷载的结构中，垂直于受力方向的焊缝不宜采用部分焊透的对接焊缝。

(6) 角焊缝两焊脚边的夹角 α 一般为90°(直角角焊缝)。夹角 $\alpha>135°$ 或 $\alpha<60°$ 的斜角角焊缝，不宜用作受力焊缝(钢管结构除外)。

(7) 角焊缝的尺寸应符合下列要求。

① 角焊缝的焊角尺寸 h_f(mm)不得小于 $1.5\sqrt{t}$，t 为较厚焊件厚度(mm)。但对自动焊，最小焊脚尺寸可减小1mm；对T形连接的单面角焊缝，应增加1mm。当焊件厚度等于或小于4mm时，则最小焊角尺寸应与焊件厚度相同。

② 角焊缝的焊脚尺寸不宜大于较薄焊件厚度的1.2倍(钢管结构除外)，但板件(厚度

为 t)边缘的角焊缝最大焊脚尺寸，尚应符合下列要求：

当 $t \leqslant 6$mm 时，$h_f \leqslant t$；

当 $t > 6$mm 时，$0_f \leqslant t-(1 \sim 2)$mm。

圆孔或槽孔内的角焊缝焊脚尺寸尚不宜大于圆孔直径或槽孔短径的 1/3。

③ 角焊缝的两焊脚尺寸一般为相等。当焊件的厚度相差较大，且等焊脚尺寸不能符合本条第①、②项要求时，可采用不等焊脚尺寸，与较薄焊件接触的焊脚边应符合本条第②项的要求；与较厚焊件接触的焊脚边应符合本条第①项的要求。

④ 侧面角焊缝或正面角焊缝的计算长度不得小于 $8h_f$ 和 40mm。

⑤ 侧面角焊缝的计算长度不宜大于 $60h_f$(承受静力荷载或间接承受动力荷载时)或 $40h_f$(承受动力荷载时)；当大于上述数值时，其超过部分在计算中不予考虑。若内力沿侧面角焊缝全长分布时，其计算长度不受此限。

(8) 在直接承受动力荷载的结构中，角焊缝表面应做成直线形或凹形。焊脚尺寸的比例：对正面角焊缝宜为 1∶1.5(长边顺内力方向)；对侧面角焊缝可为 1∶1。

(9) 在次要构件或次要焊缝连接中，可采用断续角焊缝。断续角焊缝焊段的长度不得小于 $10h_f$ 或 50mm，其净距不应大于 $15t$(对受压构件)或 $30t$(对受拉构件)，t 为较薄焊件的厚度。

(10) 当板件的端部仅有两侧面角焊缝连接时，每条侧面角焊缝长度不宜小于两侧面角焊缝之间的距离；同时两侧面角焊缝之间的距离不宜大于 $16t$(当 $t > 12$mm)或 190mm(当 $t \leqslant 12$mm)，t 为较薄焊件的厚度。

(11) 杆件与节点板的连接焊缝(图 5.28)，一般宜采用两面侧焊，也可用三面围焊，对角钢杆件可采用 L 形围焊，所有围焊的转角处必须连续施焊。

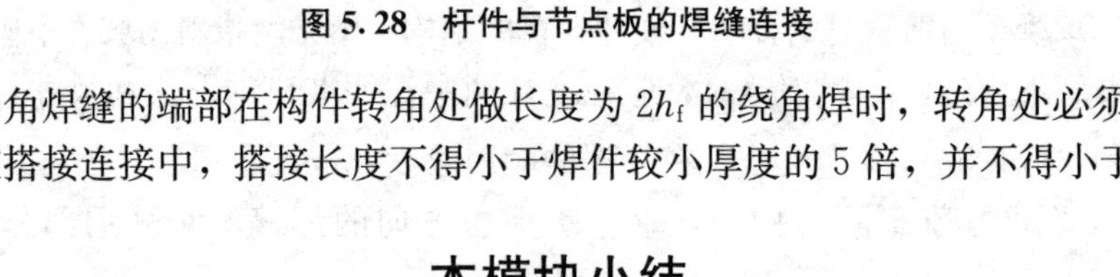

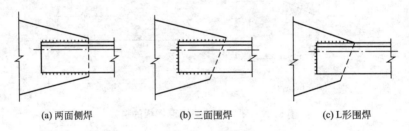

(a) 两面侧焊　　(b) 三面围焊　　(c) L形围焊

图 5.28　杆件与节点板的焊缝连接

(12) 当角焊缝的端部在构件转角处做长度为 $2h_f$ 的绕角焊时，转角处必须连续施焊。

(13) 在搭接连接中，搭接长度不得小于焊件较小厚度的 5 倍，并不得小于 25mm。

本模块小结

(1) 钢结构的连接方法一般有焊接、螺栓连接和铆接。焊接和螺栓连接是钢结构的主要连接方法。焊接连接可分为对接焊缝连接和角焊缝连接。

(2) 螺栓连接分普通螺栓连接和高强度螺栓连接。常用的普通螺栓为 C 级螺栓，其排列布置必须满足构造要求，其受力形式主要是螺栓抗剪和承压。高强度螺栓连接分为摩擦型连接和承压型连接。

模块 5.3 钢结构施工图识图

教学目标

掌握建筑钢结构相关的制图标准，通过制图标准相关知识，具备钢结构施工图识图能力。

教学要求

知识要点	能力要求	相关知识	所占分值（100分）	自评分数
图线	能根据相关制图标准选择制图线型和线宽	线型、线宽	15	
常用型钢的标注方法	了解各类型钢在制图时的标注方法	各类型钢的尺寸标注	20	
螺栓、孔的表示方法	熟悉螺栓、孔的表示方法	螺栓、孔的表示	20	
常用焊缝的表示方法	熟悉焊缝的表示方法	焊缝的表示	20	
钢结构施工图	能熟练识读钢结构施工图	钢结构施工图识读	25	

模块导读

钢结构施工图是钢结构工程的重要部分，如果不具备钢结构施工图识读能力，工程施工就无从谈起，本节从制图标准、施工图绘制的有关标注方法、表示方法的学习入手，使学生真正具备钢结构施工图识读能力，为顺利完成工程项目打下坚实的基础。

1. 钢结构施工图制图标准

建筑钢结构施工图制图时，必须满足《建筑结构制图标准》(GB/T 50105—2010)和《房屋建筑制图统一标准》(GB 50001—2010)的要求。

1) 图线(表 5-9)

表 5-9 图 线

名称		线型	线宽	一般用途
实线	粗		b	螺栓、主钢筋线、结构平面图中的单线结构构件线、钢木支撑及系杆线，图名下横线、剖切线
	中		$0.5b$	结构平面图及详图中剖到或可见的墙身轮廓线、基础轮廓线、钢(木)结构轮廓线、箍筋线、板钢筋线
	细		$0.25b$	可见的钢筋混凝土构件的轮廓线、尺寸线、标注引出线，标高符号，索引符号

（续）

名称		线型	线宽	一般用途
虚线	粗	— — — — — — —	b	不可见的钢筋、螺栓线，结构平面图中的不可见的单线结构构件线及钢、木支撑线
	中	- - - - - - - - - - -	$0.5b$	结构平面图中的不可见构件、墙身轮廓线及钢(木)构件轮廓线
	细	------------------------	$0.25b$	基础平面图中的管沟轮廓线、不可见的钢筋混凝土构件轮廓线
单点长画线	粗	————·————	b	柱间支撑、垂直支撑、设备基础轴线图中的中心线
	细	————·————	$0.25b$	定位轴线、对称线、中心线

2）常用型钢的标注方法(表 5－10)

表 5－10　常用型钢的标注方法

序号	名称	截面	标注	说明
1	等边角钢		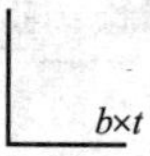	b 为肢宽； t 为肢厚
2	不等边角钢	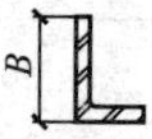	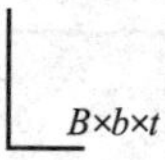	B 为长肢宽； b 为短肢宽； t 为肢厚
3	工字钢		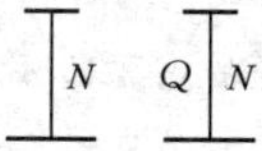	轻型工字钢加注 Q 字； N 为工字钢的型号
4	槽钢	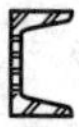	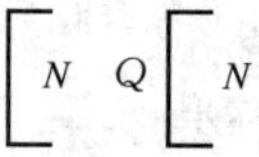	轻型槽钢加注 Q 字； N 为槽钢的型号
5	方钢	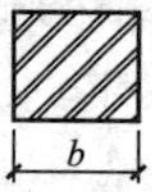		
6	扁钢	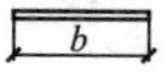	$-b\times t$	
7	钢板	——	$\dfrac{-B\times b\times t}{l}$	$\dfrac{\text{宽}\times\text{厚}}{\text{板长}}$
8	圆钢		ϕd	
9	钢管		DN×× $d\times t$	内径 外径×壁厚

（续）

序号	名称	截面	标注	说明
10	薄壁方钢管		B □ b×t	
11	薄壁等肢角钢		B ∟ b×t	
12	薄壁等肢卷边角钢	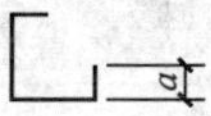	B ∟ b×a×t	薄壁型钢加注字； t 为壁厚
13	薄壁槽钢	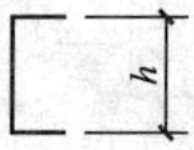	B [h×b×t	
14	薄壁卷边槽钢	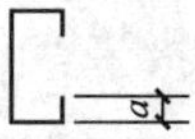	B [h×b×a×t	
15	薄壁卷边 Z 形钢	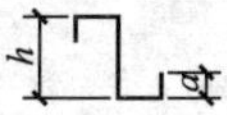	B h×b×a×t	
16	T 形钢	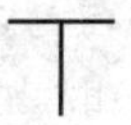	TW×× TM×× TN××	TW 为宽翼缘 T 形钢； TM 为中翼缘 T 形钢； TN 为窄翼缘 T 形钢
17	H 形钢	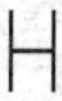	HW×× HM×× HN××	HW 为宽翼缘 H 形钢； HM 为中翼缘 H 形钢； HN 为窄翼缘 H 形钢
18	起重机钢轨		QU××	详细说明产品规格型号
19	轻轨及钢轨		××kg/m钢轨	

3）螺栓、孔的表示方法(表 5－11)

表 5－11　螺栓、孔的表示方法

序号	名称	图例	说明
1	永久螺栓	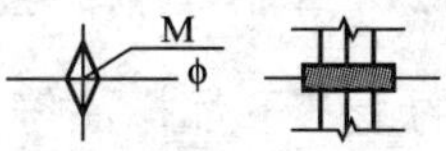	（1）细“+”线表示定位线； （2）M 表示螺栓型号； （3）ϕ 表示螺栓孔直径； （4）d 表示膨胀螺栓； （5）采用引出线标注螺栓时，横线上标注螺栓规格，横线下标注螺栓孔直径
2	高强螺栓	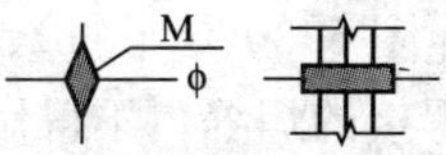	
3	安装螺栓	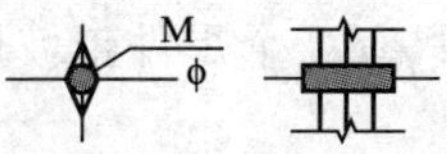	

（续）

序号	名称	图例	说明
4	胀锚螺栓	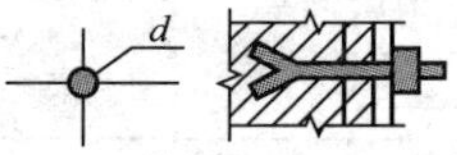	（1）细“+”线表示定位线； （2）M表示螺栓型号； （3）ϕ表示螺栓孔直径； （4）d表示膨胀螺栓； （5）采用引出线标注螺栓时，横线上标注螺栓规格，横线下标注螺栓孔直径
5	圆形螺栓孔	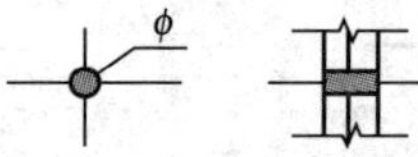	
6	长圆形螺栓孔	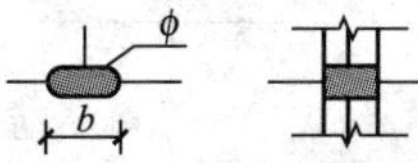	

4）常用焊缝的表示方法

（1）焊接钢构件的焊缝除应按现行的国家标准《焊缝符号表示法》（GB 324—1988）中的规定外，还应符合本模块的各项规定。

（2）单面焊缝的标注方法应符合下列规定：

① 当箭头指向焊缝所在的一面时，应将图形符号和尺寸标注在横线的上方［图5.29(a)］；当箭头指向焊缝所在另一面（相对应的那面）时，应将图形符号和尺寸标注在横线的下方［图5.29(b)］。

② 表示环绕工作件周围的焊缝时，其围焊焊缝符号为圆圈，绘在引出线的转折处，并标注焊角尺寸K［图5.29(c)］。

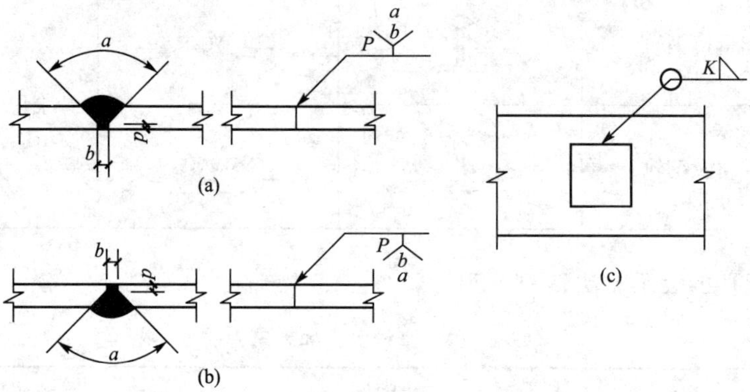

图5.29　单面焊缝的标注方法

③ 双面焊缝的标注，应在横线的上、下都标注符号和尺寸。上方表示箭头一面的符号和尺寸，下方表示另一面的符号和尺寸［图5.30(a)］；当两面的焊缝尺寸相同时，只需在横线上方标注焊缝的符号和尺寸［图5.30(b)、(c)、(d)］。

④ 3个和3个以上的焊件相互焊接的焊缝，不得作为双面焊缝标注。其焊缝符号和尺寸应分别标注（图5.31）。

⑤ 相互焊接的2个焊件中，当只有1个焊件带坡口时（如单面V形），引出线箭头必须指向带坡口的焊件（图5.32）。

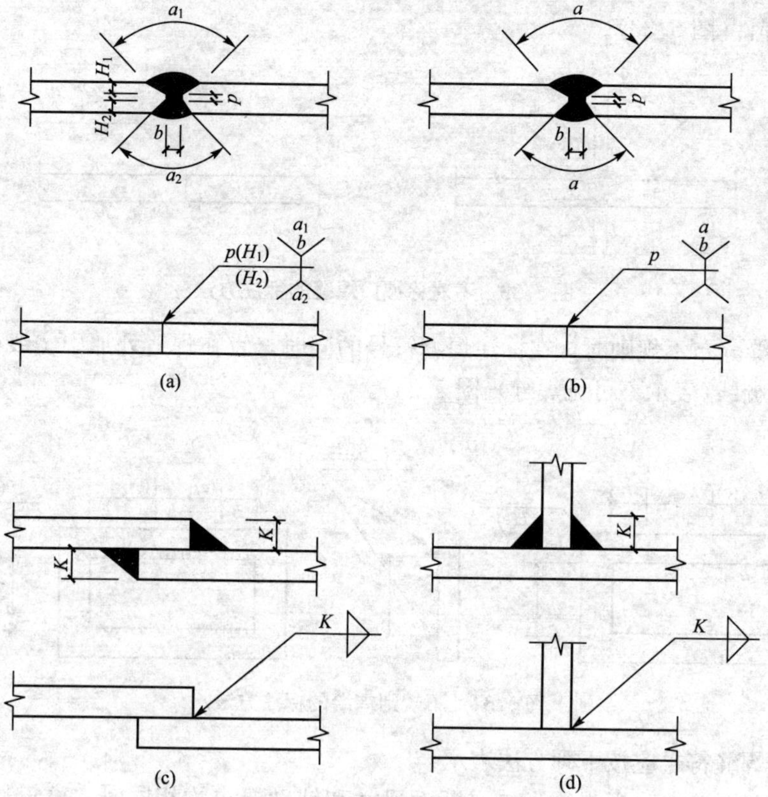

图 5.30　双面焊缝的标注方法

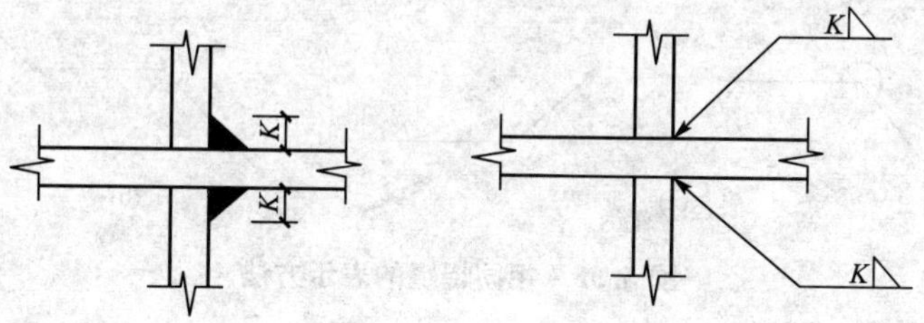

图 5.31　3 个以上焊件的焊缝标注方法

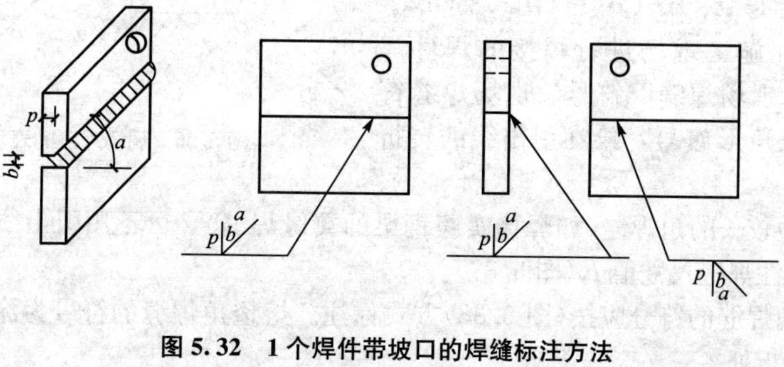

图 5.32　1 个焊件带坡口的焊缝标注方法

⑥ 相互焊接的 2 个焊件，当为单面带双边不对称坡口焊缝时，引出线箭头必须指向较大坡口的焊件(图 5.33)。

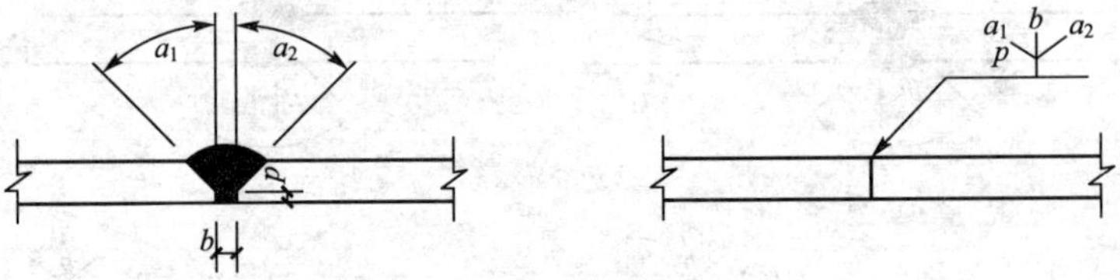

图 5.33　不对称坡口焊缝的标注方法

⑦ 当焊缝分布不规则时，在标注焊缝符号的同时，宜在焊缝处加中实线(表示可见焊缝)，或加细栅线(表示不可见焊缝)(图 5.34)。

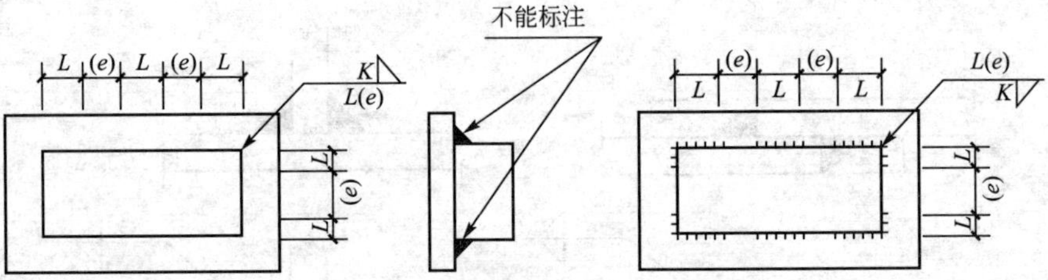

图 5.34　不规则焊缝的标注方法

⑧ 相同焊缝符号应按下列方法表示：

a. 在同一图形上，当焊缝形式、断面尺寸和辅助要求均相同时，可只选择一处标注焊 缝的符号和尺寸，并加注“相同焊缝符号”，相同焊缝符号为 3/4 圆弧，绘在引出线的转折处［图 5.35(a)］。

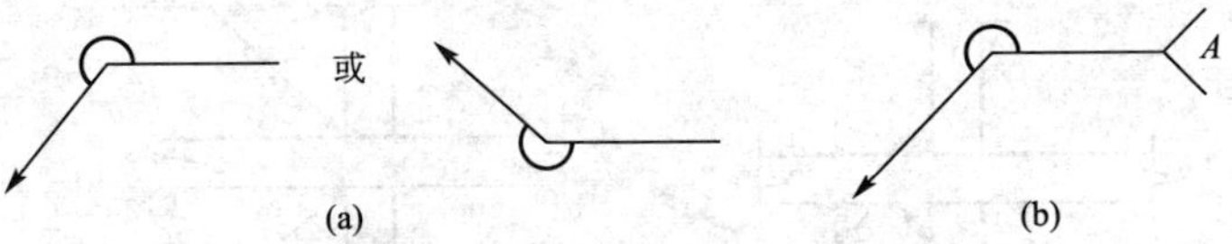

图 5.35　相同焊缝的表示方法

b. 在同一图形上，当有数种相同的焊缝时，可将焊缝分类编号标注。在同一类焊缝中可选择一处标注焊缝符号和尺寸。分类编号采用大写的拉丁字母 A、B、C……［图 5.35(b)］。

⑨ 需要在施工现场进行焊接的焊件焊缝，应标注“现场焊缝”符号。现场焊缝符号为涂黑的三角形旗号，绘在引出线的转折处(图 5.36)。

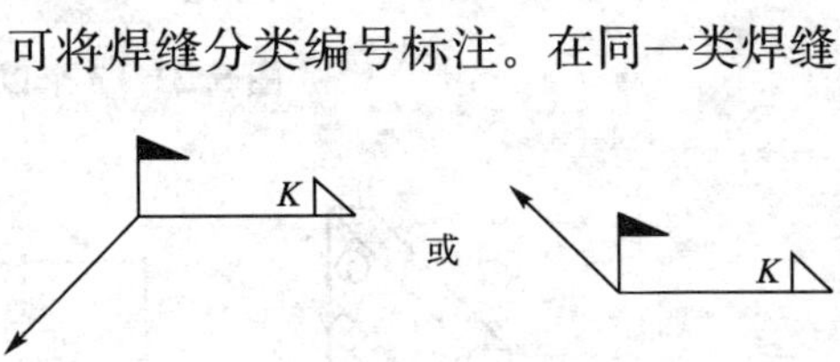

图 5.36　现场焊缝的表示方法

⑩ 图样中较长的角焊缝(如焊接实腹钢梁的翼缘焊缝)，可不用引出线标注，而直接在角焊缝旁标注焊缝尺寸值 K(图 5.37)。

⑪ 熔透角焊缝的符号应按(图 5.38)方式标注。熔透角焊缝的符号为涂黑的圆圈，绘在引出线的转折处。

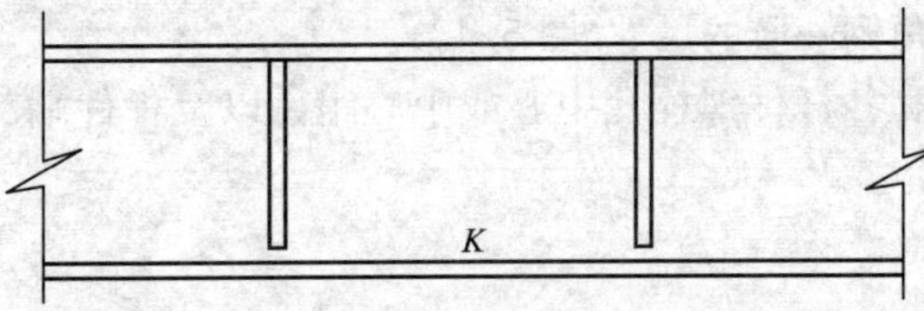

图 5.37　较长焊缝的标注方法

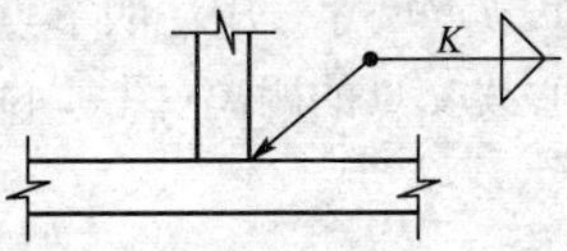

图 5.38　熔透角焊缝的标注方法

⑫ 局部焊缝应按(图 5.39)方式标注。

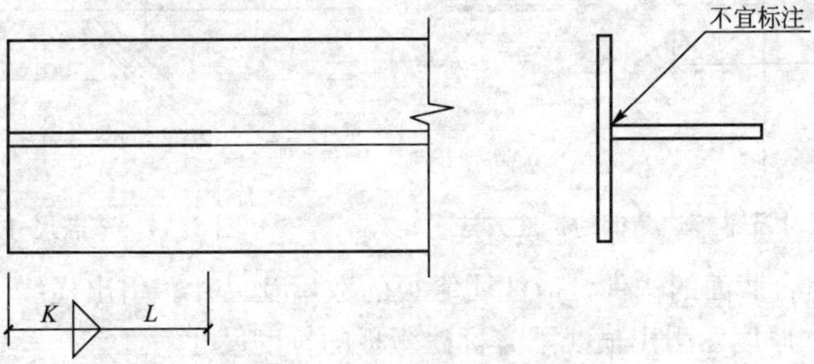

图 5.39　局部焊缝的标注方法

5) 尺寸标注

(1) 两构件的两条很近的重心线，应在交汇处将其各自向外错开(图 5.40)。

(2) 弯曲构件的尺寸应沿其弧度的曲线标注弧的轴线长度(图 5.41)。

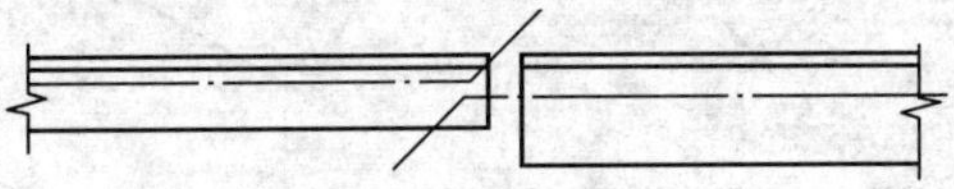

图 5.40　两构件重心线不重合的表示方法

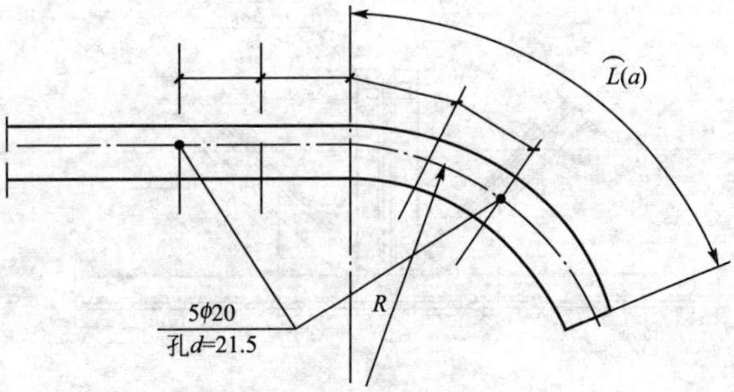

图 5.41　弯曲构件尺寸的标注方法

(3) 切割的板材，应标注各线段的长度及位置(图 5.42)。

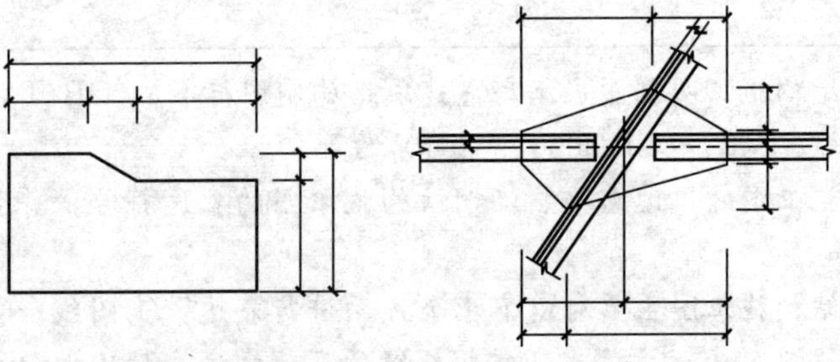

图 5.42　切割板材尺寸的标注方法

(4) 不等边角钢的构件，必须标注出角钢一肢的尺寸(图 5.43)。

(5) 节点尺寸，应注明节点板的尺寸和各杆件螺栓孔中心或中心距，以及杆件端部至几何中心线交点的距离(图 5.44 和图 5.45)。

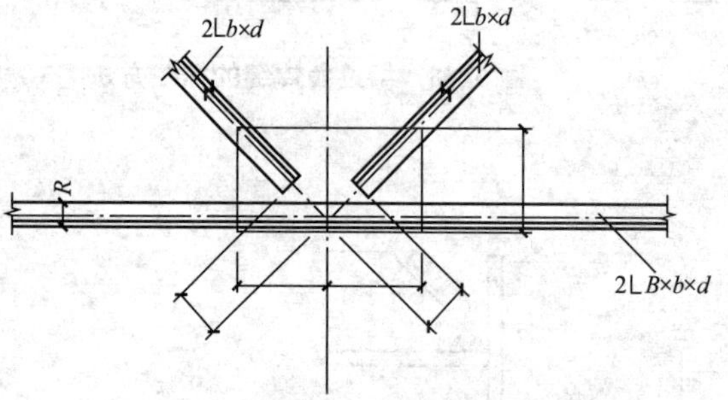

图 5.43　节点尺寸及不等边角钢的标注方法

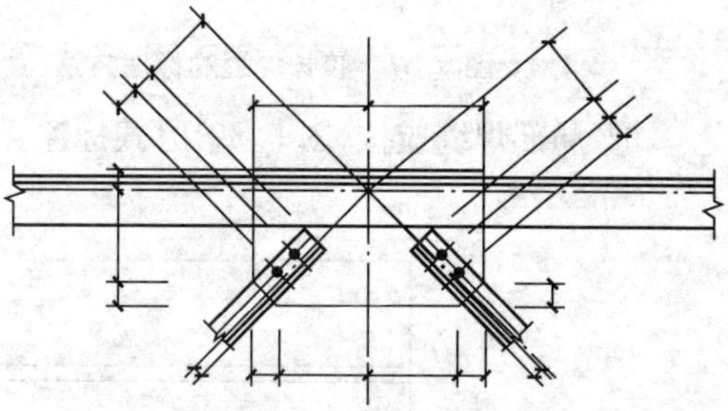

图 5.44　节点尺寸的标注方法

(6) 双型钢组合截面的构件，应注明缀板的数量及尺寸。引出横线上方标注缀板的数量及缀板的宽度、厚度，引出横线下方标注缀板的长度尺寸。

(7) 非焊接的节点板，应注明节点板的尺寸和螺栓孔中心与几何中心线交点的距离(图 5.46)。

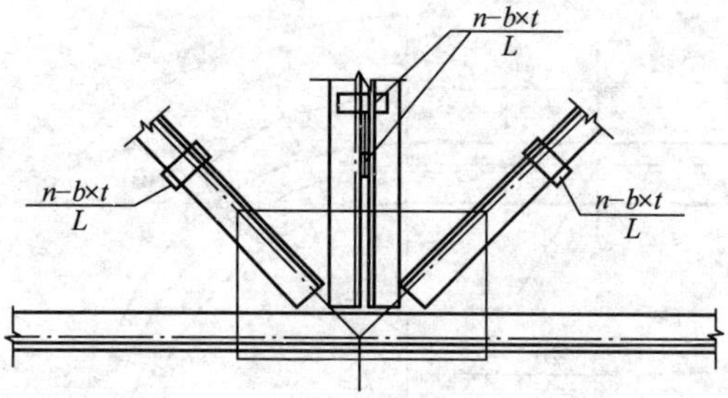

图 5.45　缀板的标注方法

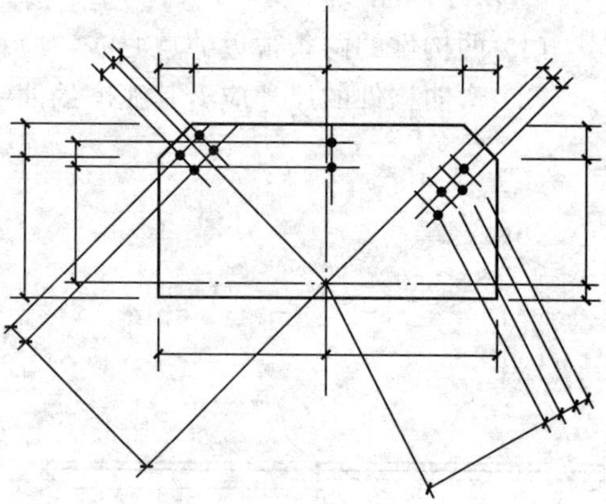

图 5.46　非焊接节点板尺寸的标注方法

本模块小结

(1) 建筑钢结构施工图制图应满足《建筑结构制图标准》(GB/T 50105—2010)和《房屋建筑制图统一标准》(GB 50001—2010)的要求。

(2) 钢结构施工图的识读需要熟记钢结构施工图的表达符号，并且要与工程实际结合起来。

(3) 建筑钢结构施工图主要对以下几个方面进行表达：①图线；②常用型钢的标注方法；③螺栓、孔的表示方法；④常用焊缝的表示方法；⑤尺寸标注。

案例分析

綦江虹桥倒塌

1. 事故经过

1999年1月4日18时50分，30余名群众正行走于彩虹桥上，另有22名驻綦武警战士进行训练，由西向东列队跑步至桥上约三分之二处时，整座大桥突然垮塌，桥上群众和武警战士全部坠入綦河中，经奋力抢救，14人生还，40人遇难死亡(其中18名武警战士、22名群众)，如图5.47和图5.48所示。

2. 事故原因

(1) 吊杆锁锚问题。主拱钢绞线锁锚方法错误，不能保证钢绞线有效锁定及均匀受力，锚头部位的钢绞线出现部分或全部滑出，使吊杆钢绞线锚固失效。

(2) 主拱钢管焊接问题。主拱钢管在工厂加工中，对接焊缝普遍存在裂纹、未焊透、未熔合、气孔、夹渣等严重缺陷，质量达不到施工及验收规范规定的二级焊缝验收标准。

(3) 钢管混凝土问题。主钢管内混凝土强度未达设计要求，局部有漏灌现象，在主拱肋板处甚至出现1m多长的空洞。吊杆的灌浆防护也存在严重质量问题。

(4) 设计问题。设计粗糙，随意更改。施工中对主拱钢结构的材质、焊接质量、接头位置及锁锚质量均无明确要求。在成桥增设花台等荷载后，主拱承载力不能满足相应规范要求。

(5) 桥梁管理不善。吊杆钢绞线锚固加速失效后，西桥头下端支座处的拱架钢管就产生了陈旧性破坏裂纹，主拱受力急剧恶化，成为一座危桥。

图5.47 使用中的綦江虹桥

图5.48 綦江虹桥倒塌后现场

习　题

一、简答题

1. 什么是应力集中？应力集中对钢材的机械性能有何影响？

2. 通过哪些设计措施可以减小焊接残余应力和焊接残余变形？

3. 焊接残余应力对结构性能有哪些影响？

4. 抗剪的普通螺栓连接有哪几种破坏形式？用什么方法可以防止？

5. 可以采用钢材的极限强度作为设计强度标准值吗？如果不可以，采用什么作为设计强度标准值？为什么？无明显屈服点的钢材，其设计强度值如何确定？

6. 焊脚尺寸是越大越好还是越小越好？为什么？

二、判断题

1. 碳的含量对钢材性能的影响很大，一般情况下随着含碳量的增高，钢材的塑性和韧性逐渐增高。（　）

2. 角焊缝中的最小焊缝尺寸 $h_f=1.5\sqrt{t}$，其中 t 为较薄焊件的厚度(mm)。（　）

3. 计算结构或构件的强度、稳定性以及连接的强度时，应采用荷载设计值。（　）

4. 当温度从常温下降为低温时，钢材的塑性和冲击韧性降低。（　）

5. 钢材具有两种性质完全不同的破坏形式，即塑性破坏和脆性破坏。（　）

6. 高温时，硫使钢变脆，称之冷脆；低温时，磷使钢变脆，称之热脆。（　）

7. 摩擦型高强螺栓连接只依靠被连接板件间强大的摩擦阻力承受外力，以摩擦阻力被克服作为连接承载能力的极限状态。（　）

8. 焊缝按施焊位置分为平焊、横焊、立焊及仰焊，其中仰焊的操作条件最差，焊缝质量不易保证。（　）

9. 柱与梁连接的部分称为柱脚，与基础连接的部分称为柱头。（　）

10. 承压型高强螺栓连接只依靠被连接板件间强大的摩擦阻力承受外力，以摩擦阻力被克服作为连接承载能力的极限状态。（　）

11. 螺栓排列分为并列和错列两种形式，其中错列可以减小栓孔对截面的削弱，但螺栓排列松散，连接板尺寸较大。（　）

12. 框架的梁柱连接时，梁端采用刚接可以减小梁跨中的弯矩，但制作施工较复杂。（　）

13. 承压型高强度螺栓连接以螺栓被剪坏或承压破坏作为连接承载能力的极限状态。（　）

14. 正面角焊缝相对于侧面角焊缝，破坏强度低，塑性变形能力好。（　）

三、选择题

1. 钢材的设计强度是根据(　　)确定的。

A. 比例极限　B. 弹性极限　C. 屈服点　D. 抗拉强度

2. 焊接残余应力对构件的(　　)无影响。

A. 静力强度　B. 刚度　C. 低温冷脆　D. 疲劳强度

3. 在焊接组合梁的设计中，腹板厚度应(　　)。

A. 越薄越好　B. 越厚越好　C. 厚薄相当　D. 厚薄无所谓

4. 焊接工字形截面梁腹板设置加劲肋的目的是(　　)。

A. 提高梁的抗弯强度　B. 提高梁的抗剪强度

C. 提高梁的整体稳定性　D. 提高梁的局部稳定性

5. 塑性好的钢材，则(　　)。

A. 韧性也可能好　B. 韧性一定好

C. 含碳量一定高　D. 一定具有屈服平台

6. 在构件发生断裂破坏前，具有明显先兆的情况是(　　)的典型特征。

A. 脆性破坏　　B. 塑性破坏　　C. 强度破坏　　D. 失稳破坏

7. 梁的支承加劲肋应设置在(　　)。

A. 弯曲应力大的区段　　B. 上翼缘或下翼缘有固定集中力作用处

C. 剪应力较大的区段　　D. 有吊车轮压的部位

8. 钢材的伸长率δ是反映材料(　　)的性能指标。

A. 承载能力　　B. 抵抗冲击荷载能力

C. 弹性变形能力　　D. 塑性变形能力

9. 下列因素中(　　)与钢构件发生脆性破坏无直接关系。

A. 钢材屈服点的大小　　B. 钢材的含碳量

C. 负温环境　　D. 应力集中

10. 在弹性阶段，侧面角焊缝应力沿长度方向的分布为(　　)。

A. 均匀分布　　B. 一端大、一端小

C. 两端大、中间小　　D. 两端小、中间大

11. 当无集中荷载作用时，焊接工字形截面梁翼缘与腹板的焊缝主要承受(　　)。

A. 竖向剪力　　B. 竖向剪力及水平剪力联合作用

C. 水平剪力　　D. 压力

12. 摩擦型连接的高强度螺栓在杆轴方向受拉时，承载力(　　)。

A. 与摩擦面的处理方法有关　　B. 与摩擦面的数量有关

C. 与螺栓直径有关　　D. 与螺栓的性能等级无关

13. 高强度螺栓摩擦型连接与承压型连接相比，则(　　)。

A. 承载力计算方法不同　　B. 施工方法相同

C. 没有本质区别　　D. 材料不同

14. 一宽度为b、厚度为t的钢板上有一直径为d_0的孔，则钢板的净截面面积为(　　)。

A. $A_n=b\times t-\dfrac{d_0}{2}\times t$　　B. $A_n=b\times t-\dfrac{\pi d_0^{\,2}}{4}\times t$

C. $A_n=b\times t-\pi d_0\times t$　　D. $A_n=b\times t-d_0\times t$

15. 沸腾钢与镇静钢冶炼浇注方法的主要不同之处是(　　)。

A. 冶炼温度不同　　B. 冶炼时间不同

C. 沸腾钢不加脱氧剂　　D. 两者都加脱氧剂，但镇静钢再加强脱氧剂

16. 采用高强度螺栓摩擦型连接与承压型连接，在相同螺栓直径的条件下，它们对螺栓孔的要求是(　　)。

A. 摩擦型连接孔要求略大，承压型连接孔要求略小

B. 摩擦型连接孔要求略小，承压型连接孔要求略大

C. 两者孔要求相同

D. 无要求

17. 为提高轴心受压构件的整体稳定，在构件截面面积不变的情况下，构件截面的形式应使其面积分布(　　)。

A. 尽可能集中于截面的形心处　　B. 尽可能远离形心

C. 任意分布，无影响　　D. 尽可能集中于截面的剪切中心

四、计算题

1. 如图5.49所示，角钢和节点板采用焊缝连接，$N=667\text{kN}$，为设计值，节点板厚$\delta=10\text{mm}$，$f_f^w=160\text{N/mm}^2$，$f_c^w=215\text{N/mm}^2$，$f_t^w=185\text{N/mm}^2$，$h_f=8\text{mm}$。内力分配系数$K1=0.7$，$K2=0.3$。(1)若为双角钢连接，试确定焊缝长度。(2)若为单角钢连接，请指出与双角钢连接计算的不同之处。

2. 如图5.50所示为一围焊缝连接，已知$e=80\text{mm}$，$\bar{x}=60\text{mm}$，$l_1=200\text{mm}$，$l_2=300\text{mm}$，计算时不考虑长度的减少，焊角尺寸$h_f=8\text{mm}$，$f_f^w=160\text{N/mm}^2$，静载$F=370\text{kN}$。试验算该连接是否安全。

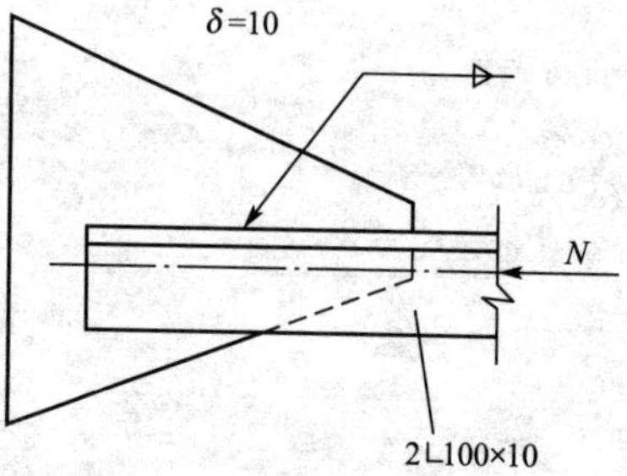

图5.49　角钢和节点板焊接

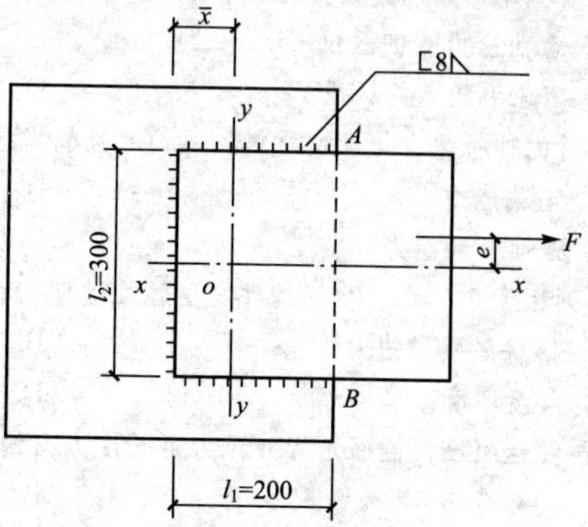

图5.50　围焊缝连接

3. 如图5.51所示连接受集中静力荷载$P=100\text{kN}$的作用。被连接构件由Q235钢材制成，焊条为E43型。已知焊脚尺寸$h_f=8\text{mm}$，$f_f^w=160\text{N/mm}^2$。试验算连接焊缝的强度能否满足要求(施焊时不用引弧板)。

4. 如图5.52所示：已知焊缝承受的斜向静力荷载设计值$N=150\text{kN}$，$\theta=60°$，角焊缝的焊脚尺寸$h_f=8\text{mm}$，实际长度$l=200\text{mm}$，钢材为Q235B，焊条为E43型($f_f^w=160\text{N/mm}^2$)，β_f取1.22。试验算图所示直角角焊缝的强度。

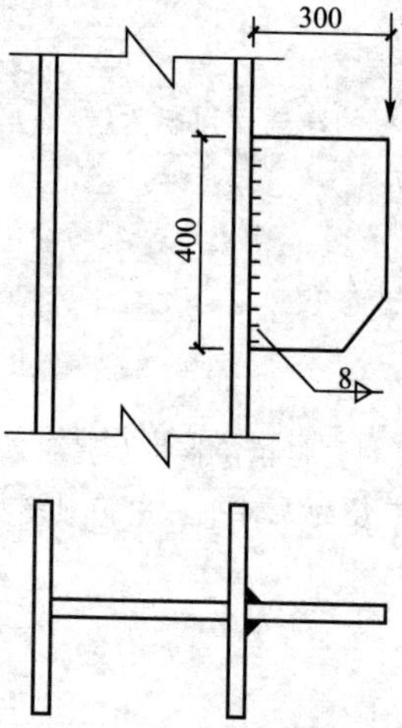

图5.51　连接焊缝受集中静力荷载作用

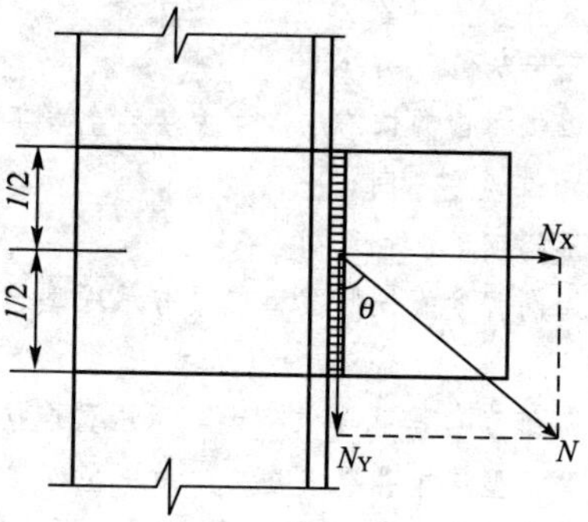

图5.52　题4图

附　录

附表 1　民用建筑楼面均布活荷载标准值及其组合值、频遇值和准永久值系数

项次	类别	标准值 (kN/m²)	组合值系数 Ψ_c	频遇值系数 Ψ_f	准永久值系数 Ψ_q
1	(1) 住宅、宿舍、旅馆、办公楼、医院病房、托儿所、幼儿园			0.5	0.4
	(2) 试验室、阅览室、会议室、医院门诊室	2.0	0.7	0.6	0.5
2	教室、食堂、餐厅、一般资料档案室	2.5	0.7	0.6	0.5
3	(1) 礼堂、剧场、影院、有固定座位的看台	3.0	0.7	0.5	0.3
	(2) 公共洗衣房	3.0	0.7	0.6	0.5
4	(1) 商店、展览厅、车站、港口、机场大厅及其旅客等候室	3.5	0.7	0.6	0.5
	(2) 无固定座位的看台	3.5	0.7	0.5	0.3
5	(1) 健身房、演出舞台	4.0	0.7	0.6	0.5
	(2) 运动场、舞厅	4.0	0.7	0.6	0.4
6	(1)书库、档案库、贮藏室、百货食品超市 (2) 密集柜书库	5.0 12.0	0.9	0.9	0.8
7	通风机房、电梯机房	7.0	0.9	0.9	0.8
8	汽车通道及停车库				
	(1) 单向板楼盖(板跨不小于 2m)和双向板楼盖(板跨不小于 3m×3m)				
	客车	4.0	0.7	0.7	0.6
	消防车	35.0	0.7	0.5	0.2
	(2) 双向板楼盖(板跨不小于 6m×6m)和无梁楼盖(柱网不小于 6m×6m)				
	客车	2.5	0.7	0.7	0.6
	消防车	20.0	0.7	0.5	0.2
9	厨房				
	(1) 一般的	2.0	0.7	0.6	0.5
	(2) 餐厅的	4.0	0.7	0.7	0.7
10	浴室、卫生间、盥洗室:	2.5	0.7	0.6	0.5
11	走廊、门厅:				
	(1) 宿舍、旅馆、医院病房、托儿所、幼儿园、住宅	2.0	0.7	0.5	0.4
	(2) 办公楼、教学楼、餐厅，医院门诊部	2.5	0.7	0.6	0.5
	(3) 当人流可能密集时	3.5	0.7	0.5	0.3

（续）

项次	类别	标准值 (kN/m²)	组合值系数 Ψ_c	频遇值系数 Ψ_f	准永久值系数 Ψ_q
12	楼梯： (1) 多层住宅 (2) 其他	2.0 3.5	0.7 0.7	0.5 0.5	0.4 0.3
13	阳台： (1) 一般情况 (2) 当人群有可能密集时	2.5 3.5	0.7	0.6	0.5

注：① 本表所给各项活荷载适用于一般使用条件，当使用荷载较大、情况特殊或有专门要求时，应按实际情况采用。

② 第6项书库活荷载当书架高度大于2m时，书库活荷载尚应按每米书架高度不小于2.5kN/m² 确定。

③ 第8项中的客车活荷载只适用于停放载人少于9人的客车；消防车活荷载是适用于满载总重为300kN的大型车辆；当不符合本表的要求时，应将车轮的局部荷载按结构效应的等效原则，换算为等效均布荷载。

④ 第8项消防车活荷载，当双向板楼盖板跨介于3m×3m～6m×6m之间时，可按线性插值确定。当考虑地下室顶板覆土影响时，由于轮压在土中的扩散作用，随着覆土厚度的增加，消防车活荷载逐渐减小，扩散角一般可按35°考虑。常用板跨消防车活荷载覆土厚度折减系数可按附录C确定。

⑤ 第11项楼梯活荷载，对预制楼梯踏步平板，尚应按1.5kN集中荷载验算。

⑥ 本表各项荷载不包括隔墙自重和二次装修荷载。对固定隔墙的自重应按恒荷载考虑，当隔墙位置可灵活自由布置时，非固定隔墙的自重可取每延米长墙重(kN/m)的1/3作为楼面活荷载的附加值(kN/m²)计入，附加值不小于1.0kN/m²。

附表2　结构的最低混凝土强度等级

序号	类别	混凝土强度等级
1	有可靠工程经验时，处于一类环境中的结构及临时性结构	C15
2	采用HRB335级钢配筋的钢筋混凝土结构及叠合构件的叠合层	* C20
3	采用HRB400和RRB400级钢配筋的结构、承受重复荷载的构件及抗震等级为二、三级的结构	C20
4	预应力混凝土、抗震等级为一级的框架梁柱节点及框支梁、框支柱	C30
5	采用预应力钢绞丝、钢丝、热处理钢筋作预应力筋的结构	* C40

注：带*号者，为结构不宜低于该强度等级的数值。

附表3　钢筋混凝土结构构建纵向受力钢筋的最小配筋百分率(%)

受力类型		最小配筋百分率
受压构件	全部纵向钢筋	0.6
	一侧纵向钢筋	0.2
受弯构件、偏心受拉、轴心受拉构件一侧的受拉钢筋		0.2和 $45f_t/f_y$ 中的较大值

注：① 受压构件全部纵向钢筋最小配筋百分率，当采用HRB400级、RRB400级钢筋时，应按表中规定减小0.1；当混凝土强度等级为C60及以上时，应按表中规定增大0.1。

② 偏心受拉构件中的受压钢筋，应按受压构件一侧纵向钢筋考虑。

③ 受压构件的全部纵向钢筋和一侧纵向钢筋的配筋率以及轴心受拉构件和小偏心受拉构件一侧受拉钢筋的配筋率应按构件的全截面面积计算；受弯构件、大偏心受拉构件一侧受拉钢筋的配筋率应按全截面面积扣除受压翼缘面积 $(b_f'-b)h_f'$ 后的截面面积计算。

④ 当钢筋沿构件截面周边布置时，“一侧纵向钢筋”系指沿受力方向两个对边中的一边布置的纵向钢筋。

附表 4　钢筋计算截面面积及理论重量

公称直径 (mm)	不同根数钢筋的计算截面面积(mm^2)									单根钢筋理论质量 (kg/m)
	1	2	3	4	5	6	7	8	9	
6	28.3	57	85	113	142	170	198	226	255	0.222
6.5	33.2	66	100	133	166	199	232	265	299	0.260
8	50.3	101	151	201	252	302	352	402	453	0.395
8.2	52.8	106	158	211	264	317	370	423	475	0.432
10	78.5	157	236	314	393	471	550	628	707	0.617
12	113.1	226	339	452	565	678	791	904	1017	0.888
14	153.9	308	461	615	769	923	1077	1231	1385	1.210
16	201.1	402	603	804	1005	1206	1407	1608	1809	1.580
18	254.5	509	763	1017	1272	1527	1781	2036	2290	2.000
20	314.2	628	942	1256	1570	1884	2199	2513	2827	2.470
22	380.1	760	1140	1520	1900	2281	2661	3041	3421	2.980
25	490.9	982	1473	1964	2454	2945	3436	3927	4418	3.850
28	615.8	1232	1847	2463	3079	3695	4310	4926	5542	4.830
32	804.2	1609	2413	3217	4021	4826	5630	6434	7238	6.310
36	1017.9	2036	3054	4072	5089	6107	7125	8143	9161	7.990
40	1256.6	2513	3770	5027	6283	7540	8796	10053	11310	9.870
50	1964	3928	5892	7856	9820	11784	13748	15712	17676	15.420

注：表中直径 d=8.2mm 的计算截面面积及理论质量仅适用于有纵肋的热处理钢筋。

附表 5　各种钢筋间距时每米板宽中的钢筋截面面积

钢筋间距 (mm)	钢筋直径(mm)													
	3	4	5	6	6/8	8	8/10	10	10/12	12	12/14	14	14/16	16
70	101	180	280	404	561	718	920	1122	1369	1616	1907	2199	2536	2872
75	94	168	262	377	524	670	859	1047	1278	1508	1780	2053	2367	2681
80	88	157	245	353	491	628	805	982	1198	1414	1669	1924	2219	2513
85	83	148	231	333	462	591	758	924	1127	1331	1571	1811	2088	2365
90	79	140	218	314	436	559	716	873	1065	1257	1484	1710	1972	2234
95	74	132	207	298	413	529	678	827	1009	1190	1405	1620	1868	2116
100	71	126	196	283	393	503	644	785	958	1131	1335	1539	1775	2011
110	64	114	178	257	357	457	585	714	871	1028	1214	1399	1614	1828
120	59	105	164	236	327	419	537	654	798	942	1113	1283	1479	1676
125	57	101	157	226	314	402	515	628	767	905	1068	1232	1420	1608
130	54	97	151	217	302	387	495	604	737	870	1027	1184	1365	1547

（续）

钢筋间距(mm)	钢筋直径(mm)													
	3	4	5	6	6/8	8	8/10	10	10/12	12	12/14	14	14/16	16
140	50	90	140	202	280	359	460	561	684	808	954	1100	1268	1436
150	47	84	131	188	262	335	429	524	639	754	890	1026	1183	1340
160	44	79	123	177	245	314	403	491	599	707	834	962	1109	1257
170	42	74	115	166	231	296	379	462	564	665	785	906	1044	1183
175	40	72	112	162	224	287	368	449	548	646	763	880	1014	1149
180	39	70	109	157	218	279	358	436	532	628	742	855	986	1117
190	37	66	103	149	207	265	339	413	504	595	703	810	934	1058
200	35	63	98	141	196	251	322	393	479	565	668	770	887	1005
220	32	57	89	129	178	228	293	357	436	514	607	700	807	914
240	29	52	82	118	164	209	268	327	399	471	556	641	740	838
250	28	50	79	113	157	201	258	314	383	452	534	616	710	804
300	24	42	65	94	131	168	215	262	319	377	445	513	592	670

注：表中钢筋直径中的6/8，8/10等系指两种直径的钢筋间隔放置。

附表6　结构构件的裂缝控制等级及最大裂缝宽度限值(mm)

环境类别	钢筋混凝土结构		预应力混凝土结构	
	裂缝控制等级	w_{lim}	裂缝控制等级	w_{lim}
一	三级	0.30（0.40）	三级	0.20
二a		0.20		0.10
二b			二级	—
三a、三b			一级	—

附表7　螺栓连接的强度设计值(N/mm²)

承压型连接高强度螺栓		普通螺栓						锚栓	承压型连接高强度螺栓		
		C级螺栓			A级、B级螺栓						
		抗拉 f_t^b	抗剪 f_v^b	承压 f_c^b	抗拉 f_t^b	抗剪 f_v^b	承压 f_c^b	抗拉 f_t^a	抗拉 f_t^b	抗剪 f_v^b	承压 f_c^b
普通螺栓	4.6级、4.8级	170	140	—	—	—	—	—	—	—	—
	5.6级	—	—	—	210	190	—	—	—	—	—
	8.8级	—	—	—	400	320	—	—	—	—	—
锚栓	Q235钢	—	—	—	—	—	—	140	—	—	—
	Q345钢	—	—	—	—	—	—	180	—	—	—

（续）

承压型连接高强度螺栓		普通螺栓						锚栓	承压型连接高强度螺栓		
		C级螺栓			A级、B级螺栓						
		抗拉 f_t^b	抗剪 f_v^b	承压 f_c^b	抗拉 f_t^b	抗剪 f_v^b	承压 f_c^b	抗拉 f_t^a	抗拉 f_t^b	抗剪 f_v^b	承压 f_c^b
承压型连接高强度螺栓	8.8级	—	—	—	—	—	—	—	400	250	—
	10.9级	—	—	—	—	—	—	—	500	310	—
构件	QZ35钢	—	—	305	—	—	405	—	—	—	470
	Q345钢	—	—	385	—	—	510	—	—	—	590
构件	Q390钢	—	—	400	—	—	530	—	—	—	615
	Q420钢	—	—	425	—	—	560	—	—	—	655

注：① A级螺栓用于 $d \leqslant 24$mm 和 $l \leqslant 10d$ 或 $l \leqslant 150$mm（按较小值）的螺栓；B级螺栓用于 $d > 24$mm 或 $l > 10d$ 或 $l > 150$mm（按较小值）的螺栓。d 为公称直径，l 为螺杆公称长度。

② A、B级螺栓孔的精度和孔壁表面粗糙度，C级螺栓孔的允许偏差和孔壁表面粗糙度，均应符合现行国家标准《钢结构工程施工质量验收规范》(GB 50205—2001)的要求。

附表8　受弯构件的挠度限值

构件类型		挠度限值
吊车梁	手动吊车	$l_0/500$
	电动吊车	$l_0/600$
屋盖、楼盖及楼梯构件	当 $l_0 < 7$m 时	$l_0/200$（$l_0/250$）
	当 $7\text{m} \leqslant l_0 \leqslant 9$m 时	$l_0/250$（$l_0/300$）
	当 $l_0 > 9$m 时	$l_0/300$（$l_0/400$）

注：① 表中 l_0 为构件的计算跨度；计算悬臂构件的挠度限值时，其计算跨度 l_0 按实际悬臂长度的2倍取用；

② 表中括号内的数值适用于使用上对挠度有较高要求的构件；

③ 如果构件制作时预先起拱，且使用上也允许，则在验算挠度时，可将计算所得的挠度值减去起拱值；对预应力混凝土构件，尚可减去预加力所产生的反拱值；

④ 构件制作时的起拱值和预加力所产生的反拱值，不宜超过构件在相应荷载组合作用下的计算挠度值；

⑤ 当构件对使用功能和外观有较高要求时，设计可对挠度限值适当加严。

附表9　等截面等跨连续梁在常用荷载作用下的内力系数表

在均布及三角形荷载作用下：

$$M = 表中系数 \times ql^2$$
$$V = 表中系数 \times ql$$

在集中荷载作用下：

$$M = 表中系数 \times Pl$$
$$V = 表中系数 \times P$$

内力正负号规定：

M——使截面上部受压、下部受拉为正；

V——对邻近截面所产生的力矩沿顺时针方向者为正。

附表 9-1 两 跨 梁

荷载图	跨内最大弯矩		支座弯矩	剪力		
	M_1	M_2	M_B	V_A	V_{Bl} V_{Br}	V_c
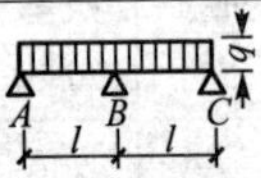	0.070	0.0703	−0.125	0.375	−0.625 0.625	−0.375
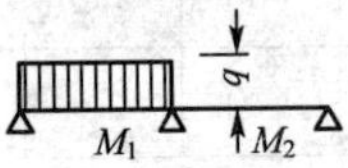	0.096	—	−0.063	0.437	−0.563 0.063	0.063
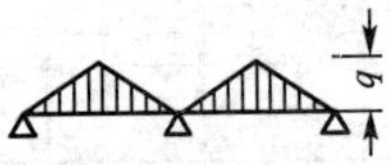	0.048	0.048	−0.078	0.172	−0.328 0.328	−0.172
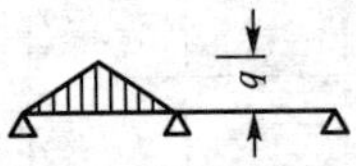	0.064	—	−0.039	0.211	−0.289 0.039	0.039
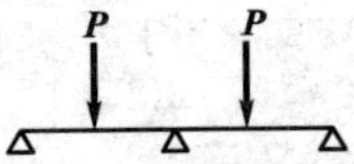	0.156	0.156	−0.188	0.312	−0.688 0.688	−0.312
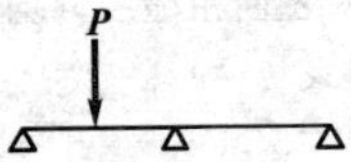	0.203	—	−0.094	0.406	−0.594 0.094	0.094
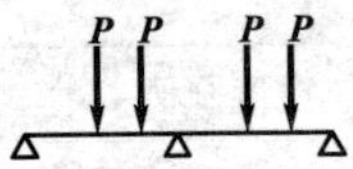	0.222	0.222	−0.333	0.667	−1.333 1.333	−0.667
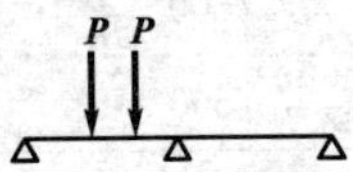	0.278	—	−0.167	0.833	−1.167 0.167	0.167

附表 9-2 三 跨 梁

荷载图	跨内最大弯矩		支座弯矩		剪力			
	M_1	M_2	M_B	M_C	V_A	V_{Bl} V_{Br}	V_{Cl} V_{Cr}	V_D
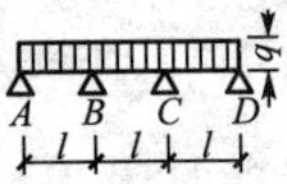	0.080	0.025	−0.100	−0.100	0.400	−0.600 0.500	−0.500 0.600	−0.400
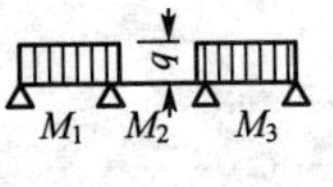	0.101	—	−0.050	−0.050	0.450	−0.550 0	0 0.550	−0.450
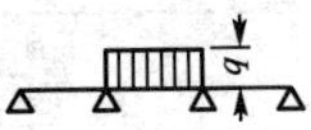	—	0.075	−0.050	−0.050	0.050	−0.050 0.500	−0.500 0.050	0.050
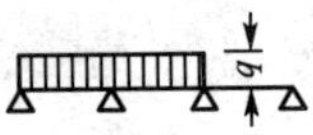	0.073	0.054	−0.117	−0.033	0.383	−0.617 0.583	−0.417 0.033	0.033
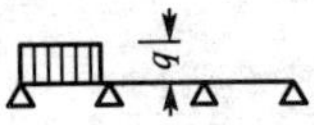	0.094	—	−0.067	0.017	0.433	−0.567 0.083	0.083 −0.017	−0.017

（续）

荷载图	跨内最大弯矩		支座弯矩		剪力			
	M_1	M_2	M_B	M_C	V_A	V_{Bl} V_{Br}	V_{Cl} V_{Cr}	V_D
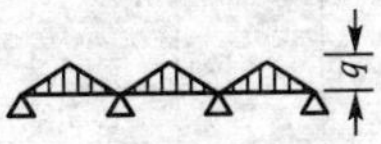	0.054	0.021	−0.063	−0.063	0.183	−0.313 0.250	−0.250 0.313	−0.188
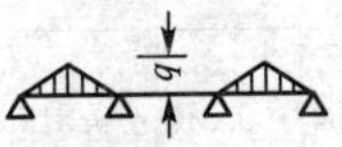	0.068	—	−0.031	−0.031	0.219	−0.281 0	0 0.281	−0.219
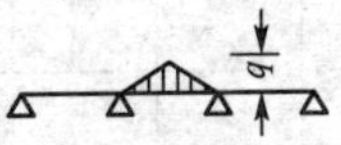	—	0.052	−0.031	−0.031	0.031	−0.031 0.250	−0.250 0.031	0.031
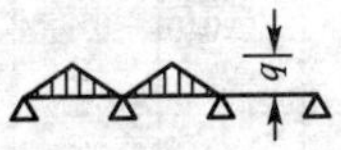	0.050	0.038	−0.073	−0.021	0.177	−0.323 0.302	−0.198 0.021	0.021
	0.063	—	−0.042	0.010	0.208	−0.292 0.052	0.052 −0.010	−0.010
	0.176	0.100	−0.150	−0.150	0.350	−0.650 0.500	−0.500 0.650	−0.350
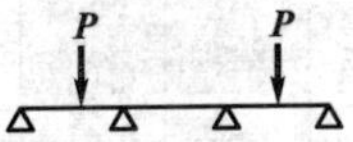	0.213	—	−0.075	−0.075	0.425	−0.575 0	0 0.575	−0.425
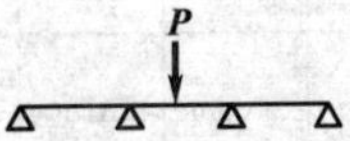	—	0.175	−0.075	−0.075	−0.075	−0.075 0.500	−0.500 0.075	0.075
	0.162	0.137	−0.175	−0.050	0.325	−0.675 0.625	−0.375 0.050	0.050
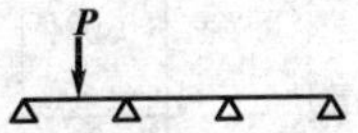	0.200	—	−0.100	0.025	0.400	−0.600 0.125	0.125 −0.025	−0.025
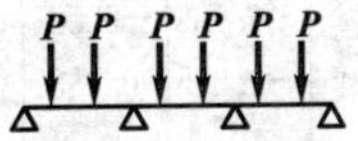	0.244	0.067	−0.267	0.267	0.723	−1.267 1.000	−1.000 1.267	−0.733
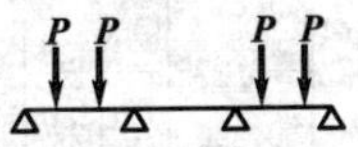	0.289	—	0.133	−0.133	0.866	−1.134 0	0 1.134	−0.866
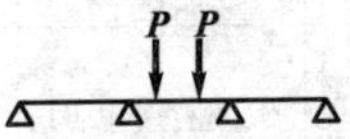	—	0.200	−0.133	0.133	−0.133	−0.133 1.000	−1.000 0.133	0.133
	0.229	0.170	−0.311	−0.089	−0.689	−1.311 1.222	−0.778 0.089	0.089
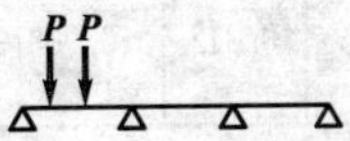	0.274	—	0.178	0.044	0.822	−1.178 0.222	0.222 −0.044	−0.044

附表 9-3 四 跨 梁

荷载图	跨内最大弯矩				支座弯矩			剪力				
	M_1	M_2	M_3	M_4	M_B	M_C	M_D	V_A	V_{Bl} V_{Br}	V_{Cl} V_{Cr}	V_{Dl} V_{Dr}	V_E
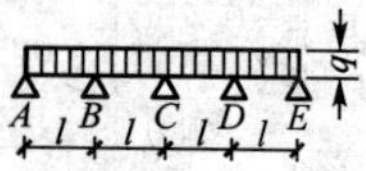	0.077	0.036	0.036	0.077	−0.107	−0.071	−0.107	0.393	−0.607 0.536	−0.464 0.464	−0.536 0.607	−0.393
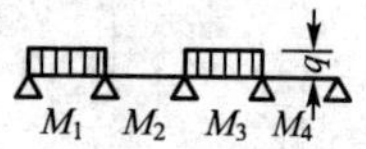	0.100	—	0.081	—	−0.054	−0.036	−0.054	0.446	−0.554 0.018	−0.018 0.482	−0.518 0.054	0.054
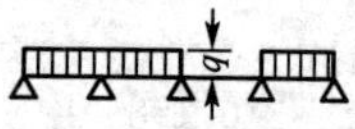	0.072	0.061	—	0.098	−0.121	−0.018	−0.058	0.380	−0.620 0.603	−0.397 −0.040	−0.040 −0.558	−0.442
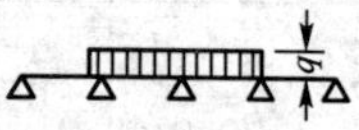	—	0.056	0.056	—	−0.036	−0.107	−0.036	−0.036	−0.036 0.429	−0.571 0.571	−0.429 0.036	−0.036
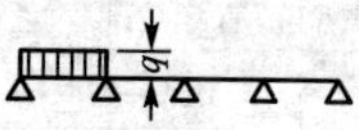	0.094	—	—	—	−0.067	0.018	−0.004	0.433	−0.567 0.085	0.085 −0.022	0.022 0.004	0.004
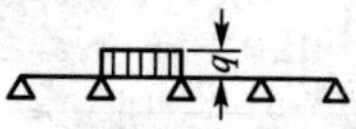	—	0.071	—	—	−0.049	−0.054	0.013	−0.049	−0.049 0.496	−0.504 0.067	0.067 0.013	−0.013
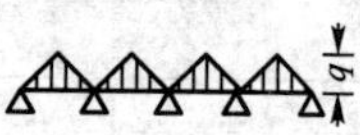	0.062	0.028	0.028	0.052	−0.067	−0.045	−0.067	0.183	−0.317 0.272	−0.228 0.228	−0.272 0.317	−0.183
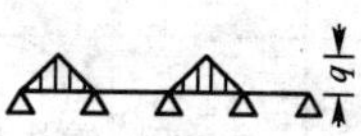	0.067	—	0.055	—	−0.084	−0.022	−0.034	0.217	−0.281 0.011	0.011 0.239	−0.261 0.034	0.034
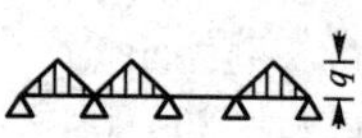	0.049	0.042	—	0.066	−0.075	−0.011	−0.036	0.175	−0.325 0.314	−0.186 −0.025	−0.025 0.286	−0.214
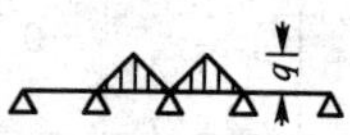	—	0.040	0.040	—	−0.028	−0.067	−0.022	−0.022	−0.022 0.296	−0.295 0.296	−0.205 0.022	0.022
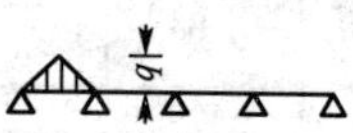	0.088	—	—	—	−0.042	0.011	−0.003	0.208	−0.292 0.053	0.063 −0.014	−0.014 0.003	0.003
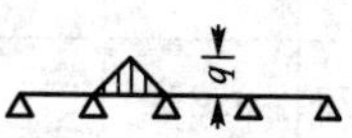	—	0.051	—	—	−0.031	−0.034	0.008	−0.031	−0.031 0.247	−0.253 0.042	0.042 −0.008	−0.008

（续）

荷载图	跨内最大弯矩				支座弯矩			剪力				
	M_1	M_2	M_3	M_4	M_B	M_C	M_D	V_A	V_{Bl} V_{Br}	V_{Cl} V_{Cr}	V_{Dl} V_{Dr}	V_E
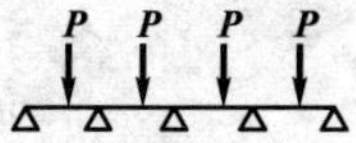	0.169	0.116	0.116	0.169	−0.161	−0.107	−0.161	0.339	−0.061 0.564	−0.446 0.446	−0.554 0.661	−0.330
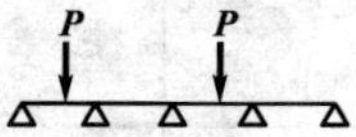	0.210	—	0.183	—	−0.080	−0.054	−0.080	−0.420	−0.580 0.027	0.027 0.473	−0.527 0.080	0.080
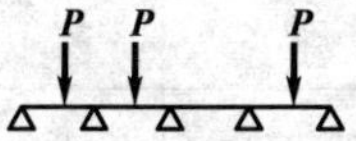	0.159	0.146	—	0.206	−0.181	−0.027	−0.087	0.319	−0.681 0.654	−0.346 −0.060	−0.060 0.587	−0.413
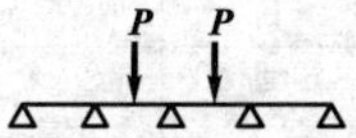	—	0.142	0.142	—	−0.054	−0.161	−0.054	0.054	−0.054 0.393	−0.607 0.607	−0.393 0.054	0.054
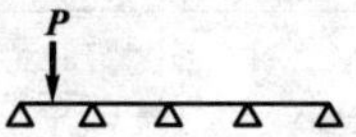	0.200	—	—	—	−0.100	−0.027	−0.007	0.400	−0.600 0.127	0.127 −0.033	−0.033 0.007	0.007
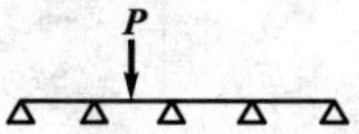	—	0.173	—	—	−0.074	−0.080	0.020	−0.074	−0.074 0.493	−0.507 0.100	0.100 −0.020	−0.020
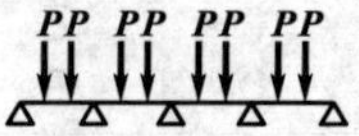	0.238	0.111	0.111	0.238	−0.286	−0.191	−0.286	0.714	1.286 1.095	−0.905 0.905	−1.095 1.286	−0.714
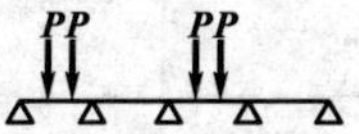	0.286	—	0.222	—	−0.143	−0.095	−0.143	0.857	−0.143 0.048	0.048 0.952	−1.048 0.143	0.143
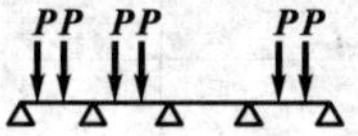	0.226	0.194	—	0.282	−0.321	0.048	−0.155	0.679	−1.321 1.274	−0.726 −0.107	−0.107 1.155	−0.845
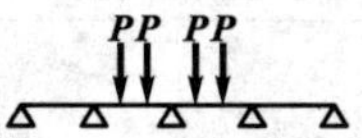	—	0.175	0.175	—	−0.095	−0.286	−0.095	−0.095	0.095 0.810	−1.190 1.190	−0.810 0.095	0.095
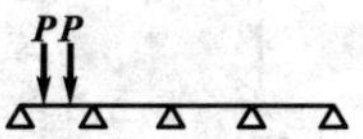	0.274	—	—	—	−0.178	0.048	−0.012	0.822	−1.178 0.226	0.226 −0.060	−0.060 0.012	−0.012
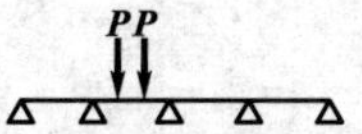	—	0.198	—	—	−0.131	−0.143	0.036	−0.331	−0.131 0.988	−1.011 0.178	0.178 −0.016	−0.036

附表 9-4　五　跨　梁

荷载图	跨内最大弯矩			支座弯矩				剪力					
	M_1	M_2	M_3	M_B	M_C	M_D	M_E	V_A	V_{Bl} V_{Br}	V_{Cl} V_{Cr}	V_{Dl} V_{Dr}	V_{El} V_{Er}	V_F
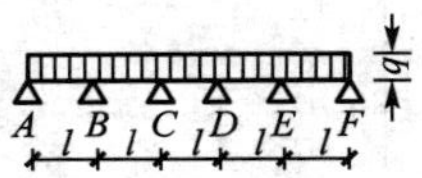	0.078	0.033	0.046	−0.105	−0.079	−0.079	−0.105	0.394	−0.606 0.526	−0.474 0.500	−0.500 0.474	−0.526 0.606	−0.394
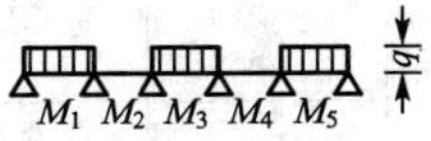	0.100	—	0.085	−0.053	−0.040	−0.040	−0.053	0.447	−0.553 0.013	0.013 0.500	−0.500 −0.013	−0.013 0.553	−0.447
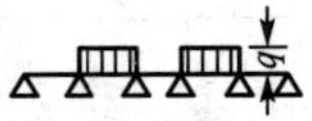	—	0.079	—	−0.053	−0.040	−0.040	−0.053	−0.053	−0.053 0.513	−0.487 0	0 0.487	−0.513 0.053	0.053
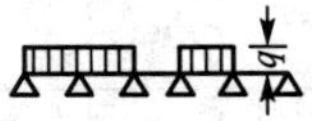	0.073	②0.059 0.078	—	−0.119	−0.022	−0.044	−0.051	0.380	−0.620 0.598	−0.402 −0.023	−0.023 0.493	−0.507 0.052	0.052
	①— 0.098	0.055	0.064	−0.035	−0.111	−0.020	−0.057	0.035	0.035 0.424	0.576 0.591	−0.409 −0.037	−0.037 0.557	−0.443
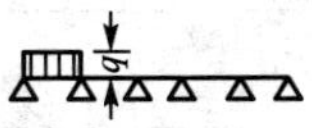	0.094	—	—	−0.067	0.018	−0.005	0.001	0.433	0.567 0.085	0.086 0.023	0.023 0.006	0.006 −0.001	0.001
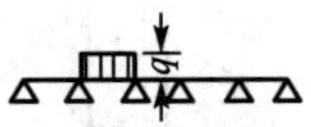	—	0.074	—	−0.049	−0.054	0.014	−0.004	0.019	−0.049 0.496	−0.505 0.068	0.068 −0.018	−0.018 0.004	0.004
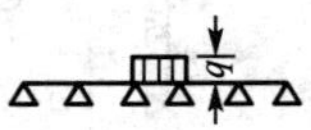	—	—	0.072	0.013	0.053	0.053	0.013	0.013	0.013 −0.066	−0.066 0.500	0.500 0.066	0.066 −0.013	0.013

(续)

荷载图	跨内最大弯矩			支座弯矩				剪力					
	M_1	M_2	M_3	M_B	M_C	M_D	M_E	V_A	V_{Bl} V_{Br}	V_{Cl} V_{Cr}	V_{Dl} V_{Dr}	V_{El} V_{Er}	V_F
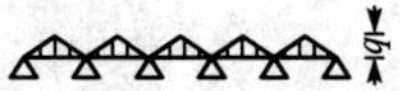	0.053	0.026	0.034	−0.066	−0.049	0.049	−0.066	0.184	−0.316 0.266	−0.234 0.250	−0.250 0.234	−0.266 0.316	0.184
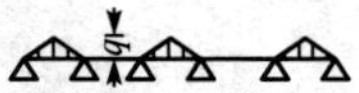	0.067	—	0.059	−0.033	−0.025	−0.025	0.033	0.217	0.283 0.008	0.008 0.250	−0.250 −0.006	−0.008 0.283	0.217
	—	0.055	—	−0.033	−0.025	−0.025	−0.033	0.033	−0.033 0.258	−0.242 0	0 0.242	−0.258 0.033	0.033
	0.049	②0.041 0.053	—	−0.075	−0.014	−0.028	−0.032	0.175	0.325 0.311	−0.189 −0.014	−0.014 0.246	−0.255 0.032	0.032
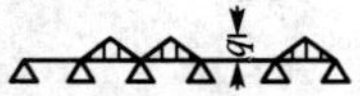	①— 0.066	0.039	0.044	−0.022	−0.070	−0.013	−0.036	−0.022	−0.022 0.202	−0.298 0.307	−0.198 −0.028	−0.023 0.286	−0.214
	0.063	—	—	−0.042	0.011	−0.003	0.001	0.208	−0.292 0.053	0.053 −0.014	−0.014 0.004	0.004 −0.001	−0.001
	—	0.051	—	−0.031	−0.034	0.009	−0.002	−0.031	−0.031 0.247	−0.253 0.043	0.043 −0.011	−0.011 0.002	0.002
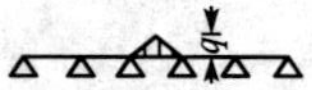	—	—	0.050	0.008	−0.033	−0.033	0.008	0.008	0.008 −0.041	−0.041 0.250	−0.250 0.041	0.041 −0.008	−0.008

（续）

荷载图	跨内最大弯矩			支座弯矩				剪力					
	M_1	M_2	M_3	M_B	M_C	M_D	M_E	V_A	V_{Bl} V_{Br}	V_{Cl} V_{Cr}	V_{Dl} V_{Dr}	V_{El} V_{Er}	V_F
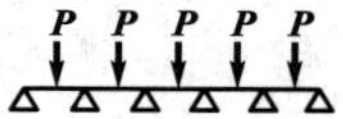	0.171	0.112	0.132	−0.158	−0.118	−0.118	−0.151	0.348	−0.658 0.540	−0.440 0.500	−0.500 0.460	−0.540 0.658	−0.342
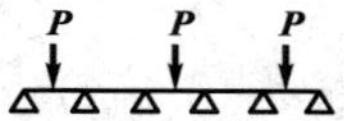	0.211	—	0.191	−0.079	−0.059	−0.059	−0.079	0.421	−0.579 0.020	0.020 0.500	−0.500 −0.020	−0.020 0.570	−0.421
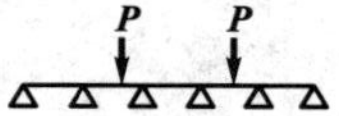	—	0.181	—	−0.079	−0.059	−0.059	−0.079	−0.070	−0.070 0.520	−0.480 0	0 0.480	−0.520 0.079	0.079
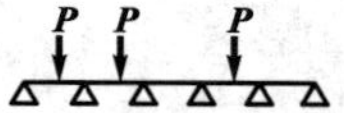	0.160	②0.144 0.178	—	−0.179	−0.032	−0.066	−0.077	0.321	−0.679 0.647	−0.353 −0.034	−0.034 0.489	−0.511 0.077	0.077
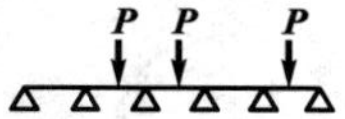	①— 0.207	0.140	0.151	−0.052	−0.167	−0.031	−0.086	−0.052	−0.052 0.385	−0.615 0.637	−0.363 −0.056	−0.056 0.586	−0.414
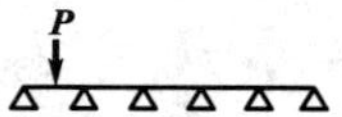	0.200	—	—	−0.100	0.027	−0.007	0.002	0.400	−0.600 0.127	0.127 −0.031	−0.034 0.009	0.009 −0.002	−0.002
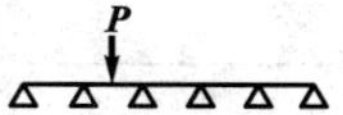	—	0.173	—	−0.073	−0.081	0.082	−0.005	−0.073	−0.073 0.493	−0.507 0.102	0.102 −0.027	−0.027 0.005	0.005
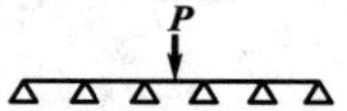	—	—	0.171	0.080	−0.079	−0.079	0.020	0.020	0.020 −0.009	−0.099 0.500	−0.500 0.099	−0.090 −0.020	0.020

(续)

荷载图	跨内最大弯矩			支座弯矩				剪力					
	M_1	M_2	M_3	M_B	M_C	M_D	M_E	V_A	V_{Bl} V_{Br}	V_{Cl} V_{Cr}	V_{Dl} V_{Dr}	V_{El} V_{Er}	V_F
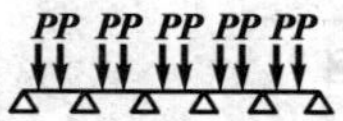	0.240	0.100	0.122	−0.281	−0.211	0.211	−0.281	0.719	−1.281 1.070	−0.930 1.000	−1.000 0.930	1.070 1.281	−0.710
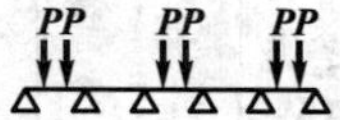	0.287	—	0.228	−0.140	−0.105	−0.105	−0.140	0.860	−1.140 0.035	0.035 1.000	1.000 −0.035	−0.035 1.140	−0.860
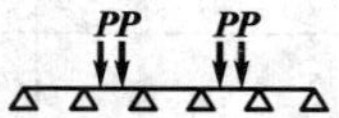	—	0.216	—	−0.140	−0.105	−0.105	−0.140	−0.140	−0.140 1.035	−0.965 0	0.000 0.965	−1.035 0.140	0.140
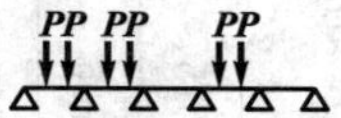	0.227	②0.189 0.209	—	−0.319	−0.057	−0.118	−0.137	0.681	−1.319 1.262	−0.738 −0.061	−0.061 0.981	−1.019 0.137	0.137
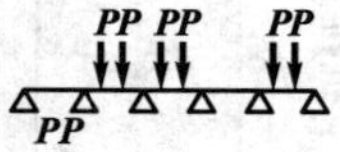	①— 0.282	0.172	0.198	−0.092	−0.297	−0.054	−0.153	−0.093	−0.093 0.796	−1.204 1.243	−0.757 −0.099	−0.099 1.153	−0.847
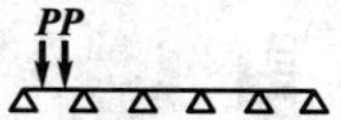	0.274	—	—	−0.179	0.048	−0.013	0.003	0.821	−1.179 0.227	0.227 −0.061	−0.061 0.016	0.016 −0.003	−0.003
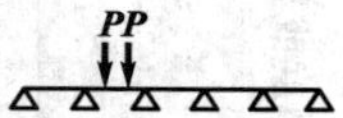	—	0.198	—	−0.131	−0.144	0.038	−0.010	−0.131	−0.131 0.987	−0.013 0.182	0.182 −0.048	−0.048 0.010	0.010
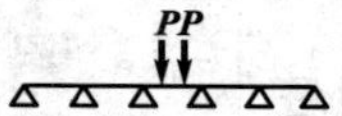	—	—	0.193	0.035	−0.140	−0.140	0.035	0.035	0.035 −0.175	−0.175 1.000	−1.000 0.175	0.175 −0.035	−0.035

表中：①分子及分母分别为 M_1 及 M_5 的弯矩系数；②分子与分母分别为 M_2 及 M_4 的弯矩系数。

附表 10　焊缝的强度设计值(N/mm^2)

焊接方法和焊条型号	构件钢材		对接焊缝				角焊缝
	牌号	厚度或直径(mm)	抗压 f_c^w	焊缝质量为下列等级时，抗拉 f_t^w		抗剪 f_v^w	抗拉、抗压和抗剪 f_f^w
				一级、二级	三级		
自动焊、半自动焊和 E43 型焊条的手工焊	Q235 钢	≤16	215	215	185	125	160
		>16～40	205	205	175	120	
		>40～60	200	200	170	115	
		>60～100	190	190	160	110	
自动焊、半自动焊和 E50 型焊条的手工焊	Q345 钢	≤16	310	310	265	180	200
		>16～35	295	295	250	170	
		>35～50	265	265	225	155	
		>50～100	250	250	210	145	
自动焊、半自动焊和 E55 型焊条的手工焊	Q390 钢	≤16	350	350	300	205	220
		>16～35	335	335	285	190	
		>35～50	315	315	270	180	
		>50～100	295	295	250	180	
自动焊、半自动焊和 E55 型焊条的手工焊	Q420 钢	≤16	380	380	320	220	220
		>16～35	360	360	305	210	
		>35～50	340	340	290	195	
		>50～100	325	325	275	185	

注：① 自动焊和半自动焊所采用的焊丝和焊剂，应保证其熔敷金属的力学性能不低于现行国家标准《埋弧焊用碳钢焊丝和焊剂》(GB/T 5293—1999)和《埋弧焊用低合金钢焊丝和焊剂》(GB/T 12470—2003)中相关的规定。

② 焊缝质量等级应符合现行国家标准《钢结构工程施工质量验收规范》(GB 50205—2001)的规定。其中厚度小于 8mm 钢材的对接焊缝，不宜用超声波探伤确定焊缝质量等级。

③ 对接焊缝抗弯受压区强度设计值取 f_c^w，抗弯受拉区强度设计值取 f_t^w。

附表 11　钢材的强度设计值(N/mm^2)

钢材		抗拉、抗压和抗弯 f	抗剪 f_v	端面承压(刨平顶紧)f_{ce}
牌号	厚度或直径(mm)			
Q235 钢	≤16	215	125	325
	>16～40	205	120	
	>40～60	200	115	
	>60～100	190	110	

（续）

钢材		抗拉、抗压和抗弯 f	抗剪 f_v	端面承压(刨平顶紧)f_{ce}
牌号	厚度或直径(mm)			
Q345 钢	≤16	310	180	400
	>16～35	295	170	
	>35～50	265	155	
	>50～100	250	145	
Q390 钢	≤16	350	205	415
	>16～35	335	190	
	>35～50	315	180	
	>50～100	295	170	
Q420 钢	≤16	380	220	440
	>16～35	360	210	
	>35～50	340	195	
	>50～100	325	185	

注：表中厚度是指计算点的钢材厚度，对轴心受力构件系指截面中较厚板件的厚度。

附表 12　常见型钢规格表

附表 12-1　普通工字钢

符号：h—高度；
b—宽度；
t_w—腹板厚度；
t—翼缘平均厚度；
I—惯性矩；
W—截面模量

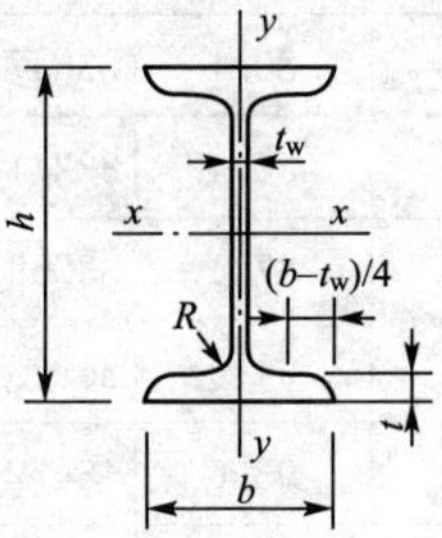

i—回转半径；
S_x—半截面的面积矩；
长度：
型号 10～18，长 5～19m；
型号 20～63，长 6～19m。

型号	尺寸(mm)					截面面积 (cm²)	理论重量 (kg/m)	x—x 轴				y—y 轴		
	h	b	t_w	t	R			I_x (cm⁴)	W_x (cm³)	i_x (cm)	I_x/S_x (cm)	I_y (cm⁴)	W_y (cm³)	I_y (cm)
10	100	68	4.5	7.6	6.5	14.3	11.2	245	49	4.14	8.69	33	9.6	1.51
12.6	126	74	5	8.4	7	18.1	14.2	488	77	5.19	11	47	12.7	1.61
14	140	80	5.5	9.1	7.5	21.5	16.9	712	102	5.75	12.2	64	16.1	1.73
16	160	88	6	9.9	8	26.1	20.5	1127	141	6.57	13.9	93	21.1	1.89
18	180	94	6.5	10.7	8.5	30.7	24.1	1699	185	7.37	15.4	123	26.2	2.00

（续）

型号		尺寸(mm)					截面面积 (cm^2)	理论重量 (kg/m)	x—x 轴				y—y 轴		
		h	b	t_w	t	R			I_x (cm^4)	W_x (cm^3)	i_x (cm)	I_x/S_x (cm)	I_y (cm^4)	W_y (cm^3)	I_y (cm)
20	a	200	100	7	11.4	9	35.5	27.9	2369	237	8.16	17.4	158	31.6	2.11
	b		102	9			39.5	31.1	2502	250	7.95	17.1	169	33.1	2.07
22	a	220	110	7.5	12.3	9.5	42.1	33	3406	310	8.99	19.2	226	41.1	2.32
	b		112	9.5			46.5	36.5	3583	326	8.78	18.9	240	42.9	2.27
25	a	50	116	8	13	10	48.5	38.1	5017	401	10.2	21.7	280	48.4	2.4
	b		118	10			53.5	42	5278	422	9.93	21.4	297	50.4	2.36
28	a	280	122	8.5	13.7	10.5	55.4	43.5	7115	508	11.3	24.3	344	56.4	2.49
	b		124	10.5			61	47.9	7481	534	11.1	24	364	58.7	2.44
32	a	320	130	9.5	15	11.5	67.1	52.7	11080	692	12.8	27.7	459	70.6	2.62
	b		132	11.5			73.5	57.7	11626	727	12.6	27.3	484	73.3	2.57
	c		134	13.5			79.9	62.7	12173	761	12.3	26.9	510	76.1	2.53
36	a	360	136	10	15.8	12	76.4	60	15796	878	14.4	31	555	81.6	2.69
	b		138	12			83.6	65.6	16574	921	14.1	30.6	584	84.6	2.64
	c		140	14			90.8	71.3	17351	964	13.8	30.2	614	87.7	2.6
40	a	400	142	10.5	16.5	12.5	86.1	67.6	21714	1086	15.9	34.4	660	92.9	2.77
	b		144	12.5			94.1	73.8	22781	1139	15.6	33.9	693	96.2	2.71
	c		146	14.5			102	80.1	23847	1192	15.3	33.5	727	99.7	2.67
45	a	450	150	11.5	18	13.5	102	80.4	32241	1433	17.7	38.5	855	114	2.89
	b		152	13.5			111	87.4	33759	1500	17.4	38.1	895	118	2.84
	c		154	15.5			120	94.5	35278	1568	17.1	37.6	938	122	2.79
50	a	500	158	12	20	14	119	93.6	46472	1859	19.7	42.9	1122	142	3.07
	b		160	14			129	101	48556	1942	19.4	42.3	1171	146	3.01
	c		162	16			139	109	50639	2026	19.1	41.9	1224	151	2.96
56	a	560	166	12.5	21	14.5	135	106	65576	2342	22	47.9	1366	165	3.18
	b		168	14.5			147	115	68503	2447	21.6	47.3	1424	170	3.12
	c		170	16.5			158	124	71430	2551	21.3	46.8	1485	175	3.07
63	a	630	176	13	22	15	155	122	94004	2984	24.7	53.8	1702	194	3.32
	b		178	15			167	131	98171	3117	24.2	53.2	1771	199	3.25
	c		780	17			180	141	102339	3249	23.9	52.6	1842	205	3.2

附表 12-2 H 型 钢

符号：h—高度；
b—宽度；
t_1—腹板厚度；
t_2—翼缘厚度；
I—惯性矩；
W—截面模量

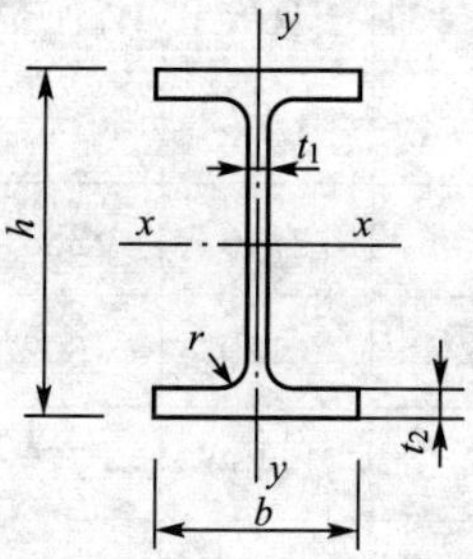

i—回转半径；
S_x—半截面的面积矩。

类别	H型钢规格 ($h \times b \times t_1 \times t_2$)	截面积 A (cm^2)	质量 q (kg/m)	x—x 轴			y—y 轴		
				I_x (cm^4)	W_x (cm^3)	i_x (cm)	I_y (cm^4)	W_y (cm^3)	I_y (cm)
HW	100×100×6×8	21.9	17.22	383	76.576.5	4.18	134	26.7	2.47
	125×125×6.5×9	30.31	23.8	847	136	5.29	294	47	3.11
	150×150×7×10	40.55	31.9	1660	221	6.39	564	75.1	3.73
	175×175×7.5×11	51.43	40.3	2900	331	7.5	984	112	4.37
	200×200×8×12	64.28	50.5	4770	477	8.61	1600	160	4.99
	#200×204×12×12	72.28	56.7	5030	503	8.35	1700	167	4.85
	250×250×9×14	92.18	72.4	10800	867	10.8	3650	292	6.29
	#250×255×14×14	104.7	82.2	11500	919	10.5	3880	304	6.09
	#294×302×12×12	108.3	85	17000	1160	12.5	5520	365	7.14
	300×300×10×15	120.4	94.5	20500	1370	13.1	6760	450	7.49
	300×305×15×15	135.4	106	21600	1440	12.6	7100	466	7.24
	#344×348×10×16	146	115	33300	1940	15.1	11200	646	8.78
	350×350×12×19	173.9	137	40300	2300	15.2	13600	776	8.84
	#388×402×15×15	179.2	141	49200	2540	16.6	16300	809	9.52
	#394×398×11×18	187.6	147	56400	2860	17.3	18900	951	10
	400×400×13×21	219.5	172	66900	3340	17.5	22400	1120	10.1
	#400×408×21×21	251.5	197	71100	3560	16.8	23800	1170	9.73
	#414×405×18×28	296.2	233	93000	4490	17.7	31000	1530	10.2
	#428×407×20×35	361.4	284	119000	5580	18.2	39400	1930	10.4

（续）

类别	H型钢规格 $(h \times b \times t_1 \times t_2)$	截面积 $A(cm^2)$	质量 q (kg/m)	x—x 轴			y—y 轴		
				$I_x(cm^4)$	$W_x(cm^3)$	$i_x(cm)$	$I_y(cm^4)$	$W_y(cm^3)$	$I_y(cm)$
HM	148×100×6×9	27.25	21.4	1040	140	6.17	151	30.2	2.35
	194×150×6×9	39.76	31.2	2740	283	8.3	508	67.7	3.57
	244×175×7×11	56.24	44.1	6120	502	10.4	985	113	4.18
	294×200×8×12	73.03	57.3	11400	779	12.5	1600	160	4.69
	340×250×9×14	101.5	79.7	21700	1280	14.6	3650	292	6
	390×300×10×16	136.7	107	38900	2000	16.9	7210	481	7.26
	440×300×11×18	157.4	124	56100	2550	18.9	8110	541	7.18
	482×300×11×15	146.4	115	60800	2520	20.4	6770	451	6.8
	488×300×11×18	164.4	129	71400	2930	20.8	8120	541	7.03
	582×300×12×17	174.5	137	103000	3530	24.3	7670	511	6.63
	588×300×12×20	192.5	151	118000	4020	24.8	9020	601	6.85
	♯594×302×14×23	222.4	175	137000	4620	24.9	10600	701	6.9
HN	100×50×5×7	12.16	9.54	192	38.5	3.98	14.9	5.96	1.11
	125×60×6×8	17.01	13.3	417	66.8	4.95	29.3	9.75	1.31
	150×75×5×7	18.16	14.3	679	90.6	6.12	49.6	13.2	1.65
	175×90×5×8	23.21	18.2	1220	140	7.26	97.6	21.7	2.05
	198×99×4.5×7	23.59	18.5	1610	163	8.27	114	23	2.2
	200×100×5.5×8	27.57	21.7	1880	188	8.25	134	26.8	2.21
	248×124×5×8	32.89	25.8	3560	287	10.4	255	41.1	2.78
	250×125×6×9	37.87	29.7	4080	326	10.4	294	47	2.79
	298×149×5.5×8	41.55	32.6	6460	433	12.4	443	59.4	3.26
	300×150×6.5×9	47.53	37.3	7350	490	12.4	508	67.7	3.27
	346×174×6×9	53.19	41.8	11200	649	14.5	792	91	3.86
	350×175×7×11	63.66	50	13700	782	14.7	985	113	3.93
	♯400×150×8×13	71.12	55.8	18800	942	16.3	734	97.9	3.21
	396×199×7×11	72.16	56.7	20000	1010	16.7	1450	145	4.48

（续）

类别	H型钢规格 ($h\times b\times t_1\times t_2$)	截面积 A(cm²)	质量 q (kg/m)	x—x 轴			y—y 轴		
				I_x(cm⁴)	W_x(cm³)	i_x(cm)	I_y(cm⁴)	W_y(cm³)	I_y(cm)
HN	400×200×8×13	84.12	66	23700	1190	16.8	1740	174	4.54
	#450×150×9×14	83.41	65.5	27100	1200	18	793	106	3.08
	446×199×8×12	84.95	66.7	29000	1300	18.5	1580	159	4.31
	450×200×9×14	97.41	76.5	33700	1500	18.6	1870	187	4.38
	#500×150×10×16	98.23	77.1	38500	1540	19.8	907	121	3.04
	496×199×9×14	101.3	79.5	41900	1690	20.3	1840	185	4.27
	500×200×10×16	114.2	89.6	47800	1910	20.5	2140	214	4.33
	#506×201×11×19	131.3	103	56500	2230	20.8	2580	257	4.43
	596×199×10×15	121.2	95.1	69300	2330	23.9	1980	199	4.04
	600×200×11×17	135.2	106	78200	2610	24.1	2280	228	4.11
	#606×201×12×20	153.3	120	91000	3000	24.4	2720	271	4.21
	#692×300×13×20	211.5	166	172000	4980	28.6	9020	602	6.53
	700×300×13×24	235.5	185	201000	5760	29.3	10800	722	6.78

注：“#”表示的规格为非常用规格。

附表 12-3 普通槽钢

符号：
同普通工字钢
但 W_y 为对应翼缘肢尖

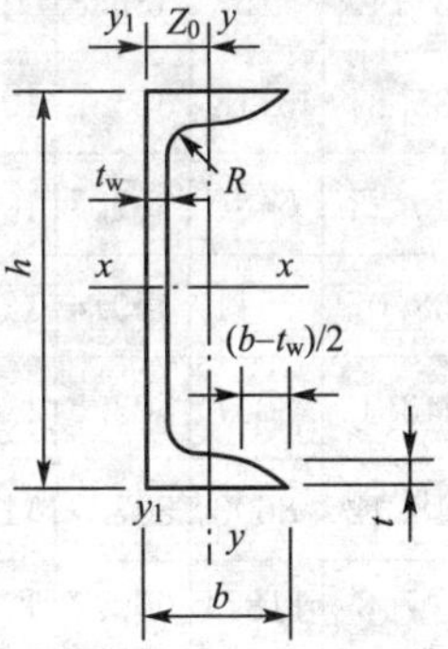

长度：
型号 5～8，长 5～12m；
型号 10～18，长 5～19m；
型号 20～20，长 6～19m。

型号	尺寸(mm)					截面面积 (cm²)	理论重量 (kg/m)	x—x 轴			y—y 轴			y—y_1 轴	Z_0 (cm)
	h	b	t_w	t	R			I_x (cm⁴)	W_x (cm³)	i_x (cm)	I_y (cm⁴)	W_y (cm³)	I_y (cm)	I_{y1} (cm⁴)	
5	50	37	4.5	7	7	6.92	5.44	26	10.4	1.94	8.3	3.5	1.1	20.9	1.35
6.3	63	40	4.8	7.5	7.5	8.45	6.63	51	16.3	2.46	11.9	4.6	1.19	28.3	1.39

（续）

型号		尺寸(mm)					截面面积	理论重量	x—x 轴			y—y 轴			$y—y_1$ 轴	Z_0
		h	b	t_w	t	R	(cm^2)	(kg/m)	I_x (cm^4)	W_x (cm^3)	i_x (cm)	I_y (cm^4)	W_y (cm^3)	I_y (cm)	I_{y1} (cm^4)	(cm)
8		80	43	5	8	8	10.24	8.04	101	25.3	3.14	16.6	5.8	1.27	37.4	1.42
10		100	48	5.3	8.5	8.5	12.74	10	198	39.7	3.94	25.6	7.8	1.42	54.9	1.52
12.6		126	53	5.5	9	9	15.69	12.31	389	61.7	4.98	38	10.3	1.56	77.8	1.59
14	a	140	58	6	9.5	9.5	18.51	14.53	564	80.5	5.52	53.2	13	1.7	107.2	1.71
	b		60	8	9.5	9.5	21.31	16.73	609	87.1	5.35	61.2	14.1	1.69	120.6	1.67
16	a	160	63	6.5	10	10	21.95	17.23	866	108.3	6.28	73.4	16.3	1.83	144.1	1.79
	b		65	8.5	10	10	25.15	19.75	935	116.8	6.1	83.4	17.6	1.82	160.8	1.75
18	a	180	68	7	10.5	10.5	25.69	20.17	1273	141.4	7.04	98.6	20	1.96	189.7	1.88
	b		70	9	10.5	10.5	29.29	22.99	1370	152.2	6.84	111	21.5	1.95	210.1	1.84
20	a	200	73	7	11	11	28.83	22.63	1780	178	7.86	128	24.2	2.11	244	2.01
	b		75	9	11	11	32.83	25.77	1914	191.4	7.64	143.6	25.9	2.09	268.4	1.95
22	a	220	77	7	11.5	11.5	31.84	24.99	2394	217.6	8.67	157.8	28.2	2.23	298.2	2.1
	b		79	9	11.5	11.5	36.24	28.45	2571	233.8	8.42	176.5	30.1	2.21	326.3	2.03
25	a	250	78	7	12	12	34.91	27.4	3359	268.7	9.81	175.9	30.7	2.24	324.8	2.07
	b		80	9	12	12	39.91	31.33	3619	289.6	9.52	196.4	32.7	2.22	355.1	1.99
	c		82	11	12	12	44.91	35.25	3880	310.4	9.3	215.9	34.6	2.19	388.6	1.96
28	a	280	82	7.5	12.5	12.5	40.02	31.42	4753	339.5	10.9	217.9	35.7	2.33	393.3	2.09
	b		84	9.5	12.5	12.5	45.62	35.81	5118	365.6	10.59	241.5	37.9	2.3	428.5	2.02
	c		86	11.5	12.5	12.5	51.22	40.21	5484	391.7	10.35	264.1	40	2.27	467.3	1.99
32	a	320	88	8	14	14	48.5	38.07	7511	469.4	12.44	304.7	46.4	2.51	547.5	2.24
	b		90	10	14	14	54.9	43.1	8057	503.5	12.11	335.6	49.1	2.47	592.9	2.16
	c		92	12	14	14	61.3	48.12	8603	537.7	11.85	365	51.6	2.44	642.7	2.13
36	a	360	96	9	16	16	60.89	47.8	11874	659.7	13.96	455	63.6	2.73	818.5	2.44
	b		98	11	16	16	68.09	53.45	12652	702.9	13.63	496.7	66.9	2.7	880.5	2.37
	c		100	13	16	16	75.29	59.1	13429	746.1	13.36	536.6	70	2.67	948	2.34
40	a	400	100	10.5	18	18	75.04	58.91	17578	878.9	15.3	592	78.8	2.81	1057.9	2.49
	b		102	12.5	18	18	83.04	65.19	18644	932.2	14.98	640.6	82.6	2.78	1135.8	2.44
	c		104	14.5	18	18	91.04	71.47	19711	985.6	14.71	687.8	86.2	2.75	1220.3	2.42

附表 12-4 等边角钢

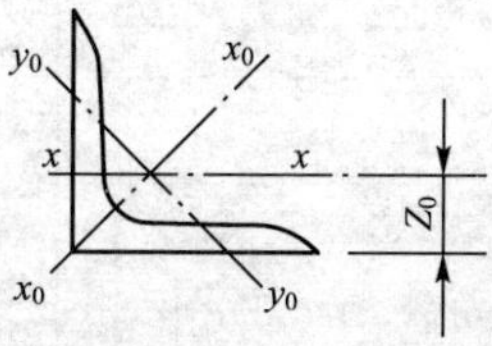

单角钢

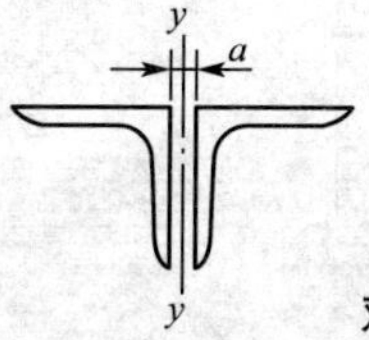

双角钢

型号		圆角	重心矩	截面积	质量	惯性矩	截面模量		回转半径			i_y，当 a 为下列数值				
		R	Z_0	A		I_x	W_{xmax}	W_{xmin}	i_x	i_{x0}	i_{y0}	6mm	8mm	10mm	12mm	14mm
		(mm)		(cm^2)	(kg/m)	(cm^4)	(cm^3)		(cm)			(cm)				
20×	3	3.5	6	1.13	0.89	0.40	0.66	0.29	0.59	0.75	0.39	1.08	1.17	1.25	1.34	1.43
	4		6.4	1.46	1.15	0.50	0.78	0.36	0.58	0.73	0.38	1.11	1.19	1.28	1.37	1.46
L25×	3	3.5	7.3	1.43	1.12	0.82	1.12	0.46	0.76	0.95	0.49	1.27	1.36	1.44	1.53	1.61
	4		7.6	1.86	1.46	1.03	1.34	0.59	0.74	0.93	0.48	1.30	1.38	1.47	1.55	1.64
L30×	3	4.5	8.5	1.75	1.37	1.46	1.72	0.68	0.91	1.15	0.59	1.47	1.55	1.63	1.71	1.8
	4		8.9	2.28	1.79	1.84	2.08	0.87	0.90	1.13	0.58	1.49	1.57	1.65	1.74	1.82
L36×	3	4.5	10	2.11	1.66	2.58	2.59	0.99	1.11	1.39	0.71	1.70	1.78	1.86	1.94	2.03
	4		10.4	2.76	2.16	3.29	3.18	1.28	1.09	1.38	0.70	1.73	1.8	1.89	1.97	2.05
	5		10.7	2.38	2.65	3.95	3.68	1.56	1.08	1.36	0.70	1.75	1.83	1.91	1.99	2.08
L40×	3	5	10.9	2.36	1.85	3.59	3.28	1.23	1.23	1.55	0.79	1.86	1.94	2.01	2.09	2.18
	4		11.3	3.09	2.42	4.60	4.05	1.60	1.22	1.54	0.79	1.88	1.96	2.04	2.12	2.2
	5		11.7	3.79	2.98	5.53	4.72	1.96	1.21	1.52	0.78	1.90	1.98	2.06	2.14	2.23
L45×	3	5	12.2	2.66	2.09	5.17	4.25	1.58	1.39	1.76	0.90	2.06	2.14	2.21	2.29	2.37
	4		12.6	3.49	2.74	6.65	5.29	2.05	1.38	1.74	0.89	2.08	2.16	2.24	2.32	2.4
	5		13	4.29	3.37	8.04	6.20	2.51	1.37	1.72	0.88	2.10	2.18	2.26	2.34	2.42
	6		13.3	5.08	3.99	9.33	6.99	2.95	1.36	1.71	0.88	2.12	2.2	2.28	2.36	2.44
L50×	3	5.5	13.4	2.97	2.33	7.18	5.36	1.96	1.55	1.96	1.00	2.26	2.33	2.41	2.48	2.56
	4		13.8	3.90	3.06	9.26	6.70	2.56	1.54	1.94	0.99	2.28	2.36	2.43	2.51	2.59
	5		14.2	4.80	3.77	11.21	7.90	3.13	1.53	1.92	0.98	2.30	2.38	2.45	2.53	2.61
	6		14.6	5.69	4.46	13.05	8.95	3.68	1.51	1.91	0.98	2.32	2.4	2.48	2.56	2.64
L56×	3	6	14.8	3.34	2.62	10.19	6.86	2.48	1.75	2.2	1.13	2.50	2.57	2.64	2.72	2.8
	4		15.3	4.39	3.45	13.18	8.63	3.24	1.73	2.18	1.11	2.52	2.59	2.67	2.74	2.82
	5		15.7	5.42	4.25	16.02	10.22	3.97	1.72	2.17	1.10	2.54	2.61	2.69	2.77	2.85
	8		16.8	8.37	6.57	23.63	14.06	6.03	1.68	2.11	1.09	2.60	2.67	2.75	2.83	2.91

(续)

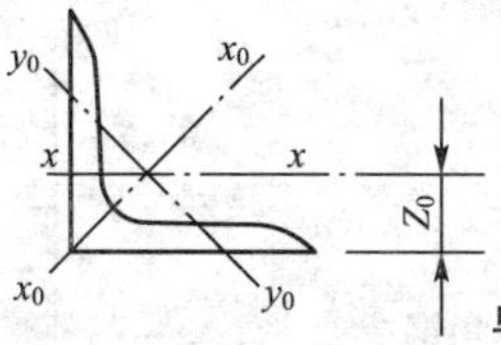

单角钢

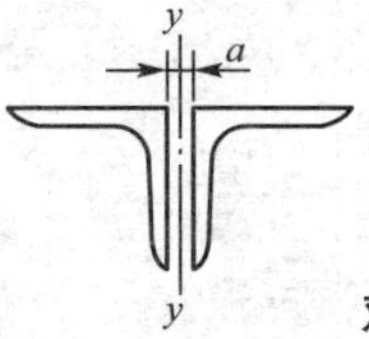

双角钢

型号		圆角 R	重心矩 Z_0	截面积 A	质量	惯性矩 I_x	截面模量 W_{xmax}	截面模量 W_{xmin}	回转半径 i_x	回转半径 i_{x0}	回转半径 i_{y0}	i_y，当 a 为下列数值 6mm	8mm	10mm	12mm	14mm
		(mm)		(cm^2)	(kg/m)	(cm^4)	(cm^3)		(cm)			(cm)				
L63×	4	7	17	4.98	3.91	19.03	11.22	4.13	1.96	2.46	1.26	2.79	2.87	2.94	3.02	3.09
	5		17.4	6.14	4.82	23.17	13.33	5.08	1.94	2.45	1.25	2.82	2.89	2.96	3.04	3.12
	6		17.8	7.29	5.72	27.12	15.26	6.00	1.93	2.43	1.24	2.83	2.91	2.98	3.06	3.14
	8		18.5	9.51	7.47	34.45	18.59	7.75	1.90	2.39	1.23	2.87	2.95	3.03	3.1	3.18
	10		19.3	11.66	9.15	41.09	21.34	9.39	1.88	2.36	1.22	2.91	2.99	3.07	3.15	3.23
L70×	4	8	18.6	5.57	4.37	26.39	14.16	5.14	2.18	2.74	1.4	3.07	3.14	3.21	3.29	3.36
	5		19.1	6.88	5.40	32.21	16.89	6.32	2.16	2.73	1.39	3.09	3.16	3.24	3.31	3.39
	6		19.5	8.16	6.41	37.77	19.39	7.48	2.15	2.71	1.38	3.11	3.18	3.26	3.33	3.41
	7		19.9	9.42	7.40	43.09	21.68	8.59	2.14	2.69	1.38	3.13	3.2	3.28	3.36	3.43
	8		20.3	10.67	8.37	48.17	23.79	9.68	2.13	2.68	1.37	3.15	3.22	3.30	3.38	3.46
L75×	5	9	20.3	7.41	5.82	39.96	19.73	7.30	2.32	2.92	1.5	3.29	3.36	3.43	3.5	3.58
	6		20.7	8.80	6.91	46.91	22.69	8.63	2.31	2.91	1.49	3.31	3.38	3.45	3.53	3.6
	7		21.1	10.16	7.98	53.57	25.42	9.93	2.30	2.89	1.48	3.33	3.4	3.47	3.55	3.63
	8		21.5	11.50	9.03	59.96	27.93	11.2	2.28	2.87	1.47	3.35	3.42	3.50	3.57	3.65
	10		22.2	14.13	11.09	71.98	32.40	13.64	2.26	2.84	1.46	3.38	3.46	3.54	3.61	3.69
L80×	5	9	21.5	7.91	6.21	48.79	22.70	8.34	2.48	3.13	1.6	3.49	3.56	3.63	3.71	3.78
	6		21.9	9.40	7.38	57.35	26.16	9.87	2.47	3.11	1.59	3.51	3.58	3.65	3.73	3.8
	7		22.3	10.86	8.53	65.58	29.38	11.37	2.46	3.1	1.58	3.53	3.60	3.67	3.75	3.83
	8		22.7	12.30	9.66	73.50	32.36	12.83	2.44	3.08	1.57	3.55	3.62	3.70	3.77	3.85
	10		23.5	15.13	11.87	88.43	37.68	15.64	2.42	3.04	1.56	3.58	3.66	3.74	3.81	3.89
L90×	6	10	24.4	10.64	8.35	82.77	33.99	12.61	2.79	3.51	1.8	3.91	3.98	4.05	4.12	4.2
	7		24.8	12.3	9.66	94.83	38.28	14.54	2.78	3.5	1.78	3.93	4	4.07	4.14	4.22
	8		25.2	13.94	10.95	106.5	42.3	16.42	2.76	3.48	1.78	3.95	4.02	4.09	4.17	4.24
	10		25.9	17.17	13.48	128.6	49.57	20.07	2.74	3.45	1.76	3.98	4.06	4.13	4.21	4.28
	12		26.7	20.31	15.94	149.2	55.93	23.57	2.71	3.41	1.75	4.02	4.09	4.17	4.25	4.32

（续）

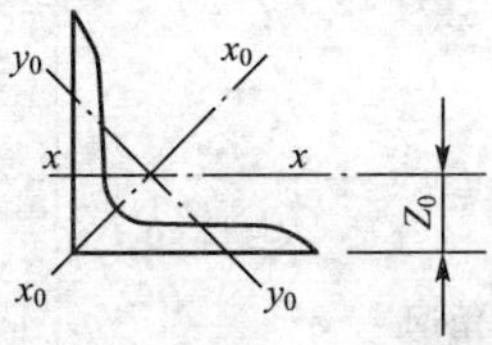

单角钢

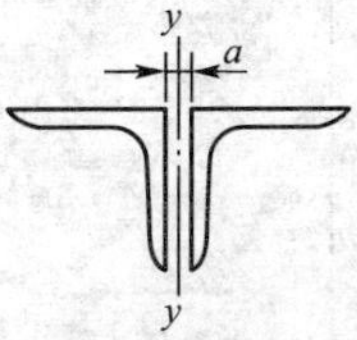

双角钢

型号		圆角	重心矩	截面积	质量	惯性矩	截面模量		回转半径			i_y，当 a 为下列数值				
		R	Z_0	A		I_x	W_{xmax}	W_{xmin}	i_x	i_{x0}	i_{y0}	6mm	8mm	10mm	12mm	14mm
		(mm)		(cm^2)	(kg/m)	(cm^4)	(cm^3)		(cm)			(cm)				
L100×	6	12	26.7	11.93	9.37	115	43.04	15.68	3.1	3.91	2	4.3	4.37	4.44	4.51	4.58
	7		27.1	13.8	10.83	131	48.57	18.1	3.09	3.89	1.99	4.32	4.39	4.46	4.53	4.61
	8		27.6	15.64	12.28	148.2	53.78	20.47	3.08	3.88	1.98	4.34	4.41	4.48	4.55	4.63
	10		28.4	19.26	15.12	179.5	63.29	25.06	3.05	3.84	1.96	4.38	4.45	4.52	4.6	4.67
	12		29.1	22.8	17.9	208.9	71.72	29.47	3.03	3.81	1.95	4.41	4.49	4.56	4.64	4.71
	14		29.9	26.26	20.61	236.5	79.19	33.73	3	3.77	1.94	4.45	4.53	4.6	4.68	4.75
	16		30.6	29.63	23.26	262.5	85.81	37.82	2.98	3.74	1.93	4.49	4.56	4.64	4.72	4.8
L110×	7	12	29.6	15.2	11.93	177.2	59.78	22.05	3.41	4.3	2.2	4.72	4.79	4.86	4.94	5.01
	8		30.1	17.24	13.53	199.5	66.36	24.95	3.4	4.28	2.19	4.74	4.81	4.88	4.96	5.03
	10		30.9	21.26	16.69	242.2	78.48	30.6	3.38	4.25	2.17	4.78	4.85	4.92	5	5.07
	12		31.6	25.2	19.78	282.6	89.34	36.05	3.35	4.22	2.15	4.82	4.89	4.96	5.04	5.11
	14		32.4	29.06	22.81	320.7	99.07	41.31	3.32	4.18	2.14	4.85	4.93	5	5.08	5.15
L125×	8	14	33.7	19.75	15.5	297	88.2	32.52	3.88	4.88	2.5	5.34	5.41	5.48	5.55	5.62
	10		34.5	24.37	19.13	361.7	104.8	39.97	3.85	4.85	2.48	5.38	5.45	5.52	5.59	5.66
	12		35.3	28.91	22.7	423.2	119.9	47.17	3.83	4.82	2.46	5.41	5.48	5.56	5.63	5.7
	14		36.1	33.37	26.19	481.7	133.6	54.16	3.8	4.78	2.45	5.45	5.52	5.59	5.67	5.74
L140×	10	14	38.2	27.37	21.49	514.7	134.6	50.58	4.34	5.46	2.78	5.98	6.05	6.12	6.2	6.27
	12		39	32.51	25.52	603.7	154.6	59.8	4.31	5.43	2.77	6.02	6.09	6.16	6.23	6.31
	14		39.8	37.57	29.49	688.8	173	68.75	4.28	5.4	2.75	6.06	6.13	6.2	6.27	6.34
	16		40.6	42.54	33.39	770.2	189.9	77.46	4.26	5.36	2.74	6.09	6.16	6.23	6.31	6.38
L160×	10	16	43.1	31.5	24.73	779.5	180.8	66.7	4.97	6.27	3.2	6.78	6.85	6.92	6.99	7.06
	12		43.9	37.44	29.39	916.6	208.6	78.98	4.95	6.24	3.18	6.82	6.89	6.96	7.03	7.1
	14		44.7	43.3	33.99	1048	234.4	90.95	4.92	6.2	3.16	6.86	6.93	7	7.07	7.14
	16		45.5	49.07	38.52	1175	258.3	102.6	4.89	6.17	3.14	6.89	6.96	7.03	7.1	7.18

(续)

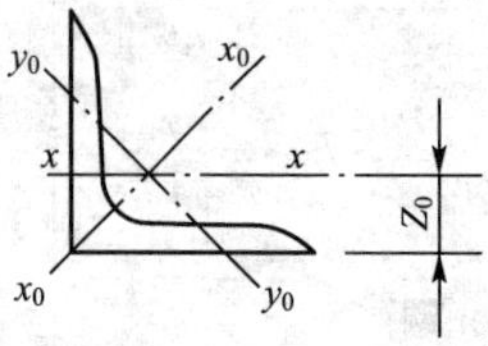

单角钢

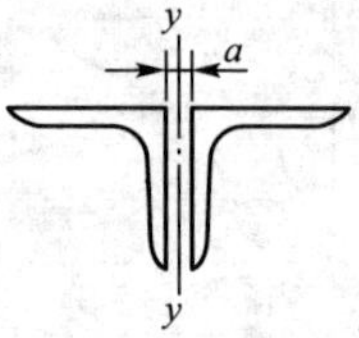

双角钢

型号	t	圆角 R (mm)	重心矩 Z_0 (mm)	截面积 A (cm^2)	质量 (kg/m)	惯性矩 I_x (cm^4)	截面模量 W_{xmax} (cm^3)	截面模量 W_{xmin} (cm^3)	回转半径 i_x (cm)	回转半径 i_{x0} (cm)	回转半径 i_{y0} (cm)	i_y，当 a 为下列数值 6mm (cm)	8mm	10mm	12mm	14mm
L180×	12	16	48.9	42.24	33.16	1321	270	100.8	5.59	7.05	3.58	7.63	7.7	7.77	7.84	7.91
	14		49.7	48.9	38.38	1514	304.6	116.3	5.57	7.02	3.57	7.67	7.74	7.81	7.88	7.95
	16		50.5	55.47	43.54	1701	336.9	131.4	5.54	6.98	3.55	7.7	7.77	7.84	7.91	7.98
	18		51.3	61.95	48.63	1881	367.1	146.1	5.51	6.94	3.53	7.73	7.8	7.87	7.95	8.02
L200×	14	18	54.6	54.64	42.89	2104	385.1	144.7	6.2	7.82	3.98	8.47	8.54	8.61	8.67	8.75
	16		55.4	62.01	48.68	2366	427	163.7	6.18	7.79	3.96	8.5	8.57	8.64	8.71	8.78
	18		56.2	69.3	54.4	2621	466.5	182.2	6.15	7.75	3.94	8.53	8.6	8.67	8.75	8.82
	20		56.9	76.5	60.06	2867	503.6	200.4	6.12	7.72	3.93	8.57	8.64	8.71	8.78	8.85
	24		58.4	90.66	71.17	3338	571.5	235.8	6.07	7.64	3.9	8.63	8.71	8.78	8.85	8.92

附表 12－5　不等边角钢

单角钢

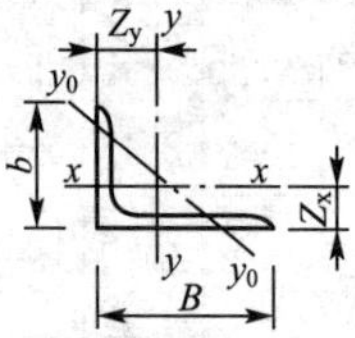

双角钢

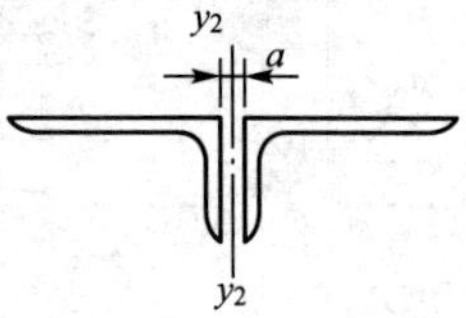

角钢型号 B×b×t	t	圆角 R (mm)	重心矩 Z_x (mm)	重心矩 Z_y (mm)	截面积 A (cm^2)	质量 (kg/m)	回转半径 i_x (cm)	回转半径 i_y (cm)	回转半径 i_{y0} (cm)	i_y，当 a 为下列数值 6mm (cm)	8mm	10mm	12mm	i_y，当 a 为下列数值 6mm (cm)	8mm	10mm	12mm
L25×16×	3	3.5	4.2	8.6	1.16	0.91	0.44	0.78	0.34	0.84	0.93	1.02	1.11	1.4	1.48	1.57	1.65
	4		4.6	9.0	1.50	1.18	0.43	0.77	0.34	0.87	0.96	1.05	1.14	1.42	1.51	1.6	1.68
L32×20×	3	3.5	4.9	10.8	1.49	1.17	0.55	1.01	0.43	0.97	1.05	1.14	1.23	1.71	1.79	1.88	1.96
	4		5.3	11.2	1.94	1.52	0.54	1	0.43	0.99	1.08	1.16	1.25	1.74	1.82	1.9	1.99
L40×25×	3	4	5.9	13.2	1.89	1.48	0.7	1.28	0.54	1.13	1.21	1.3	1.38	2.07	2.14	2.23	2.31
	4		6.3	13.7	2.47	1.94	0.69	1.26	0.54	1.16	1.24	1.32	1.41	2.09	2.17	2.25	2.34

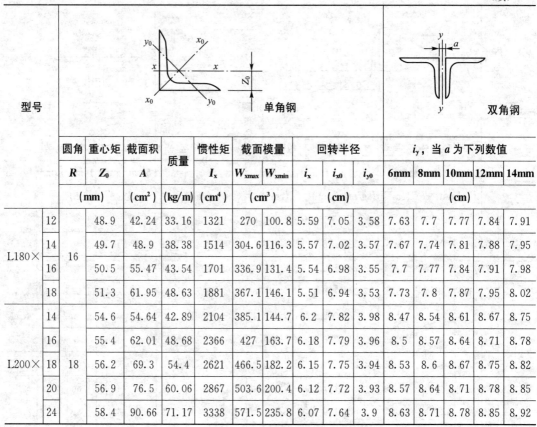

（续）

角钢型号 $B\times b\times t$		单角钢								双角钢							
		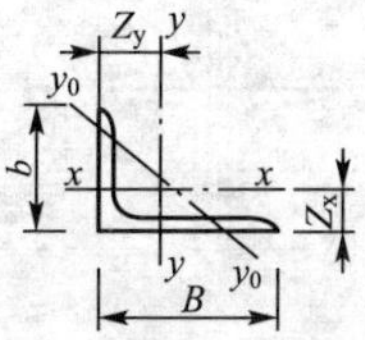								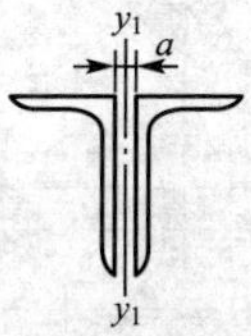				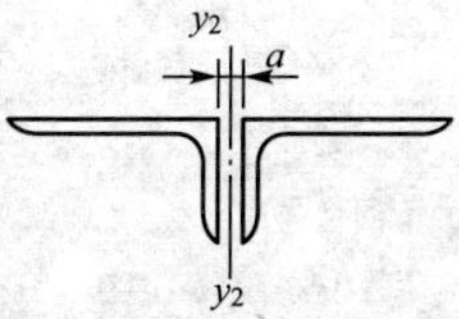			
		圆角	重心矩		截面积	质量	回转半径			i_y，当 a 为下列数值				i_y，当 a 为下列数值			
		R	Z_x	Z_y	A		i_x	i_y	i_{y0}	6mm	8mm	10mm	12mm	6mm	8mm	10mm	12mm
		(mm)			(cm^2)	(kg/m)	(cm)			(cm)				(cm)			
L45×28×	3	5	6.4	14.7	2.15	1.69	0.79	1.44	0.61	1.23	1.31	1.39	1.47	2.28	2.36	2.44	2.52
	4		6.8	15.1	2.81	2.2	0.78	1.43	0.6	1.25	1.33	1.41	1.5	2.31	2.39	2.47	2.55
L50×32×	3	5.5	7.3	16	2.43	1.91	0.91	1.6	0.7	1.38	1.45	1.53	1.61	2.49	2.56	2.64	2.72
	4		7.7	16.5	3.18	2.49	0.9	1.59	0.69	1.4	1.47	1.55	1.64	2.51	2.59	2.67	2.75
L56×36×	3	6	8.0	17.8	2.74	2.15	1.03	1.8	0.79	1.51	1.59	1.66	1.74	2.75	2.82	2.9	2.98
	4		8.5	18.2	3.59	2.82	1.02	1.79	0.78	1.53	1.61	1.69	1.77	2.77	2.85	2.93	3.01
	5		8.8	18.7	4.42	3.47	1.01	1.77	0.78	1.56	1.63	1.71	1.79	2.8	2.88	2.96	3.04
L63×40×	4	7	9.2	20.4	4.06	3.19	1.14	2.02	0.88	1.66	1.74	1.81	1.89	3.09	3.16	3.24	3.32
	5		9.5	20.8	4.99	3.92	1.12	2	0.87	1.68	1.76	1.84	1.92	3.11	3.19	3.27	3.35
	6		9.9	21.2	5.91	4.64	1.11	1.99	0.86	1.71	1.78	1.86	1.94	3.13	3.21	3.29	3.37
	7		10.3	21.6	6.8	5.34	1.1	1.96	0.86	1.73	1.8	1.88	1.97	3.15	3.23	3.3	3.39
L70×45×	4	7.5	10.2	22.3	4.55	3.57	1.29	2.25	0.99	1.84	1.91	1.99	2.07	3.39	3.46	3.54	3.62
	5		10.6	22.8	5.61	4.4	1.28	2.23	0.98	1.86	1.94	2.01	2.09	3.41	3.49	3.57	3.64
	6		11.0	23.2	6.64	5.22	1.26	2.22	0.97	1.88	1.96	2.04	2.11	3.44	3.51	3.59	3.67
	7		11.3	23.6	7.66	6.01	1.25	2.2	0.97	1.9	1.98	2.06	2.14	3.46	3.54	3.61	3.69
L75×50×	5	8	11.7	24.0	6.13	4.81	1.43	2.39	1.09	2.06	2.13	2.2	2.28	3.6	3.68	3.76	3.83
	6		12.1	24.4	7.26	5.7	1.42	2.38	1.08	2.08	2.15	2.23	2.3	3.63	3.7	3.78	3.86
	8		12.9	25.2	9.47	7.43	1.4	2.35	1.07	2.12	2.19	2.27	2.35	3.67	3.75	3.83	3.91
	10		13.6	26.0	11.6	9.1	1.38	2.33	1.06	2.16	2.24	2.31	2.4	3.71	3.79	3.87	3.96
L80×50×	5	8	11.4	26.0	6.38	5	1.42	2.57	1.1	2.02	2.09	2.17	2.24	3.88	3.95	4.03	4.1
	6		11.8	26.5	7.56	5.93	1.41	2.55	1.09	2.04	2.11	2.19	2.27	3.9	3.98	4.05	4.13
	7		12.1	26.9	8.72	6.85	1.39	2.54	1.08	2.06	2.13	2.21	2.29	3.92	4	4.08	4.16
	8		12.5	27.3	9.87	7.75	1.38	2.52	1.07	2.08	2.15	2.23	2.31	3.94	4.02	4.1	4.18
L90×56×	5	9	12.5	29.1	7.21	5.66	1.59	2.9	1.23	2.22	2.29	2.36	2.44	4.32	4.39	4.47	4.55
	6		12.9	29.5	8.56	6.72	1.58	2.88	1.22	2.24	2.31	2.39	2.46	4.34	4.42	4.5	4.57
	7		13.3	30.0	9.88	7.76	1.57	2.87	1.22	2.26	2.33	2.41	2.49	4.37	4.44	4.52	4.6
	8		13.6	30.4	11.2	8.78	1.56	2.85	1.21	2.28	2.35	2.43	2.51	4.39	4.47	4.54	4.62
L100×63×	6	10	14.3	32.4	9.62	7.55	1.79	3.21	1.38	2.49	2.56	2.63	2.71	4.77	4.85	4.92	5
	7		14.7	32.8	11.1	8.72	1.78	3.2	1.37	2.51	2.58	2.65	2.73	4.8	4.87	4.95	5.03
	8		15	33.2	12.6	9.88	1.77	3.18	1.37	2.53	2.6	2.67	2.75	4.82	4.9	4.97	5.05
	10		15.8	34	15.5	12.1	1.75	3.15	1.35	2.57	2.64	2.72	2.79	4.86	4.94	5.02	5.1

（续）

角钢型号 B×b×t		单角钢								双角钢							
		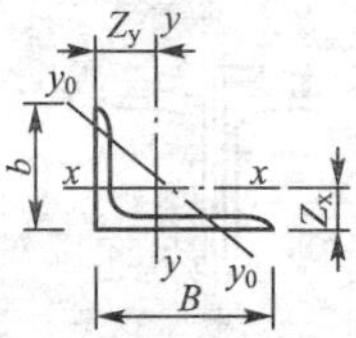												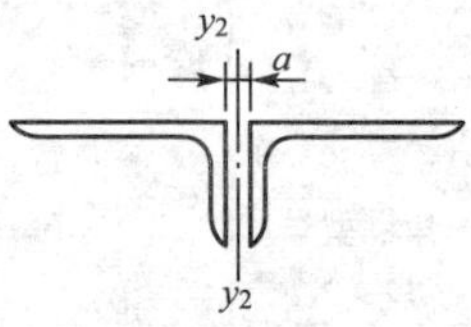			
		圆角	重心矩		截面积	质量	回转半径			i_y，当 a 为下列数值				i_y，当 a 为下列数值			
		R	Z_x	Z_y	A		i_x	i_y	i_{y0}	6mm	8mm	10mm	12mm	6mm	8mm	10mm	12mm
		(mm)			(cm²)	(kg/m)	(cm)			(cm)				(cm)			
L100×80×	6	10	19.7	29.5	10.6	8.35	2.4	3.17	1.73	3.31	3.38	3.45	3.52	4.54	4.62	4.69	4.76
	7		20.1	30	12.3	9.66	2.39	3.16	1.71	3.32	3.39	3.47	3.54	4.57	4.64	4.71	4.79
	8		20.5	30.4	13.9	10.9	2.37	3.15	1.71	3.34	3.41	3.49	3.56	4.59	4.66	4.73	4.81
	10		21.3	31.2	17.2	13.5	2.35	3.12	1.69	3.38	3.45	3.53	3.6	4.63	4.7	4.78	4.85
L110×70×	6	10	15.7	35.3	10.6	8.35	2.01	3.54	1.54	2.74	2.81	2.88	2.96	5.21	5.29	5.36	5.44
	7		16.1	35.7	12.3	9.66	2	3.53	1.53	2.76	2.83	2.9	2.98	5.24	5.31	5.39	5.46
	8		16.5	36.2	13.9	10.9	1.98	3.51	1.53	2.78	2.85	2.92	3	5.26	5.34	5.41	5.49
	10		17.2	37	17.2	13.5	1.96	3.48	1.51	2.82	2.89	2.96	3.04	5.3	5.38	5.46	5.53
L125×80×	7	11	18	40.1	14.1	11.1	2.3	4.02	1.76	3.11	3.18	3.25	3.33	5.9	5.97	6.04	6.12
	8		18.4	40.6	16	12.6	2.29	4.01	1.75	3.13	3.2	3.27	3.35	5.92	5.99	6.07	6.14
	10		19.2	41.4	19.7	15.5	2.26	3.98	1.74	3.17	3.24	3.31	3.39	5.96	6.04	6.11	6.19
	12		20	42.2	23.4	18.3	2.24	3.95	1.72	3.21	3.28	3.35	3.43	6	6.08	6.16	6.23
L140×90×	8	12	20.4	45	18	14.2	2.59	4.5	1.98	3.49	3.56	3.63	3.7	6.58	6.65	6.73	6.8
	10		21.2	45.8	22.3	17.5	2.56	4.47	1.96	3.52	3.59	3.66	3.73	6.62	6.7	6.77	6.85
	12		21.9	46.6	26.4	20.7	2.54	4.44	1.95	3.56	3.63	3.7	3.77	6.66	6.74	6.81	6.89
	14		22.7	47.4	30.5	23.9	2.51	4.42	1.94	3.59	3.66	3.74	3.81	6.7	6.78	6.86	6.93
L160×100×	10	13	22.8	52.4	25.3	19.9	2.85	5.14	2.19	3.84	3.91	3.98	4.05	7.55	7.63	7.7	7.78
	12		23.6	53.2	30.1	23.6	2.82	5.11	2.18	3.87	3.94	4.01	4.09	7.6	7.67	7.75	7.82
	14		24.3	54	34.7	27.2	2.8	5.08	2.16	3.91	3.98	4.05	4.12	7.64	7.71	7.79	7.86
	16		25.1	54.8	39.3	30.8	2.77	5.05	2.15	3.94	4.02	4.09	4.16	7.68	7.75	7.83	7.9
L180×110×	10	14	24.4	58.9	28.4	22.3	3.13	8.56	5.78	2.42	4.16	4.23	4.3	4.36	8.49	8.72	8.71
	12		25.2	59.8	33.7	26.5	3.1	8.6	5.75	2.4	4.19	4.33	4.33	4.4	8.53	8.76	8.75
	14		25.9	60.6	39	30.6	3.08	8.64	5.72	2.39	4.23	4.26	4.37	4.44	8.57	8.63	8.79
	16z		26.7	61.4	44.1	34.6	3.05	8.68	5.81	2.37	4.26	4.3	4.4	4.47	8.61	8.68	8.84
L200×125×	12	14	28.3	65.4	37.9	29.8	3.57	6.44	2.75	4.75	4.82	4.88	4.95	9.39	9.47	9.54	9.62
	14		29.1	66.2	43.9	34.4	3.54	6.41	2.73	4.78	4.85	4.92	4.99	9.43	9.51	9.58	9.66
	16		29.9	67.8	49.7	39	3.52	6.38	2.71	4.81	4.88	4.95	5.02	9.47	9.55	9.62	9.7
	18		30.6	67	55.5	43.6	3.49	6.35	2.7	4.85	4.92	4.99	5.06	9.51	9.59	9.66	9.74

注：一个角钢的惯性矩 $I_x=Ai_x^2$，$I_y=Ai_y^2$；一个角钢的截面个角钢的截面模量 $W_{xmax}=I_x/Z_x$，$W_{xmin}=I_x/(b-Z_x)$；$W_{yax}=I_yZ_yW_{xmin}=I_y(b-Z_y)$。

参考文献

[1] 中华人民共和国国家标准. 建筑结构可靠度设计统一标准(GB 50068—2008) [S]. 北京：中国建筑工业出版社，2001.

[2] 中华人民共和国国家标准. 建筑结构荷载规范(GB 50009—2012) [S]. 北京：中国建筑工业出版社，2012.

[3] 中华人民共和国国家标准. 混凝土结构设计规范(GB 50010—2010) [S]. 北京：中国建筑工业出版社，2010.

[4] 中华人民共和国国家标准. 混凝土结构工程施工质量验收标准(GB 50204—2002) [S]. 北京：中国建筑工业出版社，2011.

[5] 中华人民共和国国家标准. 砌体结构设计规范(GB 50003—2011) [S]. 北京：中国建筑工业出版社，2011.

[6] 中华人民共和国国家标准. 砌体结构工程施工质量验收规范(GB 50203—2011) [S]. 北京：中国建筑工业出版社，2011.

[7] 中华人民共和国国家标准. 钢结构设计规范(GB 50017—2003) [S]. 北京：中国建筑工业出版社，2003.

[8] 中华人民共和国国家标准. 钢结构工程施工质量验收规范(GB 50205—2001) [S]. 北京：中国建筑工业出版社，2001.

[9] 中华人民共和国国家标准. 建筑抗震设计规范(GB 50011—2010) [S]. 北京：中国建筑工业出版社，2008.

[10] 丁大钧. 砌体结构 [M]. 北京：中国建筑工业出版社，2004.

[11] 胡兴福. 建筑结构 [M]. 北京：高等教育出版社，2006.

[12] 张学宏. 建筑结构 [M]. 北京：中国建筑工业出版社，2009.

[13] 周绥平. 钢结构 [M]. 武汉：武汉理工大学出版社，2003.

[14] 唐丽萍，乔志远. 钢结构制造与安装 [M]. 北京：机械工业出版社，2008.

[15] 罗向荣. 建筑结构 [M]. 北京：中国建筑工业出版社，2007.

[16] 李小敏. 钢筋混凝土与砌体结构 [M]. 杭州：浙江大学出版社，2011.

[17] 徐锡权. 建筑结构 [M]. 北京：北京大学出版社，2010.

北京大学出版社高职高专土建系列规划教材

序号	书名	书号	编著者	定价	出版时间	印次	配套情况	
			基础课程					
1	工程建设法律与制度	978-7-301-14158-8	唐茂华	26.00	2012.7	6	ppt/pdf	
2	建设法规及相关知识	978-7-301-22748-0	唐茂华等	34.00	2013.8	1	ppt/pdf	
3	建设工程法规	978-7-301-16731-1	高玉兰	30.00	2013.8	13	ppt/pdf/答案/素材	★
4	建筑工程法规实务	978-7-301-19321-1	杨陈慧等	43.00	2012.1	4	ppt/pdf	★
5	建筑法规	978-7-301-19371-6	董伟等	39.00	2013.1	4	ppt/pdf	★
6	建设工程法规	978-7-301-20912-7	王先恕	32.00	2012.7	1	ppt/ pdf	
7	AutoCAD 建筑制图教程(第2版)(新规范)	978-7-301-21095-6	郭　慧	38.00	2013.8	2	ppt/pdf/素材	★
8	AutoCAD 建筑绘图教程(2010 版)	978-7-301-19234-4	唐英敏等	41.00	2011.7	4	ppt/pdf	★
9	建筑 CAD 项目教程(2010 版)	978-7-301-20979-0	郭　慧	38.00	2012.9	1	pdf/素材	
10	建筑工程专业英语	978-7-301-15376-5	吴承霞	20.00	2013.8	8	ppt/pdf	★
11	建筑工程专业英语	978-7-301-20003-2	韩薇等	24.00	2012.1	1	ppt/ pdf	★
12	建筑工程应用文写作	978-7-301-18962-7	赵立等	40.00	2012.6	3	ppt/pdf	★
13	建筑构造与识图(第2版)(新规范)	978-7-301-14465-7	郑贵超	40.00	2013.11	1	ppt/pdf/答案	★
14	建筑构造(新规范)	978-7-301-21267-7	肖　芳	34.00	2013.5	2	ppt/ pdf	
15	房屋建筑构造	978-7-301-19883-4	李少红	26.00	2012.1	3	ppt/pdf	★
16	建筑工程制图与识图	978-7-301-15443-4	白丽红	25.00	2013.7	9	ppt/pdf/答案	★
17	建筑制图习题集	978-7-301-15404-5	白丽红	25.00	2013.7	8	pdf	
18	建筑制图(第2版)(新规范)	978-7-301-21146-5	高丽荣	32.00	2013.2	1	ppt/pdf	★
19	建筑制图习题集(第2版)(新规范)	978-7-301-21288-2	高丽荣	28.00	2013.1	1	pdf	
20	建筑工程制图(第2版)(附习题册)(新规范)	978-7-301-21120-5	肖明和	48.00	2012.8	5	ppt/pdf	
21	建筑制图与识图	978-7-301-18806-4	曹雪梅等	24.00	2012.2	5	ppt/pdf	★
22	建筑制图与识图习题册	978-7-301-18652-7	曹雪梅等	30.00	2012.4	4	pdf	★
23	建筑制图与识图(新规范)	978-7-301-20070-4	李元玲	28.00	2012.8	4	ppt/pdf	★
24	建筑制图与识图习题集(新规范)	978-7-301-20425-2	李元玲	24.00	2012.3	4	ppt/pdf	★
25	新编建筑工程制图(新规范)	978-7-301-21140-3	方筱松	30.00	2012.8	1	ppt/ pdf	★
26	新编建筑工程制图习题集(新规范)	978-7-301-16834-9	方筱松	22.00	2012.9	1	pdf	
27	建筑识图(新规范)	978-7-301-21893-8	邓志勇等	35.00	2013.1	2	ppt/ pdf	
28	建筑识图与房屋构造	978-7-301-22860-9	贠禄等	54.00	2013.8	1	ppt/pdf /答案	★
29	建筑构造与设计	978-7-301-23506-5	陈玉萍	38.00	2014.1	1	ppt/pdf /答案	★
30	房屋建筑构造	978-7-301-23588-1	李元玲等	45.00	2014.1	1	ppt/pdf	★
			建筑施工类					
1	建筑工程测量	978-7-301-16727-4	赵景利	30.00	2013.8	10	ppt/pdf /答案	★
2	建筑工程测量(第2版)(新规范)	978-7-301-22002-3	张敬伟	37.00	2013.5	2	ppt/pdf /答案	★
3	建筑工程测量	978-7-301-19992-3	潘益民	38.00	2012.2	2	ppt/ pdf	★
4	建筑工程测量实验与实训指导(第2版)	978-7-301-23166-1	张敬伟	27.00	2013.9	1	pdf/答案	
5	建筑工程测量	978-7-301-13578-5	王金玲等	26.00	2011.8	3	pdf	
6	建筑工程测量实训	978-7-301-19329-7	杨凤华	27.00	2013.5	4	pdf	★
7	建筑工程测量(含实验指导手册)	978-7-301-19364-8	石　东等	43.00	2012.6	2	ppt/pdf/答案	★
8	建筑工程测量	978-7-301-22485-4	景　铎等	34.00	2013.6	1	ppt/pdf	
9	数字测图技术(新规范)	978-7-301-22656-8	赵　红	36.00	2013.6	1	ppt/pdf	★
10	数字测图技术实训指导（新规范）	978-7-301-22679-7	赵　红	27.00	2013.6	1	ppt/pdf	★
11	建筑施工技术(新规范)	978-7-301-21209-7	陈雄辉	39.00	2013.2	2	ppt/pdf	★
12	建筑施工技术	978-7-301-12336-2	朱永祥等	38.00	2012.4	7	ppt/pdf	
13	建筑施工技术	978-7-301-16726-7	叶　雯等	44.00	2013.5	5	ppt/pdf /素材	
14	建筑施工技术	978-7-301-19499-7	董伟等	42.00	2011.9	2	ppt/pdf	
15	建筑施工技术	978-7-301-19997-8	苏小梅	38.00	2013.5	3	ppt/pdf	
16	建筑工程施工技术(第2版)(新规范)	978-7-301-21093-2	钟汉华等	48.00	2013.8	2	ppt/pdf	★

序号	书名	书号	编著者	定价	出版时间	印次	配套情况	
17	基础工程施工(新规范)	978-7-301-20917-2	董伟等	35.00	2012.7	2	ppt/pdf	★
18	建筑施工技术实训	978-7-301-14477-0	周晓龙	21.00	2013.1	6	pdf	★
19	建筑力学(第 2 版)(新规范)	978-7-301-21695-8	石立安	46.00	2013.9	3	ppt/pdf	★
20	土力学与地基基础	978-7-301-23675-8	叶火炎等	35.00	2014.1	1	ppt/pdf	★
21	土木工程实用力学	978-7-301-15598-1	马景善	30.00	2013.1	4	pdf/ppt	★
22	土木工程力学	978-7-301-16864-6	吴明军	38.00	2011.11	2	ppt/pdf	★
23	PKPM 软件的应用(第 2 版)	978-7-301-22625-4	王　娜等	34.00	2013.6	1	pdf	★
24	建筑结构(第 2 版)(上册)(新规范)	978-7-301-21106-9	徐锡权	41.00	2013.4	1	ppt/pdf/答案	★
25	建筑结构(第 2 版)(下册)(新规范)	978-7-301-22584-4	徐锡权	42.00	2013.6	1	ppt/pdf/答案	★
26	建筑结构	978-7-301-19171-2	唐春平等	41.00	2012.6	3	ppt/pdf	
27	建筑结构基础(新规范)	978-7-301-21125-0	王中发	36.00	2012.8	2	ppt/pdf	★
28	建筑结构原理及应用	978-7-301-18732-6	史美东	45.00	2012.8	1	ppt/pdf	★
29	建筑力学与结构(第 2 版)(新规范)	978-7-301-22148-8	吴承霞等	49.00	2013.12	2	ppt/pdf/答案	★
30	建筑力学与结构(少学时版)	978-7-301-21730-6	吴承霞	34.00	2013.12	2	ppt/pdf/答案	★
31	建筑力学与结构	978-7-301-20988-2	陈水广	32.00	2012.8	1	pdf/ppt	
32	建筑结构与施工图(新规范)	978-7-301-22188-4	朱希文等	35.00	2013.3	2	ppt/pdf	★
33	生态建筑材料	978-7-301-19588-2	陈剑峰等	38.00	2013.7	2	ppt/pdf	
34	建筑材料	978-7-301-13576-1	林祖宏	35.00	2012.6	9	ppt/pdf	★
35	建筑材料与检测	978-7-301-16728-1	梅　杨等	26.00	2012.11	8	ppt/pdf/答案	★
36	建筑材料检测试验指导	978-7-301-16729-8	王美芬等	18.00	2013.7	5	pdf	
37	建筑材料与检测	978-7-301-19261-0	王　辉	35.00	2012.6	3	ppt/pdf	★
38	建筑材料与检测试验指导	978-7-301-20045-2	王　辉	20.00	2013.1	3	ppt/pdf	★
39	建筑材料选择与应用	978-7-301-21948-5	申淑荣等	39.00	2013.3	1	ppt/pdf	★
40	建筑材料检测实训	978-7-301-22317-8	申淑荣等	24.00	2013.4	1	pdf	
41	建设工程监理概论(第 2 版)(新规范)	978-7-301-20854-0	徐锡权等	43.00	2013.7	3	ppt/pdf /答案	
42	建设工程监理	978-7-301-15017-7	斯　庆	26.00	2013.1	6	ppt/pdf /答案	★
43	建设工程监理概论	978-7-301-15518-9	曾庆军等	24.00	2012.12	5	ppt/pdf	
44	工程建设监理案例分析教程	978-7-301-18984-9	刘志麟等	38.00	2013.2	2	ppt/pdf	★
45	地基与基础(第 2 版)	978-7-301-23304-7	肖明和等	42.00	2014.1	1	ppt/pdf/答案	★
46	地基与基础	978-7-301-16130-2	孙平平等	26.00	2013.2	3	ppt/pdf	
47	地基与基础实训	978-7-301-23174-6	肖明和等	25.00	2013.10	1	ppt/pdf	
48	建筑工程质量事故分析(第 2 版)	978-7-301-22467-0	郑文新	32.00	2013.9	1	ppt/pdf	★
49	建筑工程施工组织设计	978-7-301-18512-4	李源清	26.00	2013.5	5	ppt/pdf	★
49	建筑工程施工组织实训	978-7-301-18961-0	李源清	40.00	2012.11	3	ppt/pdf	★
50	建筑施工组织与进度控制(新规范)	978-7-301-21223-3	张廷瑞	36.00	2012.9	2	ppt/pdf	★
51	建筑施工组织项目式教程	978-7-301-19901-5	杨红玉	44.00	2012.1	1	ppt/pdf/答案	
52	钢筋混凝土工程施工与组织	978-7-301-19587-1	高　雁	32.00	2012.5	1	ppt/pdf	
53	钢筋混凝土工程施工与组织实训指导(学生工作页)	978-7-301-21208-0	高　雁	20.00	2012.9	1	ppt	
54	建筑力学与结构	978-7-301-23348-1	杨丽君等	44.00	2014.1	1	ppt/pdf	
55	土力学与基础工程	978-7-301-23590-4	宁培淋等	32.00	2014.1	1	ppt/pdf	
			工程管理类					
1	建筑工程经济(第 2 版)	978-7-301-22736-7	张宁宁等	30.00	2013.11	2	ppt/pdf/答案	★
2	建筑工程经济	978-7-301-20855-7	赵小娥等	32.00	2013.7	2	ppt/pdf	
3	施工企业会计	978-7-301-15614-8	辛艳红等	26.00	2013.11	6	ppt/pdf/答案	★
4	建筑工程项目管理	978-7-301-12335-5	范红岩等	30.00	2012. 4	9	ppt/pdf	★
5	建设工程项目管理	978-7-301-16730-4	王　辉	32.00	2013.5	5	ppt/pdf/答案	★
6	建设工程项目管理	978-7-301-19335-8	冯松山等	38.00	2013.11	3	pdf/ppt	
7	建设工程招投标与合同管理(第 2 版)(新规范)	978-7-301-21002-4	宋春岩	38.00	2013.8	5	ppt/pdf/答案/试题/教案	★
8	建筑工程招投标与合同管理(新规范)	978-7-301-16802-8	程超胜	30.00	2012.9	2	pdf/ppt	★
9	建筑工程商务标编制实训	978-7-301-20804-5	钟振宇	35.00	2012.7	1	ppt	★
10	工程招投标与合同管理实务	978-7-301-19035-7	杨甲奇等	48.00	2011.8	2	pdf	★
11	工程招投标与合同管理实务	978-7-301-19290-0	郑文新等	43.00	2012.4	2	ppt/pdf	★
12	建设工程招投标与合同管理实务	978-7-301-20404-7	杨云会等	42.00	2012.4	1	ppt/pdf/答案/习题库	

序号	书名	书号	编著者	定价	出版时间	印次	配套情况	
13	工程招投标与合同管理(新规范)	978-7-301-17455-5	文新平	37.00	2012.9	1	ppt/pdf	★
14	工程项目招投标与合同管理	978-7-301-15549-3	李洪军等	30.00	2013.11	8	ppt	★
15	工程项目招投标与合同管理(第 2 版)	978-7-301-22462-5	周艳冬	35.00	2013.7	1	ppt/pdf	★
16	建筑工程安全管理	978-7-301-19455-3	宋　健等	36.00	2013.5	3	ppt/pdf	
17	建筑工程质量与安全管理	978-7-301-16070-1	周连起	35.00	2013.2	5	ppt/pdf/答案	
18	施工项目质量与安全管理	978-7-301-21275-2	钟汉华	45.00	2012.10	1	ppt/pdf	
19	工程造价控制	978-7-301-14466-4	斯　庆	26.00	2013.8	9	ppt/pdf	★
20	工程造价管理	978-7-301-20655-3	徐锡权等	33.00	2013.8	2	ppt/pdf	
21	工程造价控制与管理	978-7-301-19366-2	胡新萍等	30.00	2013.1	2	ppt/pdf	★
22	建筑工程造价管理	978-7-301-20360-6	柴　琦等	27.00	2013.1	2	ppt/pdf	
23	建筑工程造价管理	978-7-301-15517-2	李茂英等	24.00	2012.1	4	pdf	
24	建筑工程造价	978-7-301-21892-1	孙咏梅	40.00	2013.2	1	ppt/pdf	★
25	建筑工程计量与计价(第 2 版)	978-7-301-22078-8	肖明和等	58.00	2013.8	2	pdf/ppt	★
26	建筑工程计量与计价实训（第 2 版）	978-7-301-22606-3	肖明和等	29.00	2013.7	1	pdf	★
27	建筑工程计量与计价综合实训	978-7-301-23568-3	龚小兰	28.00	2014.1	1	pdf	★
28	建筑工程估价	978-7-301-22802-9	张　英	43.00	2013.8	1	ppt/pdf	★
29	建筑工程计量与计价——透过案例学造价	978-7-301-16071-8	张　强	50.00	2013.9	7	ppt/pdf	★
30	安装工程计量与计价（第 2 版）	978-7-301-22140-2	冯钢等	50.00	2013.7	2	pdf/ppt	★
31	安装工程计量与计价实训	978-7-301-19336-5	景巧玲等	36.00	2013.5	3	pdf/素材	★
32	建筑水电安装工程计量与计价(新规范)	978-7-301-21198-4	陈连姝	36.00	2013.8	2	ppt/pdf	★
33	建筑与装饰装修工程工程量清单	978-7-301-17331-2	翟丽旻等	25.00	2012.8	3	pdf/ppt/答案	
34	建筑工程清单编制	978-7-301-19387-7	叶晓容	24.00	2011.8	1	ppt/pdf	★
35	建设项目评估	978-7-301-20068-1	高志云等	32.00	2013.6	2	ppt/pdf	★
36	钢筋工程清单编制	978-7-301-20114-5	贾莲英	36.00	2012.2	1	ppt / pdf	
37	混凝土工程清单编制	978-7-301-20384-2	顾　娟	28.00	2012.5	1	ppt / pdf	
38	建筑装饰工程预算	978-7-301-20567-9	范菊雨	38.00	2013.6	2	pdf/ppt	★
39	建设工程安全监理(新规范)	978-7-301-20802-1	沈万岳	28.00	2012.7	1	pdf/ppt	★
40	建筑工程安全技术与管理实务(新规范)	978-7-301-21187-8	沈万岳	48.00	2012.9	2	pdf/ppt	★
41	建筑工程资料管理	978-7-301-17456-2	孙　刚等	36.00	2013.8	3	pdf/ppt	
42	建筑施工组织与管理(第 2 版)(新规范)	978-7-301-22149-5	翟丽旻等	43.00	2013.4	1	ppt/pdf/答案	★
43	建设工程合同管理	978-7-301-22612-4	刘庭江	46.00	2013.6	1	ppt/pdf/答案	★
44	工程造价案例分析	978-7-301-22985-9	甄　凤	30.00	2013.8	1	pdf/ppt	★
	建筑设计类							
1	中外建筑史	978-7-301-15606-3	袁新华	30.00	2013.8	9	ppt/pdf	★
2	建筑室内空间历程	978-7-301-19338-9	张伟孝	53.00	2011.8	1	pdf	★
3	建筑装饰 CAD 项目教程(新规范)	978-7-301-20950-9	郭　慧	35.00	2013.1	1	ppt/素材	
4	室内设计基础	978-7-301-15613-1	李书青	32.00	2013.5	3	ppt/pdf	
5	建筑装饰构造	978-7-301-15687-2	赵志文等	27.00	2012.11	5	ppt/pdf/答案	★
6	建筑装饰材料(第 2 版)	978-7-301-22356-7	焦　涛等	34.00	2013.5	4	ppt/pdf	
7	建筑装饰施工技术	978-7-301-15439-7	王　军等	30.00	2013.7	6	ppt/pdf	★
8	装饰材料与施工	978-7-301-15677-3	宋志春等	30.00	2010.8	2	ppt/pdf/答案	★
9	设计构成	978-7-301-15504-2	戴碧锋	30.00	2012.10	2	ppt/pdf	
10	基础色彩	978-7-301-16072-5	张　军	42.00	2011.9	2	pdf	★
11	设计色彩	978-7-301-21211-0	龙黎黎	46.00	2012.9	1	ppt	★
12	设计素描	978-7-301-22391-8	司马金桃	29.00	2013.4	1	ppt	★
13	建筑素描表现与创意	978-7-301-15541-7	于修国	25.00	2012.11	3	Pdf	★
14	3ds Max 效果图制作	978-7-301-22870-8	刘　晗等	45.00	2013.7	1	ppt	★
15	3ds Max 室内设计表现方法	978-7-301-17762-4	徐海军	32.00	2010.9	1	pdf	
16	3ds Max2011 室内设计案例教程(第 2 版)	978-7-301-15693-3	伍福军等	39.00	2011.9	1	ppt/pdf	
17	Photoshop 效果图后期制作	978-7-301-16073-2	脱忠伟等	52.00	2011.1	1	素材/pdf	★
18	建筑表现技法	978-7-301-19216-0	张　峰	32.00	2013.1	2	ppt/pdf	
19	建筑速写	978-7-301-20441-2	张　峰	30.00	2012.4	1	pdf	★
20	建筑装饰设计	978-7-301-20022-3	杨丽君	36.00	2012.2	1	ppt/素材	
21	装饰施工读图与识图	978-7-301-19991-6	杨丽君	33.00	2012.5	1	ppt	
22	建筑装饰工程计量与计价	978-7-301-20055-1	李茂英	42.00	2013.7	2	ppt/pdf	

序号	书名	书号	编著者	定价	出版时间	印次	配套情况
	规划园林类						
1	居住区景观设计	978-7-301-20587-7	张群成	47.00	2012.5	1	ppt ★
2	居住区规划设计	978-7-301-21031-4	张　燕	48.00	2012.8	2	ppt ★
3	园林植物识别与应用(新规范)	978-7-301-17485-2	潘利等	34.00	2012.9	1	ppt ★
4	城市规划原理与设计	978-7-301-21505-0	谭婧婧等	35.00	2013.1	1	ppt/pdf ★
5	园林工程施工组织管理(新规范)	978-7-301-22364-2	潘利等	35.00	2013.4	1	ppt/pdf ★
	房地产类						
1	房地产开发与经营(第2版)	978-7-301-23084-8	张建中等	33.00	2013.8	1	ppt/pdf/答案 ★
2	房地产估价(第2版)	978-7-301-22945-3	张　勇等	35.00	2013.8	1	ppt/pdf/答案 ★
3	房地产估价理论与实务	978-7-301-19327-3	褚菁晶	35.00	2011.8	1	ppt/pdf/答案 ★
4	物业管理理论与实务	978-7-301-19354-9	裴艳慧	52.00	2011.9	1	ppt/pdf ★
5	房地产测绘	978-7-301-22747-3	唐春平	29.00	2013.7	1	ppt/pdf ★
6	房地产营销与策划(新规范)	978-7-301-18731-9	应佐萍	42.00	2012.8	1	ppt/pdf ★
	市政路桥类						
1	市政工程计量与计价(第2版)	978-7-301-20564-8	郭良娟等	42.00	2013.8	3	pdf/ppt
2	市政工程计价	978-7-301-22117-4	彭以舟等	39.00	2013.2	1	ppt/pdf ★
3	市政桥梁工程	978-7-301-16688-8	刘　江等	42.00	2012.10	2	ppt/pdf/素材
4	市政工程材料	978-7-301-22452-6	郑晓国	37.00	2013.5	1	ppt/pdf ★
5	路基路面工程	978-7-301-19299-3	偶昌宝等	34.00	2011.8	1	ppt/pdf/素材
6	道路工程技术	978-7-301-19363-1	刘　雨等	33.00	2011.12	1	ppt/pdf
7	城市道路设计与施工(新规范)	978-7-301-21947-8	吴颖峰	39.00	2013.1	1	ppt/pdf ★
8	建筑给水排水工程	978-7-301-20047-6	叶巧云	38.00	2012.2	1	ppt/pdf
9	市政工程测量(含技能训练手册)	978-7-301-20474-0	刘宗波等	41.00	2012.5	1	ppt/pdf
10	公路工程任务承揽与合同管理	978-7-301-21133-5	邱　兰等	30.00	2012.9	1	ppt/pdf/答案
11	道桥工程材料	978-7-301-21170-0	刘水林等	43.00	2012.9	1	ppt/pdf
12	工程地质与土力学(新规范)	978-7-301-20723-9	杨仲元	40.00	2012.6	1	ppt/pdf ★
13	数字测图技术应用教程	978-7-301-20334-7	刘宗波	36.00	2012.8	1	ppt
14	水泵与水泵站技术	978-7-301-22510-3	刘振华	40.00	2013.5	1	ppt/pdf ★
15	道路工程测量(含技能训练手册)	978-7-301-21967-6	田树涛等	45.00	2013.2	1	ppt/pdf
	建筑设备类						
1	建筑设备基础知识与识图	978-7-301-16716-8	靳慧征	34.00	2013.11	12	ppt/pdf ★
2	建筑设备识图与施工工艺	978-7-301-19377-8	周业梅	38.00	2011.8	3	ppt/pdf ★
3	建筑施工机械	978-7-301-19365-5	吴志强	30.00	2013.7	3	pdf/ppt ★
4	智能建筑环境设备自动化(新规范)	978-7-301-21090-1	余志强	40.00	2012.8	1	pdf/ppt ★